高等院校电子信息类规划教材
北京邮电大学"十四五"规划教材

卫 星 通 信

（第 2 版）

主　编　赵　龙　王文博　龙　航
副主编　赵　慧　钱晋希　周相超

北京邮电大学出版社
www.buptpress.com

内容简介

本书系统且深入地介绍了卫星通信系统与网络的基本原理及分析方法。本书共8章，内容包括卫星通信概述、卫星轨道与星座理论、卫星通信系统的组成、卫星通信链路设计、卫星通信体制技术、卫星通信网络技术、典型的卫星通信系统以及空天地一体化信息网络。

本书内容全面、叙述清楚。书中附有大量插图，有助于读者理解课程内容；每章后配有一定数量的习题，便于学生练习。本书可以作为通信、电子和信息类高年级本科生和研究生的教材或参考书；也可以作为卫星通信工程技术人员的参考用书。

图书在版编目（CIP）数据

卫星通信 / 赵龙，王文博，龙航主编 . -- 2 版 .
北京：北京邮电大学出版社，2025. -- ISBN 978-7-5635-7604-3

Ⅰ．TN927

中国国家版本馆 CIP 数据核字第 2025L94Y56 号

策划编辑：彭　楠　　责任编辑：蒋慧敏　　责任校对：张会良　　封面设计：七星博纳

出版发行：北京邮电大学出版社
社　　址：北京市海淀区西土城路 10 号
邮政编码：100876
发 行 部：电话：010-62282185　传真：010-62283578
E-mail：publish@bupt.edu.cn
经　　销：各地新华书店
印　　刷：保定市中画美凯印刷有限公司
开　　本：787 mm×1 092 mm　1/16
印　　张：20.25
字　　数：538 千字
版　　次：2022 年 4 月第 1 版　2025 年 8 月第 2 版
印　　次：2025 年 8 月第 1 次印刷

ISBN 978-7-5635-7604-3　　　　　　　　　　　　　　定价：56.00 元

· 如有印装质量问题，请与北京邮电大学出版社发行部联系 ·

前　　言

卫星通信是现代通信的主要方式之一。卫星通信不仅可以作为地面网络的补充和完善，还可以单独构成天基卫星网络，使来自陆地、海洋、天空乃至太空的信息流通过卫星网络进行传输。卫星通信在移动通信、电视广播、定位导航、遥感探测、气象等领域有着重要应用，在现代化军事作战、信息化工业制造、智能化生产生活中扮演着重要的角色。

本书的大量素材来源于国内外的经典教材、科技参考书、期刊论文等。本书可用作教材或参考书，主要面向通信、电子和信息类高年级本科生和研究生。书中附有大量插图，有助于读者理解课程内容；每章后配有一定数量的习题，便于学生练习。

本书共分为8章。第1章介绍卫星通信的基本知识、业务类型，卫星通信系统的分类与特点，卫星通信的历史发展。第2章论述卫星轨道与星座理论。第3章讨论卫星通信系统的组成，重点介绍地球站子系统和卫星子系统。第4章介绍卫星通信链路设计，对卫星通信链路的概念、星地电波传播效应、星地信道模型、卫星通信系统中的噪声温度和链路预算等进行探讨。第5章讲解卫星通信体制技术，包括差错控制、调制调解技术、双工方式和多址技术等内容。第6章讨论卫星通信网络技术，包括卫星通信天基网络拓扑、卫星通信地基蜂窝拓扑、卫星通信网络的协议体系、卫星通信网络的路由技术、卫星多播技术、卫星波束管理技术和卫星干扰协调技术。第7章叙述典型的卫星通信系统，包括移动卫星通信系统、VSAT通信系统、卫星数字电视广播系统、卫星定位与导航系统、卫星遥感系统。第8章讨论空天地一体化信息网络，包含平流层通信、非地面网络、星间激光通信和深空通信与星际互联网等内容。

本书的主编为赵龙、王文博、龙航，副主编为赵慧、钱晋希、周相超。第1章由王文博编写；第2章由龙航编写；第3章由赵慧编写；第4章由钱晋希和赵龙编写；第5章由周相超和赵龙编写；第6～8章由赵龙编写。

本书在编写过程中，得到了北京邮电大学各级单位和领导的大力支持。研究生同学在本书的素材搜集、整理、文本校对等工作中作出了重要贡献。谨此表示衷心的感谢！

由于编者水平有限，书中难免存在疏漏和错误之处，恳请读者批评指正。

赵　龙
2025年4月

目 录

第 1 章 卫星通信概述 1

1.1 卫星通信的基本知识 1
1.1.1 卫星通信的定义 1
1.1.2 卫星轨道的分类 1
1.1.3 卫星通信的频段 4
1.2 卫星通信的业务类型 6
1.2.1 卫星固定业务 7
1.2.2 卫星移动业务 7
1.3 卫星通信系统的分类与特点 9
1.3.1 卫星通信系统的分类 9
1.3.2 卫星通信系统的特点 9
1.4 卫星通信的历史发展 11
1.4.1 国际卫星通信发展简史 11
1.4.2 中国卫星通信发展简史 13
1.4.3 卫星通信的发展前景 15
本章小结 15
习题 16

第 2 章 卫星轨道与星座理论 17

2.1 轨道理论 17
2.1.1 开普勒三大定律 17
2.1.2 卫星轨道的描述 19
2.1.3 轨道特性的影响 21
2.2 单星覆盖 22
2.3 星座覆盖 23
2.3.1 星座覆盖概述 23
2.3.2 星形星座 25
2.3.3 对称星座 28
2.3.4 特殊轨道星座 32
2.4 星间链路 34
2.5 卫星发射技术 36
本章小结 38

习题 ·· 38

第3章 卫星通信系统的组成 ·· 40

3.1 卫星通信系统的结构 ·· 40
3.2 地球站子系统 ·· 41
3.2.1 地球站的分类 ·· 41
3.2.2 地球站的组成 ·· 42
3.2.3 地球站选址与布局 ·· 46
3.3 卫星子系统 ·· 47
3.3.1 AOC 分系统 ·· 49
3.3.2 TTC 分系统 ·· 53
3.3.3 电源分系统 ·· 54
3.3.4 通信分系统 ·· 55
3.3.5 天线分系统 ·· 58
3.4 设备可靠性 ·· 62
3.4.1 可靠性 ··· 63
3.4.2 冗余 ··· 64
本章小结 ··· 64
习题 ··· 64

第4章 卫星通信链路设计 ·· 66

4.1 卫星通信链路的概念 ·· 66
4.2 星地传输损耗 ·· 67
4.2.1 接收功率通量密度 ·· 67
4.2.2 星地传输方程 ·· 68
4.3 星地电波传播效应 ··· 69
4.3.1 损耗现象 ·· 69
4.3.2 闪烁现象 ·· 73
4.3.3 去极化现象 ·· 74
4.4 星地信道模型 ·· 77
4.4.1 多径信道模型 ·· 77
4.4.2 多径信道统计模型 ·· 78
4.4.3 卫星通信信道模型 ·· 79
4.5 卫星通信系统中的噪声温度 ·· 83
4.5.1 系统内部的噪声温度 ··· 83
4.5.2 天线的噪声温度 ··· 85
4.5.3 接收系统的性能参数 ··· 87
4.6 链路预算 ··· 88
4.6.1 链路预算的概念 ··· 88
4.6.2 模拟卫星的链路预算 ··· 88

    4.6.3 数字卫星的链路预算 …… 91
    4.6.4 完整链路预算 …… 92
    4.6.5 系统链路设计 …… 96
  本章小结 …… 96
  习题 …… 97

第5章 卫星通信体制技术 …… 99

  5.1 差错控制 …… 99
    5.1.1 差错控制分类 …… 99
    5.1.2 HARQ …… 100
  5.2 调制解调技术 …… 104
    5.2.1 调制解调技术概述 …… 104
    5.2.2 π/2-BPSK 调制 …… 105
    5.2.3 APSK …… 106
    5.2.4 OFDM …… 109
  5.3 双工方式 …… 116
  5.4 多址技术 …… 117
    5.4.1 多址技术概述 …… 117
    5.4.2 FDMA 方式 …… 118
    5.4.3 TDMA 方式 …… 122
    5.4.4 CDMA 方式 …… 126
    5.4.5 SDMA 方式 …… 128
    5.4.6 跳波束方式 …… 132
    5.4.7 ALOHA 方式 …… 136
  5.5 信道分配方式 …… 141
  本章小结 …… 141
  习题 …… 142

第6章 卫星通信网络技术 …… 144

  6.1 卫星通信天基网络拓扑 …… 144
    6.1.1 单层卫星通信网络 …… 144
    6.1.2 多层卫星通信网络 …… 147
    6.1.3 卫星通信网络特征 …… 150
  6.2 卫星通信地基蜂窝拓扑 …… 150
    6.2.1 卫星蜂窝的概念 …… 150
    6.2.2 频率复用 …… 151
    6.2.3 同信道干扰 …… 155
  6.3 卫星通信网络的协议体系 …… 159
    6.3.1 TCP 协议 …… 159
    6.3.2 SCPS 协议 …… 167

　　　　6.3.3　SR 协议 ·· 167
　　　　6.3.4　DTN 协议 ·· 168
　6.4　卫星通信网络的路由技术 ·· 169
　　　　6.4.1　卫星通信网络的路由概述 ··· 169
　　　　6.4.2　卫星网络的路由策略 ·· 170
　6.5　卫星多播技术 ·· 173
　　　　6.5.1　卫星多播技术的应用 ·· 173
　　　　6.5.2　卫星多播协议问题 ··· 174
　6.6　卫星波束管理技术 ·· 176
　6.7　卫星干扰协调技术 ·· 180
　　　　6.7.1　卫星通信系统中的干扰 ·· 180
　　　　6.7.2　邻星干扰及其解决措施 ·· 182
　本章小结 ·· 184
　习题 ··· 184

第 7 章　典型的卫星通信系统 ··· 186

　7.1　移动卫星通信系统 ·· 186
　　　　7.1.1　移动卫星通信系统概述 ·· 186
　　　　7.1.2　系统结构 ·· 188
　　　　7.1.3　网络控制 ·· 190
　7.2　VSAT 通信系统 ·· 202
　　　　7.2.1　VSAT 通信概述 ··· 202
　　　　7.2.2　VSAT 系统组成 ··· 204
　　　　7.2.3　VSAT 网络结构 ··· 206
　7.3　卫星数字电视广播系统 ·· 208
　　　　7.3.1　卫星数字电视广播系统概述 ··· 208
　　　　7.3.2　DVB-S2X 标准 ·· 210
　7.4　卫星定位与导航系统 ··· 217
　　　　7.4.1　卫星定位简介 ··· 217
　　　　7.4.2　定位基本知识 ··· 218
　　　　7.4.3　GPS 原理 ·· 222
　7.5　卫星遥感系统 ··· 233
　本章小结 ·· 235
　习题 ··· 236

第 8 章　空天地一体化信息网络 ·· 237

　8.1　天地一体化信息网络 ··· 237
　　　　8.1.1　天地一体化信息网络的内涵 ··· 237
　　　　8.1.2　天地一体化信息网络的结构 ··· 238
　8.2　平流层通信 ·· 241

8.3 非地面网络 ·· 243
　8.3.1 NTN 的应用场景与挑战 ·· 243
　8.3.2 5G NTN 系统架构 ·· 246
　8.3.3 NTN 对 NR 规范的潜在影响 ·· 257
　8.3.4 5G NTN 时频同步和定时关系增强 ······································· 265
　8.3.5 5G NTN 的移动性管理 ··· 275
8.4 星间激光通信 ·· 296
8.5 深空通信与星际互联网 ·· 299
　8.5.1 深空通信系统 ·· 299
　8.5.2 深空通信的传输技术 ··· 301
　8.5.3 深空通信的定位跟踪 ··· 302
　8.5.4 星际互联网 ·· 307
本章小结 ·· 308
习题 ·· 308

参考文献 ·· 310

第1章 卫星通信概述

1.1 卫星通信的基本知识

1.1.1 卫星通信的定义

卫星通信是以微波通信和航天技术为基础发展起来的。如图1.1所示,卫星通信是指利用人造地球卫星作为中继站转发无线电信号,在两个或者多个终端(如地球站或其他卫星通信终端)之间进行的通信。这种利用人造地球卫星在终端之间进行通信的系统,称为卫星通信系统;而把用于实现通信目的的人造地球卫星称为通信卫星。通信卫星的作用相当于离地面很高的中继站,因此可以认为卫星通信是地面微波中继通信的继承和发展,是微波接力向太空的延伸。

1971年,世界无线电行政会议(World Administrative Radio Conference,WARC)规定宇宙无线电通信(空间通信)的方式有三种:

(1) 空间站与地球站间的通信;

(2) 各空间站间的通信;

(3) 通过空间站的转发或反射进行各地球站间的通信。

一般把第三种形式的宇宙无线电通信称为卫星通信。这里所说的空间站是指设在地球大气层以外的宇宙飞行体或其他行星、月球等天体

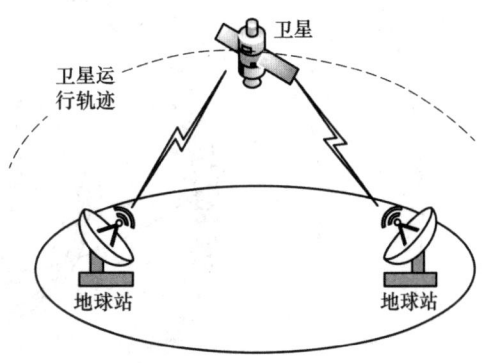

图1.1 卫星通信示意图

上的通信站;地球站则是指设在地球表面(包括地面、海洋或大气层)的通信站。

1.1.2 卫星轨道的分类

卫星轨道可以按照轨道形状、高度、倾角、周期等进行分类。

1. 根据卫星轨道形状分类

按照卫星轨道形状,可以将卫星轨道划分为圆形轨道和椭圆形轨道。

2. 根据卫星轨道高度分类

如图1.2所示,两个灰色的圆环分别表示内、外范·艾伦带。高度(1 500～5 500 km)

较低的称为内范·艾伦带,主要包含质子和电子混合物;高度(12 000～22 000 km)较高的称为外范·艾伦带,主要包含电子。一般内、外范·艾伦带中带电粒子的浓度分别在距离地面3 000 km 和 17 000 km 附近达到最大值。范·艾伦带对电子电路具有很强的破坏性,因此选择卫星轨道时应该尽量避开这两个高度的区域。此外,当轨道高度低于 500 km 时,大气阻力会严重影响卫星的飞行,缩短卫星的寿命;当轨道高度高于 1 000 km 时,大气阻力的影响可以忽略不计。因此,按照卫星轨道高度,可以将卫星轨道划分为:

(1) 低地球轨道(Low Earth Orbit,LEO):可用高度小于 2 000 km。如国际上典型的铱(Iridium)星、全球星(Globalstar)、轨道通信(Orbcomm)、一网(Oneweb)、Telesat、"光速"(Lightspeed)、"柯伊伯"(Kuiper)和星链(Starlink)等,我国的行云、虹云、鸿雁、银河系等。其中,高度小于 500 km 可称为极低地球轨道(Very Low Earth Orbit,VLEO)。

(2) 中地球轨道(Medium Earth Orbit,MEO):可用高度为 5 500～20 000 km。一般宽带多媒体通信星座选择在 5 500～16 000 km,如 ICO 和 O3b 等;而定位系统则部署在轨道稳定度较高的 18 000～25 000 km,如 GPS、GLONASS、Galileo、北斗系统等。

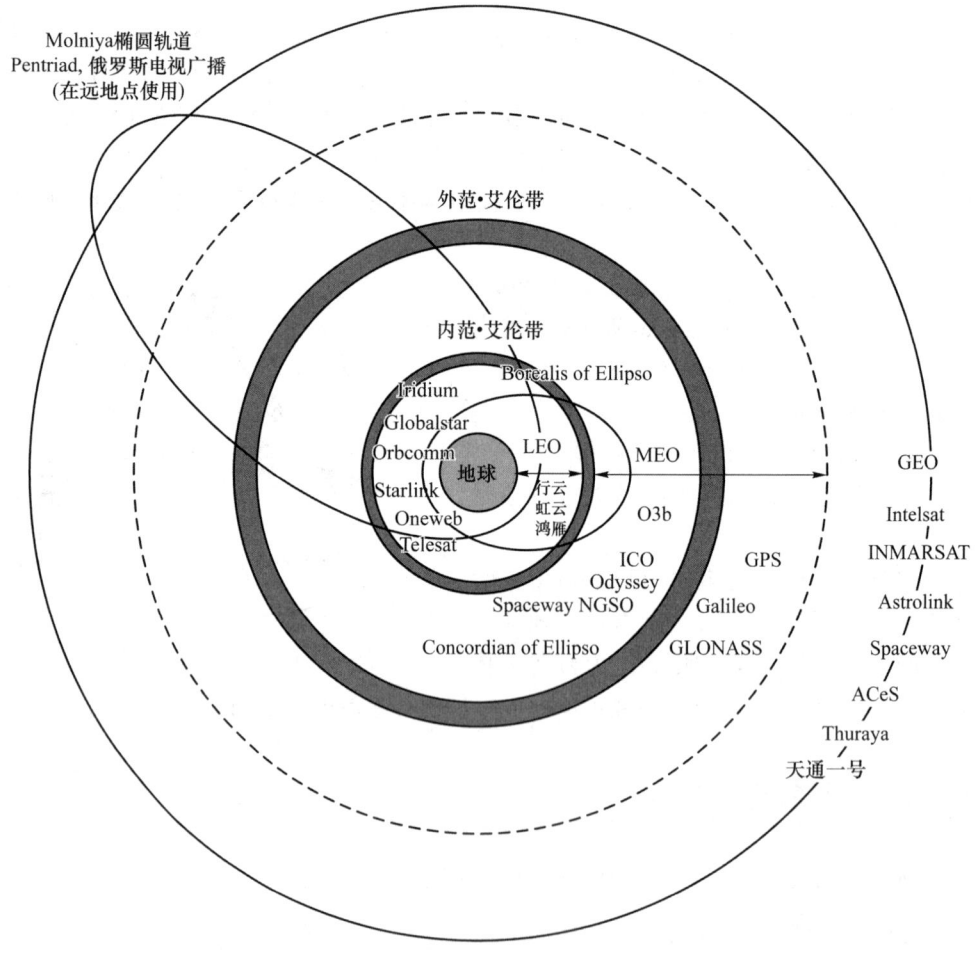

图 1.2 卫星通信轨道

(3) 静止/同步地球轨道(Geostationary/Geosynchronous Earth Orbit,GEO/GSO):高度为 35 786 km。如 GEO 的国际海事卫星通信系统(INMARSAT)、国际通信卫星(Intelsat)、

GSO 的图莱雅(Thuraya)卫星通信系统和我国的"天通一号"卫星移动通信系统。

(4) 高椭圆轨道(Highly Elliptical Orbit,HEO):远地点可以达到 40 000 km。

几种典型的不同轨道高度卫星系统如表 1.1 所示。

表 1.1 不同轨道高度的典型卫星系统

轨道类型	卫星系统	轨道高度/km	轨道速度/(km/s)	轨道周期		
				h	min	s
GEO	国际通信卫星(Intelsat)	35 786.03	3.074 7	23	56	4.10
MEO	Other 3 billion(O3b)	8 062	5.253 9	4	47	0.01
LEO	全球星(Globalstar)	1 414	7.152 2	1	54	5.35
	铱(Iridium)星	780	7.462 4	1	40	27.0
	星链(Starlink)	345.6	7.699 51	1	31	26.90

3. 根据卫星轨道倾角分类

根据卫星轨道倾角的大小,可以将卫星轨道分为:

(1) 赤道轨道:倾角为 0°,轨道运行方向与地球自转方向相同,卫星相对地面的运动速度随卫星高度的增加而降低。当轨道高度为 35 786 km 时,卫星运动速度与地球自转速度相同,形成静止轨道。

(2) 极轨道:轨道平面垂直于赤道平面,轨道倾角为 90°,卫星穿过地球的南北极。

(3) 倾斜轨道:倾角不为 0°、90°、180°的情况。当倾角为 0°~90°时,轨道在赤道面上的投影运行方向与地球自转方向相同,因而称为顺行轨道;而当倾角为 90°~180°时,轨道在赤道平面上的投影运行方向与地球自转方向相反,因此称为逆行轨道。

4. 根据轨道周期分类

根据轨道运行周期,可以将卫星轨道分为:

(1) 回归/准回归轨道:卫星星下点轨迹在整数个恒星日(M),围绕地球旋转整数圈(N)后重复的轨道。其中,$M=1$ 称为回归轨道;而 $M>1$ 称为准回归轨道。

(2) 非回归轨道:不存在任何整数 M 与 N,使得卫星星下点轨迹在整数个恒星日围绕地球转整数圈。

GEO 卫星的环绕周期是 1 恒星日,即 23 h 56 min 4.10 s。如图 1.3 所示,1 恒星日是除太

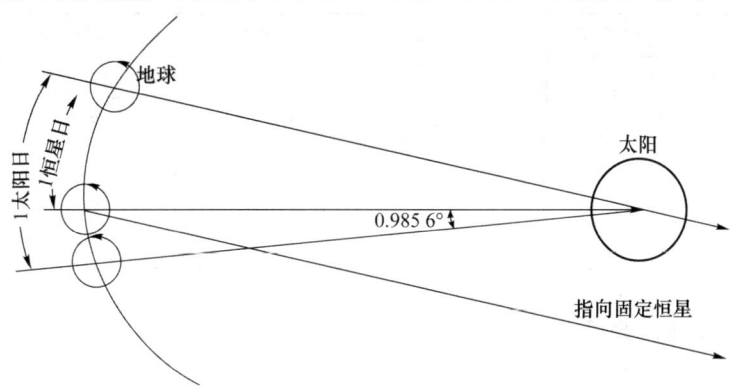

图 1.3 太阳日与恒星日

阳以外的任意恒星连续两次经过地球上同一特定经度所用的时间。1 太阳日是太阳连续两次经过地球上某一经度所用的时间，即 24 h。由于地球绕太阳一周的时间为 365.25 天，因而 1 太阳日比 1 恒星日长 1 440/365.25＝3.94 min。

卫星轨道要保持完全对地静止，须满足三个条件：①轨道必须为圆形，即偏心率为 0；②轨道必须位于正确的高度上，即具有正确的周期；③轨道必须位于赤道平面内，即与赤道平面的夹角为零。若某卫星与赤道平面的夹角不为零或者其偏心率非零，但其环绕周期正确，则该卫星通常称为对地同步卫星。地面上的观测者观测到的对地同步卫星的位置会在一个视角均值内左右摇摆。

1.1.3 卫星通信的频段

1. 工作频段的选择

卫星通信工作频段的选择直接影响整个卫星通信系统的通信容量、可靠性、设备复杂度和成本高低，并且还将影响该卫星通信系统与其他通信系统间的协调。一般来说，卫星通信工作频段的选择，必须根据需要与可能相结合的原则，着重考虑以下因素：

（1）电磁波应能穿过电离层，且传播损耗和外部附加噪声应尽可能的小；

（2）应具有较宽的可用频带，尽可能增大通信容量；

（3）较合理地使用无线电频谱，防止与各种宇宙通信业务之间、其他地面通信业务之间产生相互干扰；

（4）电子技术与器件的进展情况以及现有通信技术设备的利用与相互配合。

从提到的这些因素看，将卫星通信工作频段范围选在微波频段（300 MHz～300 GHz）是最合适的。因为微波频段有很宽的频谱，可以获得较大的通信容量，并且天线的增益高、尺寸小，现有的微波通信设备可以改造利用；另外，微波不会被电离层反射，能直接穿透电离层到达卫星。

根据波长长短，微波频段可以被划分为分米频段（又称特高频（UHF），频率为 0.3～3 GHz，波长为 100～10 cm）、厘米频段（又称超高频（SHF），频率为 3～30 GHz，波长为 10～1 cm）和毫米频段（又称极高频（EHF），频率为 30～300 GHz，波长为 1 cm～1 mm）。微波频段可再进一步细分，具体如表 1.2 所示。

表 1.2 微波频段的划分

微波频段	频段范围/GHz	微波频段	频段范围/GHz	微波频段	频段范围/GHz
L	1～2	K	18～27	E	60～90
S	2～4	Ka	27～40	W	75～110
C	4～8	Q	33～50	D	110～170
X	8～12	U	40～60	G	140～220
Ku	12～18	V	50～75	Y	220～325

2. 卫星通信使用的频段

早期通信卫星系统转发器的频带宽度为 250 MHz 或 500 MHz，天线增益较低，发射机输出功率仅有 1～2 W。当使用全带宽传输时，由于地面站接收机无法达到足够高的信噪比，因而当时的系统是功率受限系统。而后,卫星转发器的功率有了大幅提高,可以达到 200 W,同时频带利用率也有了进一步改进。目前,大多数卫星通信系统选择表 1.3 所示的工作频段。

表 1.3 典型卫星工作频段及带宽

业务类型	工作频段	上/下行频段/GHz	上行频段/GHz	下行频段/GHz	典型带宽/MHz
移动业务	UHF	0.4/0.2	0.29~0.32	0.24~0.27	30(用于小 LEO)
	L	1.6/1.5	1.626 5~1.660 5	1.525~1.559	34(用于 GEO)
			1.61~1.626 5	2.483 5~2.5	16.5(用于大 LEO)
固定业务	C	6/4	5.925~6.425	3.7~4.2	500
	X	8/7	7.9~8.4	7.25~7.75	500(用于军事通信)
	Ku	14/12 14/11	14~14.5	11.7~12.2 GHz 10.95~11.2 GHz 11.45~11.7 GHz	500
	Ka	30/20	27.5~31	17.7~21.2	$2 \times 10^3 \sim 3.5 \times 10^3$

1) UHF 频段与 L 频段

由于 UHF 频段、S 频段和 L 频段只能传输较低的数据率,因此这几个频段通常只能用于小卫星数据通信、静止卫星的遥测及指令系统,以及某些军用卫星通信或特殊的卫星通信。

2) C 频段与 X 频段

大部分国际通信卫星,尤其是商业卫星,工作在 6/4 GHz 频段(C 频段),上行频段为 5.925~6.425 GHz,下行频段为 3.7~4.2 GHz,国内区域性通信卫星多数也使用该频段。许多国家的政府和军事卫星使用 X 频段,上行频段为 7.9~8.4 GHz,下行频段为 7.25~7.75 GHz,这样可与民用卫星通信系统在频段上分开,避免互相干扰。

3) Ku 频段

由于 C 频段通信卫星拥挤及其与地面网的干扰问题,Ku 频段卫星通信于 20 世纪 80 年代初进入实用化阶段,现已用于民用卫星通信和广播卫星业务。这个频段的上行频段为 14~14.5 GHz,下行频段为 11.7~12.2 GHz、10.95~11.2 GHz、11.45~11.7 GHz。使用这个频段的具有代表性的通信卫星是 IS-V 号通信卫星。在 IS-V 号通信卫星中,全球、半球和区域波束的天线及转发器工作于 6/4 GHz 的 C 频段,而东西向点波束天线及转发器则工作于 Ku 频段。与 C 频段相比,Ku 频段的优点是:

(1) 不存在与地面微波中继线路的干扰问题,地球站天线小,可架设在市中心建筑物顶上,并可将收到的信息直接传输给用户,因而比较简单且费用较低。

(2) 卫星的发射功率也可不受限制。当地球站及卫星天线尺寸相同时,Ku 频段波束宽度比 C 频段的一半还窄,这就意味着在静止轨道上放置 Ku 频段卫星的数量比 C 频段卫星多一倍,从而缓解静止轨道卫星拥挤的问题。另外,使用 K 频段也便于卫星多波束工作。

(3) 当卫星天线尺寸相同时,发射天线增益可以提高 9.15 倍,接收天线增益可以提高 5.33 倍,总的改善为 16.9 dB。这一改善可用于弥补增加的传输损耗,以及坏天气时增加的吸收损耗和噪声。

采用 Ku 频段的缺点是:在暴雨、浓云、迷雾等坏天气下,接收系统载噪比下降很大(接收信号功率下降而噪声急剧增加)。此外,当仰角为 30°时,因恶劣天气所增加的噪声和吸收损耗,大体上与使用该频段增加的天线增益相抵消。因此,在 Ku 频段卫星通信网中的地球站必须避免低仰角。

4）Ka 频段

最初为 6/4 GHz 和 14/11 GHz 卫星通信分配的 500 MHz 频段已经十分拥挤或被占满。因此目前对 Ka 频段的使用逐渐增多。该频段的上行频段为 27.5～31 GHz，下行频段为 17.7～21.2 GHz，可用带宽可达 3.5 GHz，为 C 频段(500 MHz)的 7 倍，因此极具吸引力。使用 Ka 频段的卫星称为多媒体卫星或宽带交互卫星。Ka 频段的卫星通信系统可为高速卫星通信、千兆比特级宽带数字传输、高清晰电视(HDTV)、卫星新闻采集(Satellite News Gathering, SNG)、VSAT 业务、直接到户(DTH)业务及个人卫星通信等提供一种崭新的手段。新一代 Ka 频段卫星平台支持 DVB/IP，将卫星电视和高速互联网组合在一起，可直接为终端用户提供宽带 IP 业务。卫星宽带可以把接入和互联、移动和固定相结合，使卫星具有覆盖面大、业务快速展开、便于扩展和升级、可以绕过拥挤的地面网络、支持非对称数据率等优点。

与 C 频段(6/4 GHz)的卫星相比，Ku 频段(14/11 GHz)以及 Ka 频段(30/20 GHz)卫星通信系统的波束较窄，覆盖形状控制较好。原本在 Ka 频段上分配给卫星业务的带宽为 3 GHz，但由于部分频段已分配给了陆地多点分布业务(LMDS)，因而 Ka 频段上用于卫星业务的实际带宽只有 2 GHz 左右，相当于 C 频段和 Ku 频段的带宽总和。然而，当频率高于 10 GHz 时，雨衰随工作频段的平方增加，20 GHz 的雨衰是 10 GHz 的 4 倍左右。

5）新频段

用户对更高容量和更高数据传输速率的需求，将促使卫星通信系统采用更高的传输频段，如 Q 频段(36～46 GHz)、V 频段(50～70 GHz)、W 频段(75～110 GHz)。太赫兹频段(0.1～10 THz)也在加紧开发，但大气吸收损耗大，适用于局域网或星间高速传输。星间激光通信可以进一步提高星间传输速率。

3. 频率复用

为提高卫星通信的信道容量，只能采用增加带宽或频率复用的方法。大容量的卫星通信系统均向着频率复用的方向发展，采用同频有向波束(空间频率复用)及同频极化波束(极化频率复用)。

一些大型的 GEO 卫星同时采用 6/4 GHz 和 14/11 GHz 这两个工作频段，从而增加系统的带宽。比如，一些 GEO 卫星在 6/4 GHz 频段的带宽为 500 MHz，在 14/11 GHz 频段的带宽为 250 MHz，在综合采用空间频率复用和极化频率复用后，总有效带宽可达 2 250 MHz。

此外，GEO 卫星的最初标准间隔为 3°，但是许多国家和地区已将这一间隔缩小到 2°，这样可以进一步增加 6/4 GHz 和 14/11 GHz 频段的频率复用度。

1.2 卫星通信的业务类型

根据国际电联(International Telecommunication Union, ITU)的划分，卫星通信业务可以分为以下几类：

(1) 卫星固定业务(Fixed Satellite Service, FSS)；

(2) 卫星移动业务(Mobile Satellite Service, MSS)；

(3) 卫星无线电导航业务(Radio Navigation Satellite Service, RNSS)；

(4) 卫星无线电定位业务(Radio Determination Satellite Service,RDSS);
(5) 卫星广播业务(Broadcasting Satellite Service,BSS);
(6) 卫星气象业务(Meteorological Satellite Service,MetSat Service);
(7) 业余卫星业务(Amateur Satellite Service,ASS)。

其中,与通信有关的是卫星固定业务和卫星移动业务。卫星广播业务中也有部分使用卫星固定业务的频段来提供广播电视业务。下面仅对卫星固定业务和卫星移动业务进行概述。

1.2.1 卫星固定业务

承担卫星固定业务规模最大的是 INTELSAT 国际卫星通信系统。它已经有 30 多年的历史,在 20 个轨道位置上配置了 22 颗同步卫星,承担着大西洋、印度洋、太平洋及亚太地区的 200 多个国家和地区的国际卫星通信业务。

从发展现状看,提供卫星固定业务的系统一般使用对地静止轨道卫星。从系统所提供的业务性能和覆盖范围看,可将通信方式分为以下几种:

(1) 国际卫星通信:主要提供国际通信业务。这类通信的经营商主要有国际通信卫星组织、俄罗斯联邦国际卫星组织、美国泛美卫星公司、新天空卫星公司等。

(2) 国内和区域卫星通信:提供国内和国家间的区域通信业务,主要有欧洲通信卫星系统和阿拉伯卫星系统。

(3) 国内卫星通信:主要提供国内通信业务。中国、美国、加拿大、日本、法国、德国、印度、印度尼西亚等国都建有国内卫星通信系统。

根据组网方式和应用的不同,卫星固定业务系统又可分为以下几种类型:

(1) 以话音为主的点对点通信系统:用于解决边远地区的通信问题(如 Single Channel Per Carrier,SCPC)和骨干结点间的备份及迂回(如 Multiple Channel Per Carrier,MCPC)。

(2) 以数据为主的 VSAT 系统:主要用于解决内部通信问题的专用网。

(3) 基于 DVB 的单向数据广播和分发系统:用于多媒体数据文件的分发。

(4) 基于 DVB-RCS(Digital Video Broadcasting and Return Channel via Satellite)或交互的双向卫星数据广播和分发系统:用于因特网高速接入、会议电视及需要高可靠性的数据分发。

根据速率的不同,还可把卫星固定业务分为窄带和宽带两大类。窄带仍以话音和低速数据业务为主,发展较为缓慢;而各类卫星宽带业务得到较快发展,尤其是各种基于 IP 的业务(IPoS),如电视会议、远程教育、远程医疗、媒体、因特网接入等业务。

当前,卫星固定业务的发展具有以下两个特点。

(1) 组网方式:从传统的以点到点通信方式为主逐步转向以点到多点通信方式为主,如数据采集和分发等。

(2) 技术标准:从传统没有统一标准的 VSAT 体系逐步向 DVB 和 TCP/IP 标准靠拢。

1.2.2 卫星移动业务

卫星移动业务是通过移动卫星通信来实现的。移动卫星通信是指利用通信卫星作为中继站实现移动用户间或移动用户与固定用户间相互通信的一种方式。目前,国际上使用的移动卫星通信系统及其业务可以按如下几个方面进行分类。

1. 按用途分类

（1）海事移动卫星系统(MMSS)：主要用于改善海上救援工作,提高船舶的使用效率和管理水平,增强海上通信业务和无线定位的能力。

（2）航空移动卫星系统(AMSS)：主要用于飞机和地面间,为机组人员和乘客提供话音和数据通信。

（3）陆地移动卫星系统(LMSS)：主要为陆地上的行驶车辆和行人提供移动通信服务。

2. 按卫星轨道形状和高度分类

1）大椭圆轨道(HEO)系统

采用大仰角技术,用于其他类型卫星难以胜任的高纬度地区的业务传输,尤其对欧洲许多国家特别有用,如 Molnyia、Loopus 等。另外,还有区域性的移动卫星通信系统,如亚洲的 AMPT、日本的 N-STAR、巴西的 ECO-8 等。

大椭圆轨道系统的主要优点是：可覆盖高纬度地区；地球站可工作在高仰角条件下,以减少大气影响；可用简单的高增益非跟踪天线；发射成本较低；在业务时间内不发生掩蔽现象。而其缺点是：连续通信业务需要 2～3 颗卫星；需要切换措施；需要多普勒补偿；卫星天线需要有波束定位与控制系统；保持轨道不变需要消耗相当多能量；当近地点较低时经过范·艾伦带需要防辐射措施；全球覆盖需要星间链路；地面设备大且成本高。

2）静止地球轨道(GEO)系统

静止地球轨道系统的优点是：开发早且技术成熟,多普勒频移小,发展星上多点波束可简化地面设备,适用于低纬度地区。而其缺点是：在高纬度地区的通信效果差,地面设备大、成本高、机动性差,需要星上处理技术、大功率发射管及大口径天线。

提供全球覆盖的移动卫星通信系统有国际海事卫星通信系统(INMARSAT)；提供区域覆盖的移动卫星通信系统有北美移动卫星通信系统(MSAT)、澳大利亚移动卫星通信系统(Mobilesat)、东南亚的亚洲蜂窝卫星系统(ACeS)、瑟拉亚(Thuraya)卫星系统；提供国内覆盖的移动卫星通信系统有日本的 N-STAR 系统、澳大利亚的 Optus 系统、我国的"天通一号"系统。

不同代或标准的 INMARSAT 可以提供海事、陆地、航空三个方面的移动通信业务；MSAT 和 Mobilesat 只能支持车载台(便携终端)或固定终端；ACeS、ASC 和 CELSAT 以支持手持机为目标；Thuraya 卫星系统终端整合了卫星、GSM、GPS 三种功能,向用户提供语音、短信、数据(上网)、传真、GPS 定位等业务。其中,波束覆盖我国的系统有 INMARSAT、ACeS,以及覆盖我国领土、领海及周边区域的"天通一号"卫星移动通信系统。

3）中轨道(MEO)系统

中轨道(MEO)系统兼有 GEO 和 LEO 两种系统的优缺点,如美国 TRW 公司提出的奥德赛(Odyssey)、INMARSAT 提出的 ICO(Intermediate Circular Orbit)、AMSC 等系统。但由于各种原因及困难,迄今为止,还没有一个真正发射组网并进行运营的 MEO 移动卫星通信系统。

4）低轨道(LEO)系统

低轨道(LEO)系统的主要优点是：可避开静止轨道的拥挤,易实现全球覆盖,传播时延短,路径损耗小,频率复用度高,卫星与终端设备简单,要求的全向辐射功率低,抗毁性好,适合个人移动卫星,研制容易,费用低。而其主要缺点是:连续通信业务需要多星覆盖,网络设计复杂,需要星上处理与星间通信,多普勒频移大且需要频率补偿,需要切换措施。例如:20世纪提出的铱(Iridium)星、全球星(Globalstar)、轨道通信(Orbcomm);21世纪提出的星链(Starlink)、Oneweb、LeoSat等,以及我国的"鸿雁"和"虹云"。

1.3 卫星通信系统的分类与特点

1.3.1 卫星通信系统的分类

卫星通信系统的分类方法有很多,典型的分类方法可以归纳如下。

(1) 按卫星运动状态:卫星通信系统分为静止(同步)卫星通信系统和运动卫星通信系统,其中运动卫星通信系统又分为随机卫星通信系统和相位卫星通信系统。

(2) 按卫星通信覆盖区范围:卫星通信系统分为全球卫星通信系统、国际卫星通信系统、国内卫星通信系统和区域卫星通信系统。

(3) 按卫星的结构:卫星通信系统分为有源(主动)卫星通信系统和无源(被动)卫星通信系统。

(4) 按多址方式:卫星通信系统分为频分多址卫星通信系统、时分多址卫星通信系统、码分多址卫星通信系统、空分多址卫星通信系统和混合多址卫星通信系统等。

(5) 按基带信号体制:卫星通信系统分为模拟卫星通信系统和数字卫星通信系统。

(6) 按用户性质:卫星通信系统分为公用(商用)卫星通信系统、专用卫星通信系统和军用卫星通信系统。

(7) 按通信业务种类:卫星通信系统分为固定业务卫星通信系统、移动业务卫星通信系统、广播电视卫星通信系统、科学试验卫星通信系统和教学、气象、导航、军事等卫星通信系统。

(8) 按卫星通信所用频段:卫星通信系统分为特高频卫星通信系统、超高频卫星通信系统、极高频卫星通信系统和激光卫星通信系统等。

(9) 根据卫星转发方式:卫星通信系统分为即时转发型卫星通信系统和延迟转发型卫星通信系统。

(10) 根据卫星转发器类型:卫星通信系统分为透明转发卫星通信系统和处理转发卫星通信系统。透明转发器具有滤波、变频、放大等功能。而处理转发器除具备以上功能外还可以进行星上处理,如调制解调、编码译码、星上交换及路由等。

以上各种分类方法,分别从不同侧面反映了卫星通信系统的特点、性质和用途,综合起来便可较全面地描述具体卫星通信系统的特征。

1.3.2 卫星通信系统的特点

与其他通信方式相比,卫星通信具有以下几个方面的特点。

(1) 通信距离远,且费用与通信距离无关。利用静止卫星进行通信,其最大距离可以达到

18 100 km,而建站费用与维护费用并不因地球站间距离的远近及地理条件的恶劣程度而变化。这是地面微波中继通信、光纤通信以及短波通信等手段不能比拟的。

（2）覆盖面积大，可进行多址通信。许多其他类型的通信只能实现点对点通信，而卫星通信由于覆盖面积大，因此只要是在卫星天线波束的覆盖区域内，都可以设地球站，共用同一颗卫星实现在这些地球站之间的双边或多边通信，或者多址通信。

（3）通信频带宽，容量大。卫星通信通常使用 300 MHz 以上的微波频段，因而可用频带宽。目前，卫星通信带宽已达到 3 000 MHz 以上，这使得一颗卫星的通信容量可达到数千路乃至上万路电话，并可传输多达数百路的彩色电视、数据和其他信息。

（4）机动灵活。卫星通信不仅可以实现大型固定地球站间的远距离干线通信，而且可以实现车载、船载、机载等移动地球站间的通信，还可以为个人终端提供通信服务。

（5）通信链路稳定可靠，传输质量高。卫星通信的电磁波主要是在大气层以外的宇宙空间中传播，传播特性比较稳定，不易受自然条件和干扰的影响，因此传输质量高。

因此，卫星通信可以作为陆地移动通信的扩展、延伸、补充和备用，对航空用户、航海用户、缺乏地面通信基础设施的偏远地区用户，以及对网络实时性要求较高的专门用户都具有很大的吸引力。

当然，卫星通信在某些方面也存在一些不足。

（1）通信时延较长。地球同步卫星离地面的距离为 35 786 km，发端信号经过卫星转发到收端地球站，传输时延可达 270 ms。如果要再转接到另一颗卫星，时延会更长。中、低轨道卫星的传输时延较小，但也有 100 ms 左右。

（2）链路传播损耗大。卫星和地面终端间的距离远，导致链路自由空间传播损耗大。

（3）通信卫星使用寿命较短。通信卫星是综合高科技产品，由成千上万个零部件组成，只要其中某个零部件发生故障，就有可能造成整个卫星的失败。处在太空中的卫星，如要进行修复，几乎是不可能的。控制通信卫星的轨道位置和姿态需要消耗推进剂，而卫星的体积和重量是有限的，能够携带的推进剂也是有限的，一旦推进剂消耗完，卫星就失去了控制能力，会脱离轨道随意漂流，沦为太空垃圾。

（4）作为一个开放的通信系统，其通信链路易受外部条件的影响。由于卫星通信的电磁波要通过大气层，其通信链路易受外部条件（如通信信号的干扰、大气层微粒（雨滴等）的散射与吸收、电离层闪烁、太阳噪声和宇宙噪声等）的影响。

（5）存在日凌中断和星蚀现象。每年春分（3 月 20 日或 21 日）或秋分（9 月 23 日或 24 日）前后数日，太阳、地球和卫星三者将运行到一条直线上。当卫星运行到太阳和地球站之间时，地球站的抛物面接收天线不仅对准卫星，而且也正好对准太阳。当地球站在接收卫星下行信号时，会接收到大量的宽频谱太阳噪声，从而使接收信噪比大大下降，严重时信号甚至会被太阳噪声淹没，导致信号完全中断，这种现象称为日凌；当卫星进入地球的阴影区域时，会出现星蚀现象，卫星的太阳能电池无法使用，只能靠自己的蓄电池供电。

（6）卫星通信系统技术复杂。静止卫星的制造、发射和测控，需要先进的空间技术和电子技术。目前，世界上只有少数国家能自行研制和发射 GEO 卫星。

（7）GEO 卫星在地球高纬度地区的通信效果不好，并且两极地区为其通信盲区。

总而言之，卫星通信有优点，也存在一些缺点。不过，与优点相比，这些缺点是次要的，并且随着卫星通信技术的发展，有的缺点已经得到或正在得到改正。

1.4 卫星通信的历史发展

1.4.1 国际卫星通信发展简史

自1957年10月4日苏联成功发射第一颗人造地球卫星以来,世界上许多国家相继发射了各种用途的卫星。这些卫星被广泛应用于科学研究、宇宙观测、气象观测、国际通信等领域。下面简单回顾一下卫星通信的发展历程。

1. 卫星通信的构想和探索

卫星通信的历史最早要追溯到1945年10月,当时的英国空军雷达军官阿瑟·克拉克在《地球外的中继站》一文中提出了利用同步卫星进行全球无线电通信的科学设想。在该文中,阿瑟·克拉克提出在圆形赤道轨道上空、高度为35 786 km处设置一颗卫星,其旋转方向与地球自转方向相同,且以与地球相同的角速度绕太阳旋转,因此对于地球上的观察者来说,这颗卫星是相对静止的。阿瑟·克拉克在文中还提到,用太阳能作为动力,在赤道上空的静止轨道上配置三颗静止卫星,即可实现全球通信(注:实际上南北极地区无法覆盖)。大约20年后,这一设想变成了现实。

2. 卫星通信的试验阶段

在1957年10月4日苏联成功发射世界上第一颗低轨人造地球卫星Sputnik后,卫星通信很快转入人造地球卫星的测试阶段,主要是无源卫星通信试验和有源卫星通信试验。

1) 无源卫星通信试验

1954~1964年,美国先后利用月球、无源气球卫星、铜针无源偶极子带等作为中继站,进行了电话、电视传输试验,但由于种种原因,接收到的信号质量不高,实用价值不大。

2) 有源卫星通信试验

(1) 低轨道延迟式试验通信卫星

1958年,美国宇航局(NASA)发射了"斯柯尔"(Signal Com. by Orbiting Relay Equipment,SCORE)卫星,用阿特拉斯火箭将这颗重150磅的卫星射入椭圆轨道(近地点为200 km,远地点为1 700 km),星上发射机输出功率为8 W,射频为150 MHz。为实现距离较远的甲、乙两站通信,卫星飞到甲站上空时先把甲站发出的信息(电话、电报)进行录音(存储时长为4 min),待卫星飞到乙站上空时再将录音转发。此外,还试验了实时通信,卫星成功工作了20天,因电池耗尽停止工作。1960年10月,美国国防部发射了"信使"(COVRIER)有源无线电中继卫星进行了与上述类似的试验,它可以接收和存储36万个字符,并可以转发给地球站。

(2) 中高轨道试验通信卫星

1962年6月,美国宇航局用δ火箭将"电星"(Telstar)卫星送入1 060~4 500 km的椭圆轨道,采用C频段转发器,上行射频为6.389 GHz,下行射频为4.169 GHz。1963年,美国宇航局发射了另一颗卫星,重170磅,输出功率为3 W,上行射频为6 GHz,下行射频为4 GHz,用于美、英、法、德、意、日等国之间的电话、电视、传真传输试验。1962年12月至1964年1月,美国宇航局发射的"中继"号卫星运行于1 270~8 300 km的椭圆轨道上,该卫星重172

磅,发射机输出功率为 10 W,上、下行射频分别为 1.7 GHz 和 4.3 GHz,期间在美国、欧洲、南美洲之间进行了多次通信试验。

(3) 同步轨道试验通信卫星

1963 年 7 月至 1964 年 8 月,美国宇航局先后发射三颗"辛康姆"(Syncom)卫星。其中,第一颗未能进入预定轨道;第二颗送入周期为 24 h 的倾斜轨道,并进行了通信试验;第三颗被送入类圆形静止轨道,成为世界上第一颗试验性静止通信卫星。美国宇航局利用第三颗卫星成功地进行了电话、电视和传真传输试验,并于 1964 年 10 月用它向美国转播了在日本东京举行的奥运会实况。至此,卫星通信的早期试验阶段基本结束。

3. 卫星通信的实用阶段

1965 年 4 月 6 日,西方国家财团组成的"国际通信卫星组织(INTELSAT)"把第一代国际通信卫星(Intelsat-I,简称 IS-I,中文名"晨鸟")发射到静止同步轨道上,并使其正式担任国际通信业务。该卫星具有两个 C 频段转发器,带宽约为 25 MHz。两周后,苏联也成功地发射了第一颗非同步通信卫星"闪电-I",使其进入倾斜轨道(倾角为 65°,采用 HEO,远地点为 40 000 km,近地点为 500 km 的准同步轨道,运行周期为 12 h),对苏联北方、西伯利亚、中亚地区提供电视、广播、传真和一些电话业务。这标志着卫星通信开始进入使用、提高与发展的新阶段。

20 世纪 70 年代初期,卫星通信进入国内通信时期。1972 年,加拿大首次发射了国内通信卫星"ANIK",并开展了国内卫星通信业务,获得了明显的规模经济效益。在这一阶段,地球站开始采用 21 m、18 m、10 m 等较小口径天线、几百瓦级行波管发射机、常温参量放大器接收机等,使地球站向小型化迈进,成本也大大降低。期间,还出现了海事卫星通信系统,通过大型岸上地球站转接,为海运船只提供通信服务。

20 世纪 80 年代,甚小口径终端(VSAT)卫星通信系统问世,卫星通信进入突破性的发展阶段。VSAT 是集通信、电子计算机技术为一体的固态化、智能化的小型无人值守地球站。一般,C 频段 VSAT 站的天线口径约为 3 m,Ku 频段 VSAT 站的天线口径为 1.8 m、1.2 m 或更小。因此,可以把 VSAT 站建在楼顶上或就近的地方直接为用户服务。VSAT 技术的发展为大量专业卫星通信网的发展创造了条件,开拓了卫星通信应用发展的新局面。

20 世纪 90 年代,低轨、中轨和混合式轨道卫星通信系统开始广泛应用于全球电信网,以满足宽带和移动用户的各种需求。尤其是 IP/ISP 技术、互联网业务的发展,给传统卫星通信应用注入了新的活力,使卫星通信的应用及业务进入了新时期。而在传统卫星通信业务继续应用的同时,非对称互联网接入业务、交互式卫星远程教学、远程医疗、双向卫星会议电视、电子商务以及寻呼卫星覆盖等业务已经投入到了实际应用中。其中,1998 年年底,铱(Iridium)系统投入运营,利用低轨道卫星星座实现个人移动通信,非静止轨道卫星进入运行阶段;铱系统真正实现了用卫星进行全球个人通信的目的,成为卫星通信发展史上的又一个里程碑。

进入 21 世纪,宽带个人通信、移动卫星通信等得到蓬勃发展,多个低轨道和中轨道卫星系统投入运行。例如:2015 年,SpaceX 首席执行官马斯克宣布"星链"计划,利用低轨道卫星在全球范围内提供低成本的互联网接入服务;2018 年 2 月 22 日,美国加州范登堡空军基地成功发射一枚"猎鹰 9 号"火箭,将两颗小型试验通信卫星送入轨道,"星链"计划由此启动。

截至 2020 年年底,国外共有 1 785 颗通信卫星在轨运行,通信卫星仍是全球在轨数量最多的一类航天器。LEO 卫星部署数量呈现爆发式增长,通信卫星领域呈现出"低轨化"分布特征,传统高轨卫星部署和在轨占比则不断下滑。全球已出现了以美国 Starlink、Kuiper、铱星二代和英国 Oneweb 为代表的星座。2024 年年初,SpaceX"星链"发射卫星总量已接近 6 000 颗,亚马逊的 Kuiper、英国 Oneweb 等均规划了千颗级别的发射量。

几十年来,在国际通信、国内通信、国防通信、移动通信、广播电视等领域内,卫星通信迅速发展。到目前为止,全世界已经建成和正在建立的卫星通信系统有数十个,地球站数以千计。人们对卫星通信的新体制、新技术进行了广泛而深入的研究和试验,并取得了很大的进展。

1.4.2 中国卫星通信发展简史

1. 20 世纪中国卫星通信发展

我国的通信广播卫星主要有东方红、鑫诺、中星和亚太等系列。

东方红一号(DFH-1):1970 年 4 月 24 日于酒泉卫星发射中心成功发射,它是我国的一颗人造地球卫星,主要用于科学实验。DFH-1 卫星重 173 kg,由长征一号运载火箭送入近地点为 441 km、远地点为 2 368 km、倾角为 68.44°的椭圆轨道。DFH-1 卫星进行了轨道测控和《东方红》乐曲的播送。DFH-1 卫星的设计寿命为 20 天,其实际工作 28 天后,于 5 月 14 日停止发射信号,但仍在空间轨道上运行。DFH-1 卫星的成功发射开创了中国航天史的新纪元,标志着中国成为继苏、美、法、日之后第五个独立研制并发射人造地球卫星的国家。

东方红二号(DFH-2):包括试验型和实用型两类,均由长征三号运载火箭在西昌卫星发射中心发射。试验型卫星共发射了 2 颗,分别于 1984 年 4 月 8 日和 1986 年 2 月 1 日发射,定点于东经 125°和东经 103°。东方红二号的成功发射标志着我国开始了用自己的通信卫星进行卫星通信的历史。DFH-2 卫星本体为直径 2.1 m、高约 1.6 m 的圆柱体,采用自旋稳定控制方式,设计寿命为 2 年,起飞质量约 920 kg。星上装有 2 台 C 频段转发器,每路功率放大器输出功率为 8 W,通信天线安装在消旋组件上,天线指向精度约 0.5°。实用型卫星在试验型卫星的基础上进行了改进,设计寿命为 4 年,实际寿命均超过 5 年,起飞质量约 1 040 kg。实用型卫星共发射了 4 颗,前 3 颗分别于 1988 年 3 月 7 日、1988 年 12 月 22 日和 1990 年 2 月 4 日发射,定点于东经 87.5°、东经 110.5°和东经 98°,其卫星转发器数量增至 4 台,每台功率放大器输出功率增至 10 W。第 4 颗卫星于 1991 年 12 月 18 日发射,但因火箭故障未能入轨。

东方红三号(DFH-3):中国第一代采用三轴稳定技术的同步卫星,主要由通信、结构、电源、姿态和轨道控制、推进、热控和测控等七个分系统组成。在 1994 年 11 月首次发射了具有 24 个转发器的试验性"东方红三号",并经技术改进后,1997 年 5 月发射了第二颗"东方红三号"(DFH-3)通信广播卫星,成功定点于东经 125°的赤道上空。DFH-3 卫星上有 24 路 C 频段转发器,其中 6 路为中功率转发器,其他 18 路为低功率转发器;卫星寿命末期的输出功率大于等于 1 700 W;卫星允许的有效载荷质量达 170 kg。DFH-3 主要用于电话、数据传输、VSAT 网和电视传输等。

东方红四号(DFH-4)卫星公用平台:"十五期间"中国重点开展的民用卫星工程。该平台采用公用平台设计理念,卫星平台的发射重量为 5 000 kg,输出功率为 10 kW,有效载荷为 600~800 kg,转发器数量为 52 路,设计寿命为 15 年,平台的性能与国际同类平台水平相当,适用于大容量通信广播卫星,大型直播卫星,移动通信、远程教育和医疗等公益卫星以及中继卫星等地球静止轨道卫星通信任务。

东方红五号(DFH-5)卫星平台:新一代大型桁架式卫星平台,2020 年 1 月 5 日由长征五号火箭发射并成功定点,这标志着我国自主研发的新一代大型地球同步轨道卫星平台(DFH-

5)首飞成功,填补了我国大型卫星平台型谱的空白。

另外,1972年,邮电部租用国际第四代卫星(IS-IV),引进国外设备,在北京和上海建立了四座大型地球站,首次开展了商业性的国际卫星通信业务。我国第一次试验性卫星通信工程于1975年开始实施。不久,我国就逐步建成了北京、南京、乌鲁木齐、昆明、拉萨等地球站。我国曾先后利用法国、德国提供的交响乐卫星和国际IS-V卫星成功地进行了各种通信业务的传输试验,证明我国自行研制的地球站的主要技术性能已达到国际标准。而1984年4月8日的第一颗试验用同步卫星,开通了北京至乌鲁木齐、昆明、拉萨三个方向的数字电话。中央人民广播电台和中央电视台向新疆、西藏、云南等边远地区传输了广播和电视节目,使中国成为世界上第五个独立研制和发射静止轨道卫星的国家,从而揭开了我国卫星通信发展史上崭新的一页。1985年,中国广播通信卫星公司成立,标志着我国卫星通信领域正式进入商业运营阶段。1990年4月7日,"长征三号"运载火箭成功发射"亚洲一号"通信卫星(包含24个转发器),这是中国航天第一次走出国门,承担国外商业卫星的发射任务。

此外,在气象卫星方面,我国在1988年9月和1990年9月两次成功发射了"风云一号"试验性太阳同步轨道气象卫星;1999年5月成功发射了经过改进的"风云一号"第三颗气象应用卫星;2000年6月成功发射"风云二号"地球静止轨道气象卫星,定点于东经105°的赤道上空,"风云一号"和"风云二号"卫星为我国天气预报和气象研究提供了有效服务。

2. 21世纪中国卫星通信发展

2008年4月25日,"天链一号01星"发射升空,这是我国第一颗跟踪与数据中继卫星,这意味中国航天器开始拥有天上的数据"中转站"。"天链一号01星"发射升空填补了我国中继卫星领域的空白。2016年8月6日,"天通一号01星"发射升空,这是我国移动卫星通信系统的首发星。2018年12月22日,我国发射了"虹云"首发星。一周后,我国发射了"鸿雁"首发星,这意味着我国低轨宽带卫星通信系统开始建设。

"虹云"星座由中国航天科工集团提出,由156颗低轨卫星组成,在轨道高度1 000 km上组网运行,面向全球移动互联网和网络高速接入需求,采用Ka频段通信,每颗卫星最大支持速率为4 Gbit/s。该系统利用动态波束实现灵活的业务模式,采用毫米波相控阵技术,具备通信、导航和遥感一体化功能,预计接入速率可达到500 Mbit/s。

"鸿雁"星座由中国航天科技集团提出,为国内首套全球低轨卫星通信系统,由300多颗低轨道卫星组成。"鸿雁"星座建成后,将提供移动通信、宽带接入、物联网、热点信息广播、导航增强、航空监视等六大业务服务,可以在全球范围内实现宽带和窄带相结合的移动通信功能,为用户提供实时双向通信服务。

目前,我国已经有中国航天科工的"行云"和"虹云"、航天科技集团的"鸿雁"等星座规划。其中,"虹云"和"鸿雁"是低轨宽带星座工程,而"行云"主要用于窄带物联网。但总体的星座规模与国外同类型卫星星座相比较小。因此,随着低轨宽带卫星互联网的迅速发展,我国已经规划了三个"万星星座":"千帆星座"、GW星座、鸿鹄-3(Honghu-3)星座。其中,"千帆星座"一期将发射1 296颗,未来将实现1.2万多颗卫星的组网;GW星座由中国星网主导,包含GW-A59和GW-2两个子星座,计划发射12 992颗卫星;Honghu-3星座由蓝箭科技旗下的鸿擎科技主导,计划在160个轨道平面上发射1万颗卫星。其中,GW星座将会使之前我国航天科技集团的"鸿雁"星座和航天科工集团的"虹云"星座发生重大调整。我国银河航天公司计划了"银河系"星座(由650颗卫星组成宽带互联网服务)。

经过50多年的努力,我国建立了适应航天器高可靠、高性能、长寿命特点的科研生产系统,并且培育了一支思想素质好、技术水平高、经验丰富的专家和工程技术人员队伍。

1.4.3 卫星通信的发展前景

随着卫星通信技术的进步和卫星通信能力的提高,卫星通信的应用范围越来越广泛,服务水平越来越高。在当今地面通信飞速发展的情况下,卫星通信在发展市场中虽然遇到了很大的困难和风险,甚至遭受了重大挫折,但它不可替代的特点决定了它仍要被发展和应用。因此,从全局和长远来看,未来卫星通信的发展前景仍是光明而美好的。

(1) 地面电信网常由交换网、传输网和接入网组成,现代卫星通信技术都可实现上述功能。在技术上,卫星通信系统已能做到不依赖地面电信网而独立成网,直接向公众提供各种通信服务。这对有通信需求但无地面通信设施或建立地面通信设施不经济的地区有重要意义。

(2) 随着卫星固定通信业务和卫星直接广播业务用户终端进一步小型化和可移动,其与卫星移动通信业务用户终端的区别将减小;同样,随着卫星直接广播业务由单向电视和声音广播向双向多媒体通信业务发展,卫星直接广播业务与卫星固定通信业务的区别也将减小;此外,这三种业务都在向宽带多媒体通信业务方向发展。这三种业务同一性增加、互异性减小的趋势,体现了这三种业务正在向融合方向发展,将更好地满足人们进行各种活动的需要。

(3) 地面电信网、计算机网和有线电视网将继续向三网融合方向发展。当然,作为地面三网补充和延伸的卫星通信网也参与了融合。其步骤是:不同性能和用途的卫星通信网分别接入各种地面通信网发挥它们的作用,然后随着地面三网融合很自然地形成四网融合。

(4) 各种卫星通信网与多种地面业务传输网将进一步互连互通,成为地面业务传输网不可或缺的补充和延伸,并与地面通信网联合组成全球无缝隙覆盖的海陆空立体通信网。

(5) 卫星移动通信业务由小到大逐渐发展起来,成为个人通信业务中不可缺少的组成部分。其中,宽带多媒体卫星将成为地面信息高速公路的一个重要组成部分。在第二代地面移动通信业务基础上发展起来的第三代移动通信业务(包含卫星移动通信业务)。第三代移动通信业务的开通和进一步发展将使人们进入真正的个人通信时代。第四代移动通信系统使人类进入移动互联网时代。第五代及未来网络将与卫星通信联合形成天空地/海一体化网络,为民用、军用、特殊业务提供各种高质量服务。

本 章 小 结

本章为卫星通信的概述。首先,本章介绍卫星通信的概念、轨道和频段;其次,阐述了卫星通信的业务类型,包括卫星固定业务和卫星移动业务两大类;再次,对卫星通信系统的分类及优缺点等进行简介;最后,综述卫星通信技术在国内、外的发展简史以及未来卫星通信技术的发展前景。

习 题

1. 简述宇宙无线电通信的三种方式。
2. 简述卫星通信系统轨道的分类。
3. 简述卫星轨道要保持完全对地静止需要满足的条件。
4. 简述卫星通信常用的频段。
5. 简述卫星通信中常用的频率复用方法。
6. 简述卫星通信的优缺点。
7. 简述卫星通信的业务类型。
8. 简述卫星固定业务按照覆盖范围的分类。
9. 简述卫星移动业务按照用途的分类。
10. 简述恒星日、太阳日、黄道平面、赤道平面、春分点、秋分点的概念。

第 2 章 卫星轨道与星座理论

2.1 轨道理论

德国天文学家和科学家约翰尼斯·开普勒(Johannes Kepler)经多年观测,并根据天文学家第谷·布拉赫(Tycho Brahe)的数据,推导出了行星运动定律,即开普勒三大定律。在开普勒三大定律的基础上,牛顿推导出了万有引力定律。卫星绕地心运动也遵守这个定律。

2.1.1 开普勒三大定律

如图 2.1 所示,设地球质量为 m_E,卫星质量为 m_S,地心与卫星之间的距离为 r,则由万有引力定律和牛顿第二定律,可得卫星的向心力为

$$F = \frac{g m_E m_S}{r^2} = m_S \frac{g m_E}{r^2} \triangleq m_S a \tag{2-1}$$

其中,引力常数 $g = 6.669 \times 10^{-20} \text{ km}^3/(\text{kg} \cdot \text{s}^2)$,而 $a = g m_E / r^2$ 为加速度。

根据向心力的两种矢量形式可以得到

$$\boldsymbol{F} = -\frac{g m_E m_S \boldsymbol{r}}{r^3} = m_S \frac{\mathrm{d}^2 \boldsymbol{r}}{\mathrm{d} t^2} \tag{2-2}$$

进而,得到卫星相对地球的运动方程为

$$\frac{\mathrm{d}^2 \boldsymbol{r}}{\mathrm{d} t^2} + \mu \frac{\boldsymbol{r}}{r^3} = 0 \tag{2-3}$$

其中,$\boldsymbol{r}$ 为从地球指向卫星的矢量,$\mu = g m_E = 3.986\,013 \times 10^5 \text{ km}^3/\text{s}^2$ 为开普勒常数。该方程描述了卫星绕地球运动的情况,与行星绕太阳运动规律完全相同。该二阶线性微分方程通过坐标变换等操作后,即可求解得到开普勒第一定律。

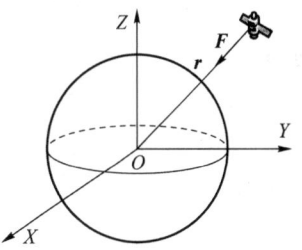

图 2.1 卫星受力示意图

1. 开普勒第一定律(椭圆定律)

开普勒第一定律(椭圆定律):任何物体围绕较大物体的运动轨道都是椭圆形的,并且较大物体的质心位于椭圆的一个焦点上。

如图 2.2 所示,根据牛顿定律可以推导得到卫星轨道半径 r 的方程:

$$r(\theta) = \frac{p}{1 + e\cos\theta} = \frac{a(1-e^2)}{1 + e\cos\theta} \tag{2-4}$$

其中,θ 是卫星-地心连线和近地点-地心连线的夹角(简称真近点角),$p = a(1-e^2)$ 是椭圆的半

焦弦，a 为卫星轨道的长半轴，$e\in[0,1)$ 为偏心率。

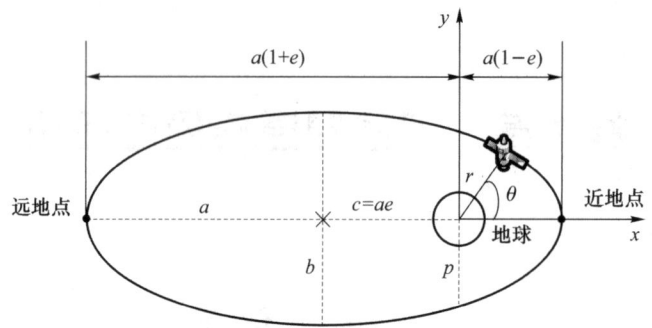

图 2.2 开普勒第一定律(椭圆定律)

卫星轨道长半轴 a、轨道短半轴 b、偏心率 e 间的关系分别为

$$e=\frac{c}{a}=\frac{\sqrt{a^2-b^2}}{a}, \quad b=a\sqrt{1-e^2} \tag{2-5}$$

近地点(Perigee)高度 h_p 和远地点(Apogee)高度 h_a 可以表示为

$$h_p=a(1-e), \quad h_a=a(1+e) \tag{2-6}$$

进而，偏心率又可表示为 $e=(h_a-h_p)/(h_a+h_p)$。

2. 开普勒第二定律(面积定律)

开普勒第二定律(面积定律)：如图 2.3 所示，位置矢量 $\boldsymbol{r}$ 在单位时间内扫过的面积一定，即

$$\left|\boldsymbol{r}\times\frac{d\boldsymbol{r}}{dt}\right|=\sqrt{\mu p} \tag{2-7}$$

其中，开普勒常数 $\mu=3.986\,013\times10^5\ \text{km}^3/\text{s}^2$。

由卫星运动的加速度 $d^2\boldsymbol{r}/dt^2$ 和 $d\boldsymbol{r}/dt$ 的标量积，可得(推导略)椭圆轨道上卫星的瞬时速度(单位为 km/s)为

$$v=\sqrt{\mu\left(\frac{2}{r}-\frac{1}{a}\right)} \tag{2-8}$$

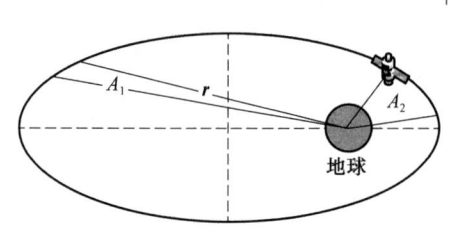

图 2.3 开普勒第二定律(面积定律)

卫星在远地点和近地点的速度(单位为 km/s)分别为

$$\begin{cases} v_a=\sqrt{\dfrac{\mu}{a}\dfrac{1-e}{1+e}} \\ v_p=\sqrt{\dfrac{\mu}{a}\dfrac{1+e}{1-e}} \end{cases} \tag{2-9}$$

而对于圆轨道，理论上卫星将具有恒定的瞬时速度(单位为 km/s)，即 $v=\sqrt{\mu/r}$。

3. 开普勒第三定律(周期定律)

开普勒第三定律(周期定律)：卫星环绕周期 T(单位为 s)与轨道半长轴 a 的 3/2 次方成正比，即

$$T=2\pi\sqrt{a^3/\mu} \tag{2-10}$$

例 2.1 计算周期为 1 天的卫星圆形轨道半径。

解：根据式(2-10)，圆形轨道的半径为 $a=(T\sqrt{\mu}/2\pi)^{2/3}=42\,241$ km。

在开普勒定律中，环绕周期是以惯性空间为参照的，即是以银河系为参照的。轨道周期指的是环绕物体以银河系为参照回到同一参考点所花费的时间。一般而言，被环绕的中心体也是在不停旋转的，因而卫星的环绕周期与站在中心体上观测得到的周期是不同的。如图1.3所示，GEO卫星的环绕周期与地球的自转周期是相等的，为1恒星日，即23 h 56 min 4.10 s；但对地面上的观测者而言，GEO卫星的周期似乎是无穷大的，因为它总是位于空间的同一位置。

例2.2 我国第一颗人造地球卫星的近地点距离地面439 km，远地点距离地面2 384 km，求轨道周期 T，以及近地点和远地点的瞬时速度（已知地球半径为6 378 km）。

解：由于 $h_p+h_a+2R_e=2a=439+2\,384+2\times6\,378$，因此可以得到长半轴为 $a=7\,789.5$ km，进而可以得到轨道周期为 $T=2\pi\sqrt{a^3/\mu}=114$ min。另外，

$$e=\frac{h_a-h_p}{h_a+h_p+2R_e}=0.125$$

因此，可以得到：

$$v_a=\sqrt{\frac{\mu}{a}\frac{1-e}{1+e}}=6.31 \text{ km/s}$$

$$v_p=\sqrt{\frac{\mu}{a}\frac{1+e}{1-e}}=8.11 \text{ km/s}$$

2.1.2 卫星轨道的描述

开普勒三大定律只给出了卫星在轨道平面内运动的轨迹参数、速度和周期，并不能确定出卫星轨道在空间的具体位置。描述卫星运行轨道的坐标系及参考平面有很多种，如地心坐标系、日心坐标系、近焦点坐标系等。下面在不同的参照系中讨论卫星轨道的描述方法。

1. 以地心为参照描述卫星轨道

以地心为中心的坐标系称为地球中心坐标系。根据参考平面的不同，可以有不同的坐标系。

1）轨道平面内的卫星轨道

当参考平面与轨道运行平面保持一致时，可得到如图2.4所示的笛卡尔坐标系。该坐标系以近焦点为原点，以穿过近地点的方向为 x 轴的正方向，θ 代表卫星瞬时位置与近地点间的夹角，则卫星位置的直角坐标为

$$(x_0,y_0)=(r\cos\theta,r\sin\theta) \quad (2\text{-}11)$$

卫星轨道周期 T 是卫星在惯性空间中旋转一周所用的时间，一周内旋转的弧度为 2π，因而平均角速度为

$$\eta=\frac{2\pi}{T}=\sqrt{\frac{\mu}{a^3}} \quad (2\text{-}12)$$

若轨道形状为椭圆，则卫星在轨道上各点的瞬时

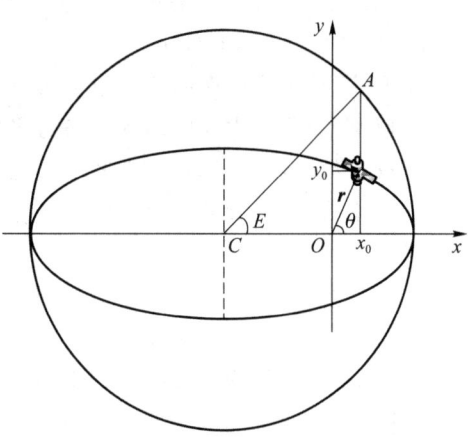

图2.4 地心坐标系（参考平面与轨道运行平面保持一致）

角速度各不相同。若在椭圆外作一个半径为 a 的外接圆,则以恒定角速度 η 环绕该圆运动的物体,其运动周期与卫星环绕椭圆轨道运行一周的时间 T 是完全相同的。

在图 2.4 所示的外接圆中,找到过卫星的垂线与外接圆的交点 A,经过椭圆中心(C)和该点(A)的直线与 x 轴的夹角称为卫星的中心异常角 E;卫星经过近地点后,以平均角速度 η 沿外接圆运动的弧长(单位为 rad),称为平均异常角 M。通过推导(推导略)可得到开普勒方程,即平均异常角 M 与中心异常角 E 间满足

$$\eta(t-t_p) \triangleq M = E - e\sin E \tag{2-13}$$

其中,t_p 为近地点时刻。进而,可通过高斯方程求得真近点角

$$\theta = 2\arctan\left(\sqrt{\frac{1+e}{1-e}} \cdot \tan\frac{E}{2}\right) \tag{2-14}$$

根据开普勒第二定律推导(推导略),可得半径 r 与中心异常角 E 的关系为

$$r = a(1 - e\cos E) \tag{2-15}$$

若已知近地点时刻 t_p、偏心率 e 以及半长轴 a,就具备了确定卫星在轨道平面内位置坐标 (r,θ) 或 (x_0,y_0) 的参量,计算过程如下:

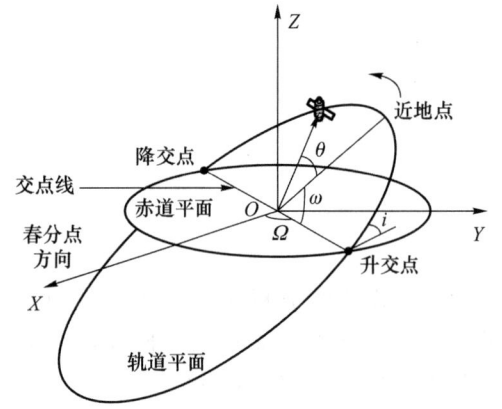

图 2.5 地心赤道系统

(1)根据式(2-12)计算出平均角速度 η;
(2)根据式(2-13)计算出平均异常角 M 及中心异常角 E;
(3)利用式(2-14)求出真近点角 θ;
(4)利用式(2-15)或开普勒第一定律求出半径 r;
(5)利用式(2-11)求出卫星的直角坐标 (x_0,y_0)。

2)地心赤道系统中的卫星轨道

当参考平面与地球赤道和地轴保持一致时,其坐标系如图 2.5 所示。该坐标系以地心 O 为原点,X 轴(指向春分点,春分点是太阳从南向北越过赤道上的点,是赤道平面与黄道平面的两个相交点之一)与 Y 轴构成的平面与赤道平面重合,Z 轴与地球自转轴重合(指向北极点)。

图 2.5 中的相关概念如下。

(1)升交点:卫星由南向北穿过参考平面(即赤道平面)的点。
(2)降交点:卫星由北向南穿过参考平面的点。
(3)交点线:升交点和降交点间穿过地心的连线。
(4)右上升角(右旋升交点赤经)Ω:赤道平面上按照地球自转方向,从春分点方向到轨道平面交点线间的夹角。
(5)轨道倾角 i:轨道平面与赤道平面间的夹角。
(6)近地点幅角 ω:在轨道平面内,升交点与近地点间的夹角。

根据前面的讨论,确定 t 时刻的卫星位置需要六个要素:半长轴 a、偏心率 e、近地点时刻 t_p、右上升角 Ω、轨道倾角 i 和近地点幅角 ω。其中:半长轴和偏心率决定了卫星运行的轨道形状;轨道倾角和右上升角确定了卫星轨道平面与地球之间的相对定向;近地点幅角表示卫星的运动方向;时刻 t 与近地点时刻 t_p 确定了卫星在轨道上的瞬时位置。而对于圆轨道,确定 t 时

刻的卫星位置只需要四个轨道参数,即轨道高度、轨道倾角、升交点位置和近地点时刻。

2. 以地表为参照确定星下点轨迹

卫星的星下点是指卫星-地心连线与地球表面的交点。星下点随时间在地球表面上的变化路径称为星下点轨迹。

星下点轨迹是描述卫星运动规律最直接的方法。由于卫星在空间沿轨道绕地球运动,而地球又在自转,因此卫星在运行一圈后,其星下点一般不会再重复前一圈的运行轨迹。假设在 0 时刻,卫星经过其升交点,则卫星在任意时刻 $t(t>0)$ 的星下点经度(用 λ_s 表示)和纬度(用 φ_s 表示)可以由以下方程组确定:

$$\lambda_s(t)=\lambda_0+\arctan(\cos i \cdot \tan\theta)-\omega_e t \pm \begin{cases} -180° & (-180°\leqslant\theta<-90°) \\ 0° & (-90°\leqslant\theta\leqslant 90°) \\ 180° & (90°<\theta\leqslant 180°) \end{cases} \quad (2-16)$$

$$\varphi_s(t)=\arcsin(\sin i \cdot \sin\theta) \quad (2-17)$$

其中,λ_0 是升交点经度,i 是轨道倾角,θ 是 t 时刻卫星在轨道平面内相对于升交点的角距,ω_e 是地球自转的角速度,+ 用于顺行轨道,− 用于逆行轨道。

由式(2-16)可知:地球自转仅对星下点的经度产生影响(式中的 $\omega_e t$ 项);卫星的轨道倾角决定了星下点的纬度变化范围,星下点的最高纬度值为 i(当 $i\leqslant 90°$时)或 $180°-i$(当 $i>90°$时)。一颗轨道高度为 13 892 km、轨道倾角为 60°、初始位置为(0°E,0°N)的卫星,在 24 h 内的星下点轨迹如图 2.6 所示。

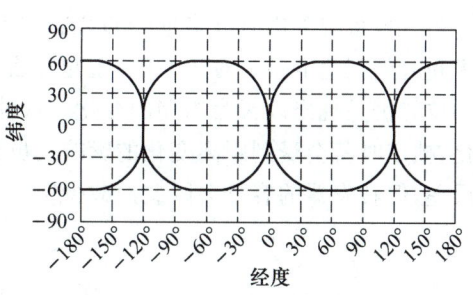

图 2.6 卫星星下点轨迹示意图

2.1.3 轨道特性的影响

1. 星蚀

如图 2.7 所示,卫星与太阳间的直视路径被地球遮挡的现象称为星蚀。遭到星蚀的卫星只能使用自身电池供电工作。对于静止卫星来说,日食发生在春分和秋分的前后各 23 天。

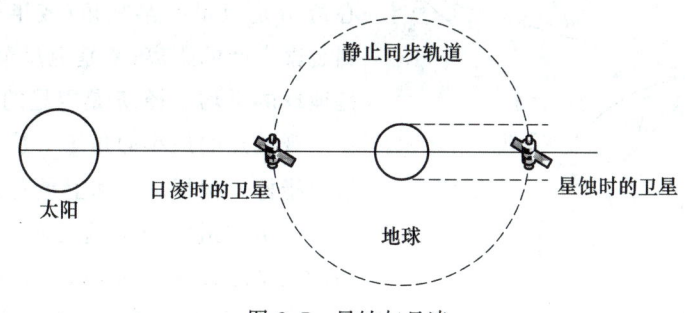

图 2.7 星蚀与日凌

2. 日凌

如图 2.7 所示,对于静止卫星来说,在春分和秋分前后,卫星不仅仅通过地球的阴影部分,也穿越地球的太阳直射区域。由于太阳是强电磁波源,因此地面站不仅接收来自卫星的信号,也接收来自太阳的强热噪声。太阳的强热噪声功率超出接收机的衰落余量,将会导致静止卫星系统遭受日凌中断。

3. 多普勒频移

当收发机间存在相对运动时,接收端接收到的信号频率与发送端发送的信号频率间会存在差异,称为多普勒频移现象。当卫星与地球站相互靠近时,接收信号的频率将高于发送频率;反之,接收信号的频率低于发送频率。

当发送设备和接收设备间的径向速度为 V_T、波长为 λ 时,接收信号频率 f_R 与发送信号频率 f_T 间的关系可以写为

$$f_R - f_T \triangleq \Delta f = \frac{V_T}{\lambda} = \frac{f_T V_T}{c} \tag{2-18}$$

4. 帧定时

当卫星系统采用时分多址(TDMA)技术时,帧定时需要保证不同用户帧能够按照正确的顺序和时刻到达卫星。对于 GEO 卫星而言,即使采用目前最好的站点保持技术,卫星对于地面的位置仍呈现出以天为周期的变化。这种位置的变化会导致卫星与用户终端间的距离发生变化,帧定时就会受到距离变化的影响。虽然可以采用增加发送信号间的保护时间来减小定时误差,但转发器的容量会因此而减少。

2.2 单星覆盖

从简单到复杂的角度,可以将卫星的覆盖分为:①单颗卫星的覆盖(卫星在空间某一位置对地面的覆盖);②卫星的覆盖带(卫星沿空间轨道运行时对地面的覆盖);③卫星环的覆盖带(多颗卫星组成的卫星环沿空间轨道运行时对地面的覆盖);④星座覆盖(又分为持续性全球覆盖、持续性地带覆盖、持续性区域覆盖和部分覆盖)。本节仅讨论单颗卫星的覆盖,在 2.3 节中讨论星座覆盖。

单颗卫星对地球的覆盖如图 2.8 所示。其中,E 是以观察点所处的地平线为参考时观察点对卫星的仰角;α 是卫星和观察点间的(半)地心角;β 是卫星的半视角(或半俯角);d 是卫星到观察点间的距离;X 是卫星覆盖区的半径;R_e 是地球的平均半径;h 是卫星的对地高度。

观察点的最小仰角 E_{min} 是卫星系统的一个给定指标。根据 E_{min} 和卫星对地高度 h 可以计算出卫星的最大覆盖地心角、最小星下点视角和最大星地传输距离,从而确定卫星瞬时覆盖区的半径和面积、覆盖区内不同地点的卫星天线辐射增益和边缘覆盖区的最大传输损耗。

当用经度和纬度坐标给出地面观察点和卫星星下点位置时,如 (λ_e, φ_e) 和 (λ_s, φ_s),两者所

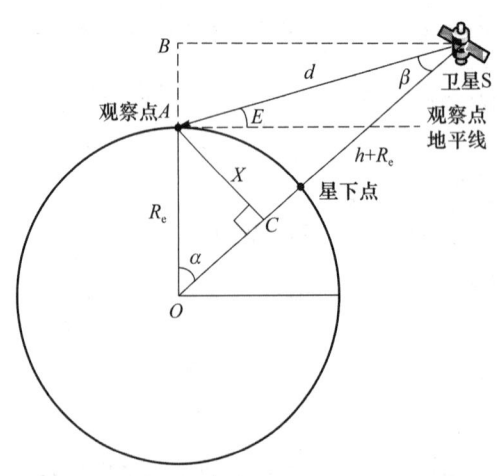

图 2.8 单颗卫星对地球的覆盖

确定的地心角可以写为

$$\alpha = \arccos[\sin\varphi_e \sin\varphi_s + \cos\varphi_e \cos\varphi_s \cos(\lambda_e - \lambda_s)] \qquad (2\text{-}19)$$

进而,图 2.10 中各参量间的关系如下。

(1) 观察点的仰角:根据正弦定理及三角形 ABS,可得

$$E = \arccos\left[\frac{h+R_e}{d}\sin\alpha\right] = \arctan\left[\frac{(h+R_e)\cos\alpha - R_e}{(h+R_e)\sin\alpha}\right] \qquad (2\text{-}20)$$

尽管观察点的仰角 E 理论取值范围为$[0,90°]$,但若仰角 E 取值过低,可能会导致卫星和地面无法进行有效通信。所以,一个卫星通信系统,根据其轨道高度、地面环境,会给定一个最小仰角。地面位置若低于最小仰角,则无法与指定的卫星进行通信。

(2) 星地距离:分别以 α 和 $E+90°$ 为夹角,利用余弦定理,可得

$$d = \sqrt{R_e^2 + (h+R_e)^2 - 2R_e(h+R_e)\cos\alpha} = \sqrt{R_e^2\sin^2 E + 2hR_e + h^2} - R_e\sin E \qquad (2\text{-}21)$$

当观察点处于最小仰角的位置时,卫星到观察点间的距离为最大星地距离。

(3) 卫星的半视角:利用正弦定理及三角形 ACS,可得

$$\beta = \arcsin\left[\frac{R_e}{h+R_e}\cos E\right] = \arctan\left[\frac{R_e \sin\alpha}{(h+R_e) - R_e\cos\alpha}\right] \qquad (2\text{-}22)$$

(4) 覆盖区半径:

$$X = R_e \sin\alpha \qquad (2\text{-}23)$$

(5) 覆盖区面积(球冠面积):利用球冠面积公式,可得

$$A = 2\pi R_e^2(1-\cos\alpha) \qquad (2\text{-}24)$$

因此,单颗卫星覆盖区域占地球表面积的比例为 $A/A_e = A/(4\pi R_e^2) = (1-\cos\alpha)/2$。

(6) 卫星和观察点间的地心角:利用正弦定理,可得

$$\alpha = \arccos\left[\frac{R_e}{h+R_e}\cos E\right] - E = \arcsin\left[\frac{h+R_e}{R_e}\sin\beta\right] - \beta \qquad (2\text{-}25)$$

由式(2-25)可以看出,当观察点仰角 E 增大时,地心角 α 将减小;当卫星半俯角 β 增大时,地心角 α 将增大。

(7) 用户与卫星可以通信的时长(可视时长):

$$t = \frac{2(h+R_e)\alpha}{v} \qquad (2\text{-}26)$$

2.3 星座覆盖

2.3.1 星座覆盖概述

1. 卫星星座的概念

卫星星座由具有相似类型和功能的多颗卫星构成,他们分布在相似或互补的轨道上,在共享控制下协同完成一定的任务。卫星星座的主要应用是扩大对地面的覆盖范围或形成对目标区域的多重覆盖,通过星间协作,提高通信、导航及对地观测的性能。

早在1945年,克拉克(Clarke)在其发表的论文中就提出采用三颗静止轨道卫星为赤道区

域提供连续覆盖。目前,已经实现由多颗低轨、中轨和高轨卫星组成一定的星座,提供全球或特定区域的连续覆盖。如低轨星座铱系统和全球星系统,可以分别提供全球和南北纬70°之间区域的连续覆盖。表2.1给出了几类提供语音和数据服务的非静止轨道(Non-geostationary satellite orbit,NGSO)星座参数。表2.2给出了提供因特网多媒体通信的NGSO星座参数。

表2.1 提供语音和数据服务的NGSO星座参数

系统参数	Ellipso	New ICO	Globalstar	Iridium	Orbcomm
轨道平面数	1—>3—>5	2	6	6	4—>5
单平面卫星数	1×7—>1×7 和 2×3 —>1×7,2×3,2×5	5	8	11	4×8—>4×8,1×4
总卫星数	23	10	48	66	36
轨道倾角/(°)	3个0,2个116.6	45	52	86.5	4个45,1个72
轨道类型	1 圆轨道(0°) 2 椭圆轨道(0°) 2 太阳同步轨道	圆轨道	圆轨道	圆轨道	圆轨道
轨道高度/km	1 圆轨道 8 050 2 椭圆轨道 6 149~8 050 2 太阳同步轨道 633~7 605	10 355	1 414	780	755
单星波束数	61	163	16	48	1
卫星寿命/年	5~7	约12	约7.5	5~7	5~7

表2.2 提供因特网多媒体通信的NGSO星座参数

系统参数	Skybridge	Teledesic
轨道平面数	20	12
每平面卫星数	4	24
总卫星数	80	288
轨道倾角/(°)	53	84.7
轨道类型	圆形	圆形极轨道
轨道高度/km	1 469	1 375
单星波束数	18	—
卫星寿命/年	约7	约7

2. 卫星星座的设计因素

卫星星座设计是为了完成一定的航天任务,衡量其基本性能的主要指标包括:
(1) 覆盖区域要求:全球覆盖、纬度覆盖或区域覆盖。
(2) 覆盖重数要求:单重覆盖或多重覆盖。
(3) 时间分辨率要求:连续覆盖或间歇覆盖。

对于单颗卫星来说,在给定最低仰角下,轨道高度是影响单颗卫星覆盖区域大小的唯一因素;而对于星座设计,还需要考虑以下因素。

(1) 以最少数量的卫星实现覆盖需求。星座性能的提升不是渐增式的,而是台阶式的,只有在星座中每一个轨道平面内的卫星达到相同数目时,星座性能才能上一个台阶。因此,在卫星数量固定时,常将较多的卫星分布在较少的轨道平面内,且每一个轨道平面内都放一个备用卫星。

(2) 仰角尽可能大。仰角越大,多径和遮蔽会得到缓解,通信链路质量将会提升;大仰角意味着小的覆盖半径,需要更多颗卫星,因此需要在仰角和覆盖区域大小间进行折中。

(3) 轨道高度适中。信号传输时延尽可能低,该因素限制了卫星的轨道高度;但考虑大气阻力的影响,轨道高度过低会影响卫星的寿命。

(4) 卫星能量消耗尽可能低。卫星依靠太阳能电池板和蓄电池供能。

(5) 星座轨道的分布均匀。面内与面间星间链路干扰可接受,确保轨道覆盖的均匀性。

(6) 多重覆盖。多重覆盖可以应对系统中卫星失灵的情况,同时也可以支持分集接收。

3. 卫星星座的分类

根据星座的几何结构,可以将卫星星座分为如下五类。

(1) 星形星座:也称为极轨道星座或π星座。该星座的特点是:所有轨道都相交于两个节点,覆盖很不均匀;同向相邻轨道间的卫星,在整个轨道周期内,相对位置基本不变,对地覆盖特性较好;反向相邻轨道间,卫星相对位置总在发生变化,由相反方向接近并离去,对地覆盖特性变化剧烈。

(2) 对称星座(walker类星座):包括δ星座、玫瑰星座、共地面轨迹星座(σ星座)等。该星座的特点是:所有卫星采用高度相同、倾角相同的圆轨道;轨道平面沿赤道均匀分布;卫星在轨道平面内均匀分布;不同轨道平面间卫星的相位存在一定关系。

(3) 椭圆轨道星座:Draim 星座是典型的椭圆轨道星座,该星座的卫星具有相同的偏心率、轨道倾角和周期,而升交点赤经、近地点幅角和初始时刻的平均异常角按一定规律分布;用椭圆轨道实现连续 n 重覆盖所需要的最少卫星数目为 $2n+2$;但 Draim 星座在实际中使用较少,理论价值大于实际。比较实用的椭圆轨道星座是采用临界倾角的大椭圆轨道星座,主要用于区域覆盖的任务,如前苏联的 Molniya 轨道。

(4) 编队星座:由两颗或两颗以上的卫星组成,卫星在绕地球运动的同时,主要按照轨道的自然特性近距离伴随飞行,彼此之间形成特定构型的卫星群。编队星座可以用于深空定位与导航系统。

(5) 混合星座:由两种或两种以上子星座构成的复合星座。子星座可以是不同类型或不同参数的基本星座结构。

本章仅对几种常用的星座进行介绍,包括星形星座、对称星座及三类特殊星座(共地面轨迹星座、太阳同步轨道星座、Ω 星座)。

2.3.2 星形星座

1. 星形星座概述

星形星座是早期研究的一种星座,又称为极轨道星座。极轨道是卫星轨道平面相对于赤道平面的倾角为 90°,轨道穿越地球南、北极上空;极轨道星座则是利用多个卫星数量相同且具有特定空间间隔关系的极轨道平面,来覆盖全球或极冠地区。从北极向下俯视如同星形,因此而得名。

虽然能够通过简单的解析方法确定星形星座的轨道参数,但通过后文对其参数的分析可知,相隔一个轨道的两个轨道平面上的卫星具有相同的相位,因此在轨道平面数量多于两个的星形星座中,将出现卫星在南、北极点相互碰撞的情况。为避免星座中卫星发生碰撞,有如下两种方法。

1) 近极轨道星座

为保证极轨道解析方法在确定星座参数时的可用性,出现了对近极轨道星座的研究。卫星轨道平面与赤道平面间夹角为 80°~100°(除 90°)时的轨道称为近极轨道。由于各轨道平面的倾角不等于 90°,因此各轨道平面的交点不会集中在南、北极点上,而是在南、北极附近形成多个轨道平面交点,每个交点由两个相邻轨道平面相交而成。这样,只要相邻两个轨道平面上的卫星相位不同,卫星就不会在交点处发生碰撞。

2) 均匀相位差法

为使在公共节点处,各卫星能够均匀交替地通过公共节点,相邻卫星轨道平面上相邻卫星间采用均匀相位差法。该方法会牺牲一定的卫星覆盖效率,但设计简单实用。

2. 星形星座理论

覆盖带是基于同一轨道平面内多颗卫星的相邻重叠覆盖特性,在地面上形成的一个连续覆盖区域。如图 2.9 所示,单颗卫星覆盖的半地心角 α(OA 与 OD 间的夹角)与同一轨道平面内卫星组合而成的覆盖带半地心角 c(OA 与 OE 间的夹角)间有

$$c = \arccos\left[\frac{\cos\alpha}{\cos(\pi/S)}\right] \tag{2-27}$$

其中,S 为每个轨道平面内的卫星数量,π/S 为卫星间的半地心角。

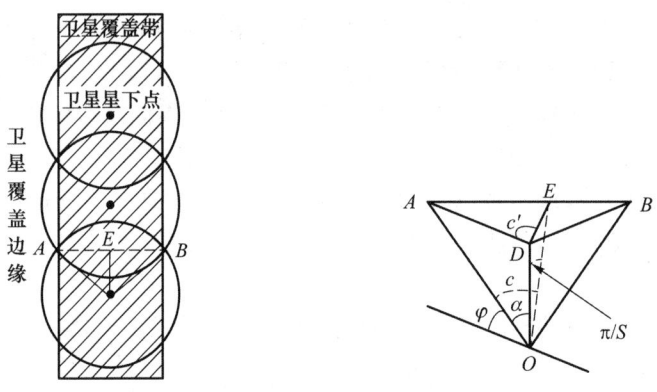

图 2.9 星形星座中卫星覆盖带

在极点观察时,星形星座的轨道在赤道平面上的投影如图 2.10 所示。由于星形星座中轨道平面的升交点和降交点在赤道平面上各占据 π 相位,因此此类星座也称为 π 星座。图中轨道平面上的箭头指示了卫星的飞行方向。在星形星座中,相邻轨道平面间的卫星有两种相对运动关系:顺行和逆行。顺行轨道平面间的卫星间保持固定的空间相位关系,而逆行轨道平面间的卫星间相位关系则是时变的。在不同的相对运动关系下,星座轨道平面间的经度差是不同的。如图 2.11 所示,对于顺行轨道平面,当相邻轨道平面卫星间的相位为 $\Delta\gamma=\pi/S$ 时,覆盖带以外的覆盖区交错重叠,形成连续的无缝覆盖,会最大化顺行轨道平面间的相位差,从而最小化星座所需的轨道平面数量;对于逆行轨道平面,由于卫星间存在相对运动,不能保持覆盖带以外覆盖区的交错重叠覆盖特性,因此覆盖带以外的覆盖区无法被充分利用。根据图 2.11 可以得到,星形星座中顺行轨道平面间的经度差 Δ_1 和逆行轨道平面间的经度差 Δ_2 满足:

$$\Delta_1 = \alpha + c \tag{2-28}$$
$$\Delta_2 = 2c \tag{2-29}$$

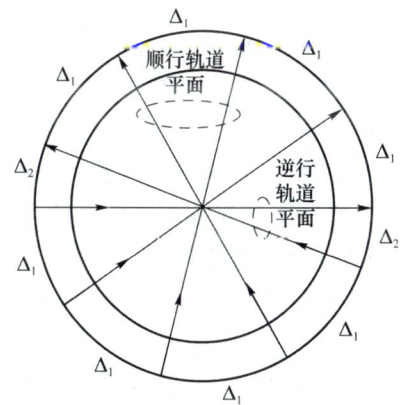

图 2.10 极点观察到的星形星座投影　图 2.11 相邻轨道平面覆盖的几何关系

由于星形星座中的卫星在天球上的分布不均匀：在赤道平面上最稀疏，相互间隔距离最大；在两极处最密集，相互间隔距离最小。因此，在考虑星形星座对全球的覆盖时，只需考虑对赤道实现连续覆盖；而在考虑对极冠区域覆盖时，只需要考虑对极冠的最低纬度圈连续覆盖。此时，如图 2.12 所示，覆盖的最低纬度圈与赤道圈的关系为 $2\pi R' = 2\pi R \cos\varphi$，相当于仅需要覆盖赤道圈的 $\cos\varphi$ 倍。

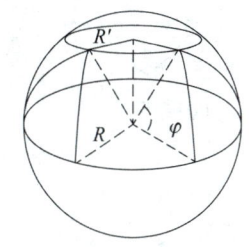

图 2.12 全球覆盖和极冠覆盖间的差异

假设 P 为星形星座中轨道平面的数量，则星形星座参数应满足

$$(P-1)\Delta_1 + \Delta_2 = \pi\cos\varphi \tag{2-30}$$

将式(2-28)和式(2-29)代入式(2-30)，可得

$$(P-1)\alpha + (P+1)c = \pi\cos\varphi \tag{2-31}$$

将式(2-27)代入式(2-31)，可得

$$(P-1)\alpha + (P+1)\arccos\left[\frac{\cos\alpha}{\cos(\pi/S)}\right] = \pi\cos\varphi \tag{2-32}$$

当 $\varphi = 0$ 时，式(2-32)为实现全球覆盖的精确星形星座参数关系；而当 $\varphi > 0$ 时，式(2-32)为实现极冠覆盖的近似星形星座参数关系。根据式(2-32)，在给定星座轨道平面数量 P 和轨道平面内卫星数量 S 时，可以求解单颗卫星的最大覆盖地心角 α，从而确定最小极轨道高度 h（以及最小仰角值）及所需轨道平面的升交点经度差 Δ_1 和 Δ_2；也可在给定最小极轨道高度 h 和轨道平面内卫星数量 S 时，求解所需的轨道平面数 P。

3. 实用的星形星座

假设星形星座中总卫星数目为 $T = PS$，为避免星座中卫星在南、北极点发生碰撞，一个实用而简单的方法是让相邻卫星轨道平面上相邻卫星间采用均匀相位差 $\Delta\omega_f$，即

$$\Delta\omega_f = 2\pi/T \tag{2-33}$$

同时，在实用的星座设计中，也可以简化相邻轨道平面间的升交点经度差为

$$\Delta\lambda = 2\pi/P \tag{2-34}$$

2.3.3 对称星座

在对称星座的优化问题研究中,英国人 Walker 和美国人 Ballard 提出了目前最常用的倾斜圆轨道星座优化设计方法。Walker 的研究结果指出:只需 5 颗卫星便可以实现全球单重覆盖;只需 7 颗卫星便可以实现全球双重覆盖。Ballard 在 Walker 的工作基础上进行了扩充和归纳,得出了通用的优化方法:可以分别利用 5 颗、7 颗、9 颗和 11 颗卫星组成的星座实现全球的单重、双重、三重和四重覆盖。Walker 将他研究的优化选择结果称为 δ 星座,因为在极点观察时,包含 3 个轨道平面的星座在地面上的轨迹将构成一个希腊字母 Δ,如图 2.13(a)所示;Ballard 将他研究的星座称为玫瑰(Rosette)星座,因为在极点观察时星座在地面上的轨迹像一朵盛开的鲜花,如图 2.13(b)所示。

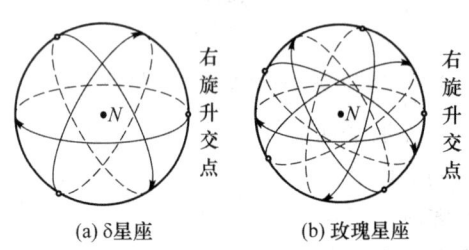

图 2.13 对称星座的命名

在对称星座设计时,通常要使多个轨道平面间满足如下关系:

(1) 各轨道平面的右旋升交点在参考平面(通常为赤道平面)内均匀分布;
(2) 各轨道平面具有相同的卫星数量、轨道高度和倾角;
(3) 各轨道平面内的卫星在面内均匀分布;
(4) 相邻轨道平面间相邻卫星存在一定的相位关系。

在 δ 星座中,利用相邻轨道平面间相邻卫星的初始相位差来确定星座中各卫星的相对位置;在玫瑰星座中,卫星的初始相位与轨道平面的右旋升交点成一定的比例关系。

1. δ 星座

1) 相邻轨道平面内相邻卫星的相位差

在 δ 星座中,不同轨道平面间相邻卫星的初始相位差会对星座的性能产生很大的影响。图 2.14 为相邻轨道平面间相邻卫星的相位差关系示意图。图中,两条弧线分别是轨道平面 1 和轨道平面 2 上卫星的星下点轨迹,轨道平面 2 的卫星星下点轨迹中的加粗弧段是两轨道平面上卫星间的相位差。由图 2.14 可知,卫星间相

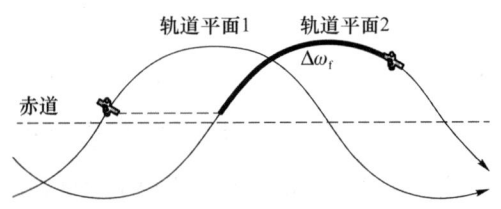

图 2.14 相邻轨道平面间相邻卫星的相位差关系

位差的计量方法为:以轨道平面 1 上卫星所在纬度圈与轨道平面 2 的交点为起点,以轨道平面 2 上卫星所在位置为终点,沿轨道平面 2 按卫星运行方向测量所得到的弧长就是两卫星间的相位差。

2) δ 星座的标识法

Walker 采用 3 或 5 个参数来描述 δ 星座: $T/P/F$ 或 $T/P/F:h:I$。其中,T 为星座中卫星的总数;P 为星座的轨道平面数量;F 称为相位因子,确定了相邻轨道间卫星的初始相位差 $\Delta\omega_f = 2\pi \cdot F/T$,且可取 $0 \sim P-1$ 内的任何整数;h 为卫星轨道的高度;I 为卫星轨道平面的倾角。

由上述参数便可以完全确定 δ 星座中所有卫星的位置。

例 2.3 已知某 δ 星座标识为 24/3/1:23 000 km:55°。假设初始时刻星座的第一个轨道平面的升交点赤经为 0°，面上第一颗卫星位于 (0°E,0°N)，试确定星座中各卫星的轨道参数。

解： 根据 δ 星座的特征，可知星座多个轨道平面的右旋升交点在赤道平面内均匀分布，每个轨道平面内的卫星在面内均匀分布，然后根据相位因子 F 可以确定相邻轨道平面的升交点经度差为 360°/3=120°；面内卫星的相位差是 360°/(24/3)=45°；相邻轨道间相邻卫星的相位差为 360°×1/24=15°。再根据第一颗卫星的初始位置，可以得到所有卫星的初始轨道参数，具体见表 2.3。

表 2.3 星座卫星的初始轨道参数

轨道平面	卫星编号	1	2	3	4	5	6	7	8
1	升交点赤经/(°)	0	0	0	0	0	0	0	0
	初始幅角/(°)	0	45	90	135	180	225	270	315
2	升交点赤经/(°)	120	120	120	120	120	120	120	120
	初始幅角/(°)	15	60	105	150	195	240	285	330
3	升交点赤经/(°)	240	240	240	240	240	240	240	240
	初始幅角/(°)	30	75	120	165	210	255	300	345

3）最优 δ 星座

已知 δ 星座的相位因子 F 有 P 种可能的取值，即 $0 \sim P-1$ 内的任何整数，而每一种取值所对应的星座构型是不同的，这对星座中卫星的分布影响很大。因此，相位因子的选取对于 δ 星座而言至关重要。相位因子的设计目标是让星座中卫星的空间分布尽量均匀。因此，有如下两种典型的方法进行相位因子设计。

（1）最小距离最大化

最小距离最大化的目的是使相邻两颗卫星星下点间的距离最大化；但由于目标函数是隐函数，需要采用枚举法进行搜索。而目标函数的星间距离可以用两颗卫星的地心角来代替，进而进行优化即可。

（2）最小距离幅值最小化

当轨道平面内卫星数量较少时，按照最小距离最大化进行优化设计的结果并不理想。于是提出了最小距离幅值最小化方法，即选择卫星间最小地心角的变化幅值作为相位差设计的目标函数。利用该方法会使星座的地面覆盖特性和鲁棒性更好。

Walker 的研究结果给出了最优全球单重、两重、三重和四重覆盖的 δ 星座参数；当卫星数量 $T=5 \sim 15$ 时，最优全球单重覆盖的 δ 星座参数见表 2.4。

表 2.4 最优全球单重覆盖 δ 星座参数（最小仰角 10°）

T	P	F	$I/(°)$	$\alpha_{\min}/(°)$	h/km
5	5	1	43.7	69.2	27 143
6	6	4	53.1	66.4	20 334
7	7	5	55.7	60.3	12 255
8	8	6	61.9	56.5	9 374.2
9	9	7	70.2	54.8	8 374.2
10	5	2	57.1	522.2	7 089.7

续表

T	P	F	$I/(°)$	$\alpha_{\min}/(°)$	h/km
11	11	4	53.8	47.6	5 344.4
12	3	1	50.7	47.9	5 442.1
13	13	5	58.4	43.8	4 257.1
14	7	4	54.0	42.0	3 824.3
15	3	1	53.5	42.1	3 847.1

2. 玫瑰星座

Ballard 采用图 2.15 所示的坐标系来描述卫星在天球上的位置及相互关系。卫星的位置由三个不变的方向角和一个时变的相位角来决定(该坐标系不仅适用于玫瑰星座,还可以用于描述轨道高度相同、倾角相同的任意圆轨道上卫星间的关系):λ_j 为第 j 个轨道平面的右旋升交点;I_j 为轨道平面的倾角;γ_j 为第 j 颗卫星在轨道平面内的初始相位,从右旋升交点顺着卫星运行方向测量得到;$\chi_j = 2\pi t/T \triangleq \chi$ 为卫星在轨道平面内的时变相位(此处假设初始时刻 $t_0 = 0$,T 为轨道运行周期)。此外,α_{ij} 是卫星 i 和卫星 j 间的地心角,ψ_{ij} 和 ψ_{ji} 分别是卫星 i 对卫星 j 和卫星 j 对卫星 i 的方位角。

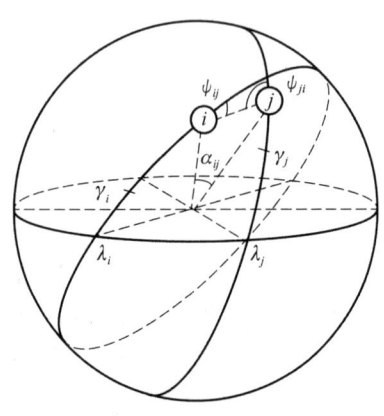

图 2.15 玫瑰星座空间几何关系

(1) 玫瑰星座的标识法

Ballard 采用了 3 个参数来描述其星座:(T, P, m)。其中,T 代表星座的卫星总数;P 代表星座的轨道平面数量;m 称为协因子,确定了卫星在轨道平面内的初始相位。协因子是一个非常重要的玫瑰星座参数,不仅影响卫星初始时刻在天球上的分布,也影响卫星组成图案在天球上的旋进速度。

假设玫瑰星座中每个轨道平面内的卫星数量为 S,则 $T = P \cdot S$,而卫星方向角具有如下的对称形式:

$$\lambda_j = 2\pi j/P, j = 0 \sim N-1 \tag{2-35}$$

$$\gamma_j = m\lambda_j = m2\pi j/P = mS(2\pi j/T), m = (0 \sim T-1)/S \tag{2-36}$$

其中,协因子 m 可以是整数也可以是不可约分数。如果 m 是 $0 \sim T-1$ 中的整数,即意味着 $S = 1$,表示星座中每一个轨道平面上只有一颗卫星;如果协因子 m 为不可约分数,则其一定以 S 为分母,表示星座中每一个轨道平面上有 S 颗卫星。

根据图 2.15,假设玫瑰星座中轨道平面的倾角为 I,则任意两颗卫星 i 和卫星 j 间的地心角 α_{ij} 由式(2-37)确定:

$$\begin{aligned}\sin^2(\alpha_{ij}/2) = &\cos^4(I/2) \cdot \sin^2[(m+1)(j-i)(\pi/P)] + \\ &2\sin^2(I/2) \cdot \cos^2(I/2) \cdot \sin^2[m(j-i)(\pi/P)] + \\ &\sin^4(I/2) \cdot \sin^2[(m-1)(j-i)(\pi/P)] + \\ &2\sin^2(I/2) \cdot \cos^2(I/2) \cdot \sin^2[(j-i)(\pi/P)] \cdot \cos[2\chi + 2m(j+i)(\pi/P)]\end{aligned}$$
$$\tag{2-37}$$

可见,卫星间的地心角是关于时变相位 χ 的函数。

(2) 最优玫瑰星座

Ballard 采用最坏观察点的最大地心角最小化准则对星座进行了优化。如图 2.16 所示,可以证明,任一时刻地球表面上的最坏观察点是由某 3 颗卫星的星下点所构成的球面三角形的中心,该点与这 3 颗卫星星下点间的地心角相同。在已知 3 颗卫星间的地心角时,最坏观察点与卫星间的瞬时最大地心角 α_{ijk} 满足:

$$\sin^2 \alpha_{ijk} = \frac{4ABC}{(A+B+C)^2 - 2(A^2+B^2+C^2)} \quad (2\text{-}38)$$

其中,$A = \sin^2(\alpha_{ij}/2)$,$B = \sin^2(\alpha_{jk}/2)$,$C = \sin^2(\alpha_{ki}/2)$。

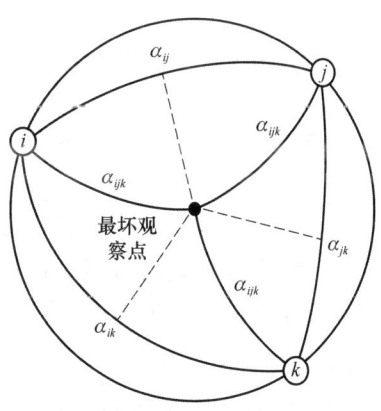

图 2.16 最坏观察点几何关系示意图

Ballard 研究表明,为保证星座的全球覆盖,卫星的最小覆盖地心角 $\alpha_{\min}$ 必须大于或等于最坏观察点与卫星间的最大地心角。Ballard 给出了当 T 为 5~15 时的最优全球单重覆盖玫瑰星座参数,如表 2.5 所示。

表 2.5 最优全球单重覆盖玫瑰星座参数(最小仰角 10°)

T	P	m	$I/(°)$	$\alpha_{\min}/(°)$	h/km	T/h
5	5	1	43.66	69.15	26 992.28	16.90
6	6	4	53.13	66.42	20 371.77	12.13
7	7	5	55.69	60.26	12 220.51	7.03
8	8	6	61.86	56.52	9 388.62	5.49
9	9	7	70.54	54.81	8 380.87	4.97
10	10	8	47.93	51.53	6 799.09	4.19
11	11	4	53.79	47.62	5 344.88	3.52
12	3	1/4,7/4	50.73	47.90	5 440.55	3.56
13	13	5	58.44	43.76	4 247.84	3.04
14	7	11/2	53.98	41.96	3 814.13	2.85
15	3	1/5,4/5,7/5,13/5	53.51	42.13	3 852.39	2.87

(3) 玫瑰星座与 δ 星座的等价性

Ballard 指出他的研究结果与 Walker 的 δ 星座结果是等价的,只是在对星座的标识方法上存在差异,即使用了不同的相位调谐因子(即协因子 m 和相位因子 F)。Ballard 还认为,Walker 使用相位因子 F 描述卫星间的空间相位关系使得原本简单明了的参数关系变得模糊。

玫瑰星座的协因子 m 和 δ 星座的相位因子 F 可以相互转换。在相互转换时,F 和 m 间满足:

$$F = \text{mod}(mS, P) \quad (2\text{-}39)$$

其中,$\text{mod}(x, y)$ 是对 x 进行模 y 运算。

例 2.4 ICO 星座的 δ 标识为 10/2/0,试写出其等价的玫瑰星座标识。

解: 已知轨道平面数量 $P = 2$,每轨道平面卫星数量 $S = 10/2 = 5$,相位因子 $F = 0$。根据协因子和相位因子间的转换关系,有 $\text{mod}(5m, 2) = 0 \to 5m = 2n \to m = 2n/5$。协因子 m 的分子部分取值应不等于 0 并且小于星座卫星数量(即 $0 < 2n < 10$),由此可以判定 n 的可能取值为 1、

2、3 和 4。所以，协因子为 $m=2n/5=(2/5,4/5,6/5,8/5)$。综上，可以得到 ICO 星座的玫瑰表示为 $[10,2,(2/5,4/5,6/5,8/5)]$。若写出 4 种不同协因子所表征的星座，我们可以发现它们是同一星座，只是卫星的编号顺序不同。

2.3.4 特殊轨道星座

共地面轨迹星座、太阳同步轨道星座和 Ω 星座是三类常用的特殊星座。共地面轨迹星座适合实现区域覆盖；太阳同步轨道星座则适用于光学对地观测；Ω 星座适用于存在备份卫星星座或需要分期、分批构建的星座。

1. 共地面轨迹星座

共地面轨迹星座由多个轨道高度和倾角相同的轨道平面组成，每个轨道平面内只有一颗卫星，利用地球的自转特性、合理的轨道平面间的升交点经度差，以及不同轨道平面内卫星间的相位差，使得不同轨道平面内的多颗卫星具有相同的地面轨迹。

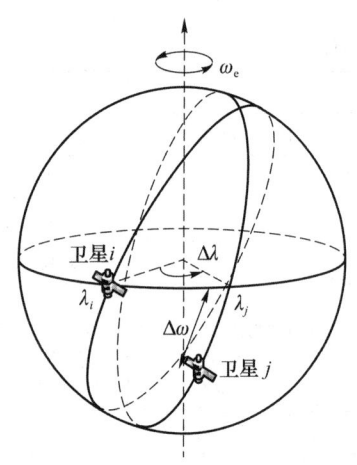

图 2.17 两颗卫星的空间几何关系

1）轨道参数

图 2.17 为两个轨道平面内两颗卫星的空间几何关系。图中，λ_i 和 λ_j 分别表示卫星 i 和卫星 j 所在轨道平面的升交点经度，两轨道平面间的经度差 $\Delta\lambda=|\lambda_i-\lambda_j|$；$\Delta\omega$ 表示卫星 j 滞后于卫星 i 的相位，地球以角速度 ω_e 绕地轴由西向东旋转。

如果卫星 j 从当前位置运行到其升交点 λ_j 用去的时间和地球自转 $\Delta\lambda$ 用去的时间相同，则卫星 j 和卫星 i 具有相同的星下点轨迹。因此，在共地面轨迹星座中，相邻轨道平面内的卫星间满足：

$$\frac{\Delta\lambda}{\omega_e}=\frac{\Delta\omega}{\omega_s} \qquad (2\text{-}40)$$

其中：ω_e 是地球自转角速度；ω_s 是卫星在轨的角速度，由卫星轨道高度 h 决定。

因为地球的自转特性，即使多个轨道平面的卫星具有相同的地面轨迹，这些地面轨迹也会在地球表面上移动。为维持地面轨迹不变，共地面轨迹星座常采用回归或准回归轨道，利用良好的地面轨迹重复特性，实现对特定区域的连续覆盖。采用回归或准回归轨道卫星，假设在 M 个恒星日绕地球转 N 圈，则在轨角速度 ω_s 与地球自转的角速度 ω_e 间满足：

$$M\omega_s=N\omega_e \qquad (2\text{-}41)$$

将式(2-41)代入式(2-40)，可得

$$\Delta\omega=\Delta\lambda \cdot N/M \qquad (2\text{-}42)$$

由式(2-42)可以看出，在采用回归/准回归轨道的共地面轨迹星座中，相邻轨道平面间的升交点经度差 $\Delta\lambda$ 和相邻卫星间的相位差 $\Delta\omega$ 满足简单的线性关系。在确定卫星的轨道高度之后，便可以通过式(2-42)确定各相邻轨道平面间的升交点经度差和相邻卫星间的相位差。

必须指出，图 2.17 所示的卫星间相位差 $\Delta\omega$ 与图 2.14 中 δ 星座所定义的卫星间相位差 $\Delta\omega_f$ 不同。$\Delta\omega$ 是逆卫星运行方向测量得到的，而 $\Delta\omega_f$ 是顺卫星运行方向测量得到的。因此，它们之间满足 2π 互补关系，即

$$\Delta\omega_{\rm f}=2\pi-\Delta\omega \qquad (2\text{-}43)$$

2) 编码标识方法

仿照 δ 星座的标识方法,可以将共地面轨迹星座标识为 $T/\Delta\lambda/(N/M):h:I$。其中,$T$ 为星座中卫星总数量,即轨道平面数量;$\Delta\lambda$ 为星座中相邻轨道平面间的升交点经度差;(N/M) 称为调相因子,可以用于确定相邻轨道平面内相邻卫星间的相位差 $\Delta\omega$ 和 $\Delta\omega_{\rm f}$,以及卫星轨道高度 h;I 为星座中所有轨道平面的倾角。若星座采用回归轨道($M=1$),则星座标识可以简写为 $T/\Delta\lambda/N:h:I$。根据开普勒第三定律,卫星轨道高度为

$$h=(M/N)^{2/3} \cdot (R_{\rm e}+h_{\rm GEO})-R_{\rm e} \qquad (2\text{-}44)$$

其中,$R_{\rm e}$ 为地球的平均半径,$h_{\rm GEO}=35\,786\text{ km}$ 为静止轨道高度。

3) 与 δ 星座的等价性

在某些情况下,共地面轨迹星座与 δ 星座具有等价关系。

假设 δ 星座的标识为 $T/P/F$,则 δ 星座中相邻轨道平面间经度差和相邻轨道平面内相邻卫星的相位差分别为

$$\Delta\lambda=2\pi/P \qquad (2\text{-}45)$$

$$\Delta\omega_{\rm f}=2\pi \cdot F/T \qquad (2\text{-}46)$$

首先,共地面轨迹星座中要求 $T=P$,即每个轨道平面上只有一颗卫星的情况;另外,相位因子 F 需使得轨道平面间经度差和相邻卫星的相位差满足式(2-40)。将式(2-43)、式(2-45)和式(2-46)代入式(2-40),可得

$$\omega_{\rm s}=(T-F)\omega_{\rm e} \qquad (2\text{-}47)$$

由于 T 和 F 均是整数,因此,当 δ 星座与共地面轨迹星座等价时,必然采用回归轨道($M=1$),进而,T、F 和 N 间满足

$$F=T-N, \quad N=1\sim T \qquad (2\text{-}48)$$

因此,δ 星座 $T/T/(T-N)$ 与共地面轨迹星座 $T/(2\pi/T)/N$ 是等价的。

例 2.5 试确定与共地面轨迹星座 8/45/2 等价的 δ 星座参数。

解:由题意可得,星座中卫星数量 $T=8$,回归周期内卫星旋转圈数 $N=2$。根据 δ 星座与共地面轨迹星座的等价关系,可知 δ 星座标识为 8/8/6。

在共地面轨迹星座中,当轨道高度相同且卫星数量相同时,可以通过采用轨道平面间经度差和卫星相位差的多种参数组合来实现,但由此构成的星座在覆盖特性上存在差异。目前,共地面轨迹星座最优参数(地面轨迹的升交点赤经、轨道平面间经度差和卫星相位差)的选取还没有一套完整的理论方法,主要通过数值仿真的方法来获得。

2. 太阳同步轨道星座

地球的偏平度和内部密度的不均匀性,会引起轨道平面围绕地球极轴旋转,进而导致轨道平面的右旋升交点经度在赤道平面上自西向东漂移。假设 $R_{\rm e}$ 为地球半径,e 为轨道偏心率,h 为卫星距离地球表面的高度,i 为轨道倾角,则可得升交点赤经漂移的平均角速度(单位为°/天)为

$$\frac{{\rm d}\Omega}{{\rm d}t}=-\frac{9.964}{(1-e^2)^2}\left(\frac{R_{\rm e}}{h+R_{\rm e}}\right)^{7/2}\cos i \qquad (2\text{-}49)$$

如果选择的轨道参数使得漂移的平均角速度与地球绕太阳公转的平均角速度相同,轨道平面将会始终与太阳保持固定的几何关系,这样的轨道称为太阳同步轨道。如图 2.18 所示,轨道平面与太阳之间固定的几何关系表现为:轨道平面与黄道平面的交线与地心、日心连线的

夹角保持固定角度 θ。这种关系使得太阳同步轨道中的卫星总是在相同的本地时间经过某一区域的上空。

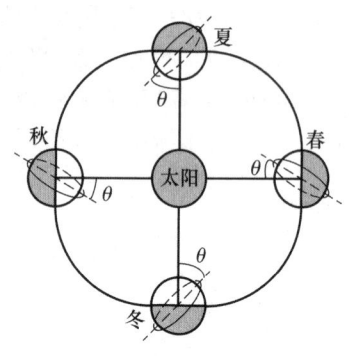

图 2.18 太阳同步轨道的固定几何关系

由于地球绕太阳旋转 $360°$ 需要一年的时间（365.25 天），因此地球公转的平均角速度为 $360°/365.25$ 天 $=0.985\,6°/$天。令式(2-49)等于 $0.985\,6°/$天，可得太阳同步轨道的高度和倾角间满足

$$\cos i = -0.098\,92° \left(\frac{h+R_e}{R_e}\right)^{7/2}(1-e^2)^2 \quad (2\text{-}50)$$

由式(2-50)可知：

(1) 由于 $\cos i < 0$，因此倾角 $i \in (90°, 180°]$，即太阳同步轨道一定是逆行轨道；

(2) 由于 $|\cos i| \leqslant 1$，因此圆轨太阳同步轨道的高度受限，最高为 $5\,974.9$ km。

太阳同步轨道特性使得航天器从同方向飞经同纬度地方时，太阳高度角相等，这样就能最大限度地利用太阳光照，同时保证太阳照射特征相同，因此太阳同步轨道特性在大量的光学对地观测卫星中得到广泛的应用。在实际观察和监测卫星系统中，卫星轨道高度通常低于 $1\,000$ km（如加拿大的 RADARSATI 卫星高度为 798 km，美国的 Landsat7 卫星高度为 705 km），可以为地球观测提供优良的观测条件和轨道条件。太阳同步轨道能够用于实现移动卫星通信系统，如由 288 颗卫星构成的 Teledesic 系统。

3. Ω 星座

如果 δ 星座或 σ 星座的卫星总数 N 是一个可以分解因子的量，那么 δ 星座或 σ 星座就可以看成由几个 δ 星座或 σ 星座组成。在这类星座中去掉一个子星座后，留下来的就是一个非均匀的星座，称为 Ω 星座。对于 Ω 星座而言，调整留下来的子星座的相对位置，可以改善其覆盖特性。在星座运行期间，为了提高整个星座的可靠性，有时需要部署一些轨道备份卫星。必要时，这些备份卫星可以用来取代失效的卫星。此外，由于实际工程实践的限制，通常整个卫星星座需要分期、分批构建，即先部署数量较小、规模较小的子星座，再逐步扩大形成完整的大星座。此时，Ω 星座就比较适用。

2.4 星间链路

星间链路（Inter-Satellite Link，ISL）是在卫星间建立直接通信的链路。该链路传输的通信信号不依赖于地面通信网络，可以提高传输的效率和系统的独立性。常用仰角、方位角和星间距离三个参数描述星间链路特性。

在非静止轨道星座系统中，不同轨道平面内的卫星间存在相对运动，将导致星间链路的仰角、方位角和星间距离随时间变化。方位角和仰角的变化要求星载天线具有跟踪能力，这对卫星稳定性和姿态调整技术提出了较高要求；链路距离的变化要求天线发射功率具有自动控制能力，这对卫星有效载荷提出了较高要求。

星间链路的空间几何关系如图 2.19 所示，h_A 和 h_B 分别是卫星 A 和卫星 B 的轨道高度，且假定 $h_A \geqslant h_B$；α 为卫星 A 和卫星 B 所夹地心角；E_A 和 E_B 分别为卫星 A 和卫星 B 的仰角，是星间链路与卫星所在点的天球切面间的夹角。余隙 H_P 定义为星间链路与地球表面的距离，取值一般为几十到上百千米，以避免星间链路穿过大气层并受到低空复杂电磁环境的干扰。

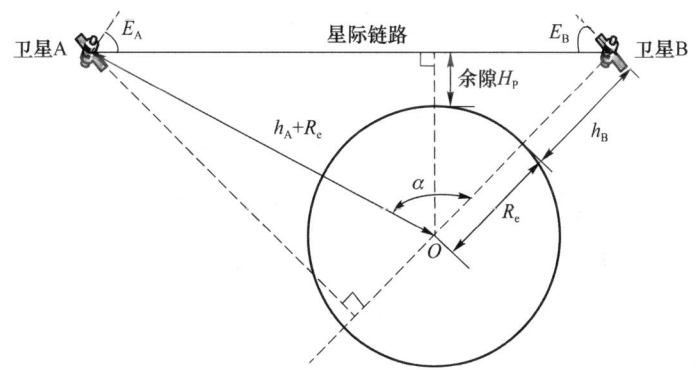

图 2.19 星间链路的空间几何关系

1. 星间链路的仰角

根据图 2.19，容易推导出卫星的仰角为

$$E_B = \arctan\left[\left(\frac{h_B + R_e}{h_A + R_e} - \cos\alpha\right)\Big/\sin\alpha\right] \xrightarrow{h_A = h_B} \frac{\alpha}{2} \quad (2\text{-}51)$$

$$E_A = \alpha - E_B \xrightarrow{h_A = h_B} \frac{\alpha}{2} \quad (2\text{-}52)$$

星间链路距离地球表面的最小余隙 $H_{P\min}$ 对应着最大星间地心角 $\alpha_{\max}$，由图可得

$$\alpha_{\max} = \arccos\left[\frac{H_{P\min} + R_e}{h_A + R_e}\right] + \arccos\left[\frac{H_{P\min} + R_e}{h_B + R_e}\right] \xrightarrow{h_A = h_B = h} 2\arccos\left(\frac{H_{P\min} + R_e}{h + R_e}\right) \quad (2\text{-}53)$$

根据两颗卫星瞬时经纬度位置 $(\lambda_{s1}, \phi_{s1})$ 和 $(\lambda_{s2}, \phi_{s2})$，可以计算实际星间地心角为

$$\alpha = \arccos\left[\sin(\phi_{s1})\sin(\phi_{s2}) + \cos(\phi_{s1})\cos(\phi_{s2})\cos(\lambda_{s1} - \lambda_{s2})\right] \quad (2\text{-}54)$$

若 $\alpha > \alpha_{\max}$，则星间不可见，无法建立星间链路；反之，则可建立星间链路。对于星座系统，也可以根据卫星轨道参数求出星间链路的仰角。

例 2.6 假设在一个卫星星座中有 GEO 和 LEO 两种卫星。在采用 GEO 卫星作为中继，在任意时刻 t，GEO 卫星的经纬度坐标 $(\lambda_{\text{GEO}}, 0)$ 是固定不变的，若获得 LEO 卫星的经纬度坐标 $(\lambda_{\text{LEO}}, \varphi_{\text{LEO}})$，求两颗卫星所对应的地心角 α。

解： $\alpha = \arccos\left[\cos(\varphi_{\text{LEO}})\cos(\lambda_{\text{GEO}} - \lambda_{\text{LEO}})\right]$

采用式(2-53)计算出 $\alpha_{\max}$ 后，可以推断：当 $\alpha \leq \alpha_{\max}$ 时，GEO 卫星与 LEO 卫星间可以建立星间链路；当 $\alpha > \alpha_{\max}$ 时，不能建立星间链路。

2. 星间链路的方位角

方位角的度量以卫星的运动方向为基准，沿顺时针方向旋转到卫星连线的方向。

以图 2.15 为例进行讨论。如果已知轨道高度周期为 T，则卫星在轨道平面内的时变相位为 $\chi(t) = 2\pi t/T$；假设轨道倾角为 I，两颗卫星 A 和 B 所在轨道平面的经度差 $\Delta\lambda$，各自的初始幅角为 γ_A 和 γ_B，则 t 时刻卫星 A 对卫星 B 的方位角为

$$\Psi_{AB} = \arctan\{[\sin I \cdot \sin(\Delta\lambda) \cdot \cos(\chi + \gamma_B) - \sin(2I) \cdot \sin^2(\Delta\lambda/2) \cdot \sin(\chi + \gamma_B)] \div$$

$$[\sin^2 I \cdot \sin^2(\Delta\lambda/2) \cdot \sin(2\chi + \gamma_B + \gamma_A) + \cos I \cdot \sin(\Delta\lambda) \cdot \cos(\gamma_B - \gamma_A) +$$

$$(\cos^2(\Delta\lambda/2)-\cos^2 I \cdot \sin^2(\Delta\lambda/2)) \cdot \sin(\gamma_B-\gamma_A)]\} \quad (2\text{-}55)$$

其中,下标位置互换则可得卫星 B 对卫星 A 的方位角 Ψ_{BA}。式(2-55)表明方位角是时变相位 χ 的奇函数。

3. 星间链路距离

由图 2.19 可以求得星间距离(即星间链路长度)为

$$D_s=(h_A+R_e)\sin(E_A)+(h_B+R_e)\sin(E_B) \xrightarrow{h_A=h_B=h} 2(h+R_e)\sin\left(\frac{\alpha}{2}\right) \quad (2\text{-}56)$$

而根据星间链路与地球表面间的最小余隙,可以求得星间最大距离为

$$D_{smax}=\sqrt{(h_A+R_e)^2-(H_{Pmin}+R_e)^2}+\sqrt{(h_B+R_e)^2-(H_{Pmin}+R_e)^2} \xrightarrow{h_A=h_B=h}$$
$$2\sqrt{(h+R_e)^2-(H_{Pmin}+R_e)^2} \quad (2\text{-}57)$$

显然有 $D_s \leqslant D_{smax}$。

4. 星间链路稳定性讨论

当 $h_A=h_B$ 时,卫星轨道高度相同。相同轨道高度上的星间链路可分为两类:①相同轨道平面内的轨内星间链路(Intra-Orbit ISL);②不同轨道平面间的轨间星间链路(Inter-Orbit ISL),也称为星际链路。在非静止轨道星座系统中,轨内两颗卫星的相对位置能够基本保持不变,轨内星间链路的星间距离、方位角和仰角变化较小,因而建立轨内星间链路相对容易;轨间两颗卫星存在相对运动,轨间星间链路的方位角、仰角和星间距离随时间变化,因而建立轨间星间链路相对困难。而当 $h_A \neq h_B$ 时,星间链路方位角、仰角和星间距离一般会随时间发生变化。

2.5 卫星发射技术

1. 宇宙速度

1) 第一宇宙速度

第一宇宙速度为人造地球卫星绕地球表面做圆周运动时的速度,约为 7.9 km/s。

根据 2.1.1 节的万有引力公式,得到 $gm_E m_S/r^2=m_S v_1^2/r$,容易得到 $v_1=\sqrt{gm_E/r}$,代入地球质量和半径,就可以得到结论。

2) 第二宇宙速度

第二宇宙速度为航天器脱离地球引力场所需要的最低速度,约为 11.2 km/s。

根据机械能守恒定律,可以得到 $gm_E m_S/r=m_S v_2^2/2$,容易得到 $v_2=\sqrt{2gm_E/r}$,代入地球质量和半径可以得到结论。

3) 第三宇宙速度

第三宇宙速度为航天器脱离太阳引力场所需要的最小速度,约为 16.7 km/s。

与第二宇宙速度推导类似,只需要把地球质量和半径换做太阳质量 2.0×10^{30} kg 和太阳与地球间的距离 1.5×10^{11} m,即可得到结论。

图 2.20 是三大宇宙速度。

2. 发射技术

1) 对地静止转移轨道(GTO)和 AKM

最初,发射静止卫星采用的方法是将飞行器和末级火箭发射到低地球轨道上。如图 2.21 所示,在 LEO 上环绕数周后,最后一级火箭被点燃,飞行器进入对地静止转移轨道,在 LEO 上运行的这段时间内,卫星完成对轨道参数的测量,GTO 的近地点位于 LEO 高度,远地点则位于 GEO 高度。远地点的位置靠近卫星轨道内测试点的轨道经度,测试点是卫星置入工作点前的点。同样,卫星在 GTO 上会运行数圈。在这段时间内,系统完成对轨道参数的测量,随后,在远地点处火箭发动机(一般位于卫星上)被点燃,GTO 逐步提升为 GEO。由于火箭发动机是在远地点点燃的,因此通常称其为远地点推进发动机(AKM)。AKM 不仅负责规范 GEO 轨道的圆形形状,还要负责纠正轨道的倾角误差,如此得到的最终轨道十分接近静止轨道。

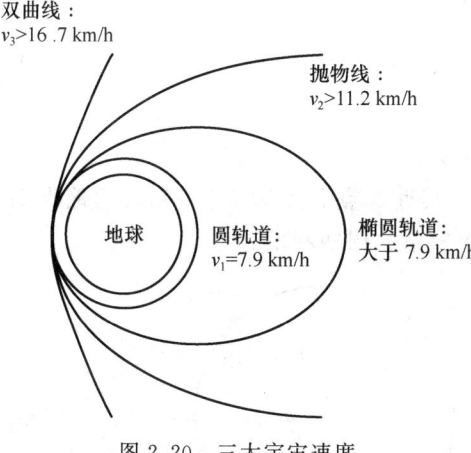

图 2.20 三大宇宙速度

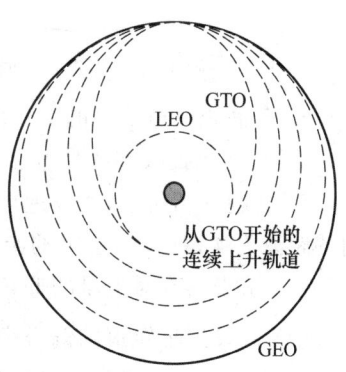

图 2.21 GTO/AKM 接入 GEO

2) 采用慢速轨道提升技术的 GTO

如图 2.22 所示,与利用 AKM 在短短几分钟内将卫星加速送入 GEO 的方法有所不同,慢速轨道提升技术主要通过数次飞行器推进器将轨道由 GTO 提升到 GEO。由于飞行器在 GTO 上旋转不是稳定的(为了不侵犯 Huglus 公司专利),因此卫星上的许多设备(包括太阳能板在内)都在 GTO 上完成安装。卫星上配有两个功率各异的推进器:功率较大的推进器用于轨道提升操作,低功率推进器用于环轨运行。由于推进器将卫星送入相对静止轨道要花费好几个小时,轨道的近地点是随着推进器不断点火而逐步提升的。推进器各次点火的位置关于远地点对称,当然也可以设计为关于近地点对称。整个推进过程一般会在连续轨道上持续 60~80 min,共使用 6 个轨道。

图 2.22 慢速轨道提升到 GEO

(3) 直接置入 GEO

直接置入 GEO 的方法与 GTO 技术类似,只不过与发射商签订的合同中规定将卫星送入的轨道是 GEO,而不像上述两种方法那样利用卫星自身的推进系统从 GTO 提升进入 GEO。

本 章 小 结

本章重点讲述卫星轨道及覆盖的相关内容。首先,本章给出卫星运行的开普勒三大定律与卫星轨道的描述,并对轨道特性的影响因素进行了阐述;其次,对单颗卫星的覆盖特性进行分析;再次,对多星覆盖的多种星座设计进行描述,并对星间通信的可能性进行探讨;最后,对卫星的发射技术进行简单概述。

习 题

1. 简述开普勒三大定律。
2. 简述卫星轨道特性中日凌和星蚀的概念。
3. 简述卫星轨道星座的分类及各类轨道的含义。
4. 如题 4 图所示,某卫星运行在椭圆轨道上,其近地点高度为 2 000 km,远地点高度为 6 000 km。假设地球的平均半径为 6 500 km,试求轨道的周期和偏心率。

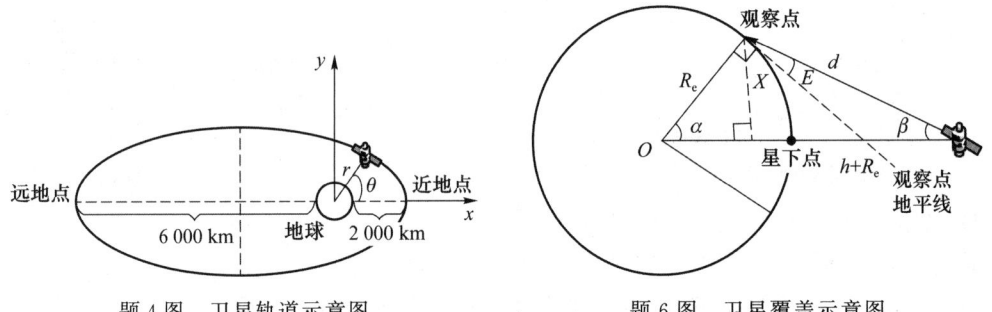

题 4 图 卫星轨道示意图　　题 6 图 卫星覆盖示意图

5. 若静止轨道卫星的工作频率为 4 GHz,并假设接收机位于赤道,当卫星位于接收机所在水平面时,求接收端的多普勒频移。

6. 如题 6 图所示,假设地球的平均半径为 6 500 km,当卫星处于近地点时,卫星与星下点间的距离为 4 745 km,卫星的半视角 $\beta = 30°$,则:

(1) 求观察点对卫星的仰角 E;

(2) 假设卫星轨道的偏心率为 0.75,试求轨道的周期。($\sqrt{3} \approx 1.73$)

7. 当地球站天线的最小仰角为 $E_{min} = 10°$ 时,求下列圆形轨道上一颗卫星在地球表面覆盖面积 A 和地球面上能用这颗卫星通信的最大距离 D:

(a) 静止轨道;(b) $h = 10\,000$ km;(c) $h = 1\,000$ km。

8. 已知地球同步轨道卫星高度为 $h = 1\,000$ km,地球平均半径为 $r = 6\,356.755$ km,一地球同步轨道卫星星下点位于 116°E:

(1) 卫星地面站 A 位于湖北黄冈市(116°E,30°N),求地面站与卫星的距离;

(2) 卫星地面站 B 位于赤道上,其与卫星的距离与 A 相同,求地面站 B 的经度,并求其当地时间与北京时间的时差。

9. 如题 9 图所示,全球星系统的轨道高度为 1 414 km,假设地球站天线的最小仰角为 20°,星地下行链路的通信频率为 2.5 GHz,试计算:

(1) 单颗卫星能够为地球站提供的可视时间;

(2) 地面站接收卫星信号的最大多普勒频移。

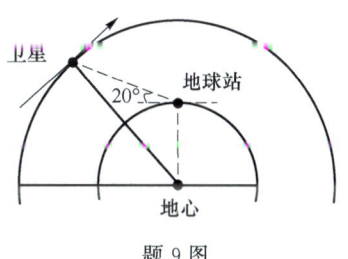

题 9 图

10. 有 N 颗卫星在高度为 $h=1\,414$ km 的一个圆形轨道上运行,它们运动时都能与地球上的一个固定地球站通信,地球站天线的最小仰角为 $E_{\min}=10°$。为使地球站全天都能与轨道上一颗以上的卫星进行通信,问在这个轨道上最少要有多少颗卫星?

11. 卫星绕地球做圆轨道运动,假设地球半径为 6 356.755 km,系统要求用户终端的最小仰角为 10°,卫星距离地面的高度为 785 km,求:

(1) 单颗卫星的覆盖区域面积;

(2) 用户到卫星的传播时延;

(3) 用户可以与卫星通信的最长时间。

12. 假设由 N 颗地球静止轨道卫星组成的通信系统,已知静止轨道卫星的高度为 $H=36\,000$ km,假设地球站天线最小仰角为 20°。为使得该通信系统能够完全覆盖地球赤道,问最少需要多少颗卫星?

13. 已知静止轨道卫星高度为 35 786.6 km,地球半径为 6 356.755 km,求该静止卫星的最大视角、覆盖区最大地心角,以及卫星到覆盖区边缘的传输时间。

14. 已知全球星的 δ 星座标识为 48/8/1:1 414:52°,假设初始时刻星座的第一个轨道面的升交点赤经为 0°,第一颗卫星位于 (0°E, 0°N),试确定星座中各卫星的初始轨道参数。

15. 给出以下 δ 星座标识对应的玫瑰星座标识。

(1) Globalstar:48/8/1。

(2) Celestri:63/7/5。

(3) M-Star:72/12/5。

16. 若有轨道平面为 3,每个轨道平面内卫星数量为 8 的极轨道星座,连续覆盖南北纬 45°以上区域。求卫星最大覆盖地心角、轨道高度、顺行轨道面间的升交点经度差。

17. 判断以下 δ 星座是否为共地面轨道。若是,则给出其共地面轨迹的星座标识。

(1) 24/4/2:8 042:43°。

(2) 9/9/4:10 355:35°。

(3) 8/8/4:10 355:30°。

18. 某一星座采用的轨道高度为 1 414 km。某一时刻,卫星 A 的位置为 (0°E, 20°N),卫星 B 的位置为 (50°E, 15°S),问在最小余隙为 50 km 时,卫星 A 和卫星 B 间能否建立星间链路?如果能,此时星间链路的仰角是多少?(假设地球半径取 6 378.137 km)

第3章 卫星通信系统的组成

3.1 卫星通信系统的结构

卫星通信系统由空间段、控制段和地面段组成。空间段是指卫星平台及星上载荷。控制段由地面上对卫星进行控制和管理的设施组成,包括地面卫星控制中心、跟踪遥测指令站。地面段包括信关站及各种类型的用户终端。

如图3.1所示,卫星通信系统也可以划分为空间子系统、通信地球站子系统、跟踪遥测及指令子系统,以及监控管理子系统四部分。

(1) 空间子系统:由一颗或多颗通信卫星组成,在空中对发来的信号进行处理、中继放大和转发。每颗通信卫星均包括收发天线、通信转发器、遥测指令控制和电源等分系统。

(2) 通信地球站子系统:包括地球站和通信业务控制中心,其中有天馈设备、发射机、接收机、跟踪与伺服系统等。通信地球站子系统主要由多个承担不同业务的地球站组成,他们按照业务类型,大致分为用户站(如手机、便携设备、移动站和VSAT等,可以直接连接到空间段)、信关站(又称接口站、关口站、网关站,它将空间段与地面网络互连)和服务站(如枢纽站和馈送站,它通过空间段从用户处收集信息或向用户分发信息)。

(3) 跟踪、遥测及指令子系统:对卫星进行跟踪测量,控制卫星准确地进入轨道上的指定

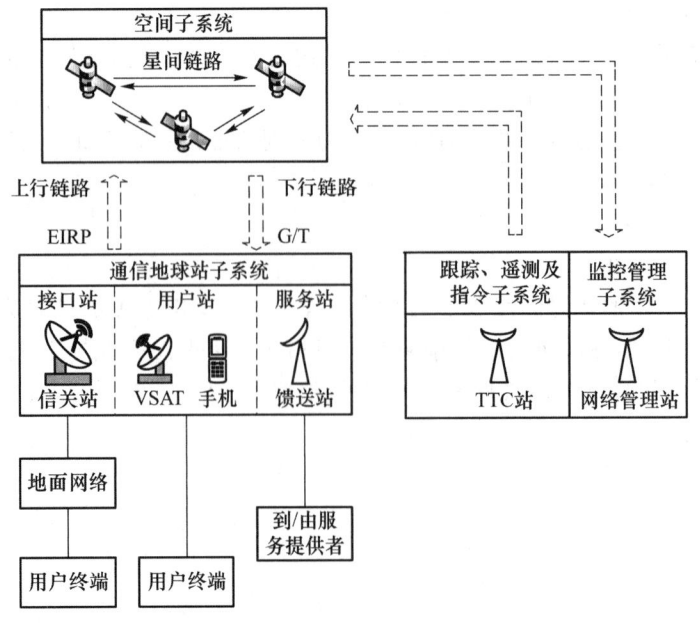

图3.1 卫星通信系统的组成结构

位置,并对卫星的轨道位置、姿态、星上仪器工作状态和公用舱温度等进行监视和校正。

(4) 监控管理子系统:对卫星通信性能及参数进行业务开通前的监测和业务开通后的例行监测与控制,包括转发器功率、天线增益、地球站发射功率、射频频率和带宽等,以保证通信卫星正常的运转和工作。

星载转发器和地球站收发设备是卫星通信系统的主要组成部分。如图 3.2 所示,系统为地面用户提供端到端的链路,地面发送端输入的信息(可为多路复用后的信息)经过基带和发射机射频处理后,利用馈线送到发射天线;卫星转发器对接收信号进行增益放大和必要处理,并经过下行链路发送给地面;地面用户对接收到的信号进行接收机内的射频和后续基带处理等。本章主要针对卫星通信系统中的地球站子系统和卫星子系统进行阐述。

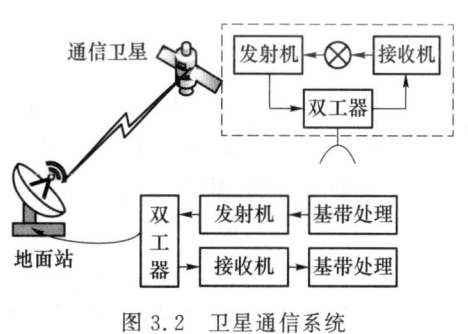

图 3.2 卫星通信系统

3.2 地球站子系统

3.2.1 地球站的分类

一般可将卫星通信的终端分成移动终端和地球站两类。移动终端包括手持终端、车载终端、船载终端及机载终端等。而地球站按不同的方法分类如下。

(1) 按地球站天线口径尺寸及地球站性能因数 G/T(即地球站接收天线增益 G 与接收系统的等效噪声温度 T 之比,该比值被称为品质因数)的大小,地球站可分为 A、B、C、D、E、F、G、Z 等类型。A、B、C 三种称为标准站,用于国际通信。E 和 F 又分为 E-1、E-2、E-3 和 F-1、F-2、F-3 等类型,主要用于国内几个企业间的话音、传真、电子邮件、电视会议等通信业务。其中,E-2、E-3 和 F-2、F-3 称为中型站,是为大城市和大企业间提供通信业务的;E-1、F-1 称为小型站,它们的业务容量较小。具体详见表 3.1。

表 3.1 地球站的分类

类型	地球站标准	天线尺寸/m	G/T 最小值/(dB·K^{-1})	频段/GHz	业务
大型站(国家)	A	15~18	35	6/4	电话、数据、TV、IDR、IBS
	B	12~14	37	14/11 或 12	
	C	11~13	31.7	6/4	
中型站(卫星通信港)	F-3	9~10	29	6/4	电话、数据、TV、IDR、IBS
	E-3	8~10	34	14/11 或 12	
	F-2	7~8	27	6/4	
	E-2	5~7	29	14/11 或 12	
小型站(商用)	F-1	4.5~5	22.7	6/4	IBS、TV
	E-1	3.5	25	14/11 或 12	IBS、TV
	D-1	4.5~5.5	22.7	6/4	VISTA

续表

类型	地球站标准	天线尺寸/m	G/T 最小值/(dB·K^{-1})	频段/GHz	业务
VSAT	G	0.6~2.4	5.5	6/4;14/11 或 12	INTERNET
TVRO		1.2~11	16		TV
国内	Z	0.6~12	5.5~16	6/4;14/11 或 12	国内

(2) 按传输信号的特征,地球站可分为模拟站和数字站。

(3) 按用途,地球站可分为广播、航空、航海、气象以及实验等类型的地球站。

(4) 按业务性质,地球站可分为遥控、遥测、跟踪站(用于遥测通信卫星的工作参数,控制卫星的位置和姿态),通信参数测量站(用于监视转发器及地球站通信系统的工作参数)和通信业务站(用于开展行电话、电报、数据、电视及传真等通信业务)。

此外,地球站还可按工作频段、通信卫星类型、多址方式等方法进行分类。

3.2.2 地球站的组成

根据大小和用途不同,地球站的组成也不同。如图 3.3 所示,标准地球站一般包括天馈设备、发射机、接收机、终端设备、跟踪伺服设备以及电源设备等。

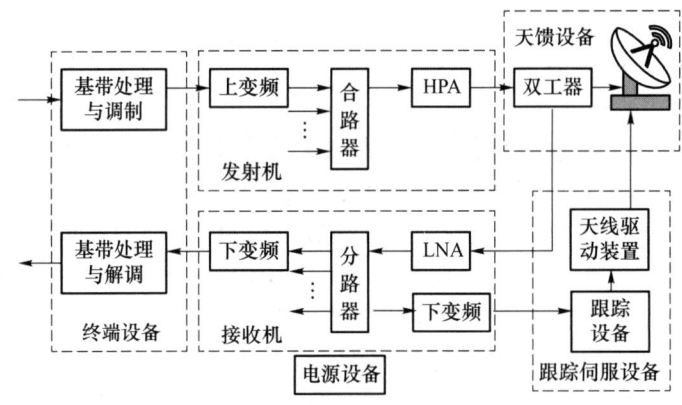

图 3.3 卫星通信中地球站的组成

1. 天馈设备

天馈设备主要作用是将发射机送来的射频信号经天线向卫星方向辐射,同时又接收卫星转发的信号并送往接收机。一般收发信机共用一副天线,并需采用双工器作为发送和接收信号的分路器;它主要由用于收发电磁波的空间正交器及用于收发两组不同频率的滤波器组成。

在选用地球站天线时,需要考虑其定向增益、噪声温度、频带宽度、旋转性和机械精度等。地球站原则上可采用喇叭天线、喇叭抛物面天线和卡塞格伦天线等多种形式的天线。除了便携式终端,一般大、中型地球站才用卡塞格伦天线,小口径地球站用偏馈(焦)抛物面天线。

基于几何形状,地球站可以分为轴对称和非抽对称的天线结构。

1) 轴对称结构

在轴对称结构中,天线轴相对反射器是对称的,这使得机械结构和天线构造相对比较简单。按照馈源装置不同,广泛使用的轴对称结构天线有如下四种。

(1) 喇叭天线

喇叭天线是一种将波导口径平滑过渡到更大口径上的天线，可以有效地向空间辐射功率。喇叭天线可以直接安装在卫星上作为辐射体，实现对地面的大范围照射；喇叭天线广泛用作反射面类型的接收和发送天线的主馈源。如图 3.4 所示，最常用的喇叭天线有方口喇叭、光壁圆锥喇叭和波纹喇叭。不同喇叭的功能相同，但性能有所差别。

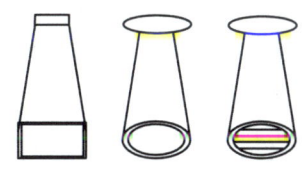

图 3.4 三种喇叭天线

(2) 喇叭抛物面天线（主焦点馈源天线）

如图 3.5 所示，喇叭抛物面天线由一个抛物面反射器和一个馈源组成，信号是由位于抛物面焦点的主馈源馈送的。其装置的几何形状影响喇叭抛物面反射信号在孔径平面上产生的平面波波前，因此该几何形状对于产生符合要求的平面波辐射方向图而言很重要。此结构虽然简单，但有馈源喇叭指向相对较热的地球表面，会采集到大量热噪声，使馈源产生较高的天线噪声温度。此外，馈源和低噪声放大器（Low Noise Amplifier，LNA）间的连接电缆（波导）存在损耗，从而对信号附加热噪声。在发射情况下，将高功率放大器（High Power Amplifier，HPA）连接到馈源要使用电缆（或波导），也会有某些功率损耗。由于上述原因，喇叭抛物面天线主要在小型地球站（直径 3～5 m）中使用。

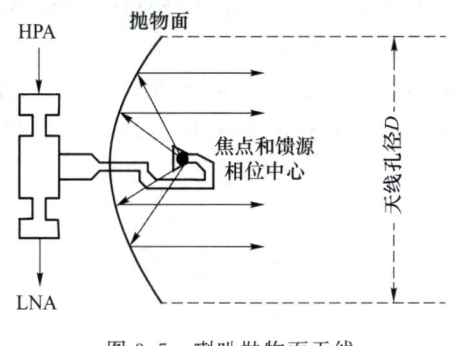

图 3.5 喇叭抛物面天线

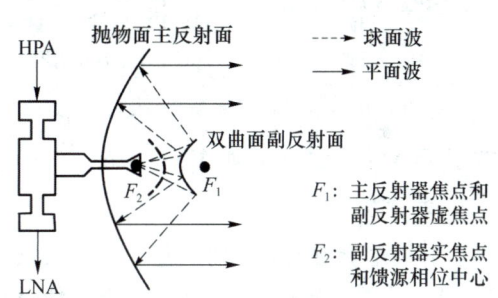

图 3.6 卡塞格伦天线结构

(3) 卡塞格伦天线

卡塞格伦天线就是双反射镜式抛物面天线。如图 3.6 所示，由一对共享一个焦点 F_1 的喇叭主反射面和双曲副反射面组成；主馈源位于副反射器的第二个焦点 F_2 上，由馈源发出的电磁波，被副反射面反射后到主反射面。该天线是根据卡塞格伦天文望远镜的原理研制的，其主要优点是：可把大功率发射机或低噪声接收机直接与馈源喇叭相连，从而降低因馈线波导过长而引起的损耗；从馈源喇叭辐射出来经副反射面边缘漏出去的电磁波是射向天空的，而不是像抛物面天线那样射向地面，因此降低了大地反射噪声。为进一步提高天线性能，一般还要对主、副反射面形状做进一步修正，即通过反射面的微小变形，使电磁波在主反射面上的照度分布均匀，这种经过修正的天线称为成形波束卡塞格伦天线，其效率可以提高到 0.7～0.75。目前，大多数地球站采用的是成形波束卡塞格伦天线。

(4) 极轴天线

人们在小型地球站上广泛使用如图 3.7 所示的极轴天线。极轴天线围绕与地球极轴平行的单轴旋转，可以扫描整个静止轨道弧，特别适合于经常更换指向的应用，如指向新的直播卫星。

当反射面与极轴垂直时，天线的指向需要严格与卫星到地心的电磁波波束平行。为了使天线指向卫星,将天线向正南方向转动角度 δ,使得 $\delta = 90° - E - \phi_L$,其中 E 为天线仰角,ϕ_L 为地球站所在的纬度。由图 3.7(b)可得 $\cos E = r\sin\phi_L/d$,所以

$$\delta = 90° - \arccos(r\sin\phi_L/d) - \phi_L \tag{3-1}$$

实际上,地球站与卫星的纬度不一定相等,故可能要微调天线方位角。

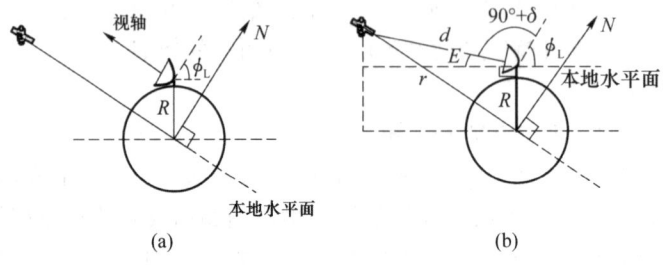

图 3.7 极轴天线结构

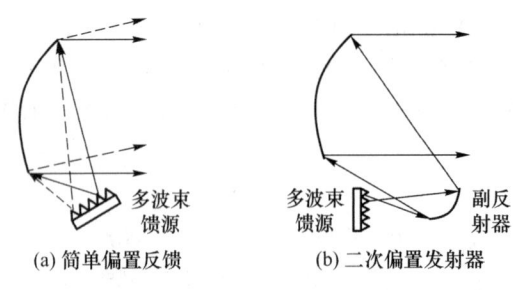

图 3.8 非轴对称(偏馈)天线结构

2) 非轴对称结构(偏馈天线)

轴对称结构由于馈源和副反射器的组装,部分孔径被阻塞使性能受到影响,降低了天线效率,增大了副瓣电平。如图 3.8 所示,非对称结构可以将馈源结构偏离开轴向装配,不会阻塞主波束,使效率和副瓣电平性能改善。但这种结构的几何形状比轴对称更复杂,在地球站使用大口径天线时很困难。偏馈型天线广泛应用于小口径地球站,如 VSAT 站。

2. 发射机

发射机主要由上变频器和高功率放大器组成,可将已调中频信号经上变频器变换为射频信号,并放大到一定电平,经馈线送至天线进行发射。

1) 上变频器

上变频器主要包括一次变频和二次变频两种。

(1) 一次变频

一次变频,即从中频(如 70 MHz)直接变到微波射频(如 6 GHz)。设备简单,组合频率干扰少;但因中频带宽有限,不利于宽带系统实现,只适合于小容量的小型地球站等。

(2) 二次变频

二次变频,即从中频(如 70 MHz)首先变到较高的中频(如 950~1 450 MHz);其次,由较高的中频变到微波射频(如 6 GHz)。其优点是调整方便,易于实现带宽的要求;缺点是电路复杂。由于微电子技术的进步,二次变频已较容易实现,故其在各类地球站中广泛应用。

2) 高功率放大器

见表 3.2,高功率放大器因不同类型的地球站需求而有所不同。大、中型地球站常采用行波管放大器(Travelling Wave Tube Amplifier,TWTA)和调速管放大器(Klystron Power Amplifier,KPA);小型地球站常采用固态功率放大器(Solid State Power Amplifier,SSPA)。

(1) TWTA

TWTA 的输出功率可达 10 kW,带宽较宽:在 C 频段可提供 500 MHz 带宽,Ku 和 Ka 频段可提供 1 GHz 带宽。

（2）KPA

KPA 的输出功率最大，但带宽较窄，为 50～100 MHz。

（3）SSPA

SSPA 主要是用固态砷化镓场效应管（Gallium Arsenide field effect transistor, GaAsFET），基本模块的最大输出功率为 3～10 W，增益为 6～10 dB，可通过模块组合获得更高增益或功率，带宽介于 KPA 和 TWTA 之间。

表 3.2 典型放大器的主要特点

类别	带宽/MHz	能放大的载波数	备用方式	电源效率	调谐	维护	体积	价格
行波管放大器	500 575	可放大多个载波	1:1 1:2	10%～15%	不需要	较麻烦	较小	贵
速调管放大器	40 80	只能在频带范围内进行多或单载波放大	1:1 1:2	约 30%	更换工作频段需要重新调谐	较容易	较大	较便宜
固态功率放大器	500 575	可放大多个载波	1:1 1:2	约 40%	不需要	较麻烦	最小	适中

3. 接收机

接收机主要由下变频器和低噪声放大器组成，从噪声中接收卫星的有用信号，经下变频器变换为中频信号，送至解调器。

1）低噪声放大器

低噪声放大器的接收信号一般只有 10^{-17}～10^{-18} W 数量级，极其微弱。为减少噪声和干扰影响，接收机输入端必须使用灵敏度高、噪声温度低的 LNA。衡量低噪声放大器的指标为内部噪声大小，用等效噪声温度来衡量。商用的 LNA 有参量放大器、制冷和常温砷化镓场效应放大器。选用低噪声放大器需根据其内部噪声及故障率综合考量。而为减小馈线损耗带来的噪声影响，可将低噪声放大器配置在天线上。

2）下变频器

下变频器可采用一次变频，也可采用二次变频。当采用一次变频时，一般取中频为 70 MHz 或 140 MHz；当采用二次变频时，第一中频（如 1 125 MHz）一般高于第二中频，第二中频采用 70 MHz。带宽、载频频率容差、线性度是变频器性能的衡量指标。

4. 终端设备

终端设备主要由基带处理与调制解调器、中频滤波及放大器组成。主要作用是：将终端送来的信息进行处理，成为基带信号；对中频进行调制，同时对接收的中频已调信号进行解调；进行与发端相反的处理，输出基带信号送往用户终端。

5. 跟踪伺服设备

即使卫星是静止卫星，也不是绝对静止，而是在一个几立方千米的区域中随机漂移。对于方向性较强的天线，地球站需要跟踪伺服设备来校正地球站天线的方位和仰角，以便天线对准卫星。跟踪伺服设备有手动跟踪、程序跟踪和自动跟踪三种，用户根据使用场合和要求确定使用哪一种。

1）手动跟踪

根据预知的卫星轨道位置随时间的变化规律，人工按时调整天线指向，使接收卫星信号最强。

2) 程序跟踪

根据卫星预报的数据和从天线角度检测器收集的天线位置值,用计算机处理计算出角度误差,输入伺服回路驱动天线,以消除误差角。

3) 自动跟踪

根据卫星发射的信标信号,检测出误差信号,并驱动跟踪系统,使天线自动地对准卫星。

由于影响卫星位置的因素很多,因此无法长期预测卫星轨道,手动跟踪和程序跟踪都不能实现对卫星连续、精确的跟踪。目前,大、中型地球站都以自动跟踪为主,以手动跟踪、程序跟踪为辅。

6. 电源设备

卫星通信地球站对电源的可靠性要求较高,特别是大型站,通常配备几组电源。

3.2.3 地球站选址与布局

1. 地球站站址的选择

卫星地球站站址的选择需要考虑多方面的因素,如地球站的用途、类型、业务、地理位置、地质条件、交通便利性、供水供电能力、气象条件等。具体来说:站址的地理环境应满足工作要求;周围的电磁环境不能影响相应卫星的业务;站址应有保障人员工作和生活的基本条件;气象条件和地质条件应与设备的环境适应性基本兼容;交通运输、施工安装和供电供水及通信条件便利;应避开飞机航线及遮蔽角较小的地带(一般不大于3°);为了屏蔽干扰源,在干扰源的方向最好有较高的山丘或高大的建筑物。

1) 站址选择的一般程序

站址选择一般包括系统设计、现场勘查、干扰测试和选址报告四个程序。

(1) 系统设计

站址选择前应根据建站的目的、业务、类型(如接收和发射)及规模等,完成系统的初步设计。

(2) 现场勘查

在完成系统设计的基础上,应尽快与当地的无线电管委会有关部门联系,查清站址周围是否存在潜在干扰源(如微波中继站、电视广播台站、雷达站及无线电台等)和站址附近的气象资料,以便在设计时考虑天线的抗风、抗雨、抗雪能力;还应收集有关地质结构和地震等方面的信息资料,以便为地基、防雷接地和工作接地的设计提供依据。

(3) 干扰测试

在站址初选并认为基本符合使用要求的情况下,一般都应进行电磁干扰和微波干扰测试,以确定站址附件没有干扰或者干扰在可接受范围内。

(4) 选址报告

经过站址的综合分析,并确认符合使用要求后,通常应编写站址选择报告。其内容通常包括:地理位置(经度、纬度及海拔)、电磁干扰测试结果及其他有关报告(如遮蔽角图)等。

2) 地理环境要求

站址应选择在视野开阔、遮蔽角较小的地方,在卫星工作方向其遮蔽角不大于3°。站址应尽量避开雷电区。

对于需建设标校塔的站址,应考虑站址相对于标校塔的仰角,以避免多径效应。在天线波束宽度不大于 0.8°时,仰角一般应高于 3°,两站收发天线间距应满足:

$$R \geqslant \frac{2D^2}{\lambda} \quad (3\text{-}2)$$

其中,R 为站址与标校塔天线的间距,D 为天线的直径,λ 为天线的波长。

对于具有三点测距定位系统的站址选择,三条基线的长度越长,对目标的交会夹角越大,其几何定位精度越高。

对于非静止轨道卫星地球站站址的选择,应考虑多站覆盖区域,力求用最小的站数达到所需的覆盖区域,或用相同的站数达到最大的覆盖区域。每个站的作用半径为

$$r = \frac{\alpha}{360} 2\pi R_e \quad (3\text{-}3)$$

$$\alpha = 90° - E - \arcsin\left(\frac{R_e}{R_e + h} \cos E\right) \quad (3\text{-}4)$$

其中,r 为站址的作用半径,α 为站址到卫星的半地心角,R_e 为地球赤道半径,E 表示站址观测起始仰角,h 表示卫星轨道高度。

3) 电磁环境要求

站址应选择在电磁干扰较小的地区,在地球站天线工作方向,进入接收机输入端的干扰电平应比正常接收到的工作信号电平低:对通信地球站一般应低于 30 dB,对卫星遥感地球站一般应低于 25 dB。

2. 地球站的布局

地球站的布局与地球站站址的选择是同样重要的,地球站布局合理不仅有利于地球站的管理和维护,而且对卫星通信系统本身也是一个帮助。一般来说,决定地球站布局的因素主要有地球站的规模、地球站的设备制式和相关管理及维护要求。

1) 地球站的规模

地球站的规模是决定地球站布局的重要因素。

2) 地球站的设备制式

地球站的通信设备安装在天线塔和主机房内,它的布局方式由地球站的设备制式来决定。

3) 管理和维护要求

地球站的布局除了要适应其通信系统的要求,保证满足地球站的标准特性要求外,还要便于维护和管理,有利于规划和发展,尽量使地球站的布局适合工作和生活的需要。

3.3 卫星子系统

如图 3.9 所示,装载在卫星上的设备根据功能可划分为卫星平台和有效载荷。卫星平台不仅包括承接有效载荷的舱体,还包括为有效载荷提供服务的姿态和轨道控制分系统,跟踪、遥测、指令分系统,电源分系统。有效载荷是指卫星上用于提供通信业务的设备。典型的通信卫星由五部分组成,即姿态和轨道控制分系统,跟踪、遥测、指令分系统,电源分系统,通信分系统,天线分系统。

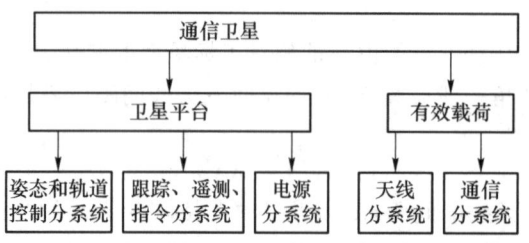

图 3.9　通信卫星组成

图 3.10 给出了几个分系统的具体组成。

1) 姿态和轨道控制(AOC)分系统

卫星姿态控制包括姿态稳定和姿态机动两部分。卫星姿态稳定的方式主要有重力梯度稳定、自旋稳定和三轴稳定。卫星轨道控制包括变轨控制、轨道保持、返回控制和轨道交会。姿态和轨道控制分系统主要由火箭发动机、喷气机或惯性设备组成。其中,火箭发动机用于当外力引起卫星漂离空间轨道时,将卫星拉回正确位置;喷气机则用于控制卫星在轨道上的姿态。

2) 跟踪、遥测、指令(TTC)分系统

跟踪、遥测、指令分系统包括星上和地面控制站两部分。跟踪子系统位于地面站部分,主要负责测量卫星的距离、方位角和仰角;根据对这3个参量的测量,可以计算出轨道参量,从而确定卫星轨道的变化情况。遥测指令子系统通过遥感链路将卫星上传感器的测量数据传送到地面控制站,从而对卫星状态进行监测。根据跟踪子系统测得的数据以及遥测指令子系统测得的数据,控制系统便可对卫星的位置和姿态进行纠正。此外,控制系统还要负责根据业务需要及时调整天线方向和通信系统的配置,并负责卫星的开关控制。

3) 电源分系统

太阳能电池是通信卫星的主要电源。电池产生的电能主要用于供给卫星的通信系统。其中,大部分电能用来确保发射机的正常工作,小部分电能用于其他电子设备、辅助通信系统的运行。该部分也称为卫星系统的辅助部分。

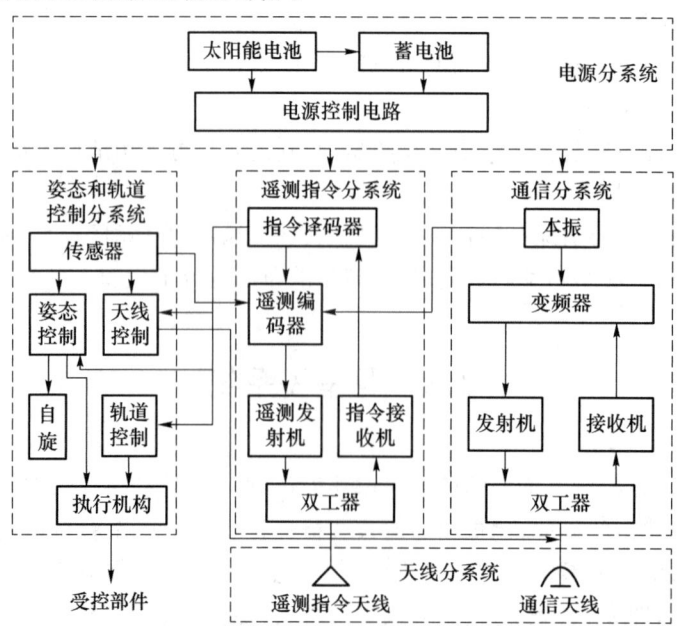

图 3.10　卫星子系统构成

4）通信分系统

通信设备虽然在卫星质量或体积中仅占很小一部分，但它是通信卫星的核心部分，卫星中其他系统均用于支持该系统工作。通信系统主要由天线和收发机组成，其中收发机也叫作转发器。转发器分为透明转发器（又称弯管转发器）和（基带）处理转发器两种。透明转发器是将接收的信号放大后，以另一个较低频率将信号发送出去，不做任何基带处理。而基带处理转发器主要用于处理数字信号，将接收的信号先转换到基带频率上进行基带处理，再转换到微波频段将信号发射出去。

5）天线分系统

卫星天线是卫星通信设备的一部分，但是一般可将其独立于转发器。大型卫星天线系统十分复杂，因而必须根据卫星服务区域的具体情况来准确调整天线的波束形态。大多数卫星天线有固定的通信频段，如 C 频段或 Ku 频段。如需使用符合频段的卫星，就需具备四套或更多的天线。

3.3.1　AOC 分系统

为使卫星天线能够对准地面站、用户能够对卫星能够精确定位，以及使太阳能电池帆板对准太阳，必须对卫星的姿态和轨道进行控制。所以，AOC 分系统对于 GEO 卫星尤其重要。这是因为 GEO 卫星的地面站一般采用定向天线，若卫星偏离其既定位置，则会造成很大的信号衰减。在卫星运行过程中，很多外力会使其姿态和运行轨道发生变化。这些外力主要来自太阳和月球的引力场作用、地球重力场不规则的作用、太阳辐射、大气阻力以及地磁场的不断变化等。

1. 轨道摄动

开普勒定律虽然描述的是行星的运动，但它实际上却描述了一个简单而又抽象的力学模型，即单质点以另一个质点为固定中心的运动，通常把这个简单的力学模型称为二体模型。二体模型实际上可以描述任何两个天体组成的系统，如月球和地球、卫星和地球。如今，研究卫星轨道的理论和方法仍以开普勒三大定律和二体力学模型为基础。

然而，二体模型对于精度要求很高的实际应用来说，还不能满足需要。卫星在空间中的受力实际上并不是只有地球的万有引力，月球、太阳对卫星也同样存在万有引力。对于面积与质量的比值较大的卫星，太阳对其辐射的压力影响也不能忽略。一般而言，由于卫星的体积和质量相对于地球而言很小，所以能够把卫星看作是一个质点，但不能简单地把地球看作一个质点。地球的形状并不规则，有隆起的山脉，也有凹陷的盆地和低洼处；地球的质地也不均匀，有海洋和大陆。因此，地球引力场的位函数与质点引力场的位函数不会相同。地球周围有大气笼罩着，当卫星与地球的距离较近时，大气将会对卫星的运动产生阻力。此外，地球上的潮汐现象也将对地球和卫星的运动造成影响。所有这些因素将使得卫星的受力情况变得异常复杂，但相对于地球与卫星间的万有引力，它们带来的影响却小得多。于是，人们为上述因素的影响建立了各种模型，把它们看作是附加在二体模型上的各种摄动力。

除了力学模型，地球的运动也是一个很重要的方面。由于太阳和月球引力的影响，地球的自转轴在空间中的指向并不固定，导致地球的自转轴绕着黄道平面的垂线旋转而做不规则曲线的周期运动，这种现象就是天文学上所说的岁差和章动现象。地球的自转轴相对于地球内部也不固定，导致了北极在地表上的位置发生变化，这就是极移现象。在研究卫星轨道时，人们通常要建立天球坐标系和地球坐标系,而地球的自转再加上岁差、章动、极移构成的复杂运动给建立坐标系带来了困难。

考虑各种摄动力的影响,通信卫星领域常采用如下方法进行轨道设计。

首先,利用轨道参量$(a,e,t_p,\Omega,i,\omega)$推导出某些时刻的开普勒轨道(即不受任何摄动力影响的轨道),设 t_0 时刻的开普勒轨道参量为$(a_0,e_0,t_p,\Omega_0,i_0,\omega_0)$。

其次,假设摄动力会引起轨道参量随时间变化(此处为随时间线性变化),变化速率为$(da/dt, de/dt, \cdots)$,则利用开普勒轨道可以计算出卫星在任意时刻 t_1 的位置为

$$a_0 + \frac{da}{dt}(t_1 - t_0), e_0 + \frac{de}{dt}(t_1 - t_0), \cdots \tag{3-5}$$

有阻轨道并不是一个椭圆,因此通常用近点周期作为卫星周期,近点周期是指卫星连续两次通过近地点的时间间隔。很多因素会造成静止卫星位置随时间变化,但这些变化都可以看成卫星经度和轨道倾角的变化。

1) 卫星经度的变化

地球既不是一个正规球体,也不是一个椭球体,而是一个三轴椭球体。其两极较平,赤道直径比平均极直径长约 20 km,地球赤道半径不是常数,但起伏相差不到 100 m;地球的密度分布不均匀,平均密度较高的区域称为质量集中区或 Mascons。上述三个方面造成了地球周围引力场分布不均匀,进而使得卫星受力随着位置的变化而变化。

对于低轨卫星,卫星相对地球表面位置的快速变化会由于受到摄动力而产生逐步偏离轨道的速度矢量。而静止卫星,在轨道中运行时处于失重状态,因而很小的力便可以使之加速,从而偏离设定位置。卫星通常要求固定在赤道上空的恒定经度处,但卫星还会受到沿轨道向东或向西指向距其最近的赤道凸起区的作用力。该力与指向地心的引力不重合,因而可以分解出一个与卫星速度方向相同或相反的分量,该分量的具体方向要根据 GEO 轨道的准确位置确定,因而该分量是加速分量还是减速分量要视卫星位置的经度而定。

如图 3.11 所示,根据 Mascons 和赤道凸起区的位置(即在赤道上 162°E 处和 348°E 处的突起约为 65 m),可以在对地静止轨道上确定四个平衡点:两个稳定点和两个不稳定点。稳定点位于 75°E 和 252°E 附近,不稳定点位于 162°E 和 348°E 附近。若卫星在稳定点受到摄动,则无须点燃推进器,卫星便可以飘移到稳定点。若卫星处于不稳定点,则些许的摄动便会使之向最近的稳定点加速,一旦运动到稳定点,卫星便会在该点左右移动,最后固定在稳定点。所以当不稳定点附近的卫星受到摄动力时,卫星需要沿相反的方向周期性的使用喷气机或者推进器加速运动,该操作由地面站 TTC&M 系统负责控制。

2) 轨道倾角的变化

如图 3.12 所示,地球环绕太阳的轨道平面(黄道平面)与太阳赤道平面的夹角约为 7.3°。地球赤道平面与黄道平面的夹角约为 23.5°,月球环绕地球的轨道平面与地球赤道平面的夹角为 5°。由于存在着各种各样的平面,如太阳赤道平面、黄道平面、地球赤道平面和月球绕地球轨道平面,绕地球运行的卫星会受到各种轨道平面外的引力,也就是卫星会受到轨道平面以外的力的作用,使卫星轨道倾角发生变化。轨道逐渐变化的同时,倾角也会相应地发生改变。

由于月球与地球的距离远小于太阳与地球的距离,因此静止卫星受到月球的作用力约是太阳作用力的两倍(三者参数见表 3.3)。力作用的最终效果为静止卫星轨道平面以每年 0.85° 的平均速率偏离赤道平面。当太阳和月球处于卫星轨道同侧时,静止卫星轨道平面变化的速率高于平均值;而当两者处于轨道面异侧时,变化速率则低于平均值。变化率不仅随时间的

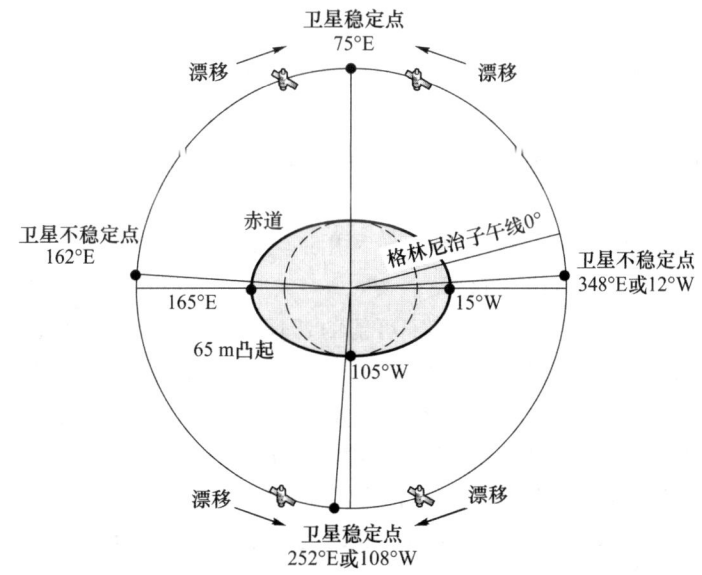

图 3.11　由地球不规则外形引起的卫星受力情况

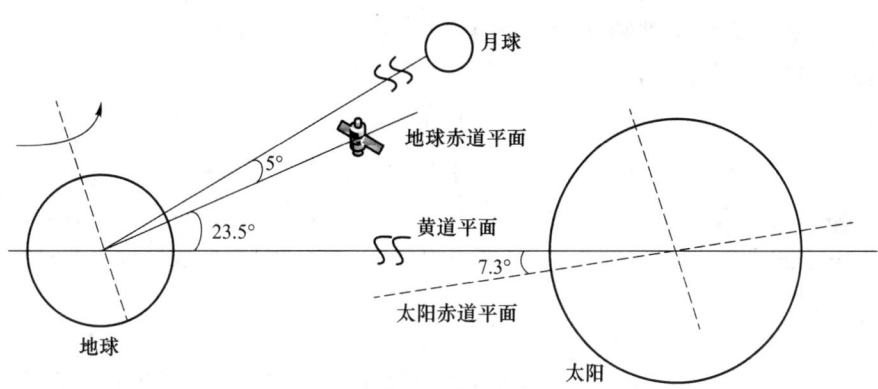

图 3.12　轨道平面与不同平面间的关系

不同而不同,还会随倾角的变化而发生变化。当倾角为 0°时,其值达到最大;当倾角为 14.67°时,其值变为零。

表 3.3　太阳、月亮和地球参数

天体	平均半径/km	质量	平均轨道半径	运转周期/天
太阳	696 000	333 432	30 000 光年	25.04
月亮	3 476	0.012	384 500 km	27.3
地球	6 378.14	1.0	149 597 870 km	1

注:1. 太阳、月亮和地球轨道半径参考中心分别为银河系、地球和太阳;
　　2. 天体质量单位是以地球质量(5.965×10^{24} kg)为单位。

因此,轨道控制系统必须在轨道倾角发生过大变化前,将卫星拉回到赤道平面。而对于 LEO 卫星而言,由于它距离地球较近,所以 LEO 卫星受到地球的引力较月球和太阳的引力要大得多。

2. 轨道的确定与保持

只有获得足够多的测量值,才能确定轨道计算中所需要的 6 个独立参量,即偏心率、半长轴、近地时刻、右上升角、轨道倾角和近地点幅角,进而计算出使轨道位于常规位置所必需的调整值。由于方位角和仰角可视为 6 个轨道参量的函数,因此一般需要测定 3 个位置的 2 个角度(方位角和仰角),建立 6 个方程就可以求解出 6 个轨道参量。负责卫星角位置测量工作的地面控制站通常也要负责测距工作,测距一般利用遥测数据流或通信载波中的特定时标完成。这些地面站一般称为卫星网络的 TTC 站。

在实际中,卫星和地球间保持不动是不可能的,因此有了位置保持盒的概念。位置保持盒代表卫星在经度、纬度和高度上的最大允许偏移量,它也可表示为锥体角顶点在地球中心,卫星必须时刻保持在它的内部。假设取对地静止高度为 36 000 km,则高度中的总变化为 72 km。这样,一颗 C 频段卫星可能会在由该高度和纬度与经度上±0.1°容限所限定的盒内。近似取对地静止半径为 42 164 km,0.2°的角对应约 147 km 的弧段。这样,盒子的纬度和经度边长均为 147 km。图 3.13 给出了 30 m 和 5 m 天线的相对波束宽度。在 6 GHz,30 m 天线的 −3 dB 波束宽度约为 0.12°,5 m 天线的 −3 dB 波束宽度约为 0.7°。假设斜线距离为 38 000 km,30 m 天线波束到达卫星的直径约为 80 km,此波束没有包含整个盒子,因此,可能会找不到卫星,故这样的窄波束天线必须跟踪卫星。5 m 天线波束到达卫星的直径约为 464 km,这能够包括整个盒子,因此不需要跟踪。

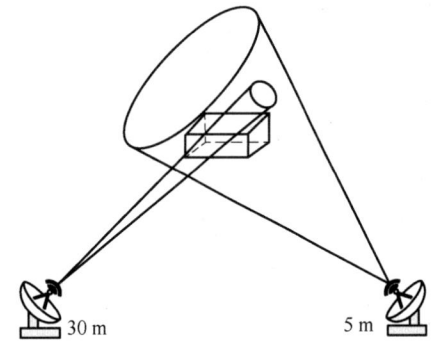

图 3.13 位置保持盒对对地静止轨道中卫星的位置限制

3. 姿态控制

卫星的姿态是指卫星在空间中相对于地球的方向。由于天线的波束通常较窄且方向性较强,因此为了使天线能正确地指向地球或地球上某个区域,必须控制卫星的姿态。造成卫星姿态偏差的因素包括地球和月亮的重力场、太阳辐射和陨石撞击等。姿态控制过程一般发生在卫星上,也可根据从卫星上获得的姿态数据,由地面来发射控制信号。

如图 3.14 所示,保持卫星稳定一般有自旋稳定法和三轴稳定法两种。

1) 自旋稳定法

自旋稳定一般用圆柱体形的卫星来实现,卫星要建造得在机械上相对一根特定轴是平衡的,然后围绕这根轴来建立旋转。对于对地静止卫星,自旋轴要调整到与地球的南北轴平行,如图 3.14(a)所示。典型的自旋速度为 50~100 周/min,自旋是通过小的气体喷嘴来触发旋转的。

当没有摄动力矩时,自旋卫星将保持其相对地球的正确姿态。但实际中,有来自卫星内部和外部的摄动力矩,如太阳辐射、重力梯度及陨石撞击、电机轴承的摩擦、卫星部件的移动都会产生摄动力矩。这些摄动力矩会降低卫星旋转速度,改变角旋转轴的方向。脉冲式推进器或喷嘴能够用来增加旋转速度,并且把旋转轴移回到其正确的南北指向。摄动力矩和控制喷嘴的不一致或不平衡会发生章动(一种形式的摆动),因此要利用章动阻尼器的能量吸收器来减弱此章动。

2) 三轴稳定法

利用自旋卫星的陀螺效应能够提供卫星姿态的稳定,也可通过对卫星的俯仰(俯仰轴垂直于轨道平面)、偏航(偏航轴直接指向地球中心)、滚动(滚动轴垂直于偏航轴和俯仰轴)三轴(图 3.14(b))加以控制而使卫星保持正确姿态,这种方法称为三轴稳定法。此方法用于非圆柱体形的卫星。典型的三轴稳定法(又称狭义的三轴稳定法)是在星体内分别安装以上述三轴为旋转轴的三个小型惯性飞轮。当卫星姿态正确时,各飞轮按规定的速度旋转,使卫星姿态保持稳定。一旦发现姿态变化,可改变飞轮转速以产生反作用使卫星姿态恢复正常。

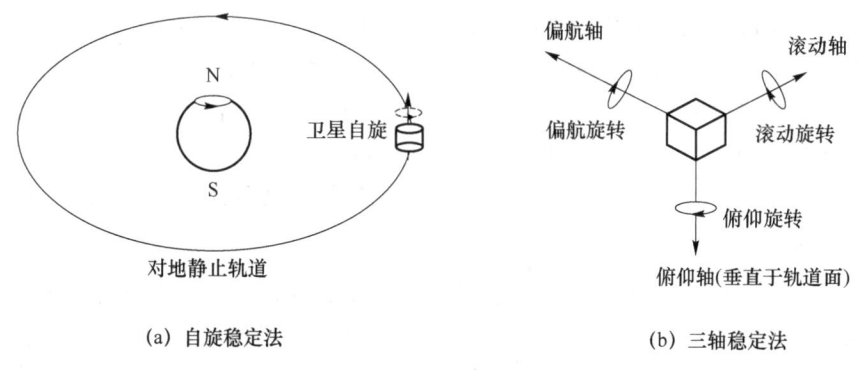

图 3.14 姿态控制两种方法

4. 热控

热控分系统的主要功能是通过主动和被动热控措施控制卫星内、外热交换,确保在发射转移轨道和在轨工作阶段星内、外所有设备和部件工作在要求的温度范围内,设备温度差、温度稳定性等满足技术指标要求。

3.3.2 TTC 分系统

TTC 分系统的地面组成结构如图 3.15 所示。

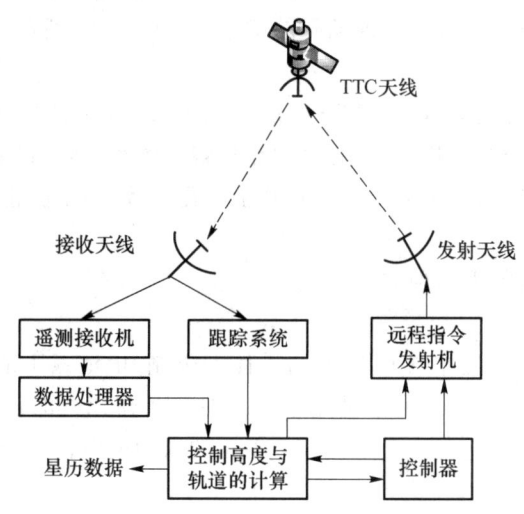

图 3.15 TTC 分系统的地面组成结构

1. 跟踪设备

跟踪系统用于确认卫星当前的轨道状态,跟踪操作主要由地面站负责。卫星上有用于跟踪卫星的信标发射设备，它们不断发出信号，以便 TTC 站跟踪卫星并测量其轨道参数，保持地面对卫星的联系与控制。通过综合卫星的速度和卫星上传感器的数据，可计算出卫星的位置变化情况。TTC 站根据观测到的遥测载波或反馈发射载波的多普勒频移，可确定卫星轨道变化的范围。再加上地面站天线测得的精确角度值，便可确定卫星轨道的各个参量。

2. 遥测设备

遥测设备用于收集和传送各种传感器和敏感元件等器件测得的有关卫星姿态数据及星内各部分工作状态等的数据(如燃料箱压力、功率调节单元电压电流、子系统工作电气状况、温度变化范围等情况)。这些数据经放大、多路复用、编码、调制等处理后，通过专用的发射机和天线发射给地面的 TTC 站供卫星监控中心进行分析和处理，然后通过 TTC 站向卫星发出有关姿态和位置校正、星体内温度调节、主备用部分切换、转发器增益换挡等控制指令信号。

3. 指令设备

在卫星的发射和运行中，指令设备负责调整卫星姿态、纠正运行轨道和控制通信系统。指令设备用来接收 TTC 站发射给卫星的指令。指令经解调与译码后，将其暂时储存起来，并经遥测设备发回地面进行校对。TTC 站在核对无误后发出"指令执行"信号。在指令设备接收该信号后，将储存的各种指令送到控制分系统，使有关的执行机构完成控制动作。在卫星发射阶段，指令系统负责控制旋转式卫星发动机的启动、旋转天线起旋或控制三轴稳定卫星太阳能板和天线的展开。

3.3.3 电源分系统

供给卫星的电能可以由化学能、原子能、核能和太阳能转换而来。其中，90% 以上的电能来自太阳能，卫星配备的太阳能电池板可以将太阳光能转换为电能。当前，通信卫星普遍采用太阳能电池-蓄电池组系统的供配电系统，可展开的太阳能电池作为主电源，蓄电池作为辅电源。蓄电池用于在卫星发射过程及星蚀期间的供电。如图 3.16 所示，在光照期间为整星提供充足电能，并为蓄电池组补充充电。

在外太空中，太阳辐射到卫星上的功率密度为 $1.39\ \text{kW/m}^2$；太阳能电池板的转换效率为 $20\% \sim 25\%$，并随使用时间的增长，逐渐老化而导致转换效率下降；目前，太阳能电池板可实现 $18\ \text{W/kg}$ 的功率质量比，输出功率从几十瓦到几十千瓦不等，用于静止卫星的太阳能电池板寿命可达 $12 \sim 15$ 年。

太阳能电池板安装有如下两种方式。

1) 体装式

体装式太阳能电池板布置在航天器表面，受体型限制，电池板不能同时接受照射，单位面积平均功率小(约为 $26 \sim 36\ \text{W/m}^2$)，仅适用于功率在 200 W 以下的自旋稳定卫星。如旋转式卫星的太阳能电池板安装在柱体表面，总有一半处于照射状态。

2) 展开式

展开式太阳能电池板安装在卫星进入轨道后展开的太阳翼上，可通过旋转太阳翼来保证阳光总是直射到电池板上，单位面积功率可

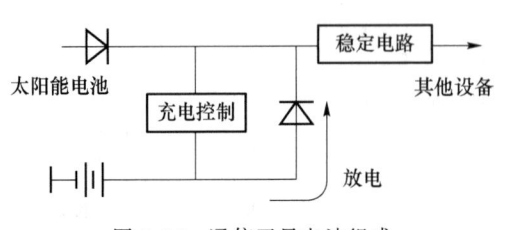

图 3.16 通信卫星电池组成

以达到 70～110 W/m²,面积利用率较高。如三轴稳定卫星的太阳能电池板。

3.3.4 通信分系统

卫星上的通信系统又叫转发器或中继器,是通信卫星的核心部分。它实际上是一部高灵敏度的宽带收、发信机,其性能直接影响到卫星通信系统的质量。

卫星转发器的噪声主要有热噪声和非线性噪声。其中,热噪声主要来自设备的内部噪声和天线接收的外部噪声;非线性噪声主要由转发器电路或器件特性的非线性引起。通常,一颗通信卫星有若干个转发器,每个转发器覆盖一定的频段。要求转发器工作稳定可靠,能以最小的附加噪声和失真以及尽可能高的放大量来转发无线信号。

卫星转发器可以分为透明转发器和处理转发器。下面分别进行介绍。

1. 透明转发器

透明转发器也叫非再生转发器或弯管转发器,在接收到地面站发来的信号后,在卫星上不做任何处理,只进行低噪声放大、变频和功率放大,并发向各地球站,即单纯完成转发任务。它对工作频带内的任何信号都是"透明"的通路。

如图 3.17 所示,地球站发送的上行信号先经过滤波器滤除由镜像信号引起的带外噪声和干扰,然后将已调载波传递给宽带接收机进行信号放大和变频,利用接收机中的变频器将信号频率转化为下行信号;一般信号经过解复用器后被分割为多个子频带,每个子频带对应一个转发器,每个转发器信道的输出都使用独立的功率放大器;功率放大器前需要采用衰减器,来调节每个功率放大器的输入驱动到合适的电平(一般在 TTC 站的控制下,为不同业务类型设置需要的电平);功率放大器后的信号可利用复用器进行多路合成,重新合成后的下行信号通过发射天线发回地面。

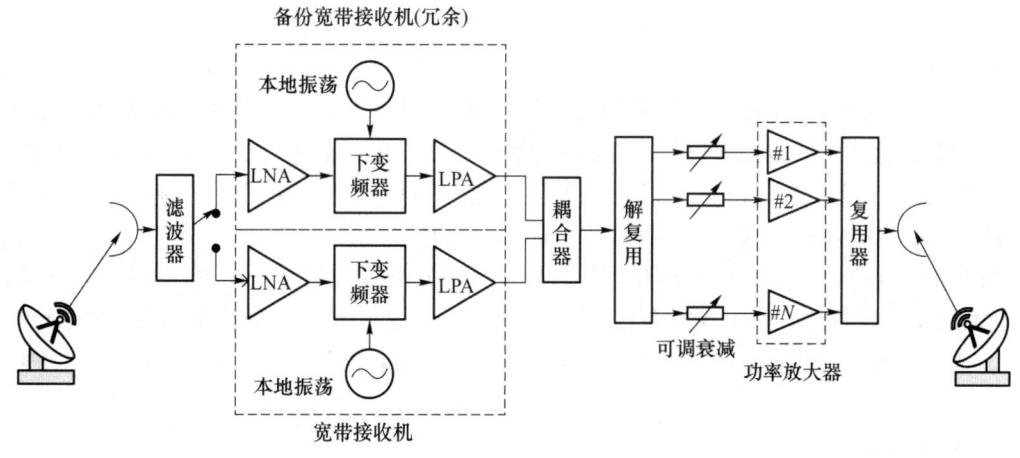

图 3.17 透明转发器

转发器可以是单信道的宽带转发器(一般为 500 MHz),也可以是多信道转发器。而按其在卫星上的变频次数,透明转发器可分为单变频转发器和双变频转发器。

1) 单变频转发器

单变频转发器是一种微波转发器,射频带宽可达 500 MHz 以上,每个转发器的带宽(每个功率放大器的带宽)为 36 MHz 或 72 MHz。它允许多载波工作,因而适应于载波数量多、通信容量大的通信系统。例如,IS-Ⅲ、IS-Ⅳ、IS-Ⅴ和CHINASAT-Ⅰ等通信卫星都采用这种转发器。

图3.18(a)是6/4 GHz弯管转发器中HPA采用平行冗余结构的示意图。转发器利用2 225 MHz本地振荡(简称本振)将6 GHz上行链路的输入信号下变频为4 GHz频段上的输出信号,并利用带通滤波器(Band Pass Filter,BPF)和低功率放大器(Low Power Amplifier,LPA)进行滤波和功率放大。在高功率放大器输出部分有两个并联的行波管(TWTA)放大器,其中一个TWTA可以关闭,但是必须保证无论开启还是关闭,都呈现为一个匹配负载。若其中一个TWTA发生故障,另一个TWTA便自动开启,或由地面站控制开启。

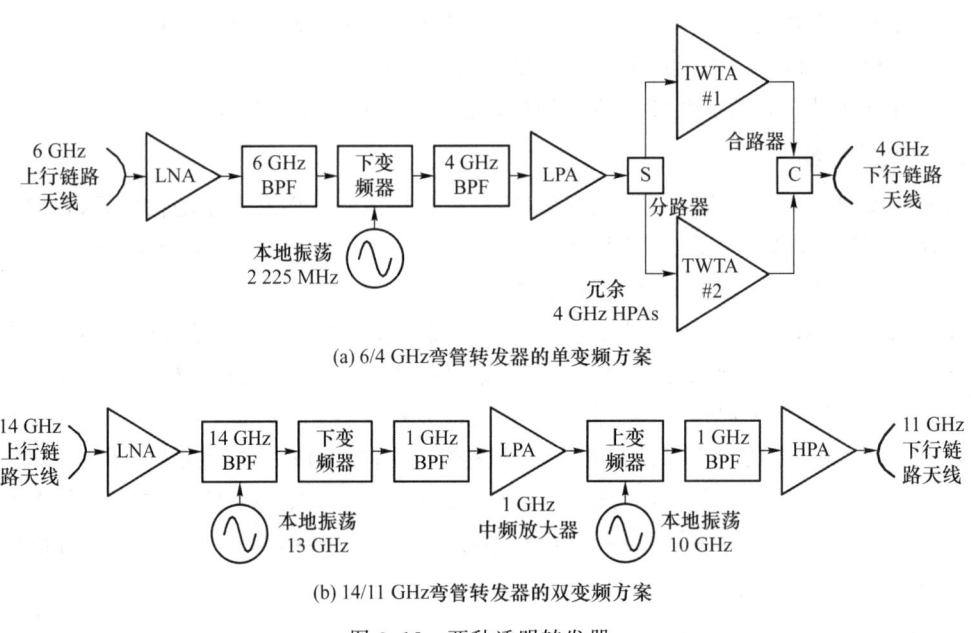

图3.18 两种透明转发器

2) 双变频转发器

双变频转发器是先把接收信号变频为中频,限幅后再变为下行发射频率,最后经功率放大器由天线发向地球。其特点是:转发增益高(达80~100 dB),电路工作稳定;中频带宽窄,不适用于多载波工作。IS-Ⅰ、"天网"卫星、我国第一期的卫星通信系统,及现代许多宽带通信卫星(MILSTAR、ACTS、iPSTAR、COMETS)都采用这种转发器。

图3.18(b)是14/11 GHz频段的转发器常采用的双变频方案。由于中频(IF)频段的滤波器、放大器和均衡器比高频频段的更容易制造,所以一般选择在中频频段对信号进行处理,即先将14 GHz的输入载波下变频至1 GHz的信号,经过中频放大后,再将信号上变频到11 GHz,最后送入HPA放大输出。

2. 处理转发器

处理转发器也叫再生转发器,不仅能转发信号,还具有信号处理的功能。如图3.19所示,基于双变频转发器结构,在两级变频器间增加了解调解码、信号处理和编码调制三个单元。接收到的信号先经过微波放大和下变频变为中频信号,进行A/D变换后,再进行解调和数据处理得到基带数字信号,然后经过调制、D/A变换后上变频到下行频率,最后经功率放大器后通过天线发向地球站。

星上信号处理主要包括如下三种类型:第一种是对数字信号进行解调再调制,以消除噪声

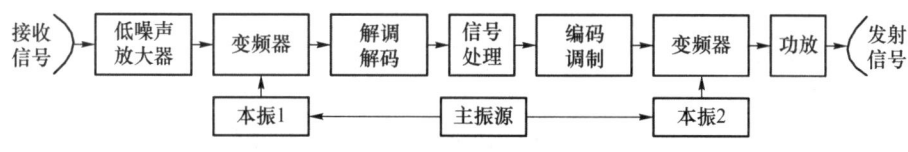

图 3.19 处理转发器模型

积累;第二种是在不同卫星天线波束间进行信号交换与处理;第三种是进行更高级的信号变换、交换和处理。

1) 解调再调制转发器

解调再调制转发器由星载转发器连接的端到端链路组成,分为上行和下行两部分。在透明转发器中,全链路的噪声是上行和下行链路各自引入的叠加,假设$[C/N]_U$和$[C/N]_D$为上行和下行链路的载噪比,则全链路载噪比可写为$1/[C/N]_0=1/[C/N]_U+1/[C/N]_D$;若上下行载噪比相等,则总载噪比比上行或下行降低 3 dB。在解调再调制转发器中,上行和下行的误比特率 BER 为上行和下行误比特率之和,即 BER=BER_U+BER_D,此时性能恶化带来的影响比信噪比降低 3 dB 的影响要小得多。若上行链路中采用前向纠错码,则通过转发器译码,可以进一步消除误码对系统性能的影响。

2) 波束交换转发器

星上处理和波束交换技术结合起来,可使卫星的通信容量显著提高。多波束系统用卫星天线形成的多个点(窄)波束来实现整个服务区的覆盖。点波束可以有效提高卫星的性能增益,并在各点波束间实现频率的再利用。显然,任一点波束区域的用户信息都需要与其他波束区域的用户信息进行交换。对于上行频分多址(FDMA)系统,每一个上行波束是频分多路信号,需要利用滤波器组进行分路,分路后送往不同的下行波束。当波束数目较多时,FDMA 系统需要数量很大的滤波器组,不再适用于卫星。而下行时分多址(TDMA)系统可以采用时隙控制开关矩阵来实现波束间交换,从而构成星上交换 TDMA 转发器。

此外,还可以采用窄带扫描波束或者固定波束与扫描波束相结合的方式。基带处理器可以提供交换波束系统所需要的数据存储,也可以对上行和下行链路分别进行纠错处理。典型的星上波束交换处理转发器框图如图 3.20 所示。

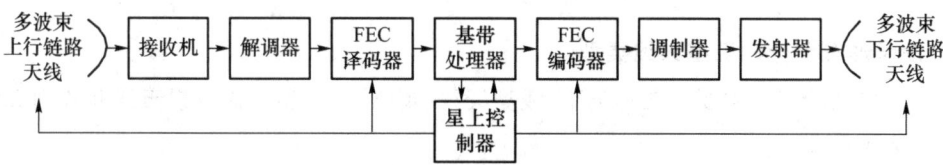

图 3.20 星上波束交换处理转发器

(3) 信号变换、交换和处理转发器

信号变换、交换和处理转发器的功能包括中频信道路由、视频广播卫星对远端节目源的编辑处理、多址方式的变换、解扩解调抗干扰处理等。例如,星上多址方式变换可能改善系统的性能。一种常用多址变换为将 FDMA 方式变为 TDMA 方式。FDMA 系统的多载波经过卫星转发器时,为减少功率放大器的非线性互调失真影响,输入/输出信号电平应该有足够的回退,否则势必造成功率放大器的效率降低;若将 FDMA 在星上转换为 TDMA,则功率放大器可以工作在近饱和点,从而提高功率效率。此外,地球站采用 FDMA 方式,其发射功率也可以比 TDMA 小。

3.3.5 天线分系统

不同卫星天线具有不同的天线图案,其对地球表面的覆盖也不尽相同。具有方向性的天线与各向同性的全向天线相比,能在特定方向上提供增益。一般,天线增益 G 是指天线在最大辐射方向上的场强 E 与理想天线辐射场强 E_0 的比值的平方,以功率密度的倍数(或 dB 值)表示。即

$$G = \frac{E^2}{E_0^2} = 20\log_{10}\frac{E}{E_0} \tag{3-6}$$

当天线与对称阵子相比较时,G 的单位为 dBd;当天线与各向同性均匀辐射器相比较时,G 的单位为 dBi。两者之间关系为 0 dBd=2.17 dBi。

天线增益通常指在最大辐射方向上信号功率增加的倍数;而天线在整个空间内辐射功率的分布情况,称为天线方向图或图案。如图 3.21 所示,一般用主瓣的半功率角 $\theta_{0.5}$ 或 $\theta_{3\text{dB}}$ 来描述方向图,也就是常说的波束宽度。天线增益与方向图有密切的关系,方向图主瓣越窄,增益就越大,但天线波束的辐射范围就越小。根据天线理论中的互易原理可知,在任何给定的频率下,天线发射和接收的增益和图案相同。

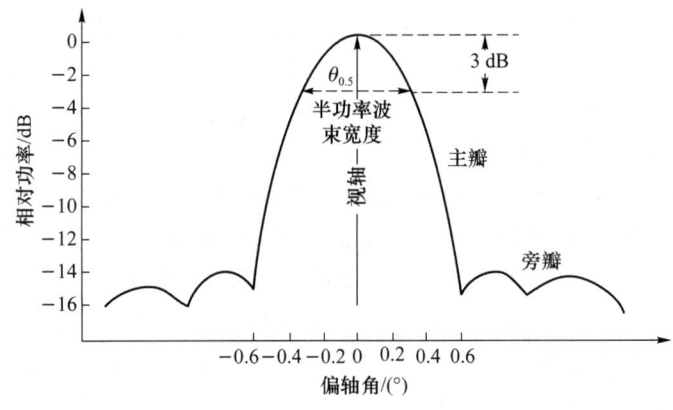

图 3.21 天线方向图

1. 按照形态划分的卫星天线类型

卫星上采用的天线主要有四种类型:线型天线、喇叭天线、抛物面反射天线和阵列天线。

(1) 线型天线

线型天线的主要工作频段为 VHF 和 UHF,其安装位置比较特殊,以提供全向覆盖,主要用于遥测和指令系统。该种天线具有耐高温、耐强辐射、体积小、重量轻、馈电容易、便于安装、可靠性高、寿命长等特点。

(2) 喇叭天线

喇叭天线在较宽波束的微波频段下使用,如全球覆盖。喇叭天线是微波波导的扩口端,其孔径约为几个波长宽度,与波导阻抗和自由空间相匹配。此外,喇叭天线也可作为反射天线的反馈部分使用。喇叭天线的增益一般小于 23 dB,波束宽度大于 10°。而反射天线和阵列天线则能够提供更高的增益或更窄的波束宽度。

(3) 抛物面反射天线

抛物面反射天线有两种:中心馈源和偏置馈源抛物面天线。在中心馈源抛物面天线中,馈

源喇叭位于抛物面的焦点；在偏置馈源抛物面天线中，馈源喇叭则偏离抛物面焦点。抛物面反射天线的结构与地球站中反射天线的结构相同。

在卫星天线中，馈源辐射的电磁波经过抛物面反射后，平行辐射到地球。中心馈源将阻挡抛物面反射回来的部分电波能量，使得天线增益下降、天线旁瓣辐射电平增加；而馈源偏置抛物面天线可以避免馈源对电磁波阻挡所产生的不良影响。天线反射面越大，形成的波束越窄，因此一般点波束天线都具有较大的反射面，如美国第一代静止移动卫星通信系统采用 8 m 的星载天线（L 频段），第二代则采用 20 m。对于更高频段（如 Ka 频段）可以采用波导透镜天线作为星载天线。

（4）阵列天线

卫星上常采用的阵列天线是相控阵列天线，从单一孔径产生多个波束。例如，铱星和全球星卫星 LEO 移动电话系统采用的就是相控阵列天线，其单一孔径产生的波束数可以达到数十个。

2. 按照功能划分的卫星天线类型

卫星天线按照功能可以分为遥测指令天线和通信天线两类。

1）遥测指令天线

遥测指令天线是全向天线。国际通信卫星 C 频段遥测信号发射频率为 3 947.5 MHz；国内卫星东方红二号甲的信号发射频率为 4 003.2 MHz；两者接收的指令信号频率均为 6 GHz，带宽为 3 MHz。

2）通信天线

通信天线根据卫星在地球表面的覆盖情况不同，可以分为：宽波束（如全球波束、半球波束、区域波束）、窄波束（如点波束、多点波束或波束扫描、正交极化波束）、波束赋形（如预编码）。

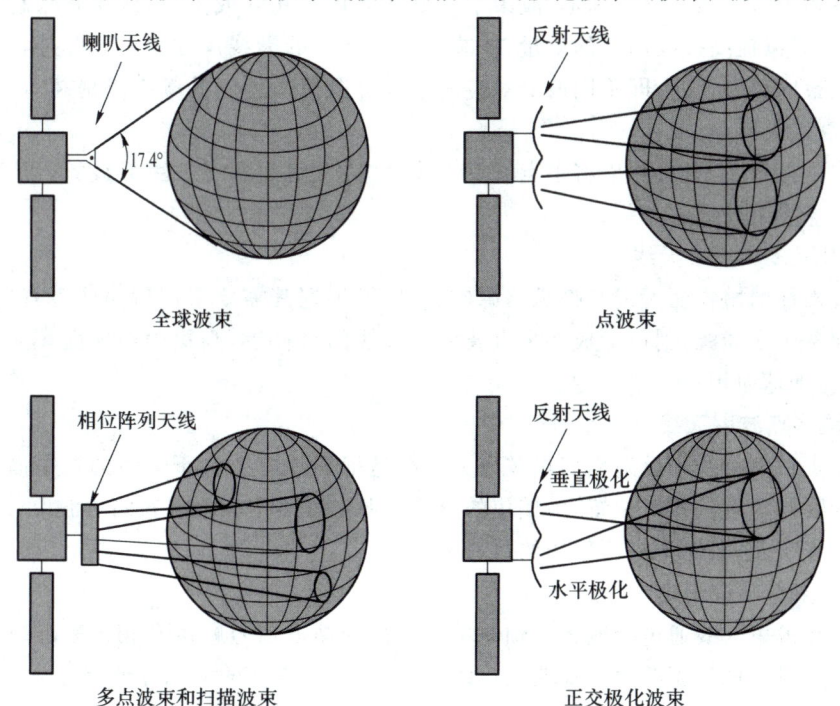

图 3.22 不同卫星天线对地面的覆盖情况

(1) 宽波束

20世纪80年代的传统卫星通信,都是一颗卫星采用一个张角很大的宽波束。虽然覆盖区域大,但是能量低,支持的速率低。因此,一般支持的是低速率业务,如语音、短信等,无法支持上网、视频传输等高速率业务。

① 全球波束天线

全球波束天线一般由圆锥喇叭与45°的反射板构成;天线波束宽,对地球覆盖增益较低。对于静止卫星而言,其波束半功率宽度约为17.4°,恰好覆盖卫星对地球的整个视区。因此,其主要用于早期的通信卫星,如东方红二号实验通信卫星、INTELSAT系列通信卫星。

② 半球波束天线

半球波束天线的波束宽度约为全球波束宽度的一半。一般采用多馈源和偏置抛物反射面来产生与服务区相匹配的波束;而在新方案中,采用单馈源赋形反射面实现波束赋形,即由一副赋形反射面天线的两个馈源同时辐射产生形状不同的两个赋形波束。半球波束天线主要用于静止轨道通信卫星来覆盖区域陆地。

③ 区域波束天线

区域波束天线的覆盖轮廓取决于服务区的边界。为使波束成形,有的天线通过修改发射器的形状来实现;而更多的天线利用多个馈源从不同方向经过反射器产生多波束的组合来实现,在这种情况下,赋形波束截面的形状除了与馈源喇叭的排列位置有关,还与馈给各喇叭的功率和相位相关;也可以通过单馈源照射赋形反射面来实现。赋形可变波束天线的馈源可根据工作需求来改变,也可以由地面控制或者天线系统自适应完成。区域波束天线一般用于覆盖一个国家或地区。

(2) 窄波束

窄波束的覆盖区域一般为圆形,波束半功率宽度只有几度或更小,波束张角越小,其能量越集中,进而可以提高接收信号的质量,或减少地面终端的天线尺寸要求。此外,通过空间复用能实现波束间频率复用,即不同波束对应的小区可以使用相同的频率以提高对频率的利用率,进而提高系统容量。

依据实现技术的不同,可以将多点波束天线分为:反射面多点波束天线、透镜多点波束天线和阵列多点波束天线。

① 反射面多点波束天线

当天线由前馈抛物面天线和喇叭馈源构成时,可根据其需要采用偏照或者直照。如果一个反射面配备多个馈源,则可形成多个点波束。天线的直径小,则覆盖地球面积大;天线的直径大,则覆盖地球面积小。

② 透镜多点波束天线

透镜多点波束天线和反射面多点波束天线都是把馈源阵列置于透镜的焦平面或反射面,通过控制馈源与焦点的相对位置,由偏焦的各个馈源形成多个相互覆盖的点波束,进而对空间区域实现最佳覆盖,只是两者所使用的材料不同。

③ 阵列多点波束天线

阵列多点波束天线通过控制天线辐射单元阵列的馈电信号幅度和相位来形成多个波束,这种天线能够灵活地实现波束扫描或快速跳变,并且具有良好的空间分辨能力。

而对于具体的波束成形技术,目前在高通量卫星通信系统中较常用的有三种波束形态。①地面移动波束:波束跟随卫星在地面滑动,特别是低轨星座。②地面固定波束:波束辐射到地面保持相对静止,卫星需要调整波束成形矢量,以保持地面覆盖的固定。③跳波束:波束分时覆盖不同的地理区域,卫星需要根据不同的区域调整波束成形矢量,以保证特定方向的覆盖。

现有的卫星通信系统大多使用固定的波束来覆盖。例如,早期的 GEO 系统、铱系统使用地面固定的圆形波束,近期的 Oneweb 星座使用 16 个地面固定的椭圆波束等。为了提升系统的信噪比且更好地进行干扰规避,越来越多的、新建的低轨卫星通信系统使用非固定波束覆盖的点波束或跳波束方式。跳波束技术可以处理不均匀的空间分布和时变业务分布,是匹配业务请求与系统资源的有效方法。

(3) 波束赋形

在 5G 时代,有源天线阵列的应用催生出了波束赋形或预编码卫星系统。其前向链路的下行部分可视为多用户多输入多输出(MU-MIMO)系统。该系统通过处理用户相关性和多用户干扰,支持向多个用户同时传输信号,从而可以成倍地提高频谱效率和增大系统容量。同时,针对用户的地理位置和信道条件,以及系统的多样化业务需求,预编码系统可以实时调整波束,极大地提高了卫星系统的服务灵活性。相较于传统多波束系统,预编码卫星系统在多方面实现了通信性能的增强。

在工程中,更希望能利用卫星天线增益表示地面上的覆盖区域,一般可以采用天线增益等高线图表示。要计算地面站接收到的信号功率,就需要知道地面站在卫星发射天线等高图中的位置,从而精确计算出 EIRP 值。即使没有图案,但已知天线视轴或波束轴方向及其波束宽度,仍可估算出天线在某个特定方向的增益。

3. 天线增益

天线的一些基本关系式可以用于确定卫星天线的近似尺寸和天线增益。但如果需要得到更加精确的天线增益、效率以及天线图案,就必须进行更多、更细致的计算。

对于接收天线,增益可以表征接收某特定方向电磁波的能力。增益 G 为天线有效接收面积 A 与理想的各向同性天线接收面积 A_0 的比值,其中 $A_0=\lambda^2/4\pi$,因此对于喇叭天线和抛物面天线等,天线增益 G(单位为 dBi)可以表示为

$$G=\frac{A}{A_0}=\frac{4\pi\eta_A A}{\lambda^2} \tag{3-7}$$

其中,η_A 为天线的孔径效率;A 是天线孔径的横截面积;λ 为天线的工作波长,单位为 m。η_A 的具体数值不易确定:单馈源反射天线的孔径效率一般在 55%~68% 间变化;成型波束天线的孔径效率则较低;喇叭天线的孔径效率比反射天线要高,一般在 65%~80% 间。由式(3.7)可知,天线增益与频率和天线孔径的横截面积均成正比,因此大型卫星地球站都采用高频段大型天线。

在多数情况下,天线孔径的横截面为圆形,则天线增益 G(单位为 dBi)可表示为

$$G=\eta_A\left(\frac{\pi D}{\lambda}\right)^2 \tag{3-8}$$

其中,D 为圆形孔径的直径,单位为 m。

天线波束宽度与测量天线图案的平面内孔径尺寸大小有关。一般来说,可以计算天线的 3 dB 波束宽度。设平面内孔径大小为 D,则天线的 3 dB 波束宽度近似可以写为

$$\theta_{3\,\text{dB}}\approx\frac{75\lambda}{D} \tag{3-9}$$

其中，θ_{3dB} 为天线图案半功率点的波束宽度；D 为孔径大小，其单位与波长 λ 一致。

天线增益和孔径天线的波束宽度是相关的。对于 $\eta_A \approx 60\%$ 的天线而言，将式(3-9)代入式(3-8)，可以得到天线增益值约为

$$G = \frac{33\,000}{\theta_{3dB}^2} \tag{3-10}$$

若波束在正交平面内宽度不相等，则可利用两个 3 dB 波束宽度的乘积代替 θ_{3dB} 所表示的天线波束宽度。采用不同的激励源，式(3-10)中的常量值也会有所不同，变化范围为 28 000～35 000，采用反射天线的卫星通信系统的常量值一般为 33 000。而对于同相均匀激励的圆口径天线，其方向图可以表示为

$$G(\theta) = \frac{1}{\sin\theta} J_1\left(\frac{\pi D}{\lambda}\sin\theta\right) \tag{3-11}$$

其中，θ 为以主瓣中心轴为参考的方向角，$J_1(\cdot)$ 为第一类一阶贝塞尔函数。

例 3.1 （全球波束天线）从静止轨道上看，正对地球的角度约为 17.4°。若卫星工作频率为 4 GHz，则要提供全球覆盖，喇叭天线的尺寸和增益应该为多少？

解：若产生的波束为圆对称波束，在 3 dB 波束宽度为 17.4°时，利用式(3-9)可得

$$D/\lambda = 75/\theta_{3dB} = 4.4$$

当工作频率为 4 GHz，即波长 $\lambda = 0.075$ m 时，$D = 0.33$ m。进而，根据式(3-10)可以计算出喇叭天线波束中心的增益近似为 100（或 20 dB）。不过在设计通信系统时，需要采用波束边缘的增益值 17 dB，因为从卫星上看，这些地面站所在位置的连线十分接近于发射波束的 3 dB 等高线。

4. 工程中的卫星天线

卫星天线通常是制约整个通信系统性能的一个重要因素。对理想通信卫星而言，每个地面站会被分配两个与其他波束相互独立的波束，分别用于发射和接收。若两个地面站的地面距离为 300 km，卫星位于对地静止轨道上，则在卫星上看两个地面站的角距为 0.5°。由 $\theta_{3dB} = 0.5°$，可得 $D/\lambda = 150$，因此天线的孔径直径应为 11.3 m。如此庞大的天线在实际系统中确实采用过，如 ATS-6 卫星的天线工作频率为 2.5 GHz，孔径直径为 10 m。但如果工作频率为 20 GHz，那么 $D/\lambda = 150$ 的天线孔径直径仅为 1.5 m，对于卫星来说更便于携带。

想要在小面积覆盖区域内采用高增益窄带天线，卫星需要采用大型天线。多数卫星天线的尺寸会远大于运载工具能运载的最大尺寸，因而在发射阶段必须将先天线折叠起来，待卫星进入轨道后，再将天线展开至工作状态。大型卫星的天线，许多都采用凹凸抛物面反射天线，并采用聚合馈源对波束形状进行精确控制。馈源一般安装在卫星主体上，接近通信子系统，而反射天线一般安装在铰接支架上。当大型卫星发射时，天线被折叠起来，减小体积便于运输；当卫星进入轨道运行时，铰接支架便自动展开并锁定，使反射天线固定在预定位置。由于卫星在轨道上处于失重状态，所以移动天线所需的能源较小。

3.4 设备可靠性

GEO 通信卫星的使用寿命一般需要超过 15 年。卫星在进入固定轨道后，便不能对其进行维护和修理，也不能人为添加燃料和供给能源。所以，卫星的设备器件必须具有极高的可靠

性以应对恶劣的太空环境。同时,还需要设计在部分元件发生故障时,支持系统继续工作的配套方案。在工程中,采用对关键器件的冗余以及太空资格认定的方式,来保证卫星在部分器件发生故障时能够可靠运行,并达到预定的使用年限。

3.4.1 可靠性

对于卫星子系统可靠性的评估,有助于了解卫星子系统能够正常工作的时间,以及为可能发生故障的设备元件或子系统提供冗余备份。可靠性计算是从数学上进行概率预计,使卫星的设计者能够使用合理的建造费用,让卫星达到预期的性能和使用年限。

用故障概率来表示元器件的可靠性。对于大多数电子设备元件,其故障概率随着使用时间的增长会逐渐增大。同时,在实际中由于生产工艺等因素的影响,使用最初期(烧入期)的故障概率会高一些。

卫星中的元器件需经过多次广泛测试后选定,测试旨在确定元器件的可靠性、故障原因及使用寿命等因素。测试一般模拟太空真实的极端恶劣环境,在严格条件下进行,涵盖力学模型测试、热力学模型测试和电气模型测试等。如在真空环境中或在辐射加热条件下对相应的元器件进行测试。在元件正式使用前的测试,有利于排除在烧入期可能出现故障的元件。元件一般需要 $100 \sim 1\,000$ h 的烧入期测试。

元器件或子系统的可靠性 $R(t)$ 定义为其在时间 t 内不发生故障的概率。从统计数学上来说,可以定义为

$$R(t) = \frac{N_s(t)}{N_0} = \frac{t \text{ 时刻正常的元件个数}}{\text{测试开始时的元件个数}} \tag{3-12}$$

而 t 时刻出现故障的元件数为 $N_f(t)$,即

$$N_f(t) = N_0 - N_s(t) \tag{3-13}$$

在工程中,需要知道在 N_0 个元件中任意一个元件出现故障的概率,一般的评价指标为故障前平均工作时间(Mean Time Between Failure,MTBF),即元器件或子系统正常工作时间的期望值。假设 N_0 个元件中第 i 个元件的使用寿命为 t_i,则平均工作时间为

$$\text{MTBF} = \frac{1}{N_0} \sum_{i=1}^{N_0} t_i \tag{3-14}$$

定义平均故障率 λ 为 MTBF 的倒数。假定 λ 为常数,则

$$\lambda = \frac{\text{给定时间内发生故障的元件数}}{\text{剩余元件数}} = \frac{1}{N_s} \frac{\Delta N_f}{\Delta t} = \frac{1}{N_s} \frac{dN_f}{dt} = \frac{1}{\text{MTBF}} \tag{3-15}$$

故障率通常是指每 10^9 h 的平均故障概率。故障率 dN_f/dt 是剩余比率 dN_s/dt 的相反数,故 λ 可定义为

$$\lambda = -\frac{1}{N_s} \frac{dN_s}{dt} \tag{3-16}$$

又因为 $R(t)$ 为 N_s/N_0,所以有

$$\lambda = -\frac{1}{R(t)} \frac{dR(t)}{dt} \tag{3-17}$$

设定初始可靠性为 1,即 $R(0)=1$,求解微分方程得

$$R(t) = e^{-\lambda t} \tag{3-18}$$

因此,器件的可靠性随工作时间呈指数递减,经过无限长时间后为 0,即必然出现故障。

3.4.2 冗余

在工程中,多数经过测试的器件的 MTBF 已知,利用式(3-12)即可得到该器件的可靠性。一个子系统或是整个卫星系统中的元器件众多,每个都有各自的 MTBF 指标。在某些情况下,即使一个器件出现故障,也可能导致整个子系统无法正常工作。所以,要对系统设置冗余器件或子系统,以保证其能正常工作。

定义三种需要计算子系统可靠性的情况:① 串联连接,主要用于太阳能电池组,如图 3.23(a)所示;② 并联连接,主要用于卫星转发器中高功率放大器的备份,如图 3.23(b)所示;③ 切换连接,通常用于多个转发器的并联连接,如图 3.23(c)所示。

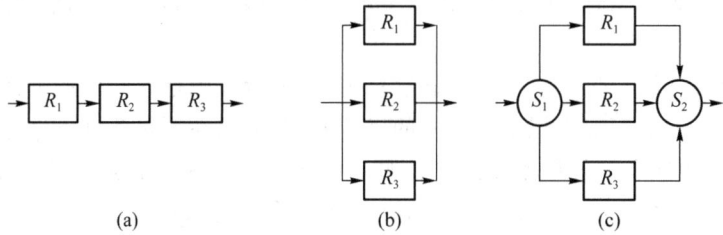

图 3.23 子系统可靠性的不同情况

图 3.23(c)所示的切换连接结构也称为环状冗余,其中任意一个备份元件都可以替换其他元件接入使用。开关 S_1 和 S_2 用于实现多路选择,当器件出现故障时,自动或由地面站开启切换至备用元件。在工程中,常使用并联冗余和切换冗余相结合的方式来防止严重故障发生。

例如,卫星采用区域波束天线和点波束天线共同接收地面站发射的载波信号。区域波束天线可以接收来自覆盖区域内任何发射机的信号,而点波束天线的覆盖区则有一定的限制。接收信号经两路低噪声放大器放大后,在输出端重新合并,从而提供一定的冗余。这样,若一路发射器出现故障,另一路仍然可以保证正常工作,从而能避免由于个别元件故障所造成的卫星通信服务中断。由于同一天线接收的所有载波都需要通过同一个 LNA,若放大器出现故障,系统就会受到致命的影响,因而为 LNA 提供一定的冗余是必要的。

本 章 小 结

本章重点介绍了卫星通信系统的组成。首先,本章给出了卫星通信系统的整体结构;其次,介绍了地球站子系统的分类及构成;再次,重点介绍了卫星子系统中的姿态和轨道控制分系统,跟踪、遥测、指令分系统,电源分系统,通信分系统和天线分系统;最后,对卫星设备的可靠性及冗余进行了概述。

习 题

1. 简述卫星通信系统的组成结构及各部分的主要功能。

2. 简述地球站的分类。
3. 简述地球站的组成及各组成部分的功能。
4. 简述地球站和卫星的天线种类。
5. 简述卫星了系统的组成及各部分的功能。
6. 简述卫星转发器的种类及工作原理。
7. 已知静止轨道卫星高度为 35 786.6 km,地球半径为 6 356.755 km,若采用喇叭天线进行全球覆盖,求:

(1) 该静止卫星的最大视角,覆盖区边缘所对的最大地心角、卫星到覆盖区边缘的距离,以及波束覆盖地球表面的比例;

(2) 该喇叭天线的尺寸和增益应该为多少?

第4章 卫星通信链路设计

卫星通信链路的建立涉及卫星和地面终端工作参数的匹配,而链路计算则为确定这些工作的参数、保障星地之间有效地协调工作提供了理论依据。

4.1 卫星通信链路的概念

如图 4.1 所示,在卫星通信系统中,信息从用户终端到信关站的传输过程中,要经过上行链路(用户终端到卫星)、星间链路(卫星到卫星)和下行链路(卫星到信关站),整个过程称为反向链路;从信关站到用户终端的传输过程中,要经过上行链路、星间链路和下行链路,这个链路组成前向链路。无线电链路必须保证信息传递应有的质量和效率。通信链路的设计首先需要考虑的是可靠性指标;对于数字通信系统,该指标常用误比特率(BER)表示;对于模拟通信系统,该指标常用信噪比表示。数字通信系统的 BER 与信噪比密切相关,因此通信链路设计的主要任务是围绕信噪比计算进行。由于信号功率等于调制时的载波功率,因此在卫星通信系统中,常用载噪比(CNR)来表示信噪比(SNR)。

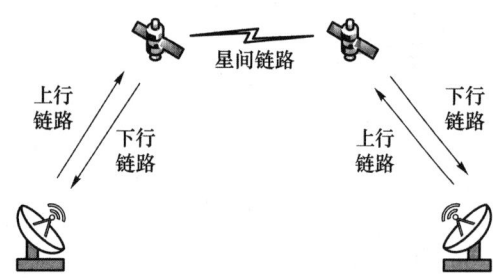

图 4.1 卫星通信链路

如图 4.2 所示,在下行链路中,星上发射系统中的调制器将信号调制在载波上;载有信号的载波经上变频器上变频到发射频段,然后进行功率放大获得输出信号,进入天线系统后发射

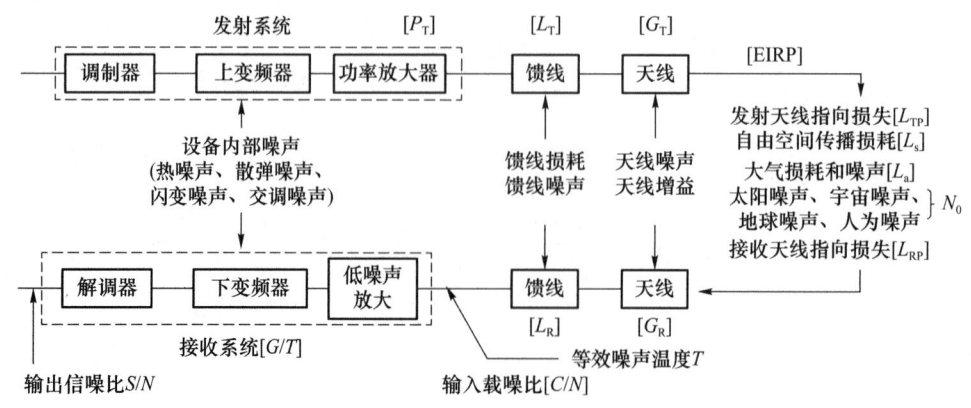

图 4.2 下行链路

出去。在空间信道中,存在着自由空间传播损耗、大气损耗、噪声(太阳噪声、宇宙噪声、地球噪声和人为噪声)等。地面接收机利用接收天线接收到信号后,首先要把淹没在各种噪声组合中的弱有用信号进行低噪声放大,然后下变频、解调、解码出原始信号。在上行链路中,其通信过程与上述过程相反,此处不再赘述。

在上、下变频器中存在着设备的内部噪声,如热噪声、散弹噪声、闪变噪声和交调噪声等;馈线也会带来一定的损耗和噪声;天线会有一定的增益,但也存在噪声的影响。这些因素都需要在信道计算中加以考虑,并留有一定的系统余量。

4.2 星地传输损耗

发送端发送的射频功率与接收端接收的射频功率、传输频率和发射机到接收机距离间的关系,需要利用传输方程来描述;而传输方程与接收功率通量密度密切相关。

4.2.1 接收功率通量密度

1. 全向天线下接收功率通量密度

电磁波从各向同性的全向天线发出后在自由空间中传播,能量将扩散到一个球面上。如果这个球的半径是 d,则接收功率的通量密度(单位为 W/m^2)为

$$P_{fd} = \frac{P_T}{4\pi d^2} \tag{4-1}$$

其中,P_T 是各向同性点源的发射功率,单位为 W。

2. 方向性天线下接收功率通量密度

卫星通信中大多使用方向性天线。定义 $P_T G_T$ 为发射机的等效全向辐射功率(Equivalent Isotropically Radiated Power,EIRP)。如无特殊说明,本书用[ ]表示取分贝,则 EIRP 用分贝可以表示为

$$[EIRP](dBW) = [P_T](dBW) + [G_T](dBi) \tag{4-2}$$

卫星天线和地球站天线均为高增益天线,而不是全向同性天线,在各个方向上的辐射功率是不相等的。为了保持统一接收点的收信电平不变,式(4-2)用全向同性天线代替原先所对应的等效功率。EIRP 表示发射功率和天线增益的总体效果,将它作为系统参数来研究卫星系统会带来方便,尤其是用于估算接收站对某一载波的接收功率。EIRP 是表征地球站或者转发器发射能力的一项重要技术指标,取值越大表明该地球站或者转发器的发射能力越强。

如果用一副增益为 G_T 的天线替换各向同性天线,则在此天线的视轴方向,接收功率通量密度将增大 G_T 倍,即有

$$P_{fd} = \frac{P_T G_T}{4\pi d^2}, (W/m^2) \tag{4-3}$$

或表示为

$$[P_{fd}] = [EIRP] - 10\log_{10}(4\pi d^2), (dBW/m^2) \tag{4-4}$$

4.2.2 星地传输方程

1. 无附加损耗的传输方程

当接收通量密度为 P_{fd}、接收天线口径面积和效率分别为 A_R 和 η 时，收端的载波功率为

$$P_R = \eta P_{fd} A_R, (\text{W}) \tag{4-5}$$

其中，ηA_R 为接收天线的有效接收面积。

通常，用天线接收增益来表示面积 $A_R = G_R \lambda^2 / (4\pi\eta)$，则传输方程可以写为

$$P_R = P_T G_T G_R \bigg/ \left(\frac{4\pi d}{\lambda}\right)^2 \tag{4-6}$$

或用分贝形式表示为

$$[P_R](\text{dBW}) = [\text{EIRP}](\text{dBW}) + [G_R](\text{dBi}) - 20\log_{10}\left(\frac{4\pi d}{\lambda}\right), (\text{dB}) \tag{4-7}$$

在传输方程中，定义自由空间传播损耗为

$$[L_f] = 20\log_{10}\left(\frac{4\pi d}{\lambda}\right) = 32.45 + 20\log_{10}f(\text{MHz}) + 20\log_{10}d(\text{km}), (\text{dB}) \tag{4-8}$$

自由空间作为理想介质，不会吸收电磁能量。自由空间传播损耗是指天线辐射的电磁波在传播过程中，随着传播距离的增大，能量的自然扩散而引起的损耗，反映了球面波的扩散损耗。

假定地球站和固定卫星间的距离为 37 000 km，工作频率为 20 GHz，则根据式(4-8)可以计算得到其自由空间衰减为 209.8 dB。这是非常大的数值，可见在固定卫星通信中，自由空间衰减是最主要的传输损耗。

此外，根据式(4-6)和接收面积的定义可以得到：

$$\text{EIRP} = \frac{P_R L_f}{G_R} = P_{fd} L_f \frac{\lambda^2}{4\pi} \triangleq P_{fd} L_f A_0, (\text{W}) \tag{4-9}$$

或用分贝形式表示为

$$[\text{EIRP}] = [P_{fd}] + [L_f] + [A_0], (\text{dBW}) \tag{4-10}$$

其中，$A_0 \triangleq \lambda^2/4\pi$，若频率的计算单位为 GHz，则

$$[A_0] = -(21.45 + 20\log_{10}f) \tag{4-11}$$

综上所述，通过星地传输方程，可以得到地球站的接收功率为

$$P_R = \frac{\text{EIRP} \times G_R}{L_f}, (\text{W}) \tag{4-12}$$

或写作分贝形式

$$[P_R] = [\text{EIRP}] + [G_R] - [L_f], (\text{dBW}) \tag{4-13}$$

2. 有附加损耗的传输方程

链路附加损耗包括馈线损耗、天线未对准损耗、大气层和离子层损耗、法拉第旋转损耗、链路雨衰等。①接收天线和接收机间就有损耗，出现在连接波导、滤波器和耦合器中，用接收机馈线损耗来表示。②在理想情况下，地球站天线和卫星天线是对准的，这时天线有最大增益；但在实际情况中，天线轴向经常是偏离卫星的。偏轴损耗有两种：一种是卫星天线偏轴损耗；另一种是地球站天线偏轴损耗。出现在卫星上的偏轴损耗，用实际卫星天线的增益剖面图来表征。地球站天线轴向偏离导致增益下降的情况，称为指向损耗（跟踪损耗），没有跟踪装置的

大天线,指向损耗可能很大。极化方向未对准天线馈源,也可能产生损耗,但数值不大,经常用统计数据来估计。③大气层和离子层损耗、法拉第旋转损耗、链路雨衰等将在后续章节中介绍。

综上所述,在实际系统中存在各种各样的附加损耗,如图 4.3 所示,记总损耗为 L(单位为 dB),则接收端载波功率可写为

$$[P_R](\text{dBW}) = [\text{EIRP}](\text{dBW}) + [G_R](\text{dBi}) - [L_f](\text{dB}) - [L](\text{dB}) \quad (4\text{-}14)$$

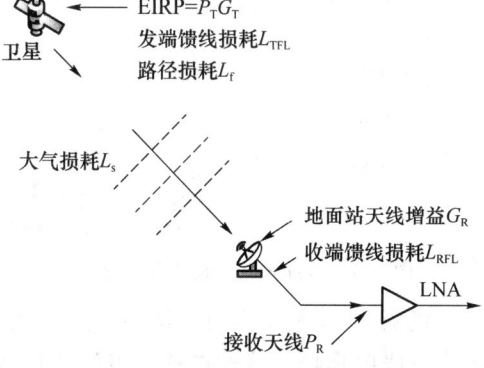

图 4.3 实际卫星通信中的链路

例 4.1 已知当 IS-IV 号卫星作点波束 1 872 路运用时,其有效全向辐射功率 EIPR=34.2 dBW,接收天线的增益 G_R=60.0 dBi。接收馈线损耗 L_{RFL}=0.5 dB,其他损耗忽略,试计算地球站接收机输入端的载波接收功率。

解:若下行链路工作频率为 4 GHz,距离 d=40 000 km,下行链路自由空间传播损耗为

$$[L_f] = 20\lg_{10}(4\pi d/\lambda) = 196.52 \text{ dB}$$

地球站接收机输入端的载波接收功率为

$$[P_R] = [\text{EIRP}] + [G_R] - [L_f] - [L_{RFL}] = -102.82 \text{ dBW}$$

4.3 星地电波传播效应

如图 4.4 所示,信号在地球站和卫星间传播必须穿过地球大气层,包括自由空间、电离层、平流层、对流层。当信号通过地球大气层时,许多现象都会对传输信号产生影响,如对流层中的云、雨、雾、雪等天气现象,平流层中有臭氧层,电离层中有大量自由电子和离子等现象。

具体影响包括:大气吸收、对流层闪烁、电离层闪烁、降雨衰减、云层衰减、雨和冰晶去极化、法拉第旋转。例如,在 Ka 频段卫星通信中,大气层(雨、水蒸气、氧气、云雾等)将会引起信号的额外衰减。上述一个或者多个因素的作用,均会引起信号幅度、相位、极化等变化,从而导致信号传输质量的下降或者通信信号误码率的上升。

4.3.1 损耗现象

1. 大气吸收损耗

电磁波传播并非是在真正的自由空间中进行的。在地球周围空间里传播的电磁波,既要

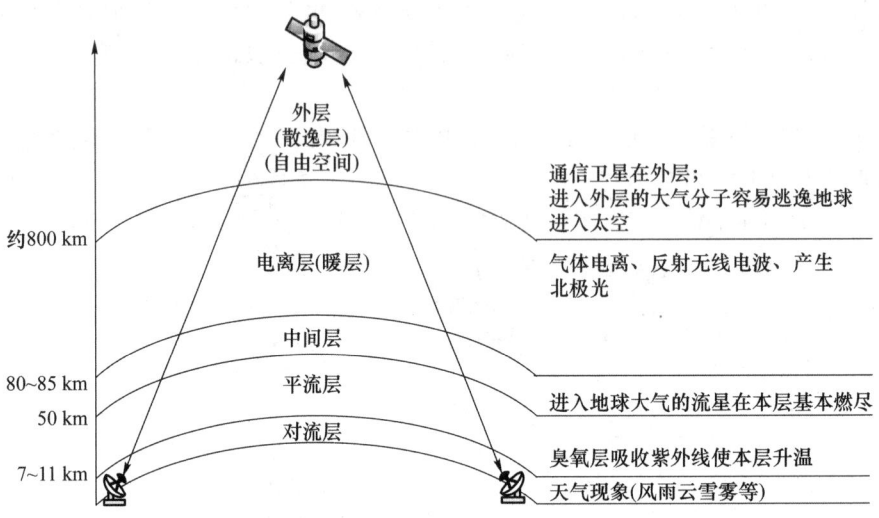

图 4.4 地球大气层的分层及影响

受到电离层中自由电子和离子的吸收,又要受到对流层中氧分子、水蒸气分子的吸收。这些综合起来形成了电磁波传播的大气吸收损耗。这种损耗与电磁波的频率、波束的仰角以及天气好坏有密切的关系。当计算大气吸收损耗时,首先要分别计算干燥空气与水蒸气的衰减系数,这两个系数与水蒸气的密度、气压、温度、电磁波的传播频率直接相关。

大气吸收损耗与电磁波信号频率、波束仰角之间的关系如图 4.5 所示。当频率大于 20 GHz 时,大气吸收损耗非常严重。水汽分子具有固定的电偶极子,氧分子具有固定的磁偶极子,它们都具有固定的频率,当电磁波频率与其固有的谐振频率相同时,即产生强烈的吸收。氧分子的吸收峰为 60 GHz 和 118 GHz,水汽分子的吸收峰为 22 GHz 和 183 GHz。如果把大气吸收较小的频段称作大气传播"窗口",在 100 GHz 以下共有 3 个"窗口"频率,分别为 19 GHz、35 GHz 和 90 GHz。

目前,普遍接受的大气损耗模型是 ITU-R P.676 推荐的经验估算模型,该模型给出了详细的水蒸气和氧气的吸收谱线数据 $A_{\text{zenith}}(f)$,可适用于 1~350 GHz 的所有频段,具体大气损耗模型为

$$\text{PL}_A(\alpha, f) = \frac{A_{\text{zenith}}(f)}{\sin \alpha} \tag{4-15}$$

其中,α 是仰角,f 是信号载波频率。

2. 降雨衰减

(1) 雨衰产生的机理

当电磁波穿过降雨区域时,雨滴会吸收和散射电磁波,导致信号幅度的衰减。从雨衰产生的机理可以得到,雨衰大小与雨滴半径和电磁波波长的比值有密切的关系:当电磁波的波长可以和雨滴的尺寸相比拟时,将引起雨滴共振,产生最大的雨衰。例如,在 C 频段,下行频率为 4 GHz,波长约为 75 mm,C 频段下行波长是雨滴直径的 50 倍,因此信号通过雨区时衰减

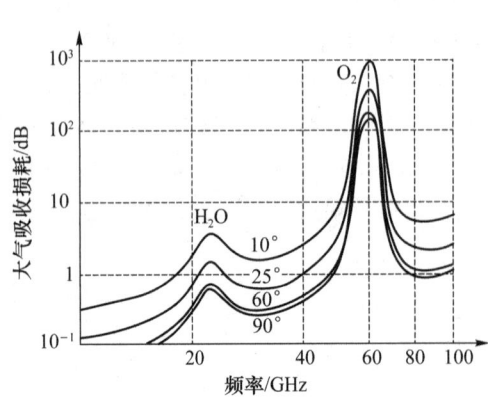

图 4.5 大气吸收损耗与电磁波信号频率和波束仰角间的关系

相对较小,一般小于 2 dB;在 Ku 频段,下行频率是 12 GHz,波长为 25 mm,尽管波长比 C 频段小很多,但是信号波长也比雨滴直径大很多。到了 Ka 频段,下行频率达到 20 GHz,波长约为 15 mm;在 V 频段,下行频率为 40 GHz,波长为 7.5 mm,这两个频段的波长与雨滴直径相对较近,所以在 Ka 频段和 V 频段衰减将变得非常大。除此之外,雨衰的大小与降雨强度、电磁波极化方向、工作仰角、穿过雨区的路径长度、接收地点的位置及海拔高度等诸多因素有关,所以雨衰值估算是一项十分复杂的工作。

(2) 雨衰估计

雨衰大小和降雨率及电磁波传播时穿过雨区的有效距离(或有效路径长度)有关。雨衰的估计非常复杂,且存在很多方法,下面将给出一种简单近似的方法。

降雨率是指在地面感兴趣的区域(如地球站处)通过雨量测量器测得的雨水蓄积的速度,单位为 mm/h。通常降雨率超过指定值的时间百分比表示降雨的影响,时间百分比通常以年为单位。例如,0.001% 的某降雨率是指一年中有 0.001% 的时间(约 5.3 min),雨量超过该指定降雨率,此种情况的降雨率表示为 $R_{0.01}$。如图 4.6 所示,通常时间百分比用 p 表示,降雨率用 R_p 表示。降雨衰减率(降雨单位衰减)和降雨率 R_p 的关系为

$$[\gamma_p] = \alpha (R_p)^\beta, (\text{dB/km}) \quad (4\text{-}16)$$

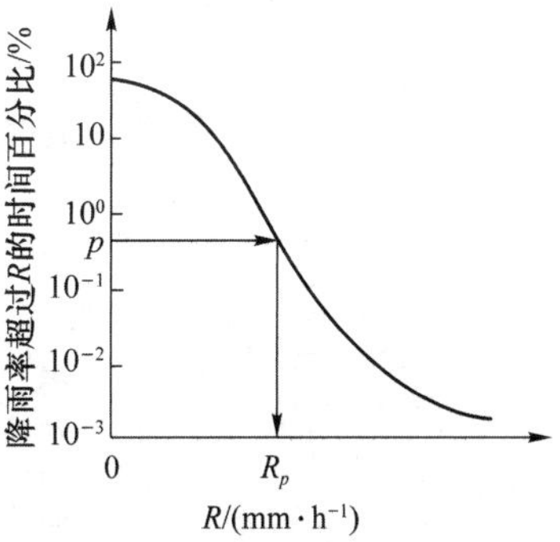

其中,单位衰减系数 α 与频率 β 和极化方式有关,典型值如表 4.1 所示。对于表中没有列出的值,可以通过插值法得到。从表 4.1 中可以得出,降雨衰减量随着频率的升高而增加;水平极化的降雨衰减比垂直极化的降雨衰减大得多。

图 4.6 降雨率的时间百分比

表 4.1 单位衰减系数

频率/GHz	α_H	α_V	β_H	β_V
1	0.0000387	0.0000352	0.912	0.88
2	0.000154	0.000138	0.963	0.923
4	0.00065	0.000591	1.121	1.075
6	0.00175	0.00155	1.308	1.265
7	0.00301	0.00265	1.332	1.312
8	0.00454	0.00395	1.327	1.31
10	0.0101	0.00887	1.276	1.264
12	0.0188	0.0168	1.217	1.2
15	0.0367	0.0335	1.154	1.128
20	0.0751	0.0691	1.099	1.065
25	0.124	0.113	1.061	1.03
30	0.187	0.167	1.021	1

注:1. 下标 H 和 V 代表水平和垂直极化;
2. 关于 α、β 的表达式为

$$\alpha = [\alpha_H + \alpha_V + (\alpha_H - \alpha_V)\cos^2\theta\cos 2\omega]/2,$$
$$\beta = [\alpha_H\beta_H + \alpha_V\beta_V + (\alpha_H\beta_H - \alpha_V\beta_V)\cos^2\theta\cos 2\omega]/(2\alpha)$$

其中,θ 是路径仰角,ω 是相对于水平方向的极化倾角。

有效路径长度与降雨云层的厚度、降雨区范围以及地球站天线仰角等数值有关。因为降雨密度在整个实际路径中的分布不均匀,所以采用有效路径估计雨衰比实际长度更为合适。如图 4.7 所示,L_S 表示穿过降雨区的几何路径长度,它依赖于天线仰角 θ 和降雨高度 h_R。根据几何路径长度可以计算有效路径长度 L_e(单位为 km)为

$$L_e = L_S \delta_p \tag{4-17}$$

其中,δ_p 为衰减因子,它是时间百分比 p 和 L_S 在水平方向上投影 $L_G = L_S \cos\theta$ 的函数,具体表达式为

$$\delta_p = \frac{1}{1 + L_G/(35\exp\{-0.015R_p\})} \tag{4-18}$$

在有了降雨衰减率和有效路径长度后,总的降雨衰减 A_p 为

$$[A_p] = \gamma_p L_e, (\text{dB}) \tag{4-19}$$

图 4.8 为雨衰百分比的示意图。

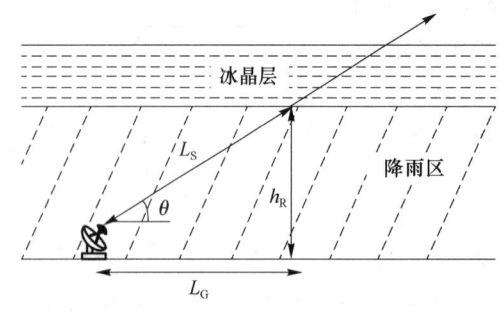

图 4.7 通过降雨区的路径长度

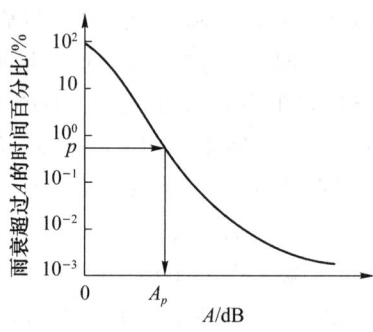

图 4.8 雨衰的时间百分比

(3) 雨衰预测

在已有某地长期衰减数据的前提下,将测量结果按比例换算到另一频率或仰角上,将比从降雨率数据预测新频率或仰角上的路径衰减更准确一些。具体可根据如下三个经验法则进行计算。

(1) 余割法则(当仰角小于 10°时不成立)

假设降雨率不变且地球是平的,则路径衰减 A(以 dB 为单位)与仰角有一个比例关系,即从同一地点出发,在相同频率上仰角 E_1 和 E_2 方向上的衰减有如下近似关系:

$$\frac{[A(E_1)]}{[A(E_2)]} = \frac{\csc(E_1)}{\csc(E_2)} \tag{4-20}$$

(2) 平方变化率法则

在 10~50 GHz 间,雨衰随频率的平方成比例变化。假设同一路径上在 f_1(单位为 GHz)和 f_2(单位为 GHz)频率上测得的雨衰值为 $A(f_1)$ 和 $A(f_2)$,则它们有如下近似关系:

$$\frac{[A(f_1)]}{[A(f_2)]} = \frac{f_1^2}{f_2^2} \tag{4-21}$$

式(4-21)建立起了长期统计值间的联系,它不适用于链路上的短期频率变化或是靠近任何共振吸收线的频率。

(3) ITU-R 雨衰长期频率变化

若 A_1 和 A_2 分别为 f_1(单位为 GHz)和 f_2(单位为 GHz)频率上的等概率雨衰值(单位为 dB),则两者有如下关系:

$$[A_2] = [A_1] \left[\frac{\phi(f_2)}{\phi(f_1)}\right]^{1-H(f_1,f_2,A_1)} \quad (4-22)$$

其中

$$\phi(f) = \frac{f^2}{1+10^{-4}f^2} \quad (4-23)$$

$$H(f_1,f_2,A_1) = 1.12 \times 10^{-3} \times \left[\frac{\phi(f_2)}{\phi(f_1)}\right]^{0.5} \cdot [\phi(f_1)A_1]^{0.55} \quad (4-24)$$

不同仰角时雨衰与频率间的关系如图 4.9 所示,曲线的 99.5% 有效性表明,超过图中曲线表示的雨衰值的概率为 0.5%。

3. 云雾衰减

云和雾皆属于水悬体,是悬浮着的液态水滴。当电磁波穿过对流层的云雾时,它的部分能量会被吸收或散射,从而导致损耗。损耗大小与工作频率、穿越路程长度以及云雾浓度有关。经验表明,能见度为 30 m 的迷雾引起的电磁波损耗介于大雨和中雨造成的雨衰之间;能见度约为 120 m 的浓雾,引起的电磁波损耗与小雨造成的雨衰近似。此外,对于工作在 10 GHz 以上的系统,水悬体造成的衰减会很大。

业界有两种认可度较高的云雾模型,即 ITU-R 云衰减模型和斯洛宾(Slobin)云模型。这两种

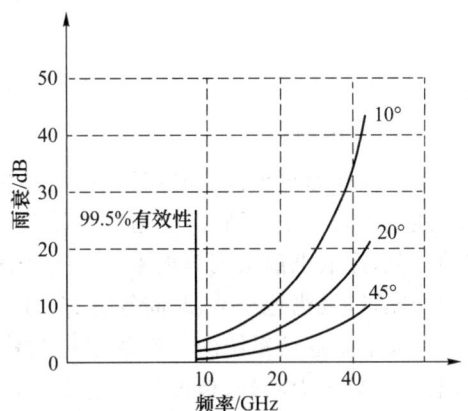

图 4.9 不同仰角时雨衰的频率特性

模型都是基于瑞利近似,适用于粒子的极限尺寸小于 0.01 cm 且频率低于 200 GHz 的场景。在瑞利区,云中液态水滴主要通过吸收作用使电磁波产生衰减,相比之下,由液态水造成的散射影响可忽略不计。因此,云的衰减特性与云中液态水含量相关,而与具体液态水滴尺寸无关。在确定云衰减时,液态水含量的精确测量就显得十分重要。则特定的云或雾中的具体衰减量为

$$\gamma_c(f,T) = K_l(f,T) \cdot M, (\text{dB/km}) \quad (4-25)$$

其中,K_l 为云中液态水比衰减系数,M 为云或雾中的液态水密度,f 为频率,T 为云中液态水温度。

4.3.2 闪烁现象

1. 对流层闪烁

地面附近大气受到太阳能量的影响,会发生搅动及紊流混合,引起折射率的小尺度变化。大气折射率的不规则变化,引起信号振幅与相位快速随机起伏,这种现象叫作大气闪烁。这种闪烁的衰落周期为数十秒,不会引起去极化。对流层闪烁是由海拔几千米高度内的大气折射率波动产生的,其强度随频率升高、穿过介质的路径长度增加、温度上升、湿度增大而增大,随着天线尺寸增大和仰角增大而减小。在仰角低于 10°的路径上,对流层闪烁为性能限制;在仰角低于 5°的路径上,对流层闪烁变成可用率限制。

当角度低于 10°时,低角度衰落变得明显。低角度衰落与多径衰落相同,信号经由不同路

径和相移到达地面接收天线。低角度衰落被解释为大气多径,或是由于大气折射率的不规则性使电磁波聚焦与散焦。接收信号幅度的闪烁,实际上包括两种效应:一是来自波本身幅度的起伏;二是来自波前不相干性引起的天线增益降低。

ITU-R 给出仰角在 5°及以上时预测对流层闪烁累积分布的一般方法。该方法基于每月和长期的平均温度 t(单位为℃)及相对湿度 H,这两个参数反映了站点的特定气候环境;所以,t 和 H 的值应该与被研究站点当地的气候数据相对应。计算时间百分比 p 在 $(0.01, 50]$ 范围内的时间百分比系数 $a(p)$:

$$\alpha(p) = -0.061(\log_{10}p)^3 + 0.072(\log_{10}p)^2 - 1.71\log_{10}p + 3.0 \tag{4-26}$$

计算超出时间百分比 p 内的衰减深度 $A(p)$(单位为 dB):

$$A(p) = \alpha(p) \cdot \sigma \tag{4-27}$$

其中,σ 为适用期间内和路径上信号的标准偏差。

2. 电离层闪烁

电磁波在通过电离层时,受到电离层结构不均匀性和随机时变性的影响而发生散射,使得电磁能量在时空中重新分布,造成电磁波信号的幅度、相位、到达角、极化状态等发生短期不规则的变化,形成电离层闪烁现象。观测数据表明,电离层闪烁效应与工作频段、地理位置、地磁活动情况,以及当地季节、时间等有关,且与地磁纬度和当地时间关系最大。

移动卫星通信系统的工作频率一般较低,电离层闪烁效应必须考虑;当频率高于 1 GHz 时,影响一般大大减轻,但即使是工作在 C 频段的系统,在地磁低纬度的地区也会受到电离层闪烁的影响。赤道地区或者低纬度地区指的是地磁赤道以及其南北 20°以内的区域,地磁 20°~50°为中纬度地区,地磁 50°以上为高纬度地区。在地磁赤道附近及高纬度地区,电离层闪烁现象则更为严重和频繁。

在特定条件下,更高频段也能记录到电离层闪烁。我国处于世界上电离层赤道异常的两个区域之一,受电离层闪烁影响的频率和地域都较宽,不易解决。对闪烁深度大的地区,可用编码、交织、重发等技术来克服其衰落,而其他地区可用增加储备余量的方法克服电离层闪烁。

4.3.3 去极化现象

在卫星通信中,一般采用正交极化来提高系统容量。然而该技术性能受传播路径上去极化效应的限制。针对无线电传播,大气层就像一个各向异性的媒质,一种极化信号的能量会耦合到另一正交极化分量上,从而造成两种极化分量间的干扰,称为交叉极化干扰。两个在发射时原本相互正交的分量,经过传播路径后产生交叉极化干扰,即两者间不再是严格正交,该现象称为去极化效应。无论是圆极化还是线性极化,通常采用交叉极化鉴别度(XPD)来度量其极化纯度。

如图 4.10 所示,假设传输电磁波的电场进入引起去极化介质前的幅度为 E_1,在接收天线处有两个电场分量:同极化分量,其电场幅度为 E_{11};交叉极化分量,电场幅度为 E_{12}。因此,交叉极化鉴别度可以定义为

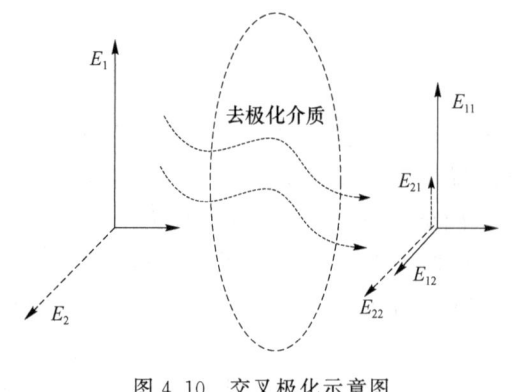

图 4.10 交叉极化示意图

$$[\text{XPD}] = 20\log_{10}\frac{E_{11}}{E_{12}}, (\text{dB}) \tag{4-28}$$

在对流层中,雨和雪是引起信号的去极化效应的主要因素。在 Ka 频段,去极化效应主要由雨、冰晶和多径效应导致。而在电离层中,信号极化可能因为发生旋转而产生去极化效应。

1. 降雨去极化

雨的去极化效应产生于雨滴的非球对称性。雨滴的形状随着直径的增加而成为底部扁平的椭球形,其短轴近似为对称轴,它与垂直方向的夹角称为倾斜角。如图 4.11 所示,它的散射场由两个特征极化波组成,极化方向分别与对称轴平行和垂直。这两个正交极化波的衰减和相位之差分别称为差分衰减和差分相移,由此导致电波传播极化的改变。去极化效应的大小取决于入射极化相对于对称轴的取向。雨滴的倾斜角与风向有关,倾斜角一般都比较小,因此垂直极化和水平极化的去极化最轻微,45°线极化和圆极化的去极化最严重。实验表明,差分相位偏移导致的这种去极化比差分衰减大得多。

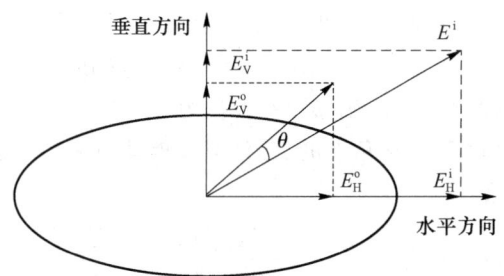

图 4.11 降雨去极化示意图

雨的 XPD 统计特性取决于同极化衰减(CoPolarization Attenuation,CPA)和雨滴倾斜角的统计分布,并与路径倾角和极化倾角有关。不超过 $p\%$ 时间的降雨 XPD 可以表示为

$$[\text{XPD}_{\text{rain}}] = [C_f] - [C_A] + [C_\tau] + [C_\theta] + [C_\sigma], (\text{dB}) \tag{4-29}$$

式中各参数如下。

(1) 频率相关项为

$$[C_f] = \begin{cases} 60\log_{10}f - 28.3, & 6\,\text{GHz} \leqslant f < 9\,\text{GHz} \\ 26\log_{10}f + 4.1, & 9\,\text{GHz} \leqslant f < 36\,\text{GHz} \\ 35.9\log_{10}f - 11.3, & 36\,\text{GHz} \leqslant f \leqslant 55\,\text{GHz} \end{cases} \tag{4-30}$$

(2) 降雨衰减相关项为

$$[C_A] = V(f)\log_{10}(A_p) \tag{4-31}$$

其中,A_p 为降雨衰减,而

$$V(f) = \begin{cases} 30.8f^{-0.21}, & 6\,\text{GHz} \leqslant f < 9\,\text{GHz} \\ 12.8f^{0.19}, & 9\,\text{GHz} \leqslant f \leqslant 20\,\text{GHz} \\ 22.6, & 20\,\text{GHz} < f < 40\,\text{GHz} \\ 13f^{0.15}, & 40\,\text{GHz} \leqslant f \leqslant 55\,\text{GHz} \end{cases} \tag{4-32}$$

(3) 极化改善因子为

$$[C_\tau] = -10\log_{10}[1 - 0.484(1 + \cos(4\tau))] \tag{4-33}$$

其中,τ 为电场矢量线极化相对于水平面的倾斜角(对于圆极化 $\tau = 45°$;如果 $\tau = 0°$ 或 $90°$,C_τ 达到最大值为 15 dB)。

(4) 仰角相关项为

$$[C_\theta] = -40\log_{10}(\cos\theta), \theta \leqslant 60° \tag{4-34}$$

其中，θ 为路径仰角。

(5) 雨滴仰角相关项为

$$C_\sigma = 0.0053\sigma^2 \tag{4-35}$$

其中，σ 是雨滴伪仰角分布的有效标准偏差，单位为(°)。

2. 冰晶去极化

如图 4.7 所示，冰晶层位于降雨区的顶部，冰晶的存在会导致去极化。实验表明，冰晶引起电磁波去极化的主要机制是差分相位偏移以及很小的差分衰减。这是因为相较于水，冰是一种很好的电介质，引起的损耗很小。冰晶的形状主要呈针形或片状，如果这些冰晶随机排放，其对电磁波去极化的影响较小；但在静电（如雷暴天气）作用下，冰晶会沿一定方向排列，成为各向异性介质，就会导致电磁波的去极化。

不超过 $p\%$ 时间的降雨与冰晶总 XPD 可以表示为

$$[\text{XPD}_p] = [\text{XPD}_{\text{rain}}] - [C_{\text{ice}}], (\text{dB}) \tag{4-36}$$

其中，$[C_{\text{ice}}] = [\text{XPD}_{\text{rain}}] \times (0.3 + 0.1\log_{10}p)/2$，单位为 dB。

此外，可利用某一个频率和极化角上的 XPD 值求得其他频率和极化角的 XPD 值，具体公式可以表示为

$$[\text{XPD}_2] = [\text{XPD}_1] - 20\log_{10}\left[\frac{f_2}{f_1}\frac{\sqrt{1-0.484(1+\cos 4\tau_2)}}{\sqrt{1-0.484(1+\cos 4\tau_1)}}\right], 4\,\text{GHz} \leqslant f_1, f_2 \leqslant 30\,\text{GHz} \tag{4-37}$$

3. 法拉第旋转

电离层的一个重要影响是对信号的极化发生旋转，即法拉第旋转效应。当线极化的电磁波穿过电离层时，它使得电离层中各层的自由电子发生运动。因为这些电子是在地球的磁场中运动，所以它们受到一种力（这种力与发电机中载流导体在磁场中受到的力一样）。电子运动的方向不再平行于电磁波的电场方向，同时，这些电子反作用于电磁波，最终的净效应是极化发生方向偏移，这种现象称为法拉第旋转效应。极化偏移的角度（法拉第旋转）与电磁波通过电离层路径的长度、电离区域的地球磁场强度以及电离区域的电子密度等因素有关，因此它还与时间、季节和太阳激活情况等因素有关。法拉第旋转角度与频率的平方成反比。在频率 10 GHz 以上时，法拉第旋转可以忽略。从 GEO 卫星到中纬度地区，当载波频率为 1 GHz、4 GHz、6 GHz、12 GHz 时，法拉第旋转角度相应地为 108°、9°、4°、1°。

使用圆极化波可有效地对抗法拉第旋转的去极化影响。对于圆极化，法拉第旋转只是在总的旋转上简单地叠加一个法拉第偏移，而不对电场的同极化或交叉极化分量产生影响。但是如果采用的是线极化，则天线上要安装极化跟踪设备。由于在使用移动电话时，天线方向是不稳定的，极化面会随时变化。因此，工作在 L 频段和 C 频段的卫星个人通信网络（S-PCN）经常采用圆极化天线，而用于固定和便携式终端的 K 频段和 Ka 频段系统则采用线极化天线。

在法拉第旋转中，交叉极化分量的表现是降低 XPD，XPD 与极化旋转适配角 θ_p 的关系可以写为

$$[\text{XPD}] = -20\log_{10}(\tan\theta_p) \tag{4-38}$$

另外，也可以使用经验公式得出某频率电磁波通过电离层的最大极化旋转适配角 θ_p，即极化旋

转量不超过

$$\theta_p = 5 \times \left(\frac{200}{f}\right)^2 \times 360° \qquad (4-39)$$

4.4 星地信道模型

在实际卫星通信过程中,用户与卫星间存在可能的相对位移、多径效应和阴影遮蔽等。这些因素使得卫星通信信道具有复杂的时变特性,进而引起信号电平的深度衰落和码间干扰,导致接收端的误码率增大,使通信质量恶化甚至通信中断,影响卫星通信所提供的业务质量和可靠性。

研究信道传播特性的最好办法是在实际通信环境下对信道进行测试和分析,但由于现实条件限制,随时随地对实际卫星通信信道进行测试常常是不可能的。所以,为了得到卫星通信传播特性,常使用信道传播特性分析模型进行分析。

卫星通信信道是一种时变信道,存在多径效应、多普勒频移和阴影效应。首先,多径效应会引起接收信号幅度的深度衰落,造成某些时间接收信号电平低于接收机检测门限,使误码率增加,甚至通信中断;其次,多径效应造成的时延将在接收信号中引起码间干扰,导致误码增加;最后,由于收发两端相对运动带来的多普勒频移对检测性能有很大的影响,再加上多径效应,将在接收信号相位中形成随机调频噪声,使得无论如何提高发射功率,误码率只能降至某一平底。下面将分别介绍多径信道模型、不可分辨径的统计模型,以及卫星通信常用的信道模型。

4.4.1 多径信道模型

1. 多径衰落

如图 4.12 所示,受无线传播环境的影响,电磁波传播路径上存在直射、反射、绕射和散射;当电磁波传输到接收机天线时,信号由许多路径的信号叠加而成。因为电磁波通过各路径的距离不同,所以各路径电磁波到达接收机的时间不同,相位也不同。不同相位的多个信号在接收端叠加,同相叠加使得接收信号功率增强,反相叠加使得接收信号功率减弱。这样,接收信号的幅度将急剧变化,即产生所谓的多径衰落。

多径衰落的基本特性表现在信号幅度的衰落和时延扩展。从空间角度考虑多径衰落,接收信号的幅度将随移动台移动距离的变动而衰落,其中本地反射物所引起的多径效应表现为较快的幅度变化;而其局部均值随距离增加而起伏,反映地形变化所引起的衰落以及空间扩散损耗;从时间角度考虑,由于信号传播路径不同,到达接收端的时间也不同,当卫星发出一个脉冲信号时,接收信号不仅包含该脉冲,还将包括此脉冲的各个时延信号,这种由于多径效应引起的接收信号脉冲宽度扩展的现象称为时延扩展。

2. 多普勒效应

当卫星与终端间、卫星与卫星间存在相对运动时,接收端的载频发生频移,即由多普勒效应引起

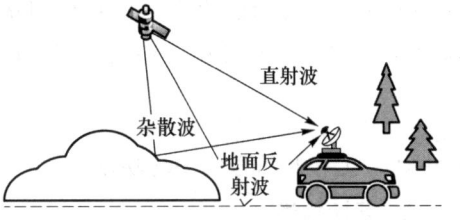

图 4.12 移动通信卫星电波传播

的附加频移,称为多普勒频移。多普勒频移计算公式为

$$f_d = f_0 \frac{v}{c} \cos\theta \leqslant f_0 \frac{v}{c} \tag{4-40}$$

其中,f_0 是工作频率,v 是物体间径向相对速度,$c = 3 \times 10^8$ m/s 是光速,θ 为信号的到达方向和接收机移动方向间的夹角。

信号经不同方向传播,其多径分量造成接收机信号的多普勒扩展,增加了信号的带宽。相对地面移动通信而言,卫星通信系统的最大多普勒频移要大得多。

3. 多径信道冲击响应

假设发送的带通信号为 $s(t) = \text{Re}[s_l(t) e^{j2\pi f_c t}]$,其中 $s_l(t)$ 为基带信号,f_c 为载波频率;通过多径信道后,接收信号可以写为 $r(t) = \sum_{n=0}^{N(t)} \alpha_n(t) s[t - \tau_n(t)]$ 或

$$r(t) = \text{Re}\left[\left\{\sum_{n=0}^{N(t)} \alpha_n(t) e^{-j2\pi f_c \tau_n(t)} s_l[t - \tau_n(t)]\right\} e^{j2\pi f_c t}\right] \tag{4-41}$$

其中,$N(t)$ 为可分辨径的数目,而 $\alpha_n(t)$、$\tau_n(t) = d_n(t)/c$ 和 $d_n(t)$ 分别为接收信号第 n 径的幅度、延时和路径长度。

如果再考虑多普勒相移,那么接收信号为

$$r(t) = \text{Re}\left[\left\{\sum_{n=0}^{N(t)} \alpha_n(t) e^{-j[2\pi f_c \tau_n(t) - \varphi_n(t)]} s_l[t - \tau_n(t)]\right\} e^{j2\pi f_c t}\right] \tag{4-42}$$

其中,$\varphi_n(t) = \int_t 2\pi f_{d_n}(\tau) d\tau$ 为多普勒相移,$f_{d_n}(t) = v(t)\cos\theta_n(t)/\lambda$ 为多普勒频移,$\theta_n(t)$ 为 t 时刻信号的到达方向和接收机移动方向间的夹角。

综上所述,接收到的基带信号表达式为

$$r_l(t) = \sum_{n=0}^{N(t)} \alpha_n(t) e^{-j\phi_n(t)} s_l[t - \tau_n(t)] \tag{4-43}$$

$$\phi_n(t) = 2\pi f_c \tau_n(t) - \varphi_n(t) \tag{4-44}$$

根据时域卷积公式,可得多径信道的冲击响应为

$$h(\tau; t) = \sum_{n=0}^{N(t)} \alpha_n(t) e^{-j\phi_n(t)} \delta[\tau - \tau_n(t)] \tag{4-45}$$

4.4.2 多径信道统计模型

1. 瑞利信道

瑞利分布常用于描述平坦衰落信号,或独立多径分量接收包络统计时变特性的一种分布。如果传播环境中存在足够多的散射,则冲激信号到达接收机后表现为大量统计独立随机变量的叠加,根据中心极限定理,冲激响应将是一个高斯过程。如果散射信道中不存在直射信号(LoS),则这一过程的均值为 0,相位服从 $[0, 2\pi)$ 的均匀分布。因此,信道冲激响应的包络服从瑞利分布,此时的信道称为瑞利信道。瑞利分布的概率密度函数为

$$f(x) = \frac{x}{\sigma_0^2} e^{-\frac{x^2}{2\sigma_0^2}}, x \geqslant 0 \tag{4-46}$$

其中,$2\sigma_0^2$ 为接收信号的平均功率。

2. 莱斯信道

当散射环境存在一个主要的信号分量时,如视距传播分量(LoS),信号的包络分布服从莱

斯分布,对应的信道即为莱斯信道。在主要分量减弱后,莱斯信道就退化为瑞利信道。

莱斯分布的概率密度函数为

$$f(x) = \frac{x}{\sigma_0^2} \exp\left(-\frac{x^2+z^2}{2\sigma_0^2}\right) I_0\left(\frac{xz}{\sigma_0^2}\right), x \geqslant 0 \tag{4-47}$$

其中,$K = z^2/(2\sigma_0^2)$ 为莱斯因子,完全确定了莱斯分布,$I_0(\cdot)$ 是修正的第一类零阶贝塞尔函数。当 $K=0$ 时,莱斯分布即为瑞利分布。

令 s 为接收信号的功率,即 $s = x^2$,进而 s 的概率密度函数为

$$f(s) = f(\sqrt{s}) \left|\frac{d\sqrt{s}}{ds}\right| = \frac{1}{2\sigma_0^2} \exp\left(-\frac{s+z^2}{2\sigma_0^2}\right) I_0\left(\frac{z\sqrt{s}}{\sigma_0^2}\right), s \geqslant 0 \tag{4-48}$$

3. Suzuki 信道

瑞利信道和莱斯信道的灵活性相对有限,且经常不足以与真实信道统计性质相匹配。基于此,Suzuki 信道在许多情形中是一个更合适的随机模型。Suzuki 信道是一个瑞利过程和一个对数正态过程的乘积。用瑞利过程对接收信号的快速衰落建模,而接收信号局部均值的慢衰落(常称为阴影衰落)由对数正态过程建模。下面首先讨论阴影衰落,再给出 Suzuki 分布的函数表达。

(1) 阴影衰落

在传播环境中,地形起伏、建筑物及其他障碍物对电磁波传播路径的阻挡会形成电磁场的阴影效应,其衰落与电磁波传播地形和地物的分布、高度有关。阴影衰落一般建模为服从对数正态分布的随机变量,即由于阴影产生的对数损耗为 $X = 10\log_{10}x$(单位为 dB),服从均值 $\mu = 0$ 和标准差 σ 的对数正态分布,因而线性值服从

$$f(x) = \frac{10}{\sqrt{2\pi}\sigma\ln 10} \frac{1}{x} \exp\left[-\frac{(10\log_{10}x - \mu)^2}{2\sigma^2}\right] \tag{4-49}$$

(2) Suzukiz 分布

在 Suzuki 信道中,假定由于阴影效应不存在视距分量。当阴影衰落 s_0 一定时,接收信号功率的概率密度分布为

$$f(s|s_0) = f(\sqrt{s}|s_0) = \frac{1}{s_0} \exp\left(-\frac{s}{s_0}\right), s \geqslant 0 \tag{4-50}$$

进而,根据阴影衰落概率密度函数,Suzuki 分布的概率密度函数为

$$f(s) = \int_0^\infty f(s|s_0)f(s_0)ds_0 = \frac{10}{\sqrt{2\pi}\sigma\ln 10} \int_0^\infty \frac{1}{s_0^2} \exp\left[-\frac{s}{s_0} - \frac{(10\log_{10}s_0)^2}{2\sigma^2}\right]ds_0 \tag{4-51}$$

4.4.3 卫星通信信道模型

通常采用概率模型来研究移动卫星通信信道的传播特性,其物理意义比较直观、分析过程比较简单、仿真实现比较容易。目前,在国内、外研究中常用的移动卫星通信信道传播模型有:C.Loo 信道模型、Corazza 信道模型和 Lutz 信道模型。

1. C.Loo 信道模型

C.Loo 信道模型又称为部分阴影模型。该模型假设阴影遮蔽只作用于接收信号的 LoS 分量,而不影响纯多径分量,故适用于乡村、旷野等较为开阔的信道环境。

假设接收信号为

$$r(t)=z(t)s(t)+d(t) \tag{4-52}$$

其中,$z(t)$表示直射波信号,$d(t)$表示纯多径信号,$s(t)$表示阴影衰落系数。

在直射信号分量幅度暂时保持不变的条件下,接收信号的包络 $r=|r(t)|$ 服从 Rician 分布,即

$$f(r|z)=\frac{r}{\sigma_0^2}\exp\left[-\frac{(r^2+z^2)}{2\sigma_0^2}\right]I_0\left(\frac{rz}{\sigma_0^2}\right) \tag{4-53}$$

其中,$z=|z(t)s(t)|$ 为直射波包络,$2\sigma_0^2$ 是平均散射多径功率,$I_0(\cdot)$ 是第一类零阶修正贝塞尔函数。受到阴影遮蔽的作用,直射信号分量的包络 z 服从对数正态分布,即

$$f(z)=\frac{1}{z\sqrt{2\pi\sigma^2}}\exp\left[-\frac{(\ln z-\mu)^2}{2\sigma^2}\right] \tag{4-54}$$

其中,μ 和 σ^2 分别是 $\ln z$ 的均值和方差。进而,接收信号的包络概率密度函数,也就是 C.Loo 信道模型可以写为

$$\begin{aligned}f(r)&=\int_0^\infty f(r|z)f(z)\mathrm{d}z\\&=\frac{r}{\sigma_0^2\sqrt{2\pi\sigma^2}}\int_0^\infty\frac{1}{z}\exp\left[-\frac{(\ln z-\mu)^2}{2\sigma^2}-\frac{r^2+z^2}{2\sigma_0^2}\right]I_0\left(\frac{rz}{\sigma_0^2}\right)\mathrm{d}z\end{aligned} \tag{4-55}$$

2. Corazza 信道模型

Corazza 信道模型假设接收信号中的直射信号分量和多径信号分量均受到阴影遮蔽的影响。该模型广泛应用于乡村、郊区和城市等信道环境。

假设接收信号为

$$r(t)=[z(t)+d(t)]s(t)\triangleq R(t)s(t) \tag{4-56}$$

其中,$z(t)$ 是直射分量,$d(t)$ 是多径分量,$s(t)$ 表示阴影衰落系数。

在实际中,$R(t)$ 反映信道快衰落特征,$s(t)$ 反映阴影慢衰落效应,是两个独立的随机过程。可以用瑞利衰落概率密度 $f(r)$ 和对数正态分布概率密度函数 $f(s)$ 表示接收信号包络 r 的概率密度函数

$$f(r)=\int_0^\infty\frac{1}{s}f\left(\frac{r}{s}\right)f(s)\mathrm{d}s \tag{4-57}$$

另外,假设 $s(t)$ 暂时保持不变,则由全概率公式可得接收信号包络 r 的概率密度函数为

$$f(r)=\int_0^\infty f(r|s)f(s)\mathrm{d}s \tag{4-58}$$

比较式(4-57)和式(4-58),可得

$$f(r|s)=\frac{1}{s}f\left(\frac{r}{s}\right)=\frac{r}{s^2\sigma_0^2}\exp\left(-\frac{r^2}{2s^2\sigma_0^2}-\frac{z^2}{2\sigma_0^2}\right)I_0\left(\frac{rz}{s\sigma_0^2}\right) \tag{4-59}$$

由于 Rician 因子定义为 $K=z^2/(2\sigma_0^2)$,进而有 $K+1=(z^2+2\sigma_0^2)/(2\sigma_0^2)$,若对总接收功率进行归一化处理,即 $z^2+2\sigma_0^2=1$,则 $1/(2\sigma_0^2)=K+1$,所以有

$$f(r|s)=\frac{2(K+1)r}{s^2}\exp\left[-\frac{(K+1)r^2}{s^2}-K\right]I_0\left(\frac{2r\sqrt{K(K+1)}}{s}\right) \tag{4-60}$$

而 $s(t)$ 的包络服从对数正态分布,由全概率公式可得到接收信号包络 r 的概率密度函数,即 Corazza 信道模型为

$$f(r) = \int_0^\infty f(r|s)f(s)\mathrm{d}s$$
$$= \frac{2(K+1)r}{e^K \sqrt{2\pi\sigma^2}} \int_0^\infty \frac{1}{s^3} \exp\left[-\frac{(K+1)r^2}{s^2} - \frac{(\ln s - \mu)^2}{2\sigma^2}\right] I_0\left(\frac{2r\sqrt{K(K+1)}}{s}\right) \mathrm{d}s$$
(4-61)

其中，μ 和 σ^2 为 $\ln s$ 的均值和方差。

Corazza 根据 ESA(European Space Agency)在乡村环境下对 L 频段信号进行测量而得到的数据，在最小均方误差准则下采用最小二乘曲线拟合，得到乡村有阴影遮蔽环境下卫星仰角 $\alpha \in [20°, 80°]$ 间的模型参数拟合公式

$$K(\alpha) = k_0 + k_1\alpha + k_2\alpha^2$$
$$\mu(\alpha) = \mu_0 + \mu_1\alpha + \mu_2\alpha^2 + \mu_3\alpha^3$$
$$\sigma(\alpha) = \sigma_0 + \sigma_1\alpha$$
(4-62)

式(4-62)参数如表 4.2 所示。

表 4.2 乡村环境 L 频段的 Corazza 模型参数

K	μ	σ
$k_0 = 2.731$	$\mu_0 = -2.331$	$\sigma_0 = 4.5$
$k_1 = -1.074 \times 10^{-1}$	$\mu_1 = 1.142 \times 10^{-1}$	$\sigma_1 = -0.05$
$k_1 = 2.774 \times 10^{-3}$	$\mu_2 = -1.939 \times 10^{-3}$	
	$\mu_3 = 1.094 \times 10^{-5}$	

3. Lutz 信道模型

1) 两状态 Lutz 信道模型

瑞利、莱斯和 Suzuki 信道模型存在一个共同点，即它们都是稳态的。针对地面移动卫星信道，Lutz 等建立了一个非稳态模型，该模型适用于乡村、郊区和城市等所有卫星通信环境。如图 4.13 所示，这个模型存在视距分量的区域(良好的信道状态，由莱斯过程描述)和视距分量被遮挡的区域(不良的信道状态，由 Suziki 过程描述)，而在良好的信道状态和不良的信道状态间的切换由一个两状态马尔科夫链控制。

在 Lutz 信道模型中，假定不良信道状态和良好信道状态分别由 S_1 和 S_2 表示。在图 4.14 中给出的量 $p_{ij}(i,j=1,2)$ 称为转移概率。对于 $i \neq j$，转移概率 p_{ij} 表示马尔科夫链从状态 S_i 转移到 S_j 的概率。类似地，对于 $i = j$，转移概率 p_{ii} 表示马尔科夫链留在状态 S_i 的概率。根据马尔科夫模型，离开一个状态的转移概率和一定等于1，因此有

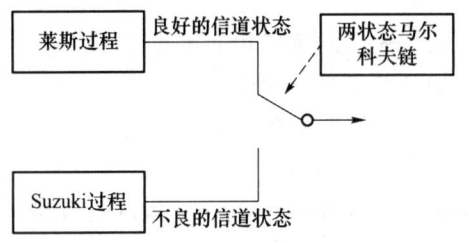

图 4.13 两状态 Lutz 信道模型

$$p_{11} = 1 - p_{12}$$

$$p_{22}=1-p_{21} \quad (4\text{-}63)$$

进而,令系统处于状态 S_1 的时间百分比为 α,则 Lutz 信道模型中接收信号功率的公式可写为

$$f(s)=(1-\alpha)f_{\text{Rice}}(s)+\alpha f_{\text{Suzuki}}(s) \quad (4\text{-}64)$$

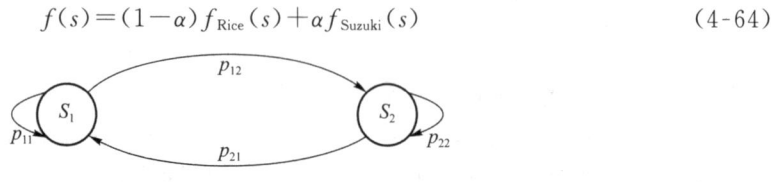

图 4.14 两状态马尔科夫链的状态转移图

Lutz 根据在世界各地及 MARECS 卫星 L 频段的信号实测数据,并采用最小二乘曲线拟合法,得到了模型的参数。表 4.3 给出天线类型为 S6、行星仰角为 24°时在城市(环境较为恶劣)和公路(环境较好)环境下的模型参数。

表 4.3 两状态 Lutz 信道模型参数

环境	α	σ_0/dB	μ/dB	σ/dB
城市	0.79	11.9	−12.9	5.0
公路	0.19	17.4	−8.1	4.2

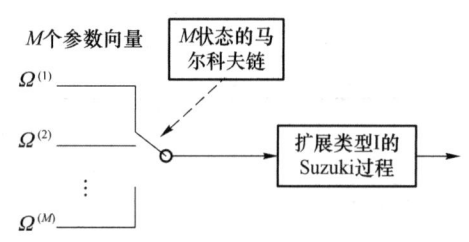

图 4.15 M 状态 Lutz 信道模型

2) M 状态 Lutz 信道模型

Lutz 信道模型易于一般化处理,得到一个 M 状态的马尔科夫过程,其中每个状态由一个稳态随机过程表示。试验测量表明,对多状态信道而言,使用一个 4 状态马尔科夫模型处理是足够的。

混合使用 M 个信道模型是一种方法。与此相反,使用不同状态参数设置的同一种稳态信道模型是另一种方法。如图 4.15 所示,扩展类型 I 的 Suzuki 过程是由莱斯过程和一个对数正态过程乘积而得。对于 M 个状态,必须确定一个特定集合,即参数向量 $\boldsymbol{\Omega}^{(m)}(m=1,2,\cdots,M)$,同时参数向量的切换是由一个离散 M 状态的马尔科夫过程控制的。

4. 不同信道模型的比较

C.Loo 信道模型、Corazza 信道模型和 Lutz 信道模型的理论公式所产生的数据和实际测量数据的拟合度较好,能够对实际移动卫星通信信道传播特性进行比较贴切的描述。同时,可以得到如下结论:

(1) C.Loo 信道模型、Corazza 信道模型和 Lutz 信道模型都根据接收信号中信号分量受阴影遮蔽情况来对移动卫星通信信道进行建模;

(2) C.Loo 信道模型、Corazza 信道模型和 Lutz 信道模型都是对 Rician 分布、Rayleigh 分布和对数正态分布进行不同组合而得到的;

(3) C.Loo 信道模型、Corazza 信道模型和 Lutz 信道模型都对 L 频段的移动卫星通信信道传播进行描述;

(4) C.Loo 信道模型、Corazza 信道模型从接收信号包络角度对移动卫星通信信道建模,而 Lutz 信道模型从接收信号功率角度对移动卫星通信信道建模;

(5) C.Loo 信道模型、Corazza 信道模型适用于描述非静止轨道卫星信道传播特性,而 Lutz 信道模型适用于描述静止轨道卫星信道的传播特性;

(6) C.Loo 信道模型只适用于乡村信道环境,而 Corazza 信道模型和 Lutz 信道模型均适用于所有的移动卫星通信信道环境(乡村、郊区和城市);

(7) C.Loo 信道模型的参数是对模拟卫星的直升机所发射的信号进行测试而得到的,而 Corazza 信道模型和 Lutz 信道模型的参数是对实际移动卫星通信信道特性的反映,要比 C.Loo 信道模型更为贴切;

(8) C.Loo 信道模型和 Corazza 信道模型在仿真及硬件实现时比较简单,而 Lutz 信道模型的仿真和硬件实现起来比较复杂;

(9) 在乡村环境下,C.Loo 信道模型与 Corazza 信道模型具有等同性。

4.5 卫星通信系统中的噪声温度

除了接收到的信号,影响一个通信系统可靠性的另一个重要因素就是热噪声。热噪声主要包括内部噪声和外部噪声。内部噪声包括:①系统中的无源器件(如天线、波导、馈线等)因电阻特性而产生的热噪声;②系统中的有源器件(如放大器、变频器、接收机中的器件)所产生的各种散粒噪声、闪烁噪声、分配噪声等。通常有源器件产生的热噪声比无源器件产生的热噪声大得多。外部噪声包括太阳系噪声、水蒸气噪声、地面噪声等,转发器也会引起互调噪声。外部噪声与天线仰角、旁瓣电平及环境温度有关。

通信接收机将热噪声过程近似为零均值的加性高斯白噪声(AWGN),其功率谱密度在整个频域内均匀分布。白噪声功率谱密度(单位为 W/Hz)可以表示为

$$N_0 = kT_s \tag{4-65}$$

其中,$k = 1.38 \times 10^{-23}$ J/K $= -228.6$ dBW/(Hz·K)为玻尔兹曼常数,T_s(单位为 K)是测量的电阻热力学温度,此时电阻可以认为是发送可用噪声功率的噪声源;可用的噪声功率是指噪声源向一个阻抗匹配的器件发送的噪声功率;实际物理温度不一定为 T_s。若接收系统的等效带宽为 B(Hz),则输出噪声功率(单位为 W)为

$$N = N_0 B = kT_s B \tag{4-66}$$

4.5.1 系统内部的噪声温度

1. 放大器的噪声温度

电子元器件内部的电子热运动及电子的不规则流动都将产生噪声。如图 4.16 所示,分析一个增益为 G 的二端口网络,输入端接入一个温度为 T_i 的噪声源,系统带宽为 B,则输出噪声功率为

$$N_o = GkT_i B + N = GkB(T_i + N/GkB) = GkB(T_i + T_e) \tag{4-67}$$

其中,N 是系统内部噪声源产生的输出噪声功率,其

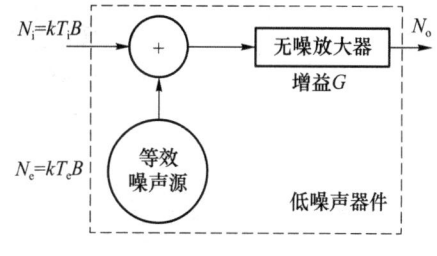

图 4.16 单放大器等效噪声模型

等效噪声温度 $T_e = N/GkB$。由式(4-67)可见，$N_e = kT_eB$ 可以看作二端口输入端的一个噪声源，那么二端口输入端的等效噪声温度即可定义为 $T = T_i + T_e$。

接收机噪声性能的好坏可以用噪声系数 F 来表示，噪声系统是系统的输出噪声功率除以系统无噪声时的输出噪声功率所得的结果，即

$$F = \frac{GkT_iB + N}{GkT_iB} = 1 + \frac{T_e}{T_i} \tag{4-68}$$

由式(4-68)可以推出 $T_e = (F-1)T_i$。

假设参考噪声温度为 T_0，在计算噪声系数时，往往取 $T_0 = 290$ K，则噪声系数还可以写为

$$F = \frac{kT_0B + N_e}{kT_0B} = 1 + \frac{T_e}{T_0} \tag{4-69}$$

因此有 $T_e = (F-1)T_0$。

例 4.2 一个低噪声放大器与一个噪声系数为 8 dB 的主系统相连，LNA 的功率增益为 25 dB，其输入等效噪声温度为 100 K。试计算 LNA 输入的总噪声温度。

解：主系统引入的噪声温度为

$$T_d = (10^{8/10} - 1) \times 290 = 1\,537 \text{(K)}$$

因此，LNA 输入的总噪声温度为

$$T_{in} = 100 + \frac{T_d}{G} = 100 + \frac{1\,537}{10^{2.5}} \approx 104.9 \text{(K)}$$

2. 衰减器的噪声温度

衰减器包含馈线(如波导、同轴线、降雨损耗)、双工器和切换开关等，或其他用功率损耗而不使用功率增益表征的器件。如图 4.17 所示，以有损耗的二端口网络为例，设其输入端阻抗匹配，器件或物质温度为 T_0(热力学温度)，增益为 G，则功率损耗 $L = 1/G > 1$，输入、输出噪声功率 N_i 和 N_o 间有如下关系：

$$N_o = kBT_0 = \frac{N_i + N_e}{L} = \frac{kB(T_0 + T_{ie})}{L} \tag{4-70}$$

故该有损二端口网络等效噪声温度为

$$T_{ie} = (L-1)T_0 \tag{4-71}$$

其噪声系数为

$$F = L \tag{4-72}$$

即有损耗二端口网络的损耗因子就等于其噪声系数。

或者也可以等效为输出端的噪声

$$T_{oe} = (1-G)T_0 \tag{4-73}$$

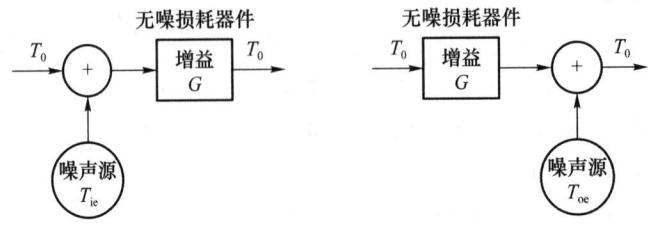

图 4.17 有损器件的等效噪声模型

3. 级联器件的噪声温度

首先,考虑两个放大器 M_1 和 M_2 级联的情况,其增益分别为 G_1 和 G_2,等效噪声温度分别为 T_{e1} 和 T_{e2},则在 M_1 的输出端,噪声功率为 $N_1 = G_1 kB(T_i + T_{e1})$。在被 M_2 放大后,有 $N_{12} = G_1 G_2 kB(T_i + T_{e1})$,再加上 M_2 的内部噪声,即可得出总的输出功率为

$$N_o = N_{12} + N_2 = G_1 G_2 kB(T_i + T_{e1}) + G_2 kT_{e2}B = G_1 G_2 kB(T_i + T_{e1} + T_{e2}/G_1) \quad (4-74)$$

由式(4-74)可以看出,级联系统的等效噪声温度为

$$T_e = T_{e1} + \frac{T_{e2}}{G_1} \quad (4-75)$$

如图 4.18 所示,当多个放大器级联时,可以推出 n 个系统级联的等效噪声温度为

$$T_e = T_{e1} + \frac{T_{e2}}{G_1} + \frac{T_{e3}}{G_1 G_2} + \cdots + \frac{T_{en}}{G_1 G_2 \cdots G_{n-1}} \quad (4-76)$$

且 n 个系统级联时的噪声系数可以表示为

$$F = F_1 + \frac{F_2 - 1}{G_1} + \frac{F_3 - 1}{G_1 G_2} + \cdots + \frac{F_n - 1}{G_1 G_2 \cdots G_{n-1}} \quad (4-77)$$

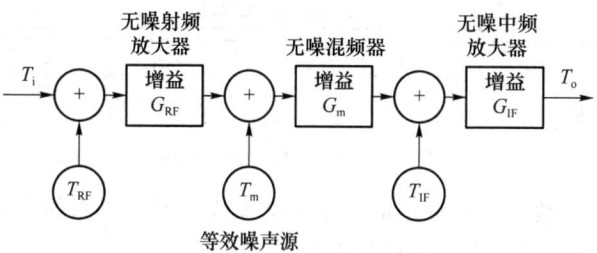

图 4.18 级联放大器的等效噪声模型

4.5.2 天线的噪声温度

在接收有用卫星信号的同时,天线会不可避免地接收到外部噪声源发出的噪声。天线噪声温度是对通过天线进入接收机的噪声的量度,是对外部所有噪声源产生噪声分量的积分

$$T_A = \frac{1}{4\pi} \int_0^{2\pi} \int_0^{\pi} G(\theta,\phi) T_b(\theta,\phi) \sin\theta \mathrm{d}\theta \mathrm{d}\phi \quad (4-78)$$

其中:$G(\theta,\phi)$ 是天线在 (θ,ϕ) 方向的增益函数;$T_b(\theta,\phi)$ 是在 (θ,ϕ) 方向的照亮温度;θ 和 ϕ 分别是对应天线的仰角和方位角。

根据天线所处环境的不同,对上行链路(考虑卫星天线的噪声温度)与下行链路(考虑地球站天线的噪声温度)需要分开研究。

1. 卫星天线的等效噪声温度

卫星天线捕获的噪声是来自地球和外太空的噪声。卫星天线的波束宽度等于或小于卫星的地球视角,如对地静止卫星的波束宽度为 17.5°。在这种情况下,卫星天线噪声温度的主要贡献来自地球,并且其噪声温度取决于频率和卫星的轨道位置。对于波束宽度较小(如点波束)的卫星天线,其噪声温度取决于频率和覆盖区。此外,大陆比海洋发出更多的噪声。因此,对于精度要求不高的计算,可以将卫星天线的噪声温度设为 290 K 作为保守值。

2. 地球站天线的等效噪声温度

如图 4.19 所示,地球站天线捕获的噪声来自天空的噪声和地球辐射的噪声。

1) 晴天

在频率大于 2 GHz 的条件下,天线温度最大的来源是大气的非电离区域,该区域是吸收性介质,属于噪声源。晴天时,天线噪声温度包含天空和周围地面的影响。

天空对天线噪声温度的影响由式(4-78)可以得到。实际上,由于天线增益仅在(θ,ϕ)方向上具有较高的值,因此只有在天线视轴方向上会对天线噪声温度产生主要影响。总之,晴天的噪声 T 可以被具有一定仰角的地球站天线所吸收,因此晴天时噪声温度与频率和仰角有关。

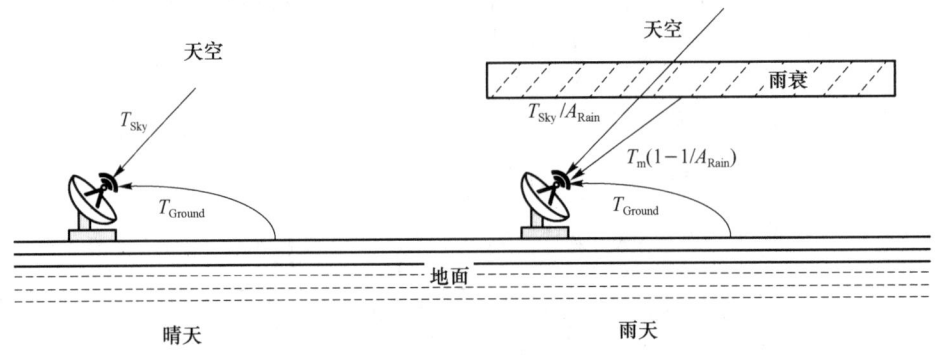

图 4.19 地球站天线的噪声温度

当仰角较小时,来自地球站附近地面的辐射被天线辐射方向图的旁瓣捕获,部分被主瓣捕获。每个瓣捕获的地面辐射对天线噪声的影响取决于

$$T_i = G_i(\Omega_i/4\pi)T_{Ground} \tag{4-79}$$

其中,G_i 为固定角度 Ω_i 的波瓣平均增益,T_{Ground} 为地面的噪声温度。T_{Ground} 在不同仰角情况下的估计值为 290 K($E<-10°$)、150 K($-10°<E<0°$)、50 K($0°<E<10°$)、10 K($10°<E<90°$)。

因此,晴天时地球站天线的噪声温度为 $T_A = T_{Sky} + T_{Ground}$,单位为 K。

2) 雨天

天线的噪声温度由于一些特殊天气条件的影响会升高,如云层和降雨,它们可以形成吸收和散射的介质。雨滴是微波频段上的吸收体,当雨滴下降穿过天线波束时,他们各向同性辐射的部分热能将会被接收机检测到,因此降雨不仅会引起信号的衰减和去极化,而且还会引起天空温度的升高,从而增加系统总噪声温度。

一方面,若把雨当做传输系数小于 1 的无源衰减器来处理。若全部衰减,则传输系数为 0;若无衰减,则传输系数为 1。由式(4-79)可得

$$T_A = T_{Sky}/A_{Rain} + T_m(1-1/A_{Rain}) + T_{Ground}, (K) \tag{4-80}$$

其中,A_{Rain} 为衰减量,T_m 为地层中的平均热力学温度,假定为 275 K。

另一方面,由降雨所引起的天线噪声温度 T_b(单位为 K),可由式(4-81)估算

$$T_b = T_m(1-e^{-A/4.34}) \tag{4-81}$$

其中,当有降雨时,A(单位为 dB)包含大气损耗和雨衰,而 T_m 是降雨媒质的一个有效温度(273~290 K 间的值都可用,取决于当地处于寒带气候还是热带气候)。此时,地球站天线的噪声温度为 $T_A = T_b + T_{Ground}$,单位为 K。

4.5.3 接收系统的性能参数

1. 接收系统的噪声温度

接收系统由连接到接收机的天线组成,如图 4.20 所示。连接(馈线)是有损耗的,并且处于热力学温度 T_F(约等于 290 K),馈线引入了衰减为 $L_{RFL}>1$,它对应于增益 $G_{RFL}=1/L_{RFL}$。接收机的等效输入噪声温度为 T_{eR}。可以在 A 和 B 处来确定系统噪声温度。

(1) 在天线输出端 A 处,在馈线损耗之前,温度为 T_1(单位为 K)。天线输出端的噪声温度 T_1 是由天线噪声温度 T_A 与级联的馈线和接收机组成的子系统的噪声温度之和,则 A 点处的总的等效噪声温度为

$$T_1 = T_A + (L_{RFL}-1)T_F + T_{eR}/G_{RFL} \qquad (4\text{-}82)$$

(2) 在接收机输入端 B 处,经过馈线损耗之后,温度为 T_2(单位为 K)。噪声会被馈线所衰减 G_{RFL} 变为 $1/L_{RFL}$,那么在接收机输入端 B 处的噪声温度为

$$T_2 = T_1/L_{RFL} = T_A/L_{RFL} + (1-1/L_{RFL})T_F + T_{eR} \qquad (4\text{-}83)$$

考虑到天线和馈线产生的噪声以及接收机噪声,该噪声温度 T_2 称为接收机输入端的系统噪声温度。实际上,系统噪声温度考虑了接收设备内的所有噪声源。

总之,在接收机输入端,链路中的所有噪声源等效为系统的等效噪声温度。这些噪声源包括天线捕获并由馈线产生的噪声(在接收机输入端进行测量),以及链路下游产生的噪声。在接收机中,噪声可以被认为由一个接收机输入端的虚拟噪声源产生,从而将接收机本身视为无噪声的。

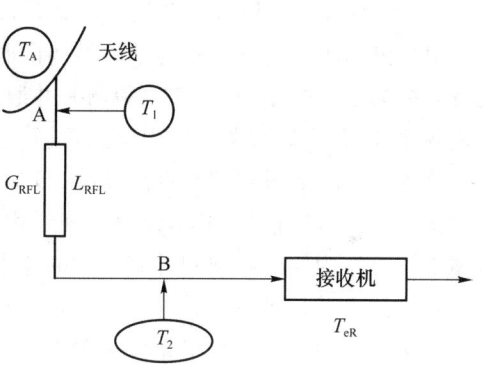

图 4.20 接收系统

2. 接收系统的品质因数

接收系统的品质因数 G/T 是用来衡量接收系统性能的指标,其中 G 指接收定向天线相对于全向天线获得的增益,T 是接收系统噪声性能的等效噪声温度。发射系统的有效全向辐射功率 EIRP 与接收系统的 G/T 对通信系统的输入载噪比起到决定性的作用,接收端的载噪密度比 C/N_0 是载波功率与等效噪声功率谱密度的比值,即

$$\left[\frac{C}{N_0}\right] = [\text{EIRP}] + \left[\frac{G}{T}\right] - [L] - [k], (\text{dBHz}) \qquad (4\text{-}84)$$

其中,k 为玻尔兹曼常数,L 为总的传播损耗(包括自由空间传播损耗、天线损耗、大气损耗等)。常见的载噪比 C/N 与载噪密度比 C/N_0 的关系为

$$\left[\frac{C}{N}\right] = \left[\frac{C}{N_0}\right] - [B], (\text{dB}) \qquad (4\text{-}85)$$

其中,B 是接收带宽,$N=N_0 B$ 为接收带宽内的总噪声功率。

4.6 链路预算

4.6.1 链路预算的概念

链路预算(Link Budget)是指对一个通信系统的发射设备、传输信道、接收设备等整个通信链路的增益与衰减进行的整体核算。对于卫星通信系统,链路预算通常用来估算信号能成功从发射端传送到接收端的最远距离或者用来平衡通信链路各个硬件设备的参数配置,从而做到成本与功能的合理平衡。链路预算是保证通信卫星和地面站间可靠通信的必要前提,为系统工程师提供如下信息:

(1) 确定实际系统工作点是否满足系统要求;
(2) 计算链路余量,从而验证系统是否能满足设计需求;
(3) 当系统部分设备存在硬件限制时,是否能在链路的其他部分进行弥补。

卫星链路不仅包含卫星与地面站间的收发信道或者区域,而且包含整个通信路径即信号从发射端的信源开始,经过编码和调制并通过天线发射、信道的传输,到达接收天线,再经过接收机各项处理,最后解调出所需信息,链路结束。链路预算是一种评价通信系统性能的技术,对链路进行分析的过程即是链路预算,包括对发射天线发射的有效信号功率、信道损耗、接收天线接收到的有用信号功率,以及各种干扰噪声功率的计算,计算结果一般以表格形式呈现。链路预算可作为权衡各项增益和损耗的依据,概括发射机和接收机、噪声源、信号增益和衰减的详细比例以及各设备对整个链路过程的影响。

卫星链路预算主要是根据链路环境、收发端系统参数等,计算链路信号的载波噪声功率比。发送端的主要参数为有效全向辐射功率 EIRP。接收端常用天线口处的系统 G/T 值描述其性能。信号从发送端到接收端还要经历各种损耗和衰减。卫星链路的预算常取决于接收机输入端的载波功率与噪声功率的比值(简称载噪比)。习惯上,记为 C/N(或 CNR),它等于 P_R/P_N,其中 P_R 为载波功率,P_N 为噪声功率。

4.6.2 模拟卫星的链路预算

图 4.21 给出了卫星链路载噪比计算的等效关系。

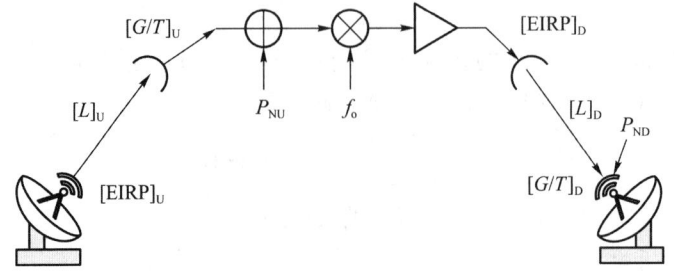

图 4.21 卫星链路载噪比计算的等效关系

1. 上行链路预算

卫星上行链路是由地球站向卫星传输信号的链路,卫星接收的载噪比为

$$\left[\frac{C}{N}\right]_U = [\text{EIRP}]_U + \left[\frac{G}{T}\right]_U - [L]_U - [k] - [B], (\text{dB}) \tag{4-86}$$

有时采用卫星接收天线的功率通量密度,而不是地球站的 EIRP 进行链路预算,此时公式也要进行相应的修改。

1) 饱和功率通量密度

卫星转发器的行波管放大器(TWTA)存在输出功率饱和的现象。当星上 TWTA 达到饱和时,接收天线端口的功率通量密度被定义为饱和功率通量密度。假设接收天线的有效面积为 A_0,根据式(4-1)和式(4-6)可得

$$[\text{EIRP}] = [P_{\text{fd}}] + [A_0] + [L_f] \tag{4-87}$$

式(4-87)只考虑了自由空间传播损耗,实际上还要考虑其他损耗,如大气吸收损耗、极化失配损耗和天线指向损耗。需注意的是,天线端口处不需要考虑系统内部的馈线损耗,因此需要将馈线损耗 L_{FL} 从总损耗 L 中减去。用下标 S 表示饱和功率通量密度,则式(4-87)可改写为

$$[\text{EIRP}_S] = [P_{\text{fd,S}}] + [A_0] + [L_f] + [L] - [L_{\text{FL}}] \tag{4-88}$$

2) 输入补偿

如图 4.22 所示,当星上 TWTA 有多个载波同时工作时,为减小互调失真的影响,工作点必须回退到 TWTA 传输特性的线性区。在链路预算中,必须确定需要的补偿值。

通常将 TWTA 放大单个载波时的饱和输出电平与 TWTA 放大多个载波时工作点的总输出电平之差,称为输出功率退回或输出补偿;而把 TWTA 放大单个载波达到饱和输出时的输入电平与 TWTA 放大多个载波时工作点的总输入电平之差,称为输入功率回退或输入补偿。

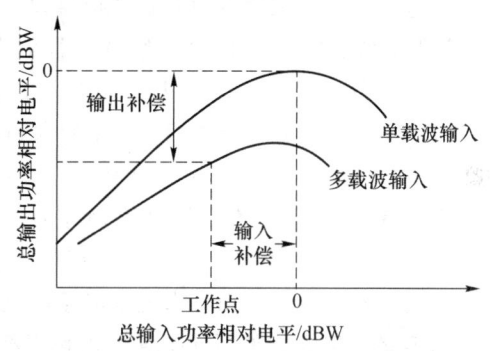

图 4.22 行波管的输入与输出特性

假设单载波工作时的饱和通量密度已知,那么根据单载波的饱和电平可以确定多载波工作时的输入补偿值。这时,地球站上行的$[\text{EIRP}]_U$就等于使转发器达到饱和通量密度时所需要的$[\text{EIRP}_S]_U$值减去补偿值$[\text{BO}]_i$,即

$$[\text{EIRP}]_U = [\text{EIRP}_S]_U - [\text{BO}]_i \tag{4-89}$$

3) 地球站高功率放大器

地球站 HPA 的发送功率中应该包括传输馈线损耗$[L_{\text{FL}}]$,$[L_{\text{FL}}]$包括高功放输出端与发射天线间的波导、滤波器和耦合器损耗。进而,高功放的输出功率$[P_{\text{HPA}}]$为

$$[P_{\text{HPA}}] = [\text{EIRP}]_U - [G_T] + [L_{\text{FL}}] \tag{4-90}$$

地球站本身也可能会发送多个载波,因此它的输出也需要补偿,记为$[\text{BO}]_{\text{HPA}}$。这样,地球站的额定饱和输出功率为

$$[P_{\text{HPA,S}}] = [P_{\text{HPA}}] + [\text{BO}]_{\text{HPA}} \tag{4-91}$$

此时,HPA 工作于补偿功率电平点,它提供的输出功率为$[P_{\text{HPA}}]$。为确保 HPA 工作于线性区,具有高饱和功率的 HPA 需要的补偿也高。需要注意的是,如果将大尺寸、高功耗的

TWTA 用在卫星上,其所需要的补偿与用在地球站所需要的补偿是不一样的。

2. 下行链路预算

卫星下行链路是卫星向地球站方向传输信号的链路,即卫星发送信号,地球站接收信号。其载噪比公式为

$$\left[\frac{C}{N}\right]_D = [EIRP]_D + \left[\frac{G}{T}\right]_D - [L]_D - [k] - [B] \tag{4-92}$$

1) 输出补偿

对于卫星转发器 TWTA,不但需要考虑输入补偿,还需要考虑星上 EIRP 的输出补偿。输出补偿与输入补偿的关系不是线性的。考虑输出补偿值的经验方法是:根据输入补偿的范围,定出与由工作点外推的线性区对应的输出功率下降 5 dB 的点,此点与工作点间的输出功率差记为输出补偿$[BO]_o$。在线性区,输入补偿与输出补偿的 dB 值的关系是线性变化的,关系式为$[BO]_o = [BO]_i - 5$ dB。如果在饱和条件下卫星的 EIRP 定义为$[EIRP_S]_D$,则$[EIRP]_D = [EIRP_S]_D - [BO]_o$,进而式(4-92)变为

$$\left[\frac{C}{N}\right]_D = [EIRP_S]_D - [BO]_o + \left[\frac{G}{T}\right]_D - [L]_D - [k] - [B] \tag{4-93}$$

2) 卫星转发器的输出

卫星 HPA(如采用 TWTA)须提供包括发送馈线损耗在内的发射功率,这些馈线损耗来自 TWTA 与卫星天线间的波导、滤波器及耦合器。TWTA 的输出功率为

$$[P_{TWTA}] = [EIRP]_D - [G_T]_D + [L_{FL}]_D \tag{4-94}$$

一旦$[P_{TWTA}]$确定,就可计算 TWTA 的饱和功率输出值$[P_{TWTA,S}]$,即

$$[P_{TWTA,S}] = [P_{TWTA}] + [BO]_o \tag{4-95}$$

例 4.3 (上行链路预算)假设地球为理想的正球体且平均半径为 $R_e = 6\,378$ km,地球站的有效全向辐射功率$[EIRP]_E = 47$ dBW,上行载波频率 $f_c = 2\,077$ MHz。以天巡一号卫星为例,其轨道高度 $h = 500$ km,当卫星能接收到地面站信号时,地面天线相对于卫星的最低仰角 $E = 5°$,卫星发射天线的指向损耗及极化损耗经验值 $L_{Tr} = 1$ dB,大气吸收以及降雨损耗经验值 $L_a = 1$ dB,卫星天线接收增益 $G_r = -9$ dBi,卫星能接收正确解调信号所需的信号功率门限为 $P_D = -105$ dBm,试求解卫星的性能余量。

解: 根据地面天线最低仰角,可以得到最大传输距离为

$$D_m = \sqrt{R_e^2 \sin^2 E + 2hR_e + h^2} - R_e \sin E = 2\,077.091\,67 \text{ km}$$

进而,可得自由空间传播损耗为

$$[L_f] = 32.45 + 20\log_{10}\frac{D_m}{1 \text{ km}} + 20\log_{10}\frac{f_c}{1 \text{ MHz}} = 165.14 \text{ dB}$$

卫星接收到的信号功率为

$$[P_r] = [EIRP]_E - [L_f] - [L_{Tr}] - [L_a] + [G_r]$$
$$= 47 \text{ dBW} - 165.14 \text{ dB} - 1 \text{ dB} - 1 \text{ dB} - 9 \text{ dB}$$
$$= -129.14 \text{ dBW} = -99.14 \text{ dBm}$$

因而,上行链路通信系统的性能余量为

$$[M] = [P_r] - [P_D] = -99.14 \text{ dBm} + 105 \text{ dBm} = 5.86 \text{ dB}$$

由以上计算结果可知,系统存在 5.86 dB 的性能余量,可见设备参数的选取较为合理,使得整个上行链路系统留有一定的性能余量且具有一定的抗干扰能力,保证了系统的正常运行;

另外,余量预留适中,没有预留太多,否则会提高对设备参数的要求,增加配备成本,造成经济上的浪费。

例 4.3 是在设备参数已确定的情况下,通过链路预算来验证系统能不能正常工作。此外,链路预算的另一种功能是在链路的部分参数已确定情况下,计算能使系统正常工作(预留一定余量)所需要选择的设备硬件参数。

4.6.3 数字卫星的链路预算

数字卫星系统传输质量一般用误码率 P_e 来衡量,比如话音链路标准误码率 $P_e \leqslant 10^{-4}$。数字卫星中多采用 PSK 调制方式,如 2PSK 或 QPSK。下面介绍数字卫星通信链路中通信参数的确定。

1. C/N 与 E_b/N_0 间关系

当接收数字信号时,载波接收功率与噪声功率之比 C/N 可以写为

$$\frac{C}{N}=\frac{E_b R_b}{N_0 B}=\frac{E_s R_s}{N_0 B}=\frac{R_s E_b \log_2 M}{N_0 B} \tag{4-96}$$

其中,E_b 为单位比特信息的能量;E_s 为每个符号的能量,M 进制中有 $E_s = E_b \log_2 M$;R_s 为码元传输速率(单位为波特);R_b 为比特速率且 $R_b = R_s \log_2 M$;B 为接收端的等效带宽;N_0 为单边噪声功率谱密度。

2. 误码率与 C/N 间关系

对于 MASK、MPSK、MQAM 和 MFSK 调制而言,其误码率可以表示为

$$P_e = \alpha_M Q\left(\sqrt{\beta_M \frac{E_b}{N_0}}\right) \tag{4-97}$$

其中,α_M 和 β_M 是与调制阶数有关的常量。如当采用 2PSK 或 QPSK,且 $P_e = 10^{-4}$ 时,则式(4-97)可以计算得到门限信噪比为 $[E_b/N_0]_T = 8.4 \text{ dB}$。进而可以得到门限

$$\left[\frac{C}{N}\right]_T = \left[\frac{E_b}{N_0}\right]_T + 10\log_{10} R_b - 10\log_{10} B \tag{4-98}$$

而根据 $N = kTB$,也可以得到满足传输速率和误码率要求所需的 C/T 值

$$\left(\frac{C}{T}\right)_T = kB\left(\frac{C}{N}\right)_T = kR_b\left(\frac{E_b}{N_0}\right)_T \tag{4-99}$$

或用分贝表示为

$$\left[\frac{C}{T}\right]_T = \left[\frac{E_b}{N_0}\right]_T + 10\log_{10} R_b + 10\log_{10} k \tag{4-100}$$

3. 门限余量与 E_b/N_0 间的关系

当仅考虑热噪声时,为保证误码率 P_e,则门限余量 $[M]_T$ 为

$$[M]_T = \left[\frac{C}{N}\right] - \left[\frac{C}{N}\right]_T = \left[\frac{E_b}{N_0}\right] - \left[\frac{E_b}{N_0}\right]_T \tag{4-101}$$

考虑到因 TDMA 地球站接收系统和卫星转发器等设备特性不完善而引起的性能恶化,必须采取门限余量作为保障措施。

4. 接收系统最佳带宽 B

接收系统的频带特性是根据误码率最小原则确定的。根据奈奎斯特速率准则,在带宽为

B 的理想信道中,当满足无码间串扰的条件时,码字的极限传输速率为 $2B$ 波特,即数字带通信号的带宽为基带信号带宽的两倍。因此,为实现对数字带通信号的理想解调,系统最佳带宽应等于传输速率 R_s。但为减小码间干扰,通常会选取较大的频带宽度,一般最佳带宽取为

$$B=(1.05\sim1.25)R_s=\frac{(1.05\sim1.25)R_b}{\log_2 M} \tag{4-102}$$

例 4.4 (下行链路)假设地球半径为 $R_e=6\,378$ km,玻尔兹曼常数 $k=-228.6$ dBW/(Hz·K),卫星发射机输出功率为 $P_T=25$ dBm$=-5$ dBW,卫星天线增益为 $G_T=2$ dBi,卫星馈线损耗为 $L_{TFL}=2$ dB,传输信号的载波频率为 $f_c=2\,200$ MHz。以天巡一号卫星为例,轨道高度 $h=500$ km,地面天线最低仰角为 $E=5°$,地面站天线的指向损耗及极化损失的经验值为 $L_{T_r}=1$ dB,大气吸收以及降雨损耗经验值 $L_a=1$ dB,地面站接收系统的 $G/T=13$ dB/K,调制方式为 QPSK 要求的误码率最低值为 $P_e=10^{-5}$,此时所需要的 $[E_b/N_0]_T=9.80$ dB,数据传输比特率为 $R_b=10^5$ bit/s,接收机设备损失为 $L_H=2$ dB。求下行链路余量。

解:卫星的 EIRP 为

$$[EIRP]=[P_T]+[G_T]-[L_{TFL}]=-5\text{ dB}+2\text{ dBi}-2\text{ dB}=-5\text{ dB}$$

最大传输距离为 $D_m=2\,077.09$ km,因此自由空间传播损耗为

$$[L_s]=32.45+20\log_{10}\frac{D_m}{1\text{ km}}+20\log_{10}\frac{f_c}{1\text{ MHz}}=165.64\text{ dB}$$

接收载噪谱密度比为

$$\left[\frac{C}{N_0}\right]_r=[EIRP]-[L_s]-[L_{T_r}]-[L_a]-[K]+\left[\frac{G}{T}\right]$$
$$=-5-165.64-1-1+228.6+13=68.96\text{ dBHz}$$

信噪比门限为

$$\left[\frac{C}{N_0}\right]_T=\left[\frac{E_b}{N_0}\right]_T+10\log_{10}R_b+[L_H]=9.80+10\log_{10}10^5+2=61.80\text{ dBHz}$$

因此,下行链路通信的性能余量为

$$[M]=\left[\frac{C}{N_0}\right]_r-\left[\frac{C}{N_0}\right]_T=68.96-61.80=7.16\text{ dB}$$

从计算结果可知,下行链路设备参数按照已知条件配置的系统性能余量为 7.16 dB,保证了系统在出现某些方面损耗加大的情况下也能正常运行;另外,余量适中避免了对系统性能的苛刻要求,在一定程度上节省了设备成本。

4.6.4 完整链路预算

数字卫星的上行 $[C/N]_U$ 和下行 $[C/N]_D$ 是解耦的,因此此处仅对模拟卫星系统的完整链路预算进行讨论。

1. 系统总载噪比

图 4.23 是图 4.21 的简化功率流线图。

合成链路末端的载波功率记为 P_R,它也是下行链路的接收载波功率,令 γ 为从卫星输入端到地球站输入端的系统功率增益,则

$$P_R=\gamma P_{RU} \tag{4-103}$$

合成链路末端的噪声包括两部分,即一部分是卫星输入端的噪声经过 γ 倍放大后的噪声

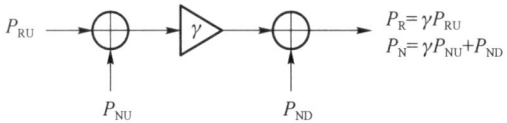

图 4.23 完整卫星链路的功率流向图

γP_{NU}，另一部分是地球站自己本身产生的噪声 P_{ND}，所以合成链路末端总的噪声为 $P_{\text{N}} = \gamma P_{\text{NU}} + P_{\text{ND}}$。

为了方便计算合成链路的载噪比，先计算合成链路末端噪声功率与载波功率的比值，即

$$\frac{N}{C} = \frac{P_{\text{N}}}{P_{\text{R}}} = \frac{\gamma P_{\text{NU}} + P_{\text{ND}}}{P_{\text{R}}} = \left(\frac{N}{C}\right)_{\text{U}} + \left(\frac{N}{C}\right)_{\text{D}} \tag{4-104}$$

所以，总的合成链路载噪比为

$$\left(\frac{C}{N}\right)^{-1} = \left(\frac{C}{N}\right)_{\text{U}}^{-1} + \left(\frac{C}{N}\right)_{\text{D}}^{-1} \tag{4-105}$$

因此，为了得到合成链路总的载噪比，必须先计算上、下行链路各自载噪比的倒数，再求和、求倒数。采用这种求倒数和的倒数方法，是因为系统传输的信号功率只有一个，而各种噪声功率却以相加的形式出现。

地面站接收机中的误比特率(BER)或 S/N 是由位于解调器输入端的 IF 放大器中载波功率和噪声功率之比来决定的。当设计一条完整的卫星链路时，地面站 IF 放大器中的噪声来自接收机本身、接收天线、天电噪声、卫星转发器以及采用相同频段的邻近卫星和地面发射机。当链路中的 C/N 不止一个时，总地面站 IF 放大器输出端测得的载噪比 $[C/N]_0$ 的倒数等于各载噪比的倒数之和，即倒数公式

$$\left(\frac{C}{N}\right)_0 = \frac{1}{1/(C/N)_1 + 1/(C/N)_2 + 1/(C/N)_3 + \cdots} \tag{4-106}$$

其中，C/N 的值为比值形式，不是 dB 形式。当每个 C/N 参考的均是同一载波时，则式(4-106)中 C 均是相同的，进而可得

$$\left(\frac{C}{N}\right)_0 = \frac{1}{N_1/C + N_2/C + N_3/C + \cdots} = \frac{C}{N_1 + N_2 + N_3 + \cdots} \tag{4-107}$$

转换为分贝形式为

$$\left[\frac{C}{N}\right]_0 = [C](\text{dBW}) - 10\log_{10}(N_1 + N_2 + N_3 + \cdots), (\text{dB}) \tag{4-108}$$

综上，要计算卫星链路的性能，首先要计算转发器中上行链路载噪比 $[C/N]_{\text{U}}$ 和地面站接收机中下行链路载噪比 $[C/N]_{\text{D}}$。其次，还需弄清卫星接收机和地面站接收机中是否存在干扰。其中很重要的就是转发器在 FDMA 模式中的位置以及交调产物(IM)产生的环节。若知道了转发器中 IM 的功率，便可求出 C/I 的值，进而可以求出 $[C/N]_0$。

由于 C/N 通常是利用信号功率和噪声预算计算得到的，所以常采用 dB 作为单位。利用两条链路 C/N 估计 $[C/N]_0$ 常有如下的规则。

(1) 若两个 C/N 相等，则 $[C/N]_0$ 比 C/N 低 3 dB。

(2) 若两个 C/N 相差 10 dB，则 $[C/N]_0$ 比较小的 C/N 低 0.4 dB。

(3) 若两个 C/N 相差 20 dB，则 $[C/N]_0$ 约等于较小的 C/N，精度范围为 ±0.4 dB。

例 4.5 地面站接收机的 $[C/N]_{\text{D}}$ 为 20 dB，来自弯管转发器信号的 $[C/N]_{\text{U}} = 20$ dB，则地面站处的总载噪比 $[C/N]_0$ 是多少？若转发器引入了交调干扰，此时 $[C/I] = 24$ dB，则地面站

的总载噪比$[C/N]_0$是多少?

解：由于$[C/N]=20$ dB，即$[C/N]=100$，则根据式(4-110)可得

$$\left[\frac{C}{N}\right]_0 = \frac{1}{1/[C/N]_U + 1/[C/N]_D} = \frac{1}{0.01+0.01} = 50 \text{ 或 } 17.0 \text{ dB}$$

当交调干扰$[C/I]$值为24 dB时，相应于比率为0.004。因此，总载噪比为

$$\left[\frac{C}{N}\right]_0 = \left[\frac{1}{0.01+0.01+0.004}\right] = 41.7 \text{ 或 } 16.2 \text{ dB}$$

大多数卫星链路在设计时都会预留一定的余量，以抵消链路中发生的损耗或干扰所增加的噪声功率(无论干扰信号是否服从均匀功率谱密度分布，都可视为白噪声；若已知干扰特性，如反极化复用信道或阻塞信号，则可采用干扰消除技术降低干扰的影响)。

2. 转发器对总载噪比$[C/N]_0$的影响

根据转发器工作模式和增益的不同，上行链路C/N的变化对总载噪比的影响也有所不同。转发器有三种工作模式，分别为

(1) 线性转发器 　　　　　　　$P_{out} = P_{in} + G_{XP}$，(dBW) 　　　　　(4-109)

(2) 非线性转发器 　　　　　　$P_{out} = P_{in} + G_{XP} - \Delta G$，(dBW) 　　(4-110)

(3) 正反馈转发器 　　　　　　$P_{out} = $ 常数，(dBW) 　　　　　　　　　(4-111)

其中，P_{in}表示卫星接收天线传输到转发器输入端的接收功率，P_{out}表示转发器HPA传输到卫星发射天线输入端的功率，G_{XP}是转发器的功率，以上所有参数的单位均为dB。

参数ΔG与P_{in}有关，表示由转发器的非线性饱和特性所造成的增益损耗。通常，转发器工作在饱和区附近，以获得接近最大输出值的功率，此时转发器增益随着输入的增加会明显降低。转发器的最大输出功率称为饱和输出功率，常作为转发器的输出功率标称值。当输出功率接近饱和输出功率时，转发器的输入输出特性是高度非线性的，此时数字波形很容易发生变化，进而产生码间干扰(ISI)。此外，采用FDMA调制后，多路信号相乘会引入交调产物。为使工作特性更接近线性，常为转发器设置一定的输出补偿。具体应用中的输出补偿值要根据转发器的具体输出特性以及传输信号的类型决定。一般而言，输出补偿的取值在1～3 dB，采用单信号FM或PSK载波方式时取1 dB，采用多载波FDMA方式时取3 dB；相应的输入补偿分别为3 dB和5 dB。不过，要精确确定补偿值，还必须根据具体转发器的特性来决定。为方便起见，在计算总载噪比$[C/N]_0$时，常假定转发器工作在线性区域；但要注意，这并不是实际的工作情况。

当卫星转发器是非线性转发器时，由前述内容可知，增大转发器输入补偿功率可以降低互调干扰，但输入补偿增大(输出补偿也随之增大)也会使得载波输出功率减小，所以有个最佳输入功率的问题。如图4.24所示，需要选择卫星行波管的一个输入补偿值，使得$[C/N]_0$最大，将其作为最佳工作点。在工作点确定后，就可以规定和控制地球站发射的$[EIRP]_U$，从而使卫星行波管输入的总功率等于工作点对应的输入总功率。

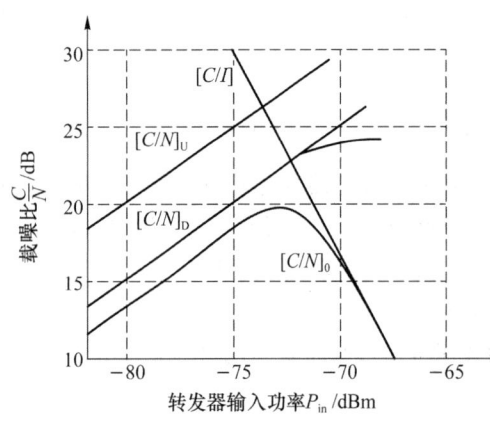

图4.24 非线性转发器的最佳工作点

3. 降雨时上下行链路衰减

降雨对上行链路和下行链路的影响区别很大。常假定降雨不会同时发生在上行链路和下行链路上,在实际情况中对于相距较远的地面站也的确如此。但当两个地面站比较近(距离小于 20 km)时,情况则有所变化。由于在不规则地形分布区域发生暴雨的概率一般小于 1%,所以上行链路和下行链路同时产生严重降雨衰减的可能性很小。在以下关于上行链路和下行链路衰减效果的分析中,均假定两条链路中只有一条链路发生降雨衰减。

1) 上行链路衰减和 $[C/N]_U$

当上行链路发生降雨时,转发器接收机的噪声温度并不会发生显著变化。但一般卫星接收天线的波束很宽,覆盖地表范围很广,因而其可"观察"到不同地区的噪声温度有很明显的差别。GEO 卫星观察到的地球噪声温度具有一定的变化范围,非洲和北欧地区的噪声温度最高,为 270 K;而太平洋上空的噪声温度最小,为 250 K。GEO 卫星转发器中相应的系统噪声温度在 400~500 K 的范围内变化。由于当地面站和卫星间的上行链路发生降雨时,卫星天线波束正对的是温度较低的积雨云(积雨云的温度通常低于 270 K),而不是地球表面,因而降雨通常不会引起上行链路噪声功率的增加。

然而,上行链路上的降雨会减小卫星接收机输入端的功率,使其按比例减小 $[C/N]_U$。

(1) 若转发器工作在线性模式下,则输出功率的减小量和输入功率的减小量相同,进而便造成 $[C/N]_D$ 的减小量和 $[C/N]_U$ 的减小量相同。若 $[C/N]_U$ 和 $[C/N]_D$ 均减小了 A_U,则总载噪比 $[C/N]_0$ 的减小量也等于 A_U。因此,当卫星采用线性转发器且降雨衰减为 A_U 时,满足

$$\left[\frac{C}{N}\right]_{0\,U\,rain} = \left[\frac{C}{N}\right]_{0\,clear\,air} - A_U, (dB) \tag{4-112}$$

(2) 若采用非线性转发器,则 A_U 输入功率衰减所造成的输出功率衰减一般是小于 A_U,两者相差 ΔG,即

$$\left[\frac{C}{N}\right]_{0\,U\,rain} = \left[\frac{C}{N}\right]_{0\,clear\,air} - A_U + \Delta G, (dB) \tag{4-113}$$

(3) 若采用数字正反馈转发器或自动增益控制(AGC)系统,则可将输出功率保持为一个常数,则有

$$\left[\frac{C}{N}\right]_{0\,U\,rain} = \left[\frac{C}{N}\right]_{0\,clear\,air} (dB) \tag{4-114}$$

注意,只有当接收信号功率高于门限且转发器中恢复的数字信号 BER 很小时,才能够运用以上公式。若信号功率降到门限以下,上行链路中的衰减便会对地面站接收到的数字信号 BER 产生严重影响。

2) 下行链路衰减和 $[C/N]_D$

当降雨发生在下行链路上时,地面站接收机噪声温度会发生显著变化。特别是当发生暴雨时,天电噪声温度可能升高到接近雨滴物理温度。尽管热带地区观测到的温度会高于 290 K,但通常假定各种雨衰时雨滴的温度为 270 K。当天线噪声温度接近 270 K 时,接收天线的温度会升高,进而天线噪声值变得明显高于晴天时的噪声值。最后的结果是接收功率 C 因为雨衰减小了 A_{rain},接收机内噪声功率 N 增加了 ΔN_{rain}。此时,下行链路 $\left[\frac{C}{N}\right]_{D\,rain}$ 可写为

$$\left[\frac{C}{N}\right]_{D\,rain} = \left[\frac{C}{N}\right]_{D\,clear\,air} - A_{rain} - \Delta N_{rain}, (dB) \tag{4-115}$$

而总载噪比为

$$\left[\frac{C}{N}\right]_0 = \frac{1}{1/[C/N]_{\text{D rain}} + 1/[C/N]_{\text{U}}} \tag{4-116}$$

注意,除非是进行站点环路测试,否则便假定$[C/N]_U$是晴天时的载噪比,并且其值不会随下行链路的衰减而发生变化。

4.6.5 系统链路设计

1. 具体链路性能的系统设计

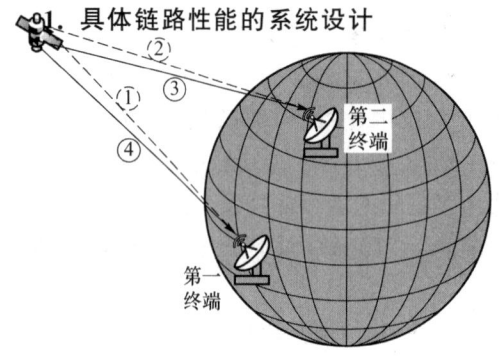

图 4.25 卫星通信系统链路

如图 4.25 所示,典型的双工卫星通信链路由四条独立的路径组成:第一终端到卫星的上行链路和卫星到第二终端的下行链路;第二终端到卫星的上行链路和卫星到第一终端的下行链路。若不是采用单一的 FDMA 转发器,则两个方向的链路是相互独立的,可以分开设计。广播链路(如 DBS-TV 系统)是单工系统,它只有一条上行链路和一条下行链路。

2. 卫星通信链路的设计步骤

单工卫星通信链路的设计步骤可归纳为以下十步,双工系统的另一对链路可参照相同的步骤进行设计。

(1) 确定系统的工作频段。通常利用比较设计来帮助选择频段。

(2) 确定卫星的通信参数。估计未知参数值。

(3) 确定发射地面站和接收地面站的参数。

(4) 从发射地面站开始,建立上行链路预算和转发器噪声功率预算,从而确定转发器内的$[C/N]_U$。

(5) 根据转发器增益或输出补偿,确定转发器的输出功率。

(6) 建立接收地面站的下行链路功率和噪声预算。计算位于覆盖区边缘的地面站$[C/N]_D$ 和$[C/N]_0$。

(7) 计算基带信道的 S/N 或 BER。确定链路裕量。

(8) 估计计算结果,并与规定性能进行比较。根据需要调整系统的参数,直到获得合理的$[C/N]_0$ 或 S/N 或 BER。该过程可能要反复进行数次。

(9) 确定链路工作所要求的传输条件。分别计算出上行链路和下行链路的中断时间。

(10) 若链路余量不够,可通过调整某些参数,对系统重新进行设计。最后,检验所有的参数是否都符合要求,以及设计的链路是否可以按照预算正常工作。

本 章 小 结

本章重点介绍了卫星通信的链路设计。首先,本章给出了星地传输的概念以及星地传输的链路方程;其次,探讨了卫星信道中信号传播效应,描述了移动卫星通信的信道特性,并对其相应的信道进行建模；再次，对卫星系统中等效噪声温度进行了阐述；最后，基于信道传输特性及噪声温度，给出了卫星通信中信号传输的链路设计方法。

习　　题

1. 简述卫星通信中哪些传播效应会使得信号发生损耗。

2. 假设卫星和地球间的距离为 40 000 km，试分别计算当信号频率为 4 GHz 和 6 GHz 时星地间的路径损耗。

3. 假设地球站的发射功率为 20 W，馈线和分路器损耗共计 3 dB，天线增益为 35 dBi，试计算其 EIRP。

4. 如题 4 图所示，假设接收机的噪声系数为 10 dB，电缆损耗为 4 dB，LNA 增益为 40 dB，其噪声温度为 45 K。天线引入的噪声温度为 30 K。试计算系统总的输入噪声温度。

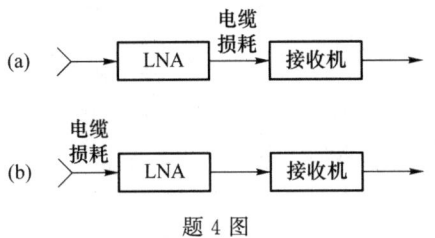

题 4 图

5. 假设接收机噪声温度为 180 K，接收天线增益为 25 dBi，试计算 G/T。

6. 设卫星通信上行链路的工作频率为 14 GHz，转发器处于饱和状态时所需要的功率通量密度为 -90 dBW/m^2。自由空间损耗假设为 207 dB，其他损耗共计为 4 dB，试计算晴天时该转发器饱和所需的地球站全向辐射功率。

7. 设一个卫星电视信号占用转发器的带宽为 36 MHz，而卫星地球站的解调门限为 $C/N=20$ dB，假设下行链路的总传输损耗为 210 dB，地球站的接收品质因数 G/T 为 30 dB/K，试计算当达到接收机要求时卫星所需要的 EIRP。

8. 假设有一个多载波卫星链路工作在 6/4 GHz 频段。上行链路中饱和通量密度为 -67.5 dBW/m^2，输入回退为 11 dB，卫星 G/T 为 -11.6 dB/K；下行链路饱和 EIRP 为 26.6 dBW，输出回退为 6 dB，自由空间传播损耗为 196.7 dB，地球站 G/T 为 40.7 dB/K。在其他损耗忽略不计时，试计算上、下行链路的载噪比及全链路载噪比。

9. 卫星与地球上某点的距离为 50 000 km，辐射功率为 20 W，发射天线增益为 15 dB，接收天线的有效接收面积为 10 m^2，其他损耗共计为 2 dB。接收机端等效噪声温度为 70 K，系统带宽为 20 MHz，玻尔兹曼常数为 -228.6 dBW/(K·Hz)，接收机允许的最小载噪比为 8 dB。

（1）求接收机的接收功率；

（2）求接收机的载噪比；

（3）求系统载噪比余量。

10. 已知 IS-IV 卫星的工作频率为 6/4 GHz，卫星转发器 $[G/T]_s = -18.6$ dB/K，饱和功率通量密度 $[P_{fd,s}] = -72$ dBW/m^2，单载波饱和 $[EIRP]_{ss} = 23.5$ dBW，上行链路传播衰减为 200.6 dB，下行链路传播衰减为 196.7 dB。考虑到卫星行波管存在 AM/AM 和 AM/PM 转换

等非线性特性的影响会使误码率变坏,为此采取一些必要的输入和输出补偿,取$[BO]_i=6\text{ dB}$,$[BO]_o=2\text{ dB}$。又知标准地球站$[G/T]=40.7\text{ dB/K}$,链路标准误码率要求为$P_e\leqslant 10^{-4}$,卫星和地球间的距离$d=40\,000\text{ km}$,系统传输比特率$R_b=60\text{ Mbit/s}$。试计算 QPSK-TDMA 数字链路的参数。

11. 调研星间链路传输方式(如微波传输、激光传输等),以及不同方式的性能影响因素与信道模型。

第 5 章 卫星通信体制技术

卫星通信体制是指卫星通信系统所采用的信号传输方式和信号交换方式，其基本内容包括基带信号形式、中频调制方式、双工方式、多址连接方式、信道分配与交换制度等方面。

5.1 差错控制

卫星通信信道上既有加性干扰也有乘性干扰。加性干扰由白噪声引起；乘性干扰由衰落引起。白噪声将导致传输信号发生随机错误；而衰落将导致传输信号发生突发错误。因此，在卫星通信系统中，对传输信号必须进行差错控制。

5.1.1 差错控制分类

所谓差错控制，是包括信道编码在内的一切纠正错误的手段。常用的差错控制方式有三种：自动请求重传(ARQ)、前向纠错码(FEC)和混合纠错码(HEC)。

1. ARQ

ARQ 又称为反馈重传。由发送端发送具有一定检错能力的码(如循环冗余校验码，CRC)，当接收端译码时若发现传输中有差错，则通过反向信道通知发送端重传该码组，直到接收端认为正确为止。ARQ 有两类模式。一类是等待式，即发送端每发出一个码字，就停下来等待接收端反馈，反馈分为 ACK(认可)和 NACK(有差错)两种；发送端收到 ACK 反馈信息，则继续发送下一个码字；发送端收到 NACK，则重发上一个码字。另一类是连续式，码字编上序号后连续发送。由接收端对所有码字的正确与否按序号给出反馈，再由发送端根据反馈决定重传与否。ARQ 的优点是只需要少量冗余码元就能获得极低的输出误码率，编译码设备简单且成本低；缺点是需要一条反馈信道，并要求收、发两端有大容量的存储器及复杂的控制设备。因而不能用于实时通信系统与单向传输系统。

2. FEC

FEC 也称为自动纠错。由发送端发送具有一定纠错能力的码字，当接收端译码时，若传输中产生的差错数目在码字的纠错能力以内，则译码器可对差错进行定位并自动纠正。FEC 的优点是不需要差错信息的反馈，延时小，适合于实时传输系统；其缺点是译码设备复杂，所选用的纠错码必须与信道特性相匹配，必须插入较多的校验位而导致码率降低。前向纠错码包括：线性分组码、RS 码、卷积码、Turbo 码、LDPC 码、Polar 码、Raptor 码等。前向纠错码纠正随机错误的能力较强，而对连续或突发错误的纠正能力有限。此外，当差错数大于纠错能力且系统没有任何指示时，前向纠错码将无法判断差错是否已纠正。因此，一般在产生突发错误的有记忆信道中,常采用纠错码与交织技术相结合的方法进行纠错,其中交织技术用于将突发错误随机化,而纠错码用于将随机错误纠正。

3. HEC

HEC 是前向纠错和反馈重传两种方式的结合,也称为混合自动重传(HARQ)。由发送端发送的码组同时具有纠错和检错能力,接收端进行译码的同时,检查差错情况,如果差错在码组的纠错能力范围内,则自动纠错;如果错误很多,超出码组的纠错能力,则可经过反馈信道请求发送端重发该码组。HARQ 结合了 FEC 和 ARQ 的优点,适用于环路时延大的高速传输系统,如卫星通信系统。

5.1.2 HARQ

1. HARQ 的系统结构

HARQ 的系统结构如图 5.1 所示。其基本思想是由发送端发送具有纠错能力的码组,在发送后并不马上删除而是将组码存放在缓冲存储器中,在接收端接收到数据帧后通过纠错译码纠正一定程度的误码,再判断信息是否出错。如果译码正确,就通过反馈信道发送一个 ACK 应答信号;反之,就发送一个 NACK 应答信号。当发送端接收到 ACK 时,就发送下一个数据帧,并把缓存器里的数据帧删除;当发送端接收到 NACK 时,就把缓存器里的数据帧重新发送一次,直到收到 ACK 或者发送次数超过预先设定的最大发送次数为止,再发送下一个数据帧。HARQ 的种类可以按照重传机制和重传数据帧的构成来划分。

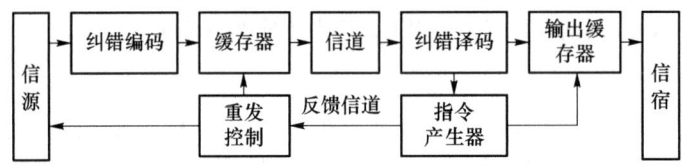

图 5.1　HARQ 的系统结构

2. HARQ 的重传机制

HARQ 的重传机制与 ARQ 的重传机制类似,分为停止等待型(SAW)、回退 N 步型(GBN)和选择重传型(SR)三种。

1) SAW

如图 5.2 所示,SAW 方式是指发送端在发送一个数据帧后就处于等待状态,直到收到 ACK 才发送下一个数据帧或者收到 NACK 之后发送上一数据帧。图 5.2 中 3′、3″表示经过译码发现错误的数据帧。

采用这种方式时,信道会经常处于空闲状态,传输效率以及信道利用率都很低,但实现简单。在信道条件比较恶劣时,可能出现以下两种情况:

(1) 接收端无法判别是否收到了数据帧,也不会发送响应帧,发送端就会长时间处于等待状态;

(2) 发送的响应帧丢失,发送端又会发送原来的数据帧,接收端就会收到同样的数据帧。

这样,就需要对数据帧进行编号来解决重复帧的问题。在实际中,为提高 SAW 方式的效率,可以使用 N 个并行子信道重传的方式,即在某个子信道等待时,其他子信道可以传输数

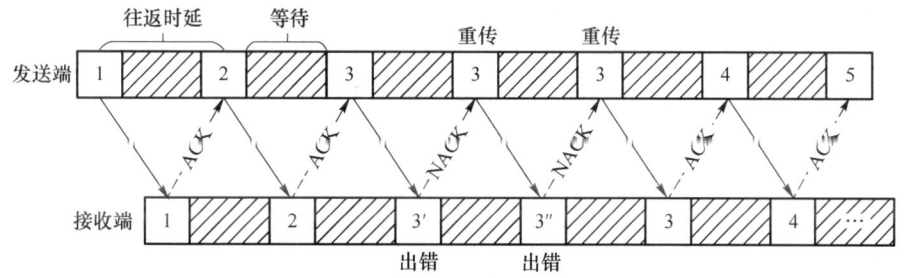

图 5.2　SAW 重传机制

据。这样,就可以克服简单的 SAW 方式在等待过程中造成的信道资源浪费。

2) GBN

由于 SAW 方式的大量时间处于空闲状态,其效率低下,因此 GBN 方式为克服这种缺点采用了连续发送的方式,即发送端的数据帧连续发送,接收端的应答帧也连续发送。假设在往返时延内发送端可传输 N 个数据帧,那么第 i 个数据帧的应答帧会在发送第 $i+N$ 个数据帧前到达。已发送的 N 个数据帧并不立即删除而是存放在存储器中直到它的 ACK 应答帧到达或者超过最大重传次数为止。很明显,收、发两端需要的存储器要比 SAW 方式中的存储器容量大。

当第 i 个数据帧的应答帧为 ACK,则继续发第 $i+N$ 个数据帧;如果其应答帧 NACK,则退回 N 步发送第 $i,i+1,i+2,\cdots,i+N-1$ 个数据帧。如果在第 i 个数据帧出错,那么接收端期望接收的数据帧就一直保持为第 i 个数据帧,直到接收到正确的第 i 个数据帧的 ACK 应答或者超过其超过最大重传次数,即使第 $i+k(k=1,2,\cdots,N-1)$ 个数据帧的 CRC 校验正确,接收端的应答帧也发送 NACK,因为这些都不是接收端所期望接收的数据帧。也就是说,对出错数据帧后的 $N-1$ 帧数据做丢弃处理。

当 $N=5$ 时,GBN 的原理如图 5.3 所示,其中 $3'$、$4'$ 表示出错的数据帧。首先给数据帧编号,当接收端发现第 3 帧出错后,即使以后收到的数据帧通过 CRC 校验为正确,依然发送 NACK 应答帧;直到接收端收到 CRC 校验为正确的第 3 帧时,才发送 ACK 应答帧。由于发送端和接收端都采用连续发送的方式,信道利用率比较高;但是,一旦有错误的数据帧会导致退回 N 步再重发,即使出错数据帧后的 $N-1$ 帧中有的帧 CRC 校验正确。这必然会导致资源的浪费,降低传输效率。回退数 N 主要由收、发双方的往返时延以及设备的处理时延决定,即由从发送出数据帧到接收到该数据帧的应答帧之间的时间决定。

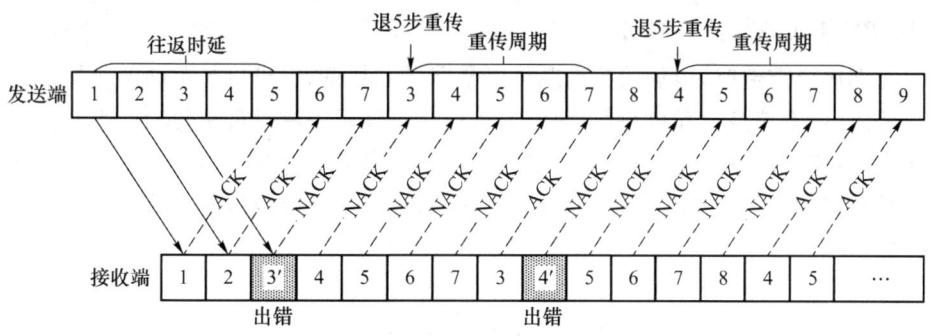

图 5.3　GBN 重传机制

3) SR

虽然 GBN 方式实现了连续发送、信道利用率较高,但会造成很多不必要的浪费,特别是

在 N 比较大的时候。如图 5.4 所示，SR 方式做了进一步的改进，并不是重传 N 个数据帧而是选择性地重传，仅重传出错的数据帧。那么，就需要对数据帧进行正确的编号，以便在收、发端对成功接收或重传的数据帧进行排序。为保证在发生连续错误时存储器不会溢出，这就要求存储器的容量相当大（理论上应该趋于无穷）。

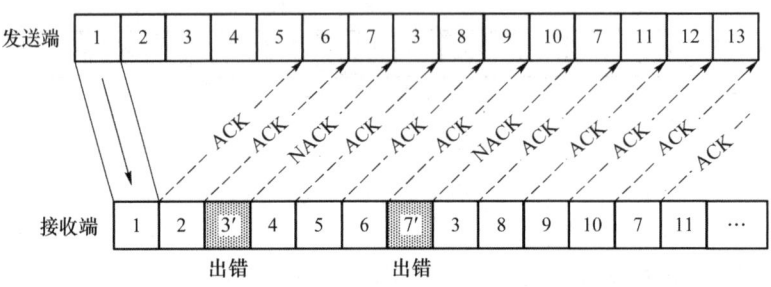

图 5.4 SR 重传机制

3. HARQ 机制的信道有效性

在不考虑重传合并（也就是纯 ARQ）并假设反馈信道无差错的情况下，可以用信道有效性衡量重传机制的性能。定义系统有效性 η_c 为单位时间内正确传输的比特数与单位时间内可以传输的比特数之比。

假设包含传播时延和处理时延在内的往返时延为 T_{RT}，包含 D 比特信息和 H 比特报头的发送帧长为 L，传输的信息比特率为 R_b，信道编码的码率为 k/n，比特差错率为 P_b，误帧率为 $P_f = 1-(1-P_b)^L$，则三种重传机制的信道有效性分别为

1) SAW 方式

$$\eta_{cSAW} = \frac{k}{n} \frac{D(1-P_f)}{R_b T_{RT}}$$

2) GBN 方式

$$\eta_{cGBN} = \frac{k}{n} \frac{D(1-P_f)}{[L(1-P_f)+R_b T_{RT} P_f]}$$

3) SR 方式

$$\eta_{cSR} = \frac{k}{n} \frac{D(1-P_f)}{L}$$

4. HARQ 重传数据帧的构成

在发送端需要重传时，传输的数据既可以是同样的数据，也可以是不同的数据。这是因为发送端在编码时，有信息位和校验位之分，信息位对于译码来说是最重要的。为匹配某个确定的编码速率，就需要对校验位打孔，也就是放弃传送某些校验比特。重传相同的数据，就是每次发送的是相同的信息位和校验位；而重传不同的数据，是可以通过改变打孔的位置来重传不同的校验位。

1) 重传相同数据的 HARQ

在接收端译码并纠正错误后，如果错误不在纠错码的纠错范围内，则发送一个 NACK 应答帧。发送端在重发时仍然发送相同的数据帧，携带相同的冗余信息，如图 5.5(a)所示。

2) 重传不同数据的 HARQ

在重传不同数据的 HARQ 时，重传的数据有全冗余（Full Incremental Redundancy，FIR）

和部分冗余(Partial Incremental Redundancy,PIR)之分。冗余指的是编码带来的校验比特。全冗余是重传的数据帧与上一帧位置不完全相同的校验比特,并且不再发送信息位;部分冗余是重发的数据帧既包括信息位,又包括与上一帧位置不完全相同的校验比特。

(1) 全冗余方式的 HARQ

由于重传数据帧都是校验位,因此数据帧是非自解码的。对于不能正确译码的数据帧,并不是简单地做丢弃处理而是保留下来,等到重发的数据帧到达时,再把他们合并译码,这样就可以很好地利用这些有效信息。使用这种方式相当于获得了时间分集增益,可以提高接收数据的信噪比。如图 5.5(b)所示,冗余形式因打孔方式的不同而不同,每次重发都是一种形式的冗余版本,在接收端先进行合并再译码。当然,收发端需要事先知道第几次重传时应该发送什么形式的冗余版本,并且每次传送的比特数是相同的。如果所有形式的冗余版本都发完后仍然不能成功译码,则在再次发送第一次传输时包含系统位的数据帧,在合并译码时用这次传输的数据帧代替之前传送的包含系统位的数据帧。

(2) 部分冗余方式的 HARQ

如图 5.5(c)所示,重发的数据既包含信息位又包含校验位,因而重传数据帧是自解码的。如果传送过程中的噪声和干扰很大,则第一次传送的数据将被严重破坏,因为信息位对译码很重要,所以后来增加了正确的冗余信息也不能正确译码。而在部分冗余方式的 HARQ 中,一般所有版本的冗余形式是互补的,就是说当所有的冗余形式都发送完后,能够保证每个校验比特都被至少发送了一遍。

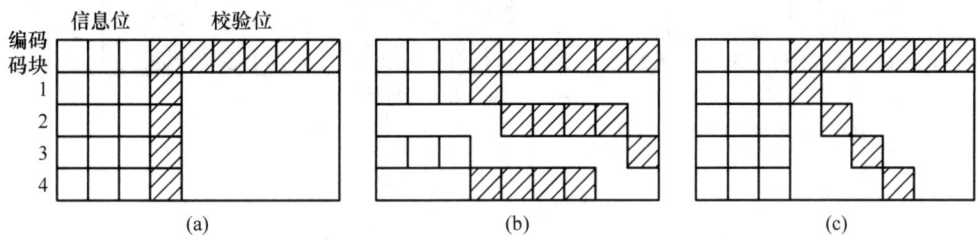

图 5.5 重传数据帧的构成方式

三种重传数据帧结构的性能对比如表 5.1 所示。重传相同的数据对缓存的需求较低且复杂度也较低,但总体的性能相比之下较差;重传不同的数据对缓存的需求较高且复杂度也较高,但会带来一定的编码增益,因此性能较好。在初始编码码率较高的情况下,全冗余方式带来的编码增益高于部分冗余方式带来的编码增益;而当初始编码码率较低时,两者重传合并后的编码增益相近。

表 5.1 三种重传数据帧结构性能对比

	重传相同数据	全冗余	部分冗余
缓存需求	低		高
复杂度	低		高
性能增益	最大比合并时,重传一次有 3 dB 的 SNR 提升	有编码增益,且 FIR 和 PIR 的编码增益大小与码率高低有关	
	若两次的传输信道变化,还会有时间分集增益		
	低	高	

5. HARQ 的调制星座重排

在某些高阶调制中,不同比特的可靠性是不一样的;而信道编、解码是在假设不同比特信息可靠性相同的情况下优化设计得到的。因此在信道编码后,利用星座重排,在重传帧中将不同比特信息的可靠性补齐,可以提高系统传输的可靠性。

如图 5.6(a)所示的 16QAM 星座图,其中前两个比特决定了调制符号星座点的象限,类似于图中四个虚拟调制星座点,其星座点间距离较大,可靠性较高;而后两个比特决定了某个象限内的四个点,其星座点间距离较小,可靠性较低。因此,在 HARQ 重传时,需要对一个 16QAM 调制的四个比特进行重排,以使得译码前的不同比特有相同的可靠性。在 HARQ 传输中,相邻两次传输的比特安排如图 5.6(b)所示,对于同一个 16QAM 符号,第一次传输的前两个比特是第二次传输的后两个比特,而第一次传输的后两个比特是第二次传输的前两个比特;在接收端进行两帧信息合并后,不同比特的可靠性相近。因此,可以提高解码的成功率。

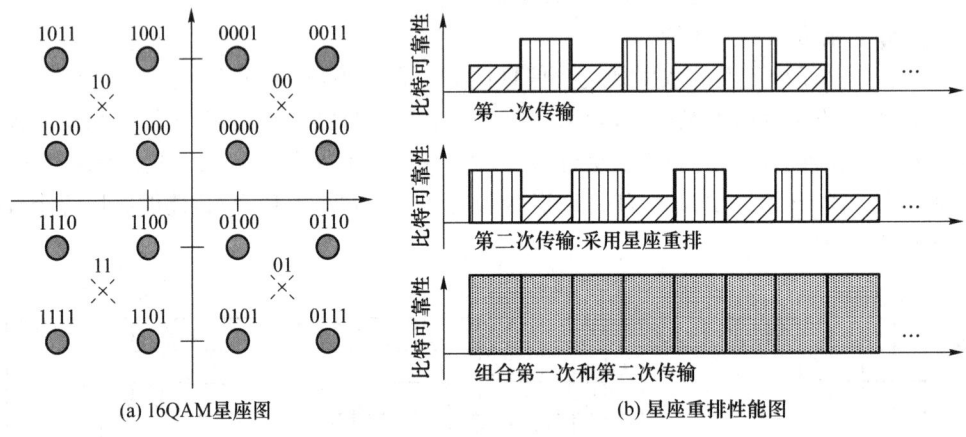

(a) 16QAM星座图 (b) 星座重排性能图

图 5.6 星座重排前后比特可靠性对比

5.2 调制解调技术

5.2.1 调制解调技术概述

通信系统的质量在很大程度上依赖于所采用的调制方式。一般情况下,通信系统在功率受限或带宽受限的情况下工作。在功率受限情况下,应采用功率利用率高的调制方式;而在频带受限情况下,应采用频带利用率高的调制方式。当前,卫星通信主要工作在功率受限下,所以数字调制技术主要选择功率利用率高的调制方式。另外,卫星通信信道的非线性要求所采用的调制应该是恒包络调制。在最初的恒包络调制中,广泛采用的是相移键控(PSK)和连续相位调制(CPM)方式;然而随着对传输速率需求的不断提高,兼顾功率利用率和频带利用率的 APSK 调制得到了广泛应用。本节下面仅对 CPM 调制的特点进行概述,然后具体讨论 $\pi/2$-BPSK 和 APSK 调制。

CPM 是一种功率和带宽利用率都较高的调制方式,其包络恒定,并且将信息数据包含在瞬时相位或频率上,相位的有记忆性保证了载波相位的连续性,并且对功放的非线性特性不敏感,带外辐射较小。但与线性调制相比,CPM 信号的处理比较复杂。然而随着数字信号处理器性能的不断提升,相比于非线性较敏感的正交频分复用(OFDM)和 QAM 调制,CPM 仍具有较强吸引力,尤其是在现役采用非线性信道机的军用超短波 VHF 通信及对功率效率要求较高的卫星通信和浮空通信中,CPM 的应用具有重要的意义。

最小频移键控(MSK)和高斯最小移频键控(GMSK)调制是 CPM 中应用比较广泛的两种调制方式。MSK 是调制指数 $h=0.5$ 的 2FSK 调制,它比 2PSK 有着更高传输速率。MSK 信号具有包络恒定不变、波形相位在码元转换时刻连续、附加相位在一个码元持续时间内线性地变化 $\pi/2$ 等特点。MSK 信号具有恒定包络、带宽相对窄、相位连续的优点,但由于 MSK 相位路径是折线,因此其功率谱旁瓣随频率偏离中心频率,且衰减得不够快。若在 MSK 调制前加上高斯滤波器,则称此调制为 GMSK 调制。双极性不归零矩形脉冲序列经过高斯低通滤波器后,其信号波形得到平滑;再经过 MSK 调制后,得到恒包络连续相位调制信号,其相位路径更为平滑,功率谱旁瓣衰减更快。如果恰当地选择此滤波器的带宽 B,能使信号带外辐射功率小到满足一些通信场合的严格要求。

5.2.2 π/2-BPSK 调制

当时域成形函数为根升余弦滤波对应的冲激响应时,BPSK 信号的功率完全被限制在根升余弦滤波器的通带内。

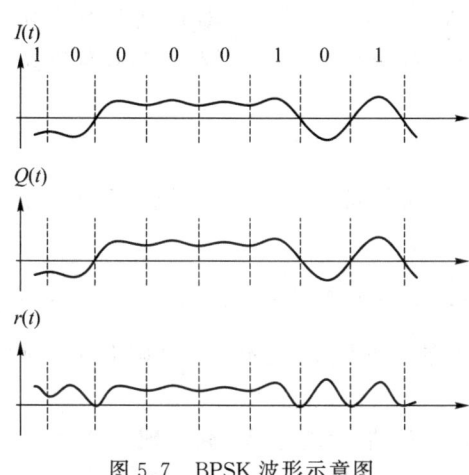

图 5.7 BPSK 波形示意图

当以根升余弦滤波器冲激响应作为时域成形函数时,形成的基带信号是连续波形,在码元转换时刻,相位跳变±π 时,基带信号以有限的斜率通过零点,因此 BPSK 信号的包络有起伏且最小值为零。具有恒包络特性的信号可以使用非线性(C 类)功率放大器,这种高功率放大器对电池容量有限的移动用户设备有重要意义;而非恒包络信号对非线性放大很敏感,它会因非线性放大导致功率谱的副瓣再生,因此应当设法减小信号包络的波动幅度。从图 5.7 可以看出,信号相位跳变过大导致了包络有起伏且最小值为零,因此需要通过减小信号相位跳变幅度来减小信号包络的波动幅度。

在 π/2-BPSK 中,把 BPSK 在奇数码元上的相位旋转 π/2,在偶数码元上保持原相位,即

$$x_k=\frac{1}{\sqrt{2}}e^{j\frac{\pi}{2}(k\bmod 2)}\left[(1-2u_k)+j(1-2u_k)\right]=\frac{1}{\sqrt{2}}e^{j\left[\frac{\pi}{2}(k\bmod 2)+\varphi_k\right]} \tag{5-1}$$

这样,在码元转换时刻,相位跳变被限制在±π/2,因而可以减小信号包络的波动幅度。

如图 5.8 所示,π/2-BPSK 波形的包络变化幅度要比 BPSK 小许多,且没有包络零点。与 BPSK 信号相比,π/2-BPSK 信号对放大器的非线性不那么敏感,信号动态范围较小,因此可以有较高的功率效率,且同时不会引起副瓣功率的显著增加。在 NR 系统中,上行引入该种调制方式以提升上行的覆盖。

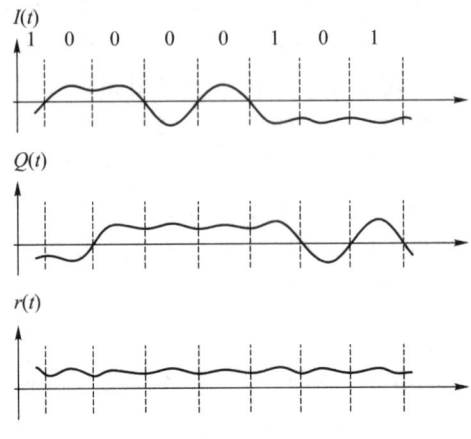

图 5.8　π/2 BPSK 波形示意图

5.2.3　APSK

卫星信道是典型非线性信道，所以包络恒定或起伏很小的调制方式比较适合卫星信道，如 PSK 调制；但随着数字卫星业务量增大，频谱资源日益紧张，对传输速率需求提高，此时应提高频谱利用率，采用高阶调制。QAM 调制采用幅度和相位相结合的方式，显著提高了频谱利用率；但 QAM 星座图呈矩形，存在多种幅度，使得 QAM 在通过卫星转发器时，非线性失真严重，增加预失真校正的复杂度。而 APSK 调制星座图呈圆形且圆周个数较少，既有着较高的频谱利用率，又能尽量减少幅度的起伏。

1. APSK 调制

APSK 调制的星座图由 K 个同心圆组成，每个圆上有等间隔的 PSK 信号点，根据等效低通原理，其复信号集合为

$$x_k = r_k \exp\left[j\left(\frac{2\pi}{n_k}i_k + \theta_k\right)\right], k=1,2,\cdots,K; i_k=0,1,2,\cdots,n_k-1 \quad (5\text{-}2)$$

其中，r_k 表示第 k 个同心圆半径，n_k 表示第 k 个圆周上信号点数，i_k 表示第 k 个圆上的一个信号点，θ_k 表示第 k 个圆周上信号点的初相位。

对星座图中的每个信号点进行准格雷映射，并且对信号能量进行归一化处理可得

$$\sum_{k=1}^{K} n_k r_k^2 = M \quad (5\text{-}3)$$

其中，$M = \sum_{k=1}^{K} n_k$ 是星座图中信号点的总数。

在 APSK 信号的表示方法中，当 $n_1=4$ 和 $n_2=12$ 时的 16APSK 可表示为 $4+12-$APSK，其他方案类似；当 $n_1=4$、$n_2=12$ 和 $n_3=16$ 时的 32APSK 可表示为 $4+12+16-$APSK，依次类推。

在 APSK 信号设计时，需要考虑其星座点间最小欧式距离最大化原则，以保证在解调时有最小的误码率。在 APSK 中，同圆周上的星座点间欧式距离一般是相等的，假设该间距为 $\bar{d}_k(k=1,2,\cdots,K)$，并假设相邻两个圆上的星座点最小欧式距离假设为 $\tilde{d}_l(l=1,2,\cdots,K-1)$，因此在优化星座时应该保证星座最小欧式距离 $d=\min\{\bar{d}_k,\tilde{d}_l;k=1,2,\cdots,K,l=1,2,\cdots,K-1\}$ 最大化。一般，为充分利用星座图的信号空间，应满足内圆上的信号点数小于外圆上的

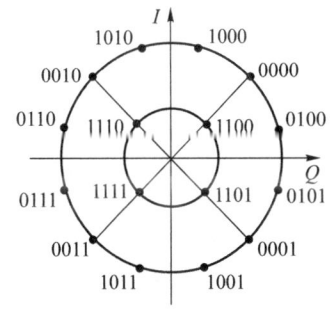

图 5.9 4＋12-APSK 星座图

信号点数,即 $n_{k-1} < n_k$。另外,还需要考虑 APSK 信号的峰均比问题,以减小功率放大器的非线性影响。

表 5.2 给出了三种优化后的 16APSK 的星座图设计方案。虽然相对于 5＋11 APSK 和 6＋10 APSK 来说,4＋12 APSK 方案的最小欧式距离不是最大的,但其峰均比(PAPR)较低,且星座图排列规整,因此常被采用,其星座图如图 5.9 所示。

与传统调制方案的解调方法一样,APSK 包括硬解调和软解调两种方案,具体不再赘述。

表 5.2 16APSK 星座对比

方案	4＋12-APSK	5＋11-APSK	6＋10-APSK
内环半径	0.413 8	0.528 5	0.589 8
外环半径	1.129 7	1.152 2	1.179 5
最小欧式距离	0.584 8	0.623 7	0.589 8
PAPR	1.19	1.20	1.23

2. 不同调制的 BER 与功率利用率

功率利用率定义为:当达到一定误比特率 P_b 时的能量效率($C_J = 1/E_b$)。通过对比不同调制的误比特率可比较出它们的功率利用率。本节将给出 16QAM、16PSK 和 16APSK 在相同平均功率 P_{av} 下的误比特率结果。

如图 5.10 所示,在相同 E_b/N_0 条件下,误比特率:16PSK＞16APSK＞16QAM。16PSK 的误比特率在三者中是最高的,是因为在相同的发射功率下:对于频带受限的卫星信道,传输速率的提高即意味着频带利用率的提高,对于 PSK 调制,要获取更高的频带利用率,就要提高 PSK 调制的阶数;而由于 PSK 星座图是圆形的,阶数提高带来的后果是相邻信号点间欧式距离减小,也就是误比特率上升,即随着阶数的提高,PSK 调制无法维持原来的误码性能。

16QAM 星座图是矩形的,可充分利用二维信号空间,在不减小相邻信号矢量间最小欧式距离的前提下,用增加信号点数目的方式来提高频带利用率;随着 QAM 调制阶数提高,原来误码性能并不会受到太大影响。16APSK 星座图是圆形星座图,圆周数量较少,可在某种程度上充分利用信号空间,但 16APSK 同时具有 16PSK 的特性,即阶数提高的同时会带来圆周上相邻信号点间欧式距离的减小,所以 16APSK 的误码性能介于 16QAM 和 16PSK 之间。图 5.10 还表明,16QAM 和 16APSK 的误码性能都比 16PSK 的误码性能好,且 16QAM 和 16APSK 的误码性能比较接近。表 5.3 为在达到相同误比特率时不同调制方式的

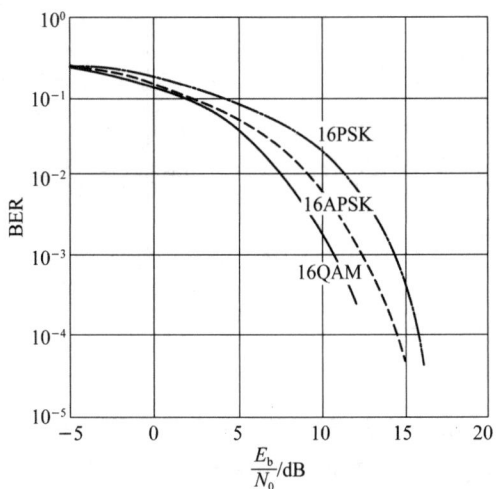

图 5.10 不同高阶调制方式下的误比特率

E_b/N_0 值的对比。

表 5.3 不同调制方式误码性能对比

BER	$\frac{E_b}{N_0}$/dB		
	16PSK	16APSK	16QAM
10^{-1}	1.85	2.4	3.85
10^{-2}	7.8	9	11.1
10^{-3}	10.55	11.8	14.3
10^{-4}	12.3	13.8	15.6

从图 5.10 和表 5.3 可以得出结论：在不加非线性 HPA 的前提下，为达到相同的误比特率，将调制方式按照 E_b/N_0 从大到小的顺序排列为 16PSK>16APSK>16QAM。根据功率利用率的定义，将调制方式按照功率利用率从大到小的排列顺序为 16QAM>16APSK>16PSK。

图 5.11 是 16QAM、16PSK、16APSK 这三种调制方式通过非线性 HPA 的误比特率曲线。在 E_b/N_0 较小情况下，三者误比特率仍然符合 16QAM<16APSK<16PSK 的关系，但随着 E_b/N_0 增大，16QAM 误比特率曲线的下降开始变得比其他二者更加缓慢，这是因为 16QAM 受到 HPA 非线性影响最大，影响 16QAM 误码性能的主导因素逐渐由加性高斯白噪声变为 HPA 的非线性。而 16APSK 和 16PSK 受到 HPA 的影响较小，曲线下降速度也大致符合无 HPA 非线性影响时的情况。当 E_b/N_0 超过 11 dB 时，误比特率的大小关系为 16PSK>16QAM>16APSK；当 E_b/N_0 超过 18 dB 时，误比特率的大小关系变为 16QAM>16PSK>16APSK。而对于功率利用率：当 E_b/N_0<11 dB 时，有 16QAM>16APSK>16PSK；当 11 dB<E_b/N_0<18 dB 时，有 16APSK>16QAM>16PSK；当 E_b/N_0>18 dB 时，16APSK>16PSK>16QAM。当平均发射功率 P_{av} 变大时，16QAM 的误码性能相对于其他二者会变得更差。

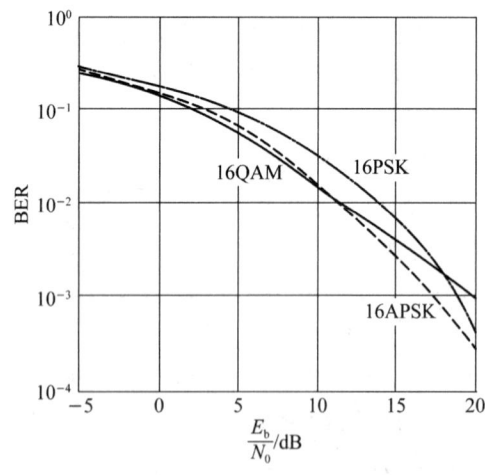

图 5.11 不同调制方式通过非线性 HPA 的误比特率

综上所述，在不考虑卫星转发器 HPA 非线性的情况下，16QAM 与 16APSK 的功率利用率接近，二者都要好于 16PSK；但在考虑卫星转发器 HPA 非线性的情况下，随着 E_b/N_0 增大，16QAM 的功率利用率相对于其他二者逐渐变差，而 16APSK 和 16PSK 受 HPA 非线性的影响较小。

5.2.4 OFDM

1. OFDM 概述

为对抗多径中码间干扰并提高系统的频谱效率,提出了正交频分复用(orthogonal frequency division multiplexing,OFDM)技术。如图 5.12 所示,在 FDM 技术中,将可用频带 B 划分为 N 个带宽为 $W=2\Delta f \ll B_C$ 的子信道,其中 B_C 为相干带宽;把 N 个串行的码元变换为 N 个并行的码元,分别调制到这 N 个子信道的载波上进行同步传输;若子信道的码元速率 $1/T_S \leqslant \Delta f$,则各子信道可以看作平坦信道,从而避免码间干扰。进一步,若相邻子信道允许重叠,则可以获得更高的频带效率;若 $\Delta f=1/T_S$,则可以保证子信道载波间正交,即可以得到 OFDM 调制。

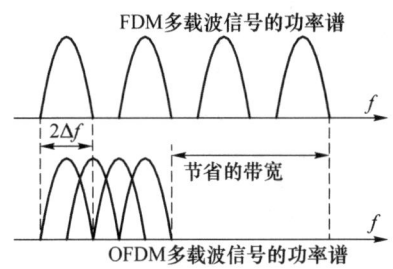

图 5.12 FDM 和 OFDM 带宽的比较

2. OFDM 的原理

1) 发送与接收

假设串行的 N 个 M 进制码元符号 $x_n=a_n+jb_n(n=1,2,\cdots,N)$ 的码元周期为 t_S,经过串并变换后码元符号长度为 $T_S=Nt_S$。将这 N 个码元分别调制到如下的 N 个子载波上

$$f_n=f_c+n\Delta f \quad (n=0,1,2,\cdots,N-1) \tag{5-4}$$

其中,$\Delta f=1/T_S$ 为子载波间隔。进一步把这 N 个并行支路的已调子载波信号相加,则可以得到 OFDM 的信号

$$x(t)=\text{Re}\left\{\sum_{n=0}^{N-1}x_n g_T(t)e^{j2\pi n\Delta ft}e^{j2\pi f_c t}\right\}=\text{Re}\{x_L(t)e^{j2\pi f_c t}\} \tag{5-5}$$

其中,$g_T(t)$ 为矩形滤波器,$x_L(t)=\sum_{n=0}^{N-1}x_n g_T(t)e^{jn2\pi\Delta ft}=x_I(t)+jx_Q(t)$ 为 OFDM 的基带信号,并且

$$x_I(t)=\text{Re}[x_L(t)]=\sum_{n=0}^{N-1}[a_n g_T(t)\cos(n2\pi\Delta ft)-b_n g_T(t)\sin(n2\pi\Delta ft)]$$

$$x_Q(t)=\text{Im}[x_L(t)]=\sum_{n=0}^{N-1}[b_n g_T(t)\cos(n2\pi\Delta ft)+a_n g_T(t)\sin(n2\pi\Delta ft)] \tag{5-6}$$

由式(5-5)可知,OFDM 可以由图 5.13 所示的框图来实现;另外,若 $f_c \gg \Delta f$ 时,各子载波间是两两正交的,即

$$\int_0^{T_S}e^{-jm2\pi\Delta ft}e^{jn2\pi\Delta ft}dt=0, m\neq n \tag{5-7}$$

在接收端,若不考虑噪声,接收的信号同时进入 N 个并联支路,分别与 N 个子载波相乘并积分(相干解调)便可以恢复各并行支路的数据

$$\hat{x}_n=\frac{1}{T_S}\int_0^{T_S}x(t)e^{-j2\pi(f_c+n\Delta f)t}dt=x_n \tag{5-8}$$

2) 功率谱密度与频谱效率

当子信道的脉冲为矩形脉冲时,各子路信号具有 sin c 函数形式的频谱,即

$$g_T(t) \Leftrightarrow G_T(f) = T_S \sin c(T_S f) e^{-j\pi T_S f} \tag{5-9}$$

进而,可以得到 OFDM 的频谱为

$$X(f) = \frac{1}{2} \sum_{n=0}^{N-1} x_n [G_T(f - f_n) + G_T(f + f_n)] \tag{5-10}$$

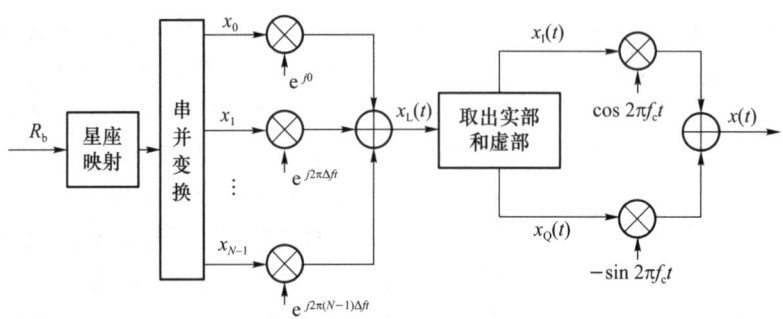

图 5.13 OFDM 系统的实现框图

由于不同子载波间正交且载波上的符号序列相互独立,因此其功率谱可以由各子载波功率谱叠加得到。当发送符号均为 1 时,$N=4$ 和 $N=32$ 的 OFDM 功率谱如图 5.14 所示。

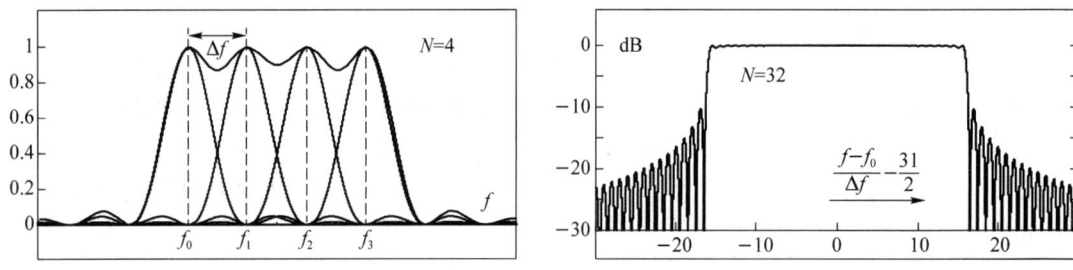

图 5.14 OFDM 的功率谱举例

OFDM 信号的带宽可以表示为

$$B = f_{N-1} - f_0 + 2\Delta f = (N+1)\Delta f \approx N\Delta f, N \gg 1 \tag{5-11}$$

假设每个支路采用 $M = 2^K$ 进制调制,因此频谱利用率为

$$\eta = \frac{NR_s K}{(N+1)\Delta f} = \frac{NK}{N+1} \to K, N \to \infty \tag{5-12}$$

3. OFDM 的 DFT 实现

1) OFDM 的实现

若对基带信号 $x_L(t)$ 以奈奎斯特采样间隔 $T_C = 1/B \approx T_S/N$(即当 N 很大时,频带信号带宽 $B = N\Delta f$;基带信号的带宽为 $B/2$)进行抽样,并假设 $\boldsymbol{x} = [x_0, x_1, \cdots, x_{N-1}]^T$,则可得到

$$x_L(m) = \sum_{n=0}^{N-1} x_n e^{jn2\pi\Delta f \cdot m \, T_C} = \sum_{n=0}^{N-1} x_n e^{j2\pi nm/N} \tag{5-13}$$

而 $x_L(m)$ 经过低通滤波(D/A 变换)后,得到的模拟信号对载波进行调制便可得到所需的 OFDM 信号。在接收端,进行与上述相反的过程,把解调得到的基带信号经过 A/D 变换后得到 $\hat{x}_n$,再经过并串变换输出。

因此,如图 5.15 所示,在实际中,常用离散傅氏变换(DFT)来实现 OFDM;而当 N 比较大且 N 是 2 的整数次幂时,可以采用高效率的 IFFT(FFT)算法。在 OFDM 系统中,$\{x_n\}$ 与

$\{x_L(m)\}$ 分别被称为频域符号与时域符号。

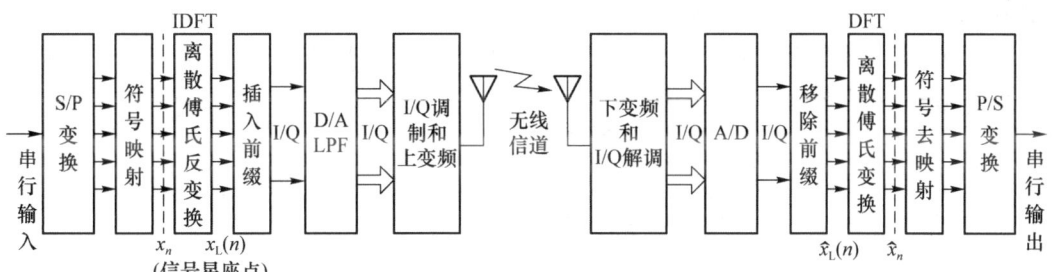

图 5.15 OFDM 的 DFT 实现

2) OFDM 的前缀

为克服前后两个 OFDM 符号间的干扰,常采取插入保护间隔方法;保护间隔长度 T_G 要比信道的最大多径时延 τ 大,这样才能消除符号间干扰。如图 5.16 所示,通常为不引起载波间干扰,T_G 以循环前缀的形式存在,而不是会引起载波间干扰的空白前缀;这些前缀由 OFDM 信号的尾部 N_G 个样值构成,因此发送的符号样值序列长度增加到 $N+N_G$。在接收端,需要舍弃保护间隔,然后再进行 DFT 及后续操作。

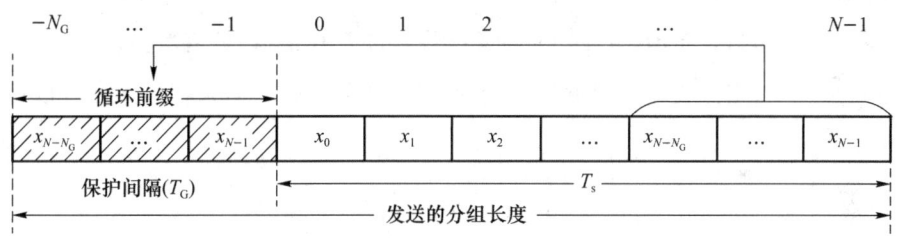

图 5.16 带循环前缀的 OFDM 符号

而在采用循环前缀时,假设多径时延为 τ,则接收到的两个载波间仍满足正交关系,即

$$\int_0^{T_s} e^{-jm2\pi\Delta ft} e^{jn2\pi\Delta f(t-\tau)} dt = e^{-jn2\pi\Delta f\tau} \int_0^{T_s} e^{-jm2\pi\Delta ft} e^{jn2\pi\Delta ft} dt = 0, m \neq n \quad (5\text{-}14)$$

而空白前缀则无法满足式(5-14),会引起载波间干扰(ICI)。

由于保护间隔 T_G 的存在,会使得 OFDM 的频谱效率小于 K,具体表达式为

$$\eta = \frac{NK}{N+1} \frac{T_s}{T_s+T_G} \approx \frac{T_s}{T_s+T_G} K, N \to \infty \quad (5\text{-}15)$$

在卫星通信系统中,不同用户与卫星间通信的传输时延差别可能很大,因此在随机接入过程中,若想避免符号间干扰,其 CP 长度较长,会严重降低 OFDM 的覆盖性能。

3) OFDM 系统的设计

在 OFDM 系统的设计中,需要综合考虑各种系统因素和实际需求来联合设计。一般情况下,其设计的基本准则可以概括如下。

(1) 为了克服码间干扰,需要满足保护间隔大于等于最大多径时延,即 $T_G \geq \tau_{max}$,或远大于时延扩展(可选择 $T_G \geq (2\sim4)\sigma_\tau$),具体与调制方式和信道编码的干扰能力有关。调制阶数越高,对 ISI 和 ICI 越敏感,而纠错编码能力可以降低其敏感性。

(2) 保证有效符号长度 $T_s \geq 5T_G$,这样其信噪比损失和频谱效率才能得到保证,具体符号长度还与系统的复杂度、相位噪声、频偏和 PAPR 等有关。

(3) 子载波数 N 应该使得系统总带宽在给定频谱 B 范围内($N\Delta f = N/T_s \leq B$),且一般当

采用 IFFT/FFT 实现时,要求 N 为 2 的幂次方;同时 N 也决定了系统的速率,进而在输入信息速率一定下,也就决定信道编码的码率以及调制方式。

例 5.1 给定系统最大带宽为 10 MHz,信道的时延扩展扩展为 4 μs,试设计一个频谱利用率较高的 OFDM 系统。

解:根据 OFDM 的设计准则可知,首先要保证
$$T_G \geqslant 4\sigma_\tau = 16 \ \mu s$$
进而,为了保证一定的频谱效率,我们可以采用
$$T_S = 6T_G = 96 \ \mu s \geqslant 5T_g$$
而载波个数需要满足系统带宽不超过 10 MHz,因此有
$$N_A \leqslant BT_S = 10 \times 10^6 \times 96 \times 10^{-6} = 960$$
而在采用 IFFT/FFT 实现 OFDM 时,则取 $N = 1\,024$。

但实际占用带宽仍为
$$N_A/T_S = 10 \ \text{MHz}$$
子载波间隔为
$$\Delta f = 1/T_S \approx 10.41 \ \text{kHz}$$

4) OFDM 的时频关系

如图 5.17 所示,假设带有 CP 的 OFDM 符号经过 L 径信道,信道增益值可以表示为 $\tilde{\boldsymbol{h}} = [\tilde{h}_0, \tilde{h}_1, \cdots, \tilde{h}_{L-1}]^T$,则接收端去掉循环前缀后,某个等效基带符号采样值序列可以写为

$$\underbrace{\begin{bmatrix} y_L(0) \\ y_L(1) \\ \vdots \\ y_L(N-1) \end{bmatrix}}_{\boldsymbol{y}_L} = \underbrace{\begin{bmatrix} \tilde{h}_0 & 0 & \cdots & 0 & \tilde{h}_{L-1} & \cdots & \tilde{h}_2 & \tilde{h}_1 \\ \tilde{h}_1 & \tilde{h}_0 & 0 & \cdots & 0 & \tilde{h}_{L-1} & \cdots & \tilde{h}_2 \\ \vdots & \vdots & \vdots & \vdots & \vdots & \vdots & \vdots & \vdots \\ \tilde{h}_{L-1} & \cdots & \tilde{h}_2 & \tilde{h}_1 & \tilde{h}_0 & 0 & \cdots & 0 \\ 0 & \tilde{h}_{L-1} & \cdots & \tilde{h}_2 & \tilde{h}_1 & \tilde{h}_0 & 0 & \cdots \\ \cdots & 0 & \tilde{h}_{L-1} & \cdots & \tilde{h}_2 & \tilde{h}_1 & \tilde{h}_0 & 0 \\ 0 & \cdots & 0 & \tilde{h}_{L-1} & \cdots & \tilde{h}_2 & \tilde{h}_1 & \tilde{h}_0 \end{bmatrix}}_{\boldsymbol{H}} \underbrace{\begin{bmatrix} x_L(0) \\ x_L(1) \\ \vdots \\ x_L(N-1) \end{bmatrix}}_{\boldsymbol{x}_L} + \underbrace{\begin{bmatrix} w_L(0) \\ w_L(1) \\ \vdots \\ w_L(N-1) \end{bmatrix}}_{\boldsymbol{w}_L}$$

(5-16)

也就是
$$\boldsymbol{y}_L = \boldsymbol{H}\boldsymbol{x}_L + \boldsymbol{w}_L = \tilde{\boldsymbol{h}} \otimes \text{IDFT}[\boldsymbol{x}] + \boldsymbol{w}_L \quad (5\text{-}17)$$

其中,$w_L(n)(n=0,1,\cdots,N-1) \sim \text{CN}(0,\sigma^2)$ 是方差为 σ^2 的复加性高斯白噪声。

在进行 DFT 操作后,可以得到
$$\boldsymbol{y} = [y_0, y_1, \cdots, y_{N-1}]^T = \boldsymbol{h}\,\text{diag}\{\boldsymbol{x}\} + \boldsymbol{w} \quad (5\text{-}18)$$

其中,$\boldsymbol{y} = \text{DFT}\{\boldsymbol{y}_L\}$,$\boldsymbol{h} = \text{DFT}\{\tilde{\boldsymbol{h}}\}$,而 $\boldsymbol{w} = \text{DFT}\{\boldsymbol{w}_L\}$。

从上面的讨论可知,接收端每个 OFDM 子载波上接收到的频域基带符号 y_n 等于发送端对应子载波上的基带符号 x_n 乘以对应的子载波频域基带信道 h_n,也就是
$$y_n = h_n x_n + w_n \quad (5\text{-}19)$$

因此,CP-OFDM 的频域收发关系可以表示为图 5.18。

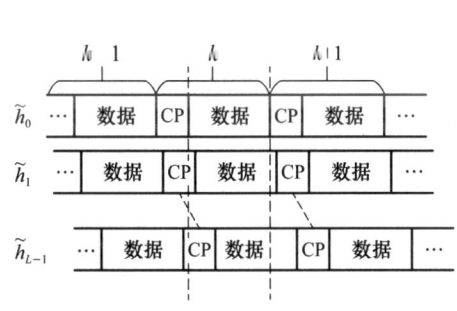

图 5.17 OFDM 经过多径信道

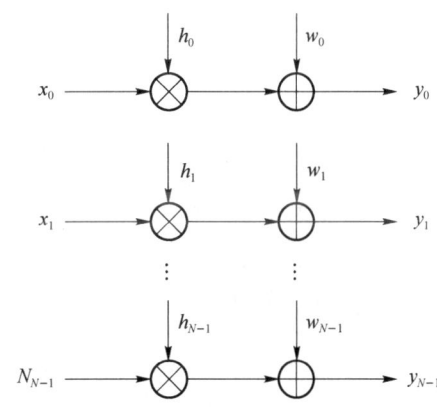

图 5.18 CP-OFDM 的频域收发关系

4. OFDM 的工程问题

1) 峰均比

信号功率的峰值与均值之比,称为信号的峰均比。信号的峰均比对功率放大器的效率有很大影响,一般要求信号具有较低的峰均比,尤其是对卫星信号。假设 OFDM 的带通信号为 $x(t)$,则其峰均比可以表示为

$$\text{PAPR} = \lim_{T \to \infty} \frac{\max\limits_{t \in [0,T]} |x(t)|^2}{\frac{1}{T} \int_0^T |x(t)|^2 \mathrm{d}t} \quad (5\text{-}20)$$

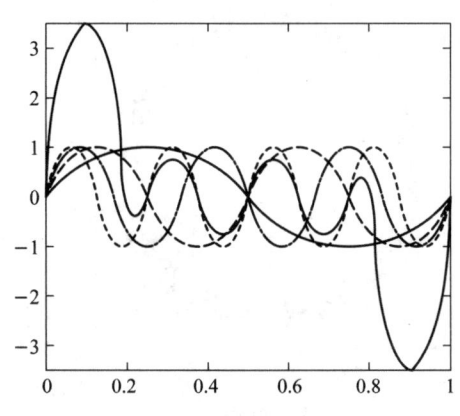

图 5.19 OFDM 信号时域示意图

如图 5.19 所示,OFDM 信号为多个子载波信号的叠加,每个时间点上的信号由多载波上承载的调制符号经过相位旋转后叠加而成。根据中心极限定理,每个时间点上的信号近似服从复高斯分布,其包络服从 Rayleigh 分布。由于 Rayleigh 分布的拖尾较大,因此 OFDM 信号的峰均比较高。

在地面移动通信系统(如 4G 系统)中,下行链路采用 OFDMA 方式,为了降低对终端功率放大器性能的需求,上行链路采用 SC-FDMA,以降低信号的峰均比。例如,对于 OFDM 系统中的参考信号,可以考虑采用低峰均比的序列。另一类降低峰均比的方法通过发送端实现,不需要接收机侧进行相应处理。例如,在 OFDM 系统中,可以采用限幅技术来降低发射信号的峰均比。因为这类技术不需要接收机做相应的处理,所以在实施过程中需保证其对接收侧性能的影响较小。

2) OFDM 同步技术

OFDM 系统中只有子载波正交性得到保证时,才能发挥其优势;否则系统性能会因为 ISI 和 ICI 而下降。因此,OFDM 的时频同步至关重要。

令 δ 和 ε 分别表示相对于 T_C 和 Δf 来说归一化的符号定时偏差(Symbol Time Offset,STO)和载波频率偏差(Carrier Frequency Offset,CFO),则基带接收信号可以表示为

$$y_\text{L}(n) = \frac{1}{N} \sum_{k=0}^{N-1} h_k x_k \mathrm{e}^{j2\pi(k+\varepsilon)(n+\delta)/N} + w_\text{L}(n) \quad (5\text{-}21)$$

首先，考虑 STO 的影响。如图 5.20 所示，根据对 OFDM 符号起始点估计的位置不同，STO 具有不同的影响。

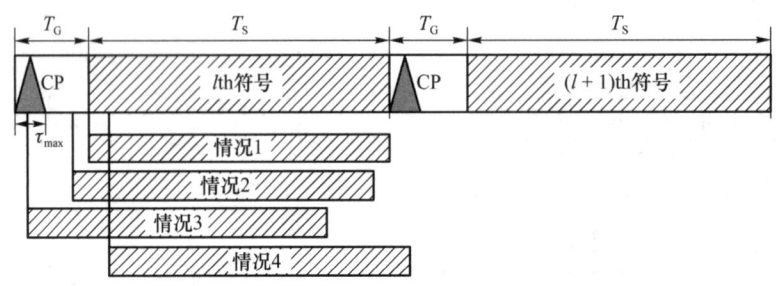

图 5.20 四种 OFDM 符号的起始点引起的 STO

(1) 情况 1：当 $\delta=0$ 时，估计的 OFDM 符号起始点没有定时误差，不同子载波间正交，没有干扰(图 5.21(a))。

(2) 情况 2：当 $-N_G \leqslant \delta < 0$ 时，估计的 OFDM 符号起始点在精确定时点前，但处于前一个 OFDM 符号信道响应末端之后，因此不存在第 $l-1$ 个符号对第 l 个符号的 ISI(图 5.21(b))。当忽略噪声和信道的影响时，根据傅氏变换可知，频域上第 k 个符号产生 $j2\pi k\delta/N$ 的相位偏差，即

$$y_k = e^{j2\pi k\delta/N} x_k \tag{5-22}$$

如图 5.21 所示，此时信号的星座图发生旋转，相位偏差与 δ 和 k 成正比，可以通过单抽头的频域均衡器，直接补偿相位偏差。

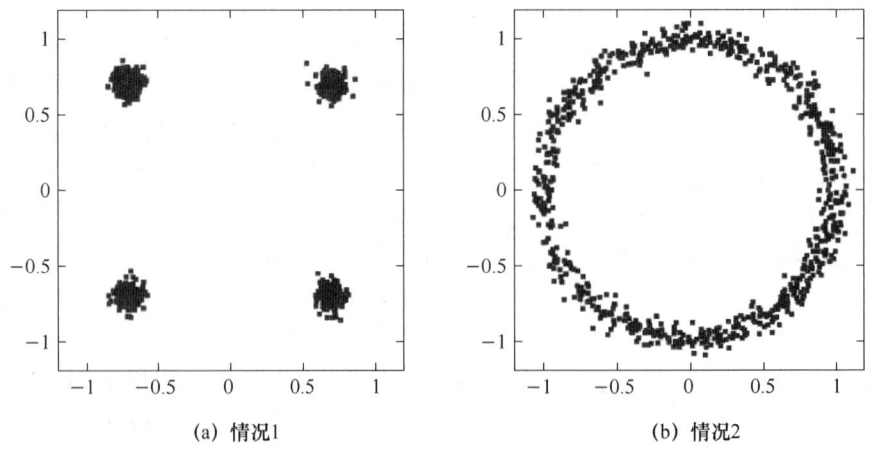

(a) 情况1　　　　　　　　　(b) 情况2

图 5.21 受 STO 影响的信号星座图

(3) 情况 3：估计的 OFDM 符号起始点早于前一个 OFDM 符号信道影响的末端，此时来自第 $l-1$ 个符号 ISI 会破坏子载波间的正交性，产生 ICI。

(4) 情况 4：估计的 OFDM 符号起始点滞后精确的起始点，此时 FFT 间隔内的符号由当前第 l 个符号的一部分和第 $l+1$ 个符号的一部分组成。因此，存在第 l 个符号和第 $l+1$ 个符号间的 ISI，并且产生了 ICI。

其次，考虑 CTO 的影响。一方面，由于发射机和接收机载波信号发生器不稳定引起相位噪声，可以建模为零均值维纳随机过程；另一方面，由于收发机间存在相对运动导致的多普勒频移会引起 CFO。尽管收发机使用相同频率的载波，但会因振荡器的固有物理特性不同而难以保持一致。假设频率偏移为 $f_O = f_c - f_c'$，则归一化 CFO 可以写为 $\varepsilon = f_O/\Delta f = \varepsilon_I + \varepsilon_F$，其中

整数载波频率偏差(Integer Carrier Frequency Offset，IFO)$\varepsilon_I = \lfloor \varepsilon \rfloor$且小数载波频率偏差(Fractional Carrier Frequency Offset，FFO)$\varepsilon_F = \varepsilon - \varepsilon_I$。当忽略噪声和信道的影响时，根据傅氏变换的关系可以得到：

$$y_L(n) = e^{j2\pi \varepsilon n/N} x_L(n) \tag{5-23}$$

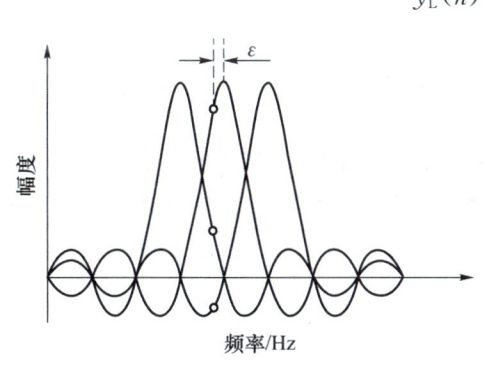

图 5.22 CFO 的影响

如图 5.22 所示，大小为 ε 的 CFO 使得频域采样发生了偏差，导致了 ICI。若仅有 IFO，将导致接收符号在频域载波上错位，但没有 ICI；而 FFO 将导致 ICI，载波频率分量的幅度和相位失真。

由于 STO 和 CFO 会影响 OFDM 的性能，因此接收机必须利用同步技术来估计 STO 和 CFO，以补偿 STO 和 CFO。STO 和 CFO 的估计都可以从时域和频域出发进行。例如在 STO 估计中，从时域的角度有基于 CP 的 STO 估计和基于训练符号的 STO 估计，从频域的角度可以根据式(5-22)进行算法设计。在 CFO 估计中，基于式(5-23)可以从时域角度利用 CP 或者训练符号进行 CFO 估计，从频域角度有 Moose 提出的方法和 Classen 提出的插入导频跟踪 CFO 的方法等。

5. OFDM 的总结

由上述讨论可知，OFDM 有很多优点，具体如下：

（1）由于采用正交载波和频带重叠设计，因此 OFDM 有比较高的带宽效率；

（2）由于并行的码元符号长度 $T_S \gg \tau$(多径信道的相对时延)，因此码间干扰不严重，一般不需要均衡器；

（3）由于采用多个窄带载波传输，因此当信道在某个频率出现较大幅度衰减或较强的窄带干扰时，也只是影响个别的子信道，而其他子信道的传输并未受影响；

（4）由于可以采用 DFT 实现 OFDM 信号，故极大地简化了系统的硬件结构；

（5）可以灵活分配 OFDM 的子载波给不同的用户，完成用户间的多址；

（6）可以根据子载波的信道质量，调整子信道的发射功率和调制方式，使每个子信道的传输速率达到最佳状态。

OFDM 的这些特点使得它在有线信道或无线信道的高速数据传输中得到广泛应用。但在应用 OFDM 时，也有一些问题需要认真考虑。

（1）OFDM 的发射信号峰均比(PAPR)过大问题。过大的 PAPR 会使发射机的功率放大器饱和，造成发射信号的互调失真。降低发射功率会使信号工作在线性放大范围，可以减小或避免这种失真，但这样又降低了功率效率。这一点对于功率受限的卫星转发器或低成本终端来说尤其重要。

（2）OFDM 信号对频率偏移十分敏感。OFDM 的性能是以子载波间正交为基础的；实际中，一方面采用不同子载波的用户间频率可能存在失步，另一方面通信双方或反射环境可能在移动，会使得不同子载波产生不同的多普勒频移，造成载波间干扰。因此，载波同步和频偏是限制 OFDM 在卫星通信中应用的重要因素。

（3）CP 会降低 OFDM 的频谱效率。当卫星波束覆盖范围较大时，不同用户与卫星通信的传输时延差别较大；为避免符号间干扰，随机接入时需要较长的 CP，会导致 OFDM 覆盖性能下降。

(4) 在衰落信道中,为了解调不同子载波上的信息,首先需要检测符号或去除频域信道的影响。因而在检测前需要进行信道估计,OFDM 常采用插入导频的方法进行频域信道估计,占用了数据子载波的资源,由此将进一步带来频谱效率的降低。

5.3 双工方式

无线通信的终端、卫星或地球站,不可能同时用相同的资源进行接收和发送;否则会造成严重的干扰。因此对上行链路和下行链路,必须使用某种方法进行隔离。在移动通信中,常用的双工方式有频分双工(Frequency division duplex,FDD)、时分双工(Time division duplex,TDD)和全双工(Full duplex,FD)。

1. 频分双工

在卫星通信中,常采用 FDD 方式进行上行链路和下行链路的隔离,即采用不同的频带区分上行链路和下行链路。通常上行链路和下行链路具有相同的带宽。在这些频带内,对应的上行信道和下行信道是配对的,即他们具有固定的频率间隔。

例如,全球星(LEO)系统就采用下列频带。

(1) 用户链路

上行链路(反向链路)为 1 610~1 626.5 Hz。

下行链路(正向链路)为 2 483.5~2 500 Hz。

(2) 馈电链路

上行链路(正向链路)为 5 091~5 250 Hz。

下行链路(反向链路)为 6 875~7 055 Hz。

2. 时分双工

当采用 TDD 时,上行链路和下行链路使用相同的带宽,但是出现在不同的时间间隔。与 FDD 相比,TDD 具有下述优点:

(1) 不要求频带对称,因而频率计划比较容易;

(2) TDD 更适合于动态信道分配;

(3) 发送信号和接收信号,都可以使用相同的卫星天线;

(4) 对一个组合的发送和接收终端天线,不要求使用双工器;

(5) 上行链路和下行链路间,要求有保护时间(与信号时延成正比),或采用一种适当的帧结构;

(6) 与 FDD 比较,要求有两倍传输速率,并附带两倍峰值发送功率;

(7) TDD 在发送链路和接收链路间,要求同步;

(8) 由于帧结构的存在,因此 TDD 会引起时延。

图 5.23 所示为铱系统的移动用户上行链路和下行链路数据的帧结构。

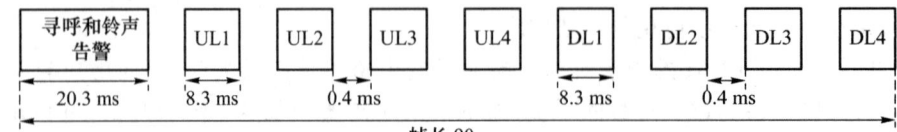

图 5.23 铱系统移动用户链路的帧结构

3. 全双工

在相同的时间与频率资源上,全双工通信设备可以同时发射和接收信号。与传统 TDD 和 FDD 双工方式相比,理论上全双工可使通信的频谱效率提高 1 倍。如图 5.24 所示,A 为全双工方式,B 和 C 为半双工方式。A 在发送信号的同时采用相同的频率接收信号,此外 A 也会收到由 A 发送的信号,称为自干扰信号,因此设备需要自干扰消除技术。此外,在移动通信中,采用全双工还会导致多用户或相邻小区间的同频干扰问题。因而在卫星通信中,全双工转发器也有待深入研究。

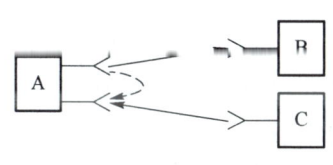

图 5.24 全双工方式

5.4 多址技术

5.4.1 多址技术概述

多址技术是指多个地球站通过同一颗卫星建立多址间的通信技术。其通信连接方式称为多址连接,它与多路复用都是信道复用方式,但多路复用指一个地球站把送来的多个信号在基带信道上进行复用,而多址连接指多个地球站发射的(射频)信号在卫星转发器中进行射频信道的复用。

为使多个地球站共用同一颗通信卫星,同时进行多边通信,要求各地球站发射的信号间互不干扰。为此,必须合理划分传输信息所需的频率、时间、波形和空间,并合理地分配给各地球站。按划分对象不同,将卫星通信中的基本多址方式分类如下。

1) 频分多址

频分多址(FDMA)是把卫星占用频带按频率高低划分给各地球站的多址方式。各地球站在分配的频带内发射各自信号,接收端则利用带通滤波器从接收信号中提取与本站有关的信号。

2) 时分多址

时分多址(TDMA)是按规定将时隙分配给各地球站的多址方式。共用卫星转发器的各地球站使用同一频率载波,在规定时隙内断续发射本站信号。在接收端,根据接收信号时间、位置或信号中的站址识别信号识别发射该信号的地球站,并取出与本地球站有关的时隙内的信号。

3) 码分多址

码分多址(CDMA)是给各地球站分配一个特殊地址码(伪随机码)的扩频通信多址方式。各地球站可同时共同占用转发器中的某一频带或全部频带发送信号,而没有发射时间和频率上的限制。在接收端,利用与发射信号相匹配的接收机检出与发射地址码相符的信号。

4) 空分多址

空分多址(SDMA)是把卫星上多个指向不同区域的天线波束分配给对应区域内地球站的多址方式。各波束覆盖区域内的地球站所发送信号在空间上互不重叠,即使各地球站在同一时间使用同一频率和同一码型,也不会相互干扰,进而达到频率复用的目的。实际上,要给每一个地球站分配一个卫星天线波束很困难,只能以地区为单位来划分空间。所以,SDMA 通常不独立使用,而是与 FDMA、TDMA 和 CDMA 等方式结合使用,如与 TDMA 结合可以形成跳波束多址方式。

5) 其他多址方式

如 ALOHA、OFDMA 和非正交多址(Non-Orthogonal Multiple Access,NOMA)等。在 OFDMA 中,将 OFDM 的不同子载波组分配给不同的终端即可实现正交频分多址;而在 NOMA 中,主要包含功率域 NOMA、编码域 NOMA 和波形域 NOMA 等方式。

选择不同的多址方式需要考虑以下因素:卫星频带利用率、功率利用率等,业务类型、业务量和网络增长的适应能力,技术先进性和可实现性,保密性、抗干扰能力,成本和经济效益。

5.4.2 FDMA 方式

1. FDMA 工作原理

如图 5.25 所示,每个地球站向卫星转发器发射一个或多个载波,每个载波占用一定频带,它们互不重叠地占用卫星转发器带宽。卫星转发器能接收其覆盖区域内各地球站发送的上行链路载波 f_1、f_2、f_3,同时根据接收地球站的频带配置进行频率交换,再经过信号放大后发射回地面,最后由各接收站用滤波器从下行链路载波 f_4、f_5、f_6 中滤出所需载波信号。

根据每个地球站在发送载波时是否采用复用技术,FDMA 可分为以下两大类。

(1) 每载波多路信道的 FDMA(MCPC-FDMA):给多路信号分配一个载波,在发端站将各路信号进行多路频分或时分复用,在收端站相应地配置基带解复用器;

(2) 每载波单路信道的 FDMA(SCPC-FDMA):给每一路信号分配一个载波,没有基带复用环节,传送方式灵活,但设备利用率较低,相应卫星转发器的频带利用率也较低。SCPC 方式可分为预分配 SCPC 和按需分配 SCPC 两类。

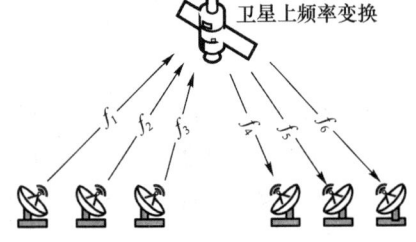

图 5.25 FDMA 方式

按所采用的基带信号类型,MCPC-FDMA 方式可划分为以下两种。

(1) FDM-FM-FDMA:首先基带模拟信号以频分复用方式复用在一起,其次用调频方式调制到一个载波频率上,最后以 FDMA 方式发射和接收;

(2) TDM-PSK-FDMA:首先将多路数字基带信号用时分复用方式复用在一起,其次以 PSK 方式调制到一个载波频率上,最后以 FDMA 方式发射和接收。

为使卫星天线波束覆盖区域内的地球站建立 FDMA 通信,一般可以采用以下两种多址方式进行连接。

(1) 每个地球站向其他各地球站发射一个不同频率载波,若有 n 个站同时发射,则需 $n(n-1)$ 个载波。此时,发射地球站和卫星转发器的功率放大器因非线性而产生的交调干扰将非常严重,故仅当地球站数目不多时才会采用这种方式。

(2) 将每个地球站要发送给其他地球站的信号先分别复用到基带某一指定频段上,而后调制到一个载波上,由其他各站接收并经解调后用基带滤波器只取出与本站有关的信号,n 个地球站相互通信,每个地球站只发射一个载波,卫星转发器仅有 n 个载波工作,即通过转发器的载波数减少了。此时,各载波间间隔由信号频带和保护频带构成。

图 5.26 为实现 K 个地球站间通信时的 MCPC-FDMA 方式的工作原理图。地球站 1 的

基带复用器将发往地球站 $2,3,\cdots,K$ 的多路数据信号复用成基带复用信号,然后将其送往调制器和发射机进行信号调制,并上变频到分配给地球站 1 的射频频带 B_1 中,而后沿上行链路发送给卫星接收器。卫星所接收的信号中常含有许多频谱互不重叠的载波,经过卫星合路、变频和放大处理后,再转发到下行链路中,最后发往目的地。在这个过程中,为避免多条载波间的相互干扰,相邻载波间需增加保护带。接收地球站 2 很容易取出射频频谱 B_1,并经下变频、中频滤波和解调后选出发给本站的基带信号,再利用基带解复用器对多路信号进行分路,最后将各路信号送往地面通信网。同理,地球站 $3,4,\cdots,K$ 各自也可以接收到地球站 1 发来的信号。

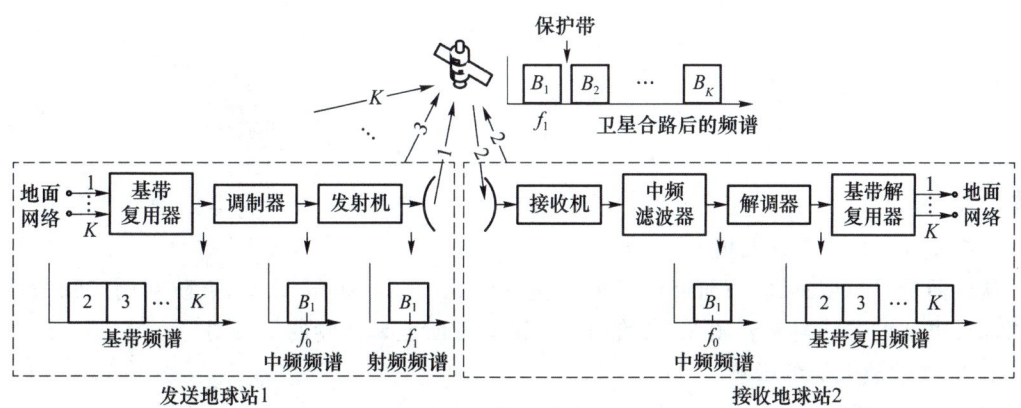

图 5.26 MCPC-FDMA 方式的工作原理图

在 MCPC-FDMA 方式中,当该信号传输速率发生变化时,要求基带滤波器可迅速进行重新调谐以滤出所需信号,实际上这很难做到。然而,尽管 MCPC-FDMA 方式使用不够灵活,但适用于业务量较大、通信对象相对固定的点-点或点-多点的干线通信。

在多波束环境中,常采用卫星交换 FDMA(SS-FDMA)实现不同波束区内地球站间的互通。在 SS-FDMA 方式中,波束内均采用 FDMA 方式,波束间使用相同频带(即空分频率复用)。对于需要与其他的波束内地球站进行通信的地球站,其上行链路发射波束必须处在某个特定的频率上,以便转发器能根据其载波频率选路到相应的下行链路波束上,也就是载波频率需要与去往下行链路波束间有特定的对应关系。转发器根据这种关系来实现不同波束内 FDMA 载波间的交换。

2. 非线性放大器

1) 放大器的非线性模型

用于卫星转发器和地球站发射机的 HPA 具有非线性性,即 HPA 输出信号的振幅不随输入信号的振幅而线性变化,而是会出现饱和现象;输入信号振幅变化会使输出信号产生附加相位失真。把振幅非线性特性称为调幅/调幅(AM/AM)变换,相位非线性性称为调幅/调相(AM/PM)变换。例如,当行波管放大器工作在饱和点附近时,其输出幅度和相位为

$$u_o(u_i) = a_1 u_i + a_3 u_i^3 + a_5 u_i^5 + \cdots \tag{5-24}$$

$$\theta(u_i) = b_1[1 - \exp(-b_2 u_i^2)] + b_3 u_i^3 + \cdots \tag{5-25}$$

其中,u_i 为输入电压,a_i 为交替取正、负值的常数,b_i 为常数。

假设非线性 HPA 的输入信号为

$$u_i = v_1 \cos \omega_1 t + v_2 \cos \omega_2 t \tag{5-26}$$

则非线性 HPA 的输出信号可以写为

$$u_o = a_1 u_i + a_3 (u_i)^3 = \underbrace{a_1 v_1 \cos \omega_1 t + a_1 v_2 \cos \omega_2 t}_{\text{线性项}} + \underbrace{a_3 (v_1 \cos \omega_1 t + v_2 \cos \omega_2 t)^3}_{\text{立方项} v_{3o}} + \cdots \quad (5\text{-}27)$$

其中，立方项为

$$\begin{aligned}v_{3o} &= a_3 (v_1 \cos \omega_1 t + v_2 \cos \omega_2 t)3 \\ &\xrightarrow{\text{BPF}} \frac{3}{4} \underbrace{[a_3 v_1^2 v_2 \cos(2\omega_1 - \omega_2)t + a_3 v_1 v_2^2 \cos(2\omega_2 - \omega_1)t]}_{\text{三阶互调产物} V_{3\text{IM}}} + O(\cos \omega_1 t) + O(\cos \omega_2 t)\end{aligned} \quad (5\text{-}28)$$

放大器输出有用信号的功率(负载为 1 Ω 时)为

$$P_{\text{out}} \approx \frac{1}{2} a_1^2 v_1^2 + \frac{1}{2} a_1^2 v_2^2 = a_1^2 (P_1 + P_2), (\text{W}) \quad (5\text{-}29)$$

放大器输出交调干扰的功率为

$$P_{\text{IM}} = \frac{9}{16} \left(\frac{1}{2} a_3^2 v_1^4 v_2^2 + \frac{1}{2} a_3^2 v_1^2 v_2^4 \right) = \frac{9}{4} a_3^2 (P_1^2 P_2 + P_1 P_2^2), (\text{W}) \quad (5\text{-}30)$$

互调产物与信号功率的立方成比例，$P_{\text{IM}}/P_{\text{out}}$ 依赖于 $(a_3/a_1)^2$，即放大器的非线性特性越大(a_3/a_1 越大)，则互调产物就越大。

从上面推导可以得到，三阶互调产物的载频为 $2\omega_1 - \omega_2$ 和 $2\omega_2 - \omega_1$，五阶互调产物的载频可以通过类似的方式得到。图 5.27 给出了三阶和五阶互调产物的示意图。

2) 非线性放大器的影响

在 FDMA 方式中，当卫星转发器的 TWTA 同时放大多个不同频率的载波时，会对系统性能产生以下不利影响。

(1) 交调干扰

当多载波通过 TWTA 放大后，输出信号中产生各种组合频率成分。当组合频率成分落在卫星转发器工作频带内时，会对有用信号造成干扰，称为交调干扰。

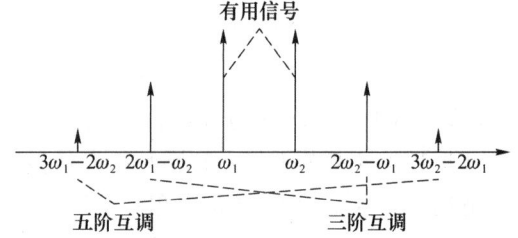

图 5.27　三阶和五阶互调产物示意图

(2) 频谱扩展

已调载波经非线性放大后，在输入信号主频谱外侧出现信号频率成分的现象称为频谱扩展。信号频谱扩展会对相邻卫星信道造成干扰。

(3) 信号抑制

在卫星通信中存在大、小站同时工作的情况，若转发器具有幅度非线性特性并采用 FDMA 方式，则不仅会出现交调产物，还可能出现大站强信号抑制小站弱信号的现象。这时，非线性放大器放大系数是随各载波信号强度的变化而变化的，载波信号强度越小，则非线性放大器增益越小。因此，须对大站功率进行适当限制，否则会严重影响小站的正常工作。

(4) 调制变换

由一个载波的幅度调制成分对其他载波进行调制的现象，称为调制变换。调制变换起源于 AM/AM 和 AM/PM 变换的非线性。如在 TDMA 信号和 FM 信号同时放大时，就会在 FM 信号基带内产生可懂串话噪声。

3) 减少非线性放大器影响的方法

为减少非线性放大器的影响，目前的方法可总结为以下几个方面。

(1) 控制各载波中心频率的间隔，合理分配不同幅度和不同容量的载波位置

当载波数较多时，须根据交调产物分布，合理选取载波中心频率间隔，而不是等间隔分配。载波频率间隔分配的基本原则是：位于卫星转发器频带中央的载波间隔大，而两边的间隔小。这样，既可以有效利用卫星频带，又可以减少高交调分量的影响。在实际卫星系统中，经卫星转发的各载波通常是幅度和频带都不等的，情况更为复杂，需结合实验来配置载波的位置。

(2) 加扰

扰码不仅能改善位定时恢复性能，还能使信号频谱弥散而保持稳恒。发端地球站和收端地球站分别通过扰码器和解扰器完成"扰码"与"解扰"。良好的扰码可限制周期序列和长连"0"或长连"1"序列的发生，以保持比特序列的透明性，还能起到保密作用，并能够减小已调数字载波的最大功率通量密度和满足在偏离轴线方向上 EIRP 的要求。

(3) 合理控制上行链路的载波功率及选择行波管工作点

利用功率回退的方法使得接收功率落在转发器线性区。在 FDMA 方式中，除产生交调分量外，还会出现强信号抑制弱信号的现象，因此必须严格控制地面发射各载波的功率，将其限制在允许的范围内。

(4) 利用幅度和相位预失真校正行波管特性

如图 5.28 所示，在 TWTA 前加入与之相反的幅度和相位特性的器件或网络，对 TWTA 的幅度和相位特性进行补偿，从而使系统整体的输出与输入间保持良好的幅度线性特性和相位恒定。

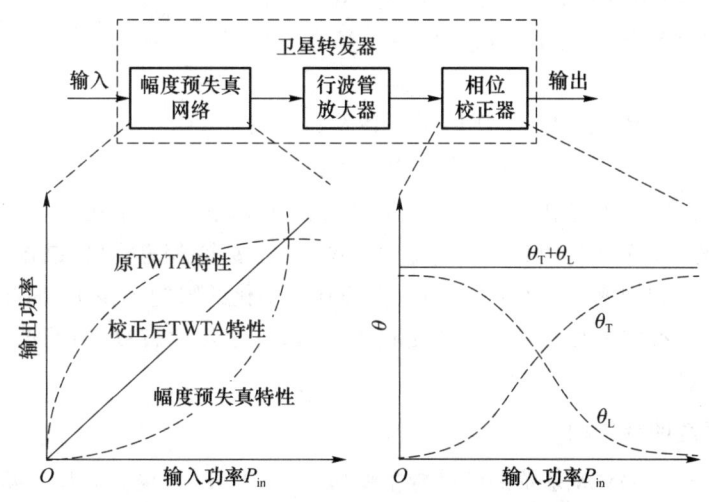

图 5.28 具有幅度和相位校正的 TWTA 系统

图 5.28 中的幅度校正模块可利用"预失真"方法完成，模块的输出信号相对输入信号是有失真的，通过 TWTA 再一次失真后，总输出与输入接近线性关系。预失真补偿模块可用 PIN 或肖特基势垒管（其衰减特性具有非线性）来构成。图 5.28 中的相位特性校正器，直接利用与 TWTA 相位特性相反的电路实现，这样输出信号相位基本上不会随输入功率的变化而改变，即满足 $\theta_T(P_{in}) + \theta_L(P_{in}) \approx$ 常数，其中 $\theta_T(P_{in})$ 和 $\theta_L(P_{in})$ 分别为行波管和相位校正器的相位特性。

综上，FDMA 方式具有以下特点：①设备简单，技术成熟；②不需要网络同步，性能可靠；③在大容量线路工作时效率较高；④转发器非线性容易形成交调干扰，为减少交调干扰，转发

器要降低输出功率,从而降低卫星通信的有效容量;⑤需要保护带宽,因此频带利用不充分;⑥当转发器接收各载波功率不同时,强信号会抑制弱信号,为使强、弱载波兼容,转发器功放需有适当的功率回退,并需对载波需做出合理的排列。

5.4.3 TDMA 方式

1. TDMA 方式的工作原理

TDMA 方式利用不同的时隙来区分地球站,只允许各地球站在规定的时隙内发射信号,这些射频信号通过卫星转发时,在时间上依次排列且互不重叠。如图 5.29 所示,地球站 A、B、C 等在基准站 R 提供的标准时间下发射信号,信号进入转发器时在所规定的时隙内且互不重叠。基准站常由某一通信站兼任,另一通信站作为备用基准站,以保证系统可靠性。基准站相继两次发射基准信号的时间间隔称为一帧。

TDMA 方式主要用来传输 TDM 数字话音,典型方式是 PCM/TDM/PSK/TDMA。如图 5.29 所示,一帧内有一个基准分帧和若干个消息分帧,每个分帧占用一个时隙。基准分帧由基准站的突发信号构成;消息分帧为地球站利用 TDM 方式构成的突发信号(突发信号是只能在规定的时隙内发射的具有规定格式的已调脉冲群)。在 TDMA 系统中,各地球站的分帧位置由事先规定好的话路顺序识别;地球站发射的信号由其消息分帧在一帧中的位置来确定。

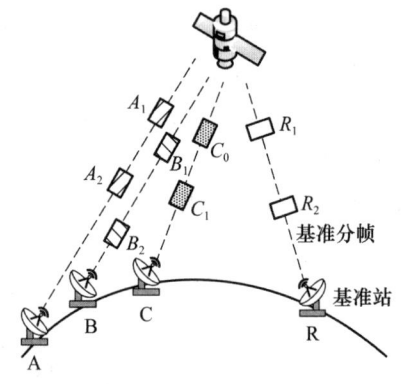

图 5.29 TDMA 方式的工作原理图

TDMA 方式的主要特点有:①任何时刻转发器仅为某一个地球站转发信号,各地球站可使用相同载波频率及转发器的整个带宽;②卫星转发器工作处于单载波状态,无交调干扰问题;③卫星转发器可在饱和点附近工作,能充分利用转发器的输出功率,不需要较多的输出(或输入)补偿;④无须进行频带分割,频率利用率比较高;⑤对地球站 EIRP 变化的限制不像 FDMA 方式那样严格;⑥易于实现信道的"按需分配";⑦全网需要精确同步,其设备比较复杂;⑧低业务量用户终端也需要相同的 EIRP。

2. TDMA 系统的帧结构

如图 5.30 所示,TDMA 系统的帧结构主要包括:基准分帧(也称同步分帧)和若干业务分帧(或称数据分帧)。同时,为避免各分帧因同步不准确而致使时间上互相重叠,分帧间设有保护间隔。

基准分帧 R 为一帧中第一分帧,由基准站发出。基准分帧 R 由载波和时钟恢复码(CBR)、帧同步码(又称独特码,UW)及站址识别码(SIC)构成,通常不包含通信信息。

业务分帧是传递通信信息的分帧。一帧中业务分帧的数目决定了 TDMA 系统中容纳的地球站数或地址数。各业务分帧长度由各地球站的业务量决定,可以不相等。一个业务分帧由前置码(或称报头)和信息码两部分组成。前置码位于业务分帧的前部,包括 CBR、UW、SIC、勤务联络信号(OW)等。信息码由多个通道组成。

基准分帧和业务分帧包括的 CBR、UW 和 SIC 作用和原理如下。

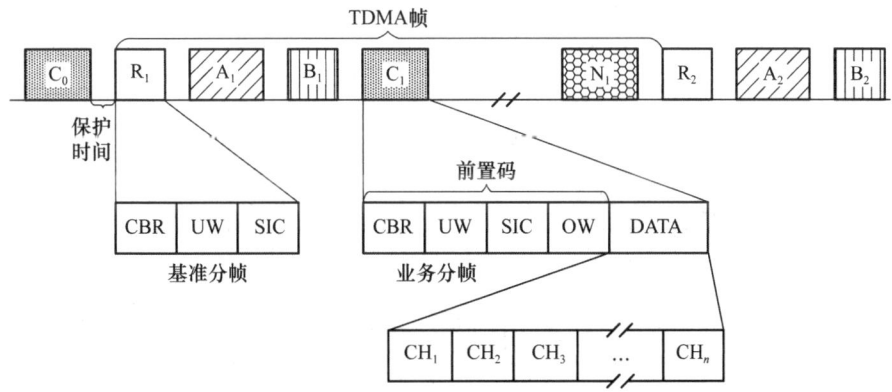

图 5.30 TDMA 系统的帧结构

1) CBR

CBR 的作用是恢复相干载波和位定时信号。为了进行相位调制载波的相干解调,必须从脉冲序列中恢复相干载波信号。在 CRB 序列的第一部分,提供一个未调制的载波,在检测器处被用来作为本地振荡的同步信号,然后由它产生一个与载波相关的输出;在 CRB 的后续部分,载波由一个已知相位变化的序列来调制,从它可以提取比特定时,以实现抽样和保持功能。一般,载波和时钟恢复码长度决定于解调器输入端的载噪比以及由载波频率不稳定度所要求的捕捉范围大小。

2) UW

UW 是每个地球站都存有的一种二进制码字(30~40 bit)。将输入的脉冲列比特流与存储的 UW 不断比较,当接收到的一组比特流与 UW 完全匹配时,接收机则认为检测到了 UW。帧结构为各站的 UW 在帧中位置提供了一个准确的基准时间。基准分帧中独特码提供帧定时,可使业务站能够确定各业务分帧在一帧中的位置;业务分帧中的独特码标志业务分帧出现的时间,并提供接收分帧定时,这个定时可使业务站只提取它所需要的包含在消息分帧中的子脉冲序列。

3) SIC

SIC 是用于验证特定发送地球站的码形。

3. 帧长的选择

TDMA 系统的帧结构和参数变量假设如图 5.31 及表 5.4 所示。

1) 突发速率

一帧内发送的总比特数与发送比特的时间之比称为突发速率。令一帧内总通道数为 $N=\sum_{i=1}^{m}n_i$,则可得突发速率 R_b(单位为 bit/s)为

$$R_b = \frac{B_r + mB_p + NL}{T_f - (m+1)T_g} \tag{5-31}$$

第 i 个分帧长度为

$$T_{bi} = T_g + (B_p + n_i L)\frac{1}{R_b} \stackrel{n_i=n}{=} \frac{T_f - T_r - T_g}{m} \tag{5-32}$$

2) 帧效率

一帧内含有传递内容消息信号的时间与帧长的比值,称为帧效率,即

$$\eta_f = \frac{T_f - T_r - mT_p - (m+1)T_g}{T_f} = 1 - \frac{T_r + mT_p + (m+1)T_g}{T_f} \qquad (5\text{-}33)$$

因此,在 T_r、T_p、T_g 和 m 一定的条件下,T_f 越长,效率就越高。

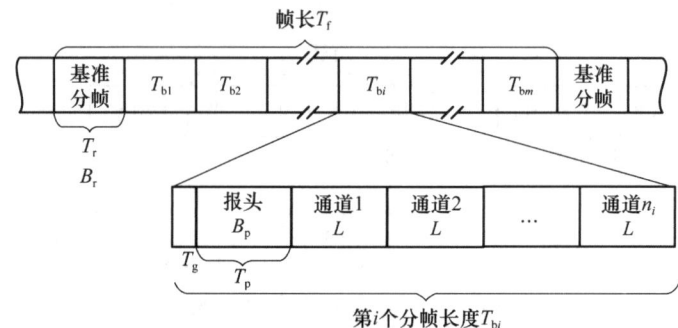

图 5.31 帧与分帧长度

表 5.4 TDMA 系统的帧参数

参数	变量
帧长	T_f
业务分帧(通信地球站)个数	m
基准分帧突发比特	B_r
报头比特	B_p
基准分帧长度	T_r
保护时间	T_g
第 i 个分帧长度	T_{bi}
通道数	n_i
每个通道的比特数	L

3) 帧长的选择

一般帧长的选择需要考虑以下几个方面的因素:①帧长一般选取为 125 ms 的整数倍;②T_f 长,则效率高,但 T_f 增长到一定程度后,帧效率的改善不会超过 10%,且 T_f 长意味着缓冲存储器存储量增加,进而成本变高;③T_f 越长,帧与帧间载波的相关性便越差,因而当用帧-帧相关性恢复载波电路时,解调中会出现附加相位噪声;④当 $T_f > 0.1$ s 时,其值与地球-卫星的单程传播时间 0.27 s 的数量级相同,此时引入的附加时延对通话不利;⑤当数据传输低速率时,用较长的 T_f 才有益,此时保护时间可取长一点,而帧效率仍很高,同时可简化定时系统,早期建立的系统常用 $T_f = 125$ ms,而 IS-V 系统取 $T_f = 750$ ms。

例 5.2 在 INTELSAT 卫星中,每帧包含 120 832 个符号,帧长为 2 ms,帧效率为 0.949,语音信道比特率为 64 kbit/s,假设采用 QPSK 调制,求该系统可以容纳的语音信道数目。

解:符号速率为

$$120\,832/2 = 60.416 \text{ M Baud}$$

由于采用 QPSK,所以比特率为 120.832 Mbit/s。

因此,可以容纳的语音信道数为

$$120.832 \times 0.949/64 \approx 1\,791 \text{ 个}$$

4. 转发器利用率

在 TDMA 情况下,转发器的利用率与卫星 $EIRP_s$、接收地球站 G/T 及调制方案的效率有关。传输比特率可能受到 $EIRP_s$ 或带宽的限制。

第 4 章已经得到下行链路载波噪声谱密度为 $[C/N_0]=[EIRP]+[G/T]-[L]-[k]$,又已知 $C=E_b R_b$,其中,E_b 和 R_b 分别为比特能量和比特速率,则可以得到功率受限链路的比特率为

$$[R_b]=[EIRP_s]+\left[\frac{G}{T}\right]-[L]-[k]-\left[\frac{E_b}{N_0}\right], (dB) \quad (5-34)$$

在 G/T 和下行链路 E_b/N_0 给定时,根据式(5-34)就能算出功率受限情况下的传输比特率。

而当有足够大的 EIRP 时,最大允许比特率将受到转发器有效带宽的限制。此时,调制方案的频谱效率越高,提供的比特速率越大,有最大比特率

$$R_b = \eta B, (bit/s) \quad (5-35)$$

其中,B 为转发器带宽,η 为调制效率。

因此,使用式(5-34)和式(5-35)就可以确定一个系统是功率受限还是带宽受限。

5. TDMA 终端

1) 终端功能

如图 5.32 所示,TDMA 终端主要包括射频发射部分、射频接收部分、TDMA 终端设备和地面接口设备。地面接口设备是 TDMA 终端与地面通信网络间的接口,分为模拟接口和数字接口两种。随着地面网络数字化的发展,模拟接口使用范围越来越小。TDMA 终端设备包括发射部分、接收部分、控制部分、监控与维护装置。

总体来说,TDMA 地面终端设备的主要功能包括以下几个方面。

(1) 完成帧发送和接收:对地面接口送来的信号,首先进行分帧操作,其次进行多路复用形成一个完整帧,最后沿上行卫星链路传送到卫星转发器。此外,在地球站接收由卫星转发器转发的所属分帧信号,并进行分路,将其送往地面接口。

(2) 实现网络同步:完成系统的初始捕获和分帧同步。

(3) 实现对卫星链路的分配与控制。

(4) 链路质量检测与备用设备的转换功能。

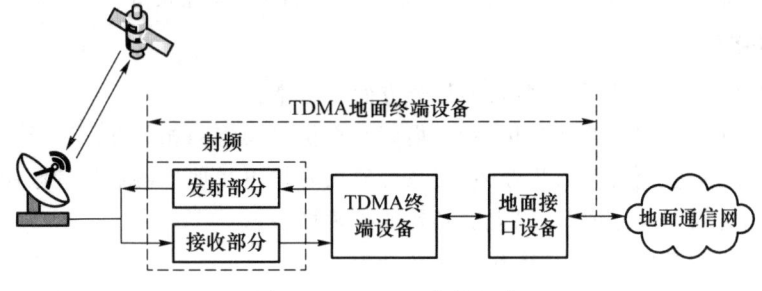

图 5.32 TDMA 终端组成

2) 系统的定时与同步

(1) TDMA 系统定时

卫星自身在空间内漂移,天体引力也会使卫星缓慢漂移,大气折射会使卫星与地球站间距离随时间发生变化。因而,即使基准站发出精确的基准分帧信号,但在经过卫星转发器时,基

准分帧间的帧周期也发生了变化。若要求卫星转发器上所接收帧信号的帧周期保持不变,那么只能要求基准站不断地改变其基准分帧的发射时刻,即时钟频率,才能随时保持与卫星转发器上帧周期同步。

(2) TDMA 系统同步

TDMA 系统同步包括载波同步、时钟同步和分帧同步。系统要求在极短时间内从接收分帧报头中提取基准载波和时钟信号;分帧同步可以确保该分帧与其他分帧间保持正确的时间关系而不出现重叠现象,包括发射数据如何进入指定时隙的初始捕获和分帧与其他分帧如何维持正确的时间关系。

5.4.4 CDMA 方式

CDMA 方式采用伪随机序列(PN)区分各地球站的发射信号,各地球站所发射的信号在频率和时间上可以互相重叠。CDMA 的优点是具有一定的抗窄带干扰能力,信号的功率谱密度低、隐蔽性好、不需要网络同步、使用灵活;缺点是频带利用率低,通信容量受到多址干扰限制。

1. 典型的扩频技术

1) 直接序列扩频

直接序列(Direct Sequence,DS)扩频利用高速率码元的伪随机序列扩展低速码元频谱。这种扩频易于实现,适用于低速数据传输。

2) 跳频扩频

在跳频(Frequency Hopping,FH)扩频中,信号的载波频率按伪随机序列的对应模式跳变。这种扩频保密性好,不易受远近效应和多径干扰影响,但当多用户使用频率较多时,交调干扰较严重。

3) 跳时扩频

跳时(Time Hopping,TH)扩频利用伪随机码控制载波的断续。这种扩频易受同频窄带干扰影响,因此常与其他方式(如 FH 方式)组合使用。

(4) 组合扩频

组合扩频是指把两种以上扩频方式组合起来使用,能使系统获得多种扩频处理增益。

2. 伪随机序列

CDMA 中地址码的选择需遵循以下几个方面的原则:

(1) 具有良好的自相关性和互相关性,最好有近似白噪声的相关性;

(2) 可用地址码序列的数量足够多,使系统通信容量不受地址码数量的限制;

(3) 码序列的周期应足够长,以提供必要的处理增益;

(4) 地址码产生简单,接收端容易捕获和同步。

在实际中,应综合考虑上述原则来选取 CDMA 地址码。一般采用伪随机噪声(PN)序列作为地址码,如 m(最大长度线性)序列、gold 序列、L(平方剩余)序列、H(霍尔)序列、双素数序列、混沌序列等。由于 m 序列产生容易、随机性好、理论较为完备等优点,因此它在卫星通信与移动通信中得到了广泛应用。

3. CDMA 工作原理

1) 直接序列扩频

如图 5.33 所示,在直接序列扩频(DS-CDMA)中发送端地球站的数字基带信号码元与双极性 PN 码相乘,然后进行载波调制;假设基带信号码元宽度是地址码元宽度的 N 倍(N 一般为 PN 序列的周期),则信号频谱也被展宽为 N 倍。接收端利用同步且与发送端相同的 PN 码与接收信号进行混频和解扩,得到仅受数字基带码元调制的中频窄带信号;再将该中频窄带信号中频放大与滤波后进行解调。

干扰和其他信号与接收端 PN 码不相关,经解扩后其频谱被扩展,进而经过中频窄带滤波后,被解调器视其为噪声。

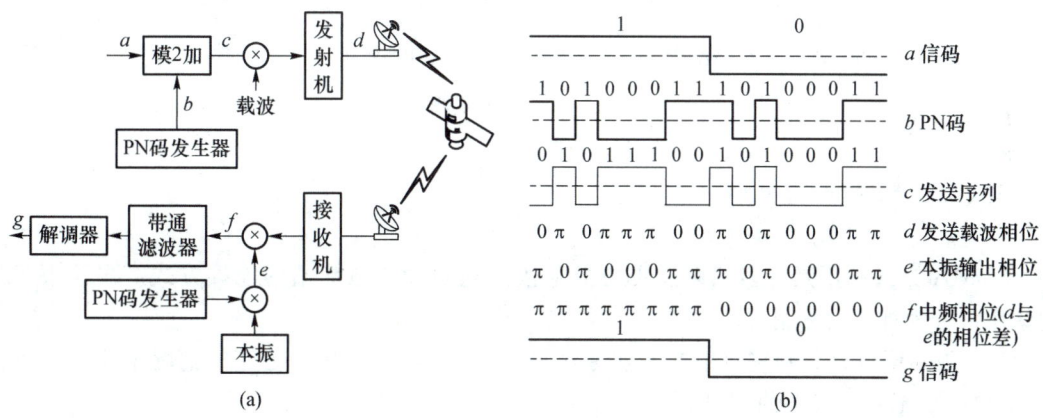

图 5.33 DS-CDMA 系统的原理及扩谱信号传输图(以 BPSK 为例)

(2) 跳频扩频

如图 5.34 所示,在跳频扩频(FH-CDMA)中,发送端利用 PN 码控制频率合成器,使输出频率在一个宽范围频率上进行伪随机跳变,再与经信码调制过的中频混频。其中,跳频图案和跳频速率由 PN 码序列和 PN 序列速率决定。接收端提供一个与发送端相同的 PN 码,并产生相同规律的频率跳变信号与接收信号混频,从而获得中频已调信号,进而进行解调。

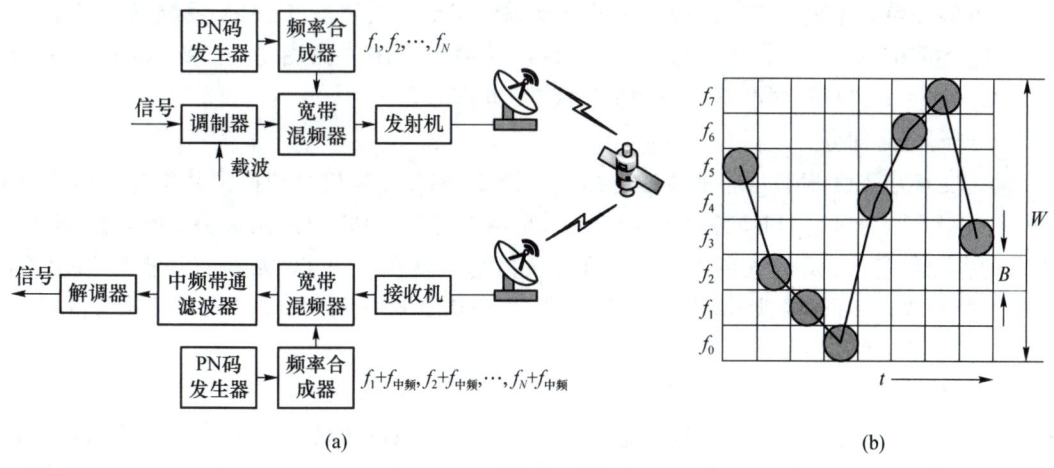

图 5.34 FH-CDMA 系统的原理框图

若 FH-CDMA 中调制采用 MFSK,则:①扩频频谱分布是均匀的,但瞬时频谱是窄带的,信号隐蔽性差,若有多个跳频载波同时工作,则可改善信号隐蔽性;②一般采用的地址码长度短、速率低,故链路同步比 DS-CDMA 容易;③抗干扰能力和通信能力取决于跳频数;④FH-CDMA 在任一瞬间为 FDMA 系统,转发器采用多载波工作方式,因此须考虑交调干扰问题。

(3) 跳时扩频

与跳频扩频相似,跳时是使发射信号在时间轴上跳变。如图 5.35 所示,在跳时扩频(TH-CDMA)中,首先把时间轴分成不同的帧,而每一帧又分为许多的时间片,每一帧内的哪个时间片发射信号由扩频序列进行控制。因此,可以把跳时理解为用一定码序列进行选择多时间片的时移键控。由于简单的跳时抗干扰性不强,因此很少单独使用。

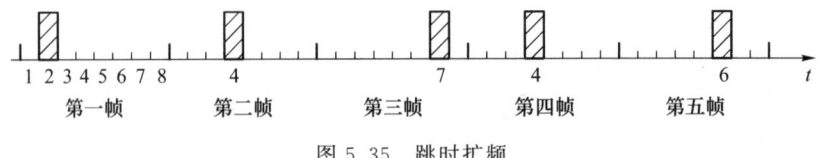

图 5.35 跳时扩频

5.4.5 SDMA 方式

SDMA 方式利用具有多波束天线的卫星按空间划分与地球站的连接方式。多波束卫星的使用可分为如下两种情况:

(1) 用不同波束分别覆盖不同的业务区域,目的是在卫星功率足够的情况下实现频率复用,成倍扩展卫星转发器的容量;

(2) 利用多个高增益点波束分别照射单一业务区域的几个小区域,目的是实现地球站天线的小型化。

SDMA 方式一般与其他多址方式结合使用。由于多波束的连接状态是时变的,因此 SDMA 方式适合与 TDMA 方式结合使用,从而有效提高通信容量。SDMA 方式可以降低对其他电子系统的干扰。此外,多波束卫星上必须具备波束切换功能。

1. 工作原理

以不同波束分别覆盖不同的业务区域为例,将 SDMA 系统与 TDMA 系统通过卫星交换(Satellite Switched, SS)结合形成 SDMA/SS/TDMA 系统。如图 5.36 所示,SDMA/SS/TDMA 系统主要包括控制电路部分和信号收、发电路部分。

1) 控制电路部分

动态交换矩阵(DSM)可将地球站送往卫星的 TDMA 分帧信号切换到其相应方向的目的波束中,供目的站接收。切换控制电路(DCU)是用来完成 DSM 切换控制功能的电路;但控制 DCU 的存储信息、收发信息以及 DSM 的切换信息等任务由 TTC 站执行。控制周期需与 TDMA 帧的周期相同,要求 SS-TDMA 通信中的 TDMA 帧须与 DSM 的切换顺序保持同步。

2) 信号收、发电路部分

以三波束 SS-TDMA 系统为例,卫星上共有三副窄波束天线,用于接收相应区域内的地球站信号和向相应区域内的地球站转发信号。每个波束区域内可有一个或若干地球站,它们按 TDMA 方式工作,即按不同分帧进行排列。定义某波束在卫星内占据的整个时段为卫星的一个时帧 T_f,每一时帧中的分帧分配和排列可采用预分配(PA)或按需分配(DA)方式。若采用 PA 方式,则每一时帧中各分帧的分配和编排次序是由系统设计预先设定的。图 5.37 以 PA

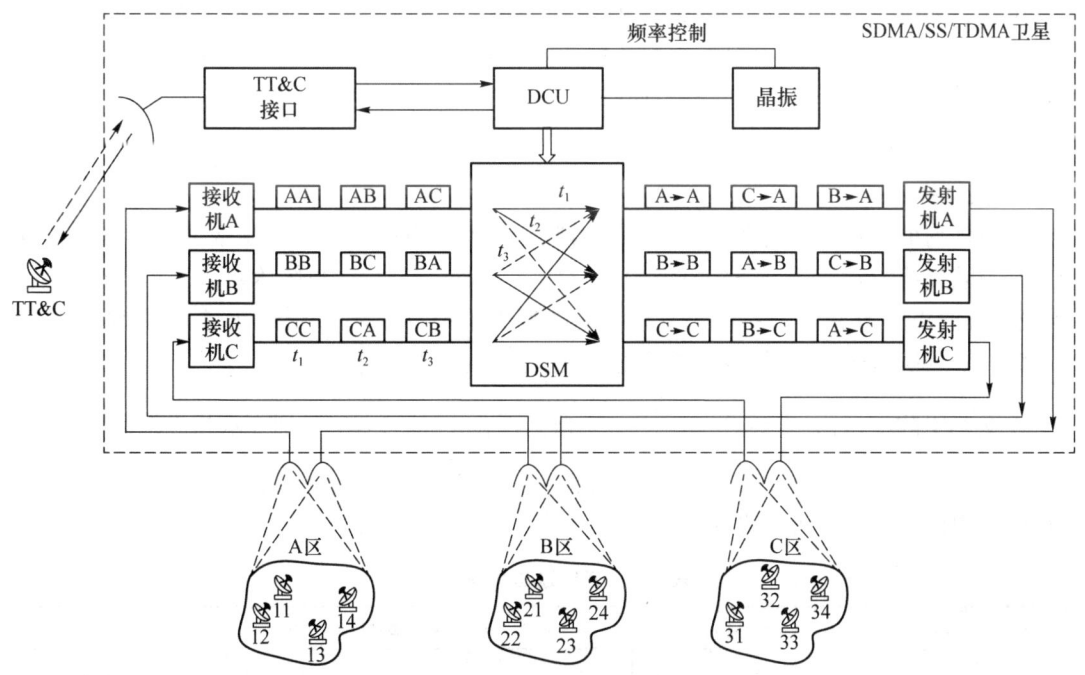

图 5.36 SDMA/SS/TDMA 系统的基本原理图

方式为例,给出了一种按循环方式排定的均匀结构分帧方式,下面进行上、下行通信流程的说明。

(1) 上行。若 A 区域内某一地球站要与 A、B 和 C 区域内的地球站通信,则上行 TDMA 时帧中包含 AA、AB 和 AC 三个分帧;同理,若 B 区和 C 区内某一地球站要与 A、B、C 区域内的地球站进行通信,则上行 TDMA 时帧中包含的三个分帧分别是 BB、BC、BA 和 CC、CA、CB。

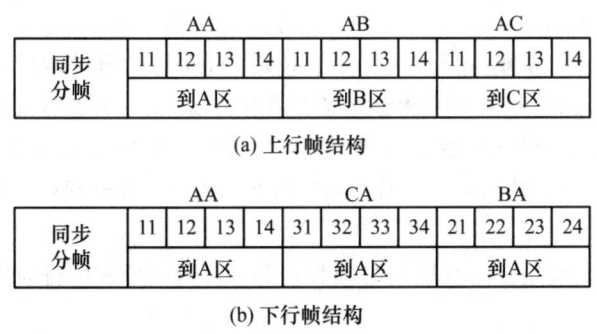

图 5.37 来自 A 区的上行和下行 TDMA 帧结构

(2) 下行。卫星接收信息后,在 DSM 中根据所发往的波束区,重新组合下行 TDMA 帧;不同波束覆盖区中下行 TDMA 帧的内容不同,而各分帧对应该波束内不同地球站。如图 5.36 所示,根据 DCU 的控制信号,在 t_1、t_2 和 t_3 时刻,通过 DSM 将发往 A、B 和 C 波束区的分帧(AA、CA、BA,BB、AB、CB 及 CC、BC、AC)组合成发往各通信区的下行 TDMA 帧信号,向指定区域的地球站发射。

由上可知,当采用 PA 方式时,无法根据各区域内或同一区域内各地球站间通信量的变化而调整信道分配,因此分帧和时帧效率不高。而当采用 DA 方式时,系统中分帧长度和排列顺序可根据实际的通信容量需求而变化。DA方式是按照各波束区域内申请工作的站数和通信量来确定分帧排列和时隙长度的,因此各地球站需向TTC站提出通信量申请,并由该站进行分帧排列,进而将排列结果通知各站,同时将转换控制程序指令发送给卫星。

2. 分帧排列

1) 帧交换矩阵

分帧排列的主要目的是在DSM中进行帧交换,而波束间的通信交换量可用矩阵表示,该矩阵称为帧交换矩阵或业务交换矩阵 $D=\{d_{ij}\}$。如表5.5所示,矩阵阶数 k 表示波束区域数(假设接收波束区为 $Y_1,Y_2,\cdots,Y_k$;发射波束区为 $X_1,X_2,\cdots,X_k$);元素 d_{ij} 表示从第 i 波束区发往第 j 波束区的通信量(既可是通话路数,也可是帧中所占时隙数)。

在交换矩阵中,行元素和 $S_i=\sum\limits_{j=1}^{k}d_{ij}$ 及列元素和 $R_j=\sum\limits_{i=1}^{k}d_{ij}$ 分别表示相应发射区和接收区的总通信量。通常,将交换矩阵中具有最大通信量的行(或列)称为临界行(或列),并称临界行(或列)中的最大元素为临界元。

表 5.5 系统通信量交换矩阵

		接收波束区				
		Y_1	Y_2	$\cdots$	Y_k	$\sum\limits_{j=1}^{k}d_{ij}$
发送波束区	X_1	d_{11}	d_{12}	$\cdots$	d_{1k}	S_1
	X_2	d_{21}	d_{22}	$\cdots$	d_{2k}	S_2
	$\vdots$	$\vdots$	$\vdots$	$\cdots$	$\vdots$	$\vdots$
	X_k	d_{k1}	d_{k2}	$\cdots$	d_{kk}	S_k
	$\sum\limits_{j=1}^{k}d_{ij}$	R_1	R_2	$\cdots$	R_k	

2) 分帧编排

分帧编排指把已知交换矩阵分解为若干分帧矩阵,而每个分帧矩阵中各波束区域间的交换具有一对一关系,因此各分帧矩阵能够用各行各列中最多一个非零元素表示。分帧编排的方法很多,按照不同标准,如分帧数最少(即转换次数最小或分帧长度 T_D 最短),可形成不同的算法,从而构成不同的分帧编排。下面以 T_D 最短为标准,给出利用贪婪算法进行分帧编排的方法。

若 S_i 或 R_j 的最大值是 T_D,系统的时帧长度为 T_f,则在分帧编排时间 T_D 内,所有通信量分配过程如下。

步骤1:根据帧交换矩阵 D 确定临界行 i_0。

步骤2:从帧交换矩阵 D 的每行(或每列)中选一个元素,构成一个基本矩阵 D_1,其余元素构成剩余矩阵 D_2。通常取临界行 i_0 中的最大元素(即临界元素),其他行也选最大的元素构成 D_1 矩阵。若分帧矩阵 D_1、D_2 和 D 一样保持同一行 i_0 为临界行,则进入最后一步;否则,需利用下一步进行修正。

步骤3:观察基本分帧矩阵 D_1,进行如下修正。

(1) 若 D_1 中有比临界元素大的元素,则将超出值退回到剩余矩阵 D_2 中。

(2) 为使 i_0 行成为 D_2 的临界行,同时保证满足上一个条件,应从 D_1 向 D_2 逐单位退回,

这样才能保证满足 D_2 的临界条件,同时获得第 1 个分帧 D_1。

步骤 4:剩余矩阵的确定。D_2 至少包含一个零元素,可对 D_2 重复前述 3 个步骤,得到第 2 个分帧编排 D_2 和剩余矩阵 D_3。若 D_3 矩阵中各元素仍不相同,则继续此步骤,直至各元素相同为止。

例 5.3 已知某 3×3 的交换矩阵 D 如下,请使用分帧长度最短的编排法找出其所有的基本分帧矩阵及分帧编排帧结构。

$$D=\begin{bmatrix}5 & 1 & 6\\4 & 4 & 4\\3 & 7 & 2\end{bmatrix}$$

解:(1)

$$D=\begin{bmatrix}5 & 1 & 6\\4 & 4 & 4\\3 & 7 & 2\end{bmatrix}\begin{matrix}12\\12\leftarrow\text{临界行}\\12\end{matrix}$$
$$\quad\quad 12\ 12\ 12$$

(2) 为了满足临界条件,从 D_1 的 d_{13}、d_{32} 中分别退回 2 和 3 个单元到 D_2。

$$\begin{bmatrix}5 & 1 & (6)\\(4) & 4 & 4\\3 & (7) & 2\end{bmatrix}=\overset{D_1}{\begin{bmatrix}0 & 0 & 6\\4 & 0 & 0\\0 & 7 & 0\end{bmatrix}}+\overset{D_2}{\begin{bmatrix}5 & 1 & 0\\0 & 4 & 4\\3 & 0 & 2\end{bmatrix}}=\overset{D_1}{\begin{bmatrix}0 & 0 & 4\\4 & 0 & 0\\0 & 4 & 0\end{bmatrix}}+\overset{D_2}{\begin{bmatrix}5 & 1 & 2\\0 & 4 & 4\\3 & 3 & 2\end{bmatrix}}$$

(3) 对 D_2 重复进行同样步骤的排列,可得到其他分帧的排列。

$$D_2=\begin{bmatrix}5 & 1 & 2\\0 & 4 & 4\\3 & 3 & 2\end{bmatrix}=\begin{bmatrix}3 & 0 & 0\\0 & 0 & 3\\0 & 3 & 0\end{bmatrix}+\begin{bmatrix}2 & 0 & 0\\0 & 2 & 0\\0 & 0 & 2\end{bmatrix}+\begin{bmatrix}0 & 0 & 2\\0 & 2 & 0\\2 & 0 & 0\end{bmatrix}+\begin{bmatrix}0 & 1 & 0\\0 & 0 & 1\\1 & 0 & 0\end{bmatrix}$$

如图 5.38 所示,根据上述方法编排矩阵,可画出 TDMA 帧内各波束区域的收发分帧编排。虽然转换定时次数为 5 次,但它容纳的未来业务量富余时间较多(本方案为 2 个分帧的时间),因此它是一个较为理想的方案。

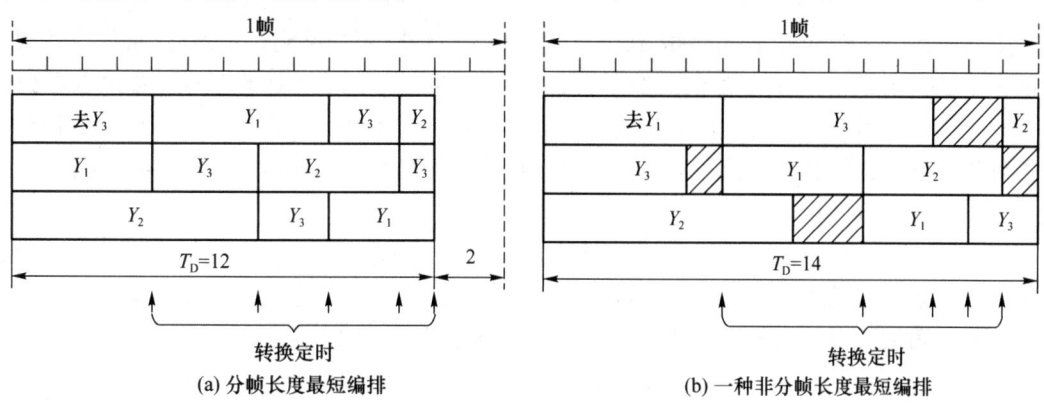

图 5.38 分帧编排举例

3. 帧同步

在 SDMA/SS/TDMA 系统中,要求通信卫星能够提供定时切换功能,因此它与普通 TDMA 系统不同,要求地面上能够检测出卫星切换器的切换定时,从而使 DSM 能够按分帧编排顺序进行切换。为保证准确的切换操作,必须在各地球站间建立帧同步,以便调节本站发送分帧的发送定时,才能保证该分帧按照预定的时间通过交换矩阵。

控制帧同步的方法有两种,具体如下。

1) 星载定时

星载定时是以卫星上切换电路所提供的定时为基准的一种帧同步方法。此方法要求地面上各地球站以此为准,随时保持同步,也要求卫星上能够产生同步采用的基准分帧(SRB)。因此,卫星上须配置调制器,增加了卫星复杂度。

2) 地球定时

地球定时由基准地球站控制星上切换电路和其他地球站,以实现帧同步。此方法要求星上切换电路中设置指令解调器,但会增加卫星设备的复杂度。

5.4.6 跳波束方式

在卫星通信中,用户需求的不确定性和广域业务的时空非匀特性,要求卫星可以根据时空变化的业务需求动态调度通信资源,以提高卫星通信资源的利用率。虽然卫星多波束系统具备灵活调配功率资源的能力,如 Inmarsat-4 卫星,但受频率复用等影响,带宽动态调配能力仍然有限。

卫星跳波束(Beam Hopping,BH)技术可以充分挖掘通信资源的时-空-频多域自由度,并通过灵活的多域资源调度来服务用户。跳波束能够根据实际业务需求自适应地调整或赋形各波束,通过为用户分配带宽和功率资源,以及不同数量的时隙来动态调整用户速率。使用 INMARSAT 新一代卫星、休斯(Hughes)的 Spaceway3 卫星、Eutelsat Quantum 卫星等系统对跳波束通信开展了技术探索和工程实现。非静止轨道卫星,如 Starlink 卫星配备同时生成多个点波束的相控阵天线,根据不同地理位置的用户需求,通过跳波束接力服务不同用户。

利用卫星跳波束可以实现按需服务,但同时也面临平衡业务公平性和差异性、平衡系统实现的灵活性和复杂度等主要技术挑战。

1. 卫星跳波束系统模型

卫星链路分为正向链路(信关站到用户站)和反向链路(用户站到信关站)。从信关站到卫星的馈电链路通常是一对一的单链路系统,因此一般研究较多的是卫星正向链路中卫星到地面用户之间的一对多的下行链路。反向链路的多对一上行链路波束使用方式可以与下行链路波束管理方案一致或独立设计。此处以正向链路中下行模型为例,介绍跳波束系统架构,卫星正向链路跳波束系统模型如图 5.39 所示。

卫星天线波束辐射能量主瓣到达地面所覆盖的区域称为小区(或波位)。使用固定赋形波束天线的非静止轨道卫星(如铱系统、Oneweb 系统),卫星足迹下的小区随着卫星的运动而运动。在使用可移动点波束的静止或非静止轨道卫星通信系统时,小区通常根据地理位置或用户位置进行划分。小区的大小取决于点波束宽度、卫星轨道高度等系统设计参数。

在跳波束卫星通信系统中,卫星点波束数量通常小于小区数量,即该系统能够利用较少的

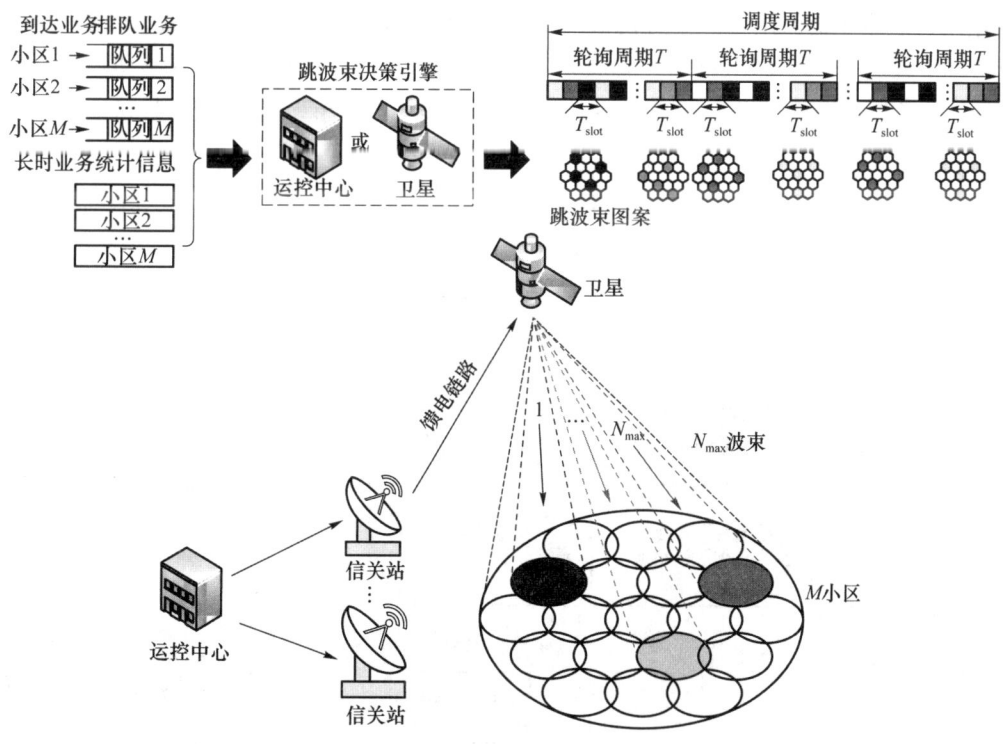

图 5.39　卫星正向跳波束系统模型

点波束资源，以时分的方式指向预定小区，满足地面覆盖广、不均匀的用户业务需求。点波束指向的中心可以是地面确定的地理位置，也可以是用户。借助星载相控阵天线波束快速切转的特点，按照用户位置进行轮询式覆盖。

在跳波束系统中，实时到达信关站或卫星的业务队列信息，或长时间的业务统计信息，称为小区业务需求。特定跳波束图案保持的最小时间，也是波束在一个小区的最短驻留时间，称为时隙。一个时隙内的所有波束指向，称为跳波束图案。由若干个时隙的跳波束图案构成跳波束时隙计划；最小时隙计划为单个时隙的跳波束图案。更新跳波束时隙计划的时间间隔称为跳波束调度周期，每次跳波束调度结果为一个新的跳波束时隙计划；跳波束调度周期最小可等于单个时隙长度，当调度周期等于单个时隙长度时，调度过程为逐时隙调度。跳波束轮询周期是指一个跳波束时隙计划的持续时间，也是跳波束时隙计划的重复周期。跳波束轮询周期小于等于跳波束调度周期；在逐时隙调度时，轮询周期等于调度周期；一个跳波束时隙计划所包含的时隙数量是轮询周期的时隙个数。跳波束时隙计划重复次数是跳波束时隙计划在一个跳波束调度周期中的重复次数；该重复次数大于或等于1，等于跳波束调度周期除以跳波束轮询周期。跳波束决策引擎是执行跳波束调度算法的单元，位于运控中心或者卫星上。

根据跳波束时隙计划，卫星以时分复用（TDM）方式提供多个波束，通过跳波束下行链路将业务数据传送给地面用户。在任意时刻，卫星同时有多个波束被激活，从而使卫星功率和带宽能够被投放到需要的地方，实现时-空-频等资源分配，提升卫星的有效容量和小区的业务满足度。跳波束时隙越小，卫星波束资源的粒度越细，可调配的自由度增加。在一个跳波束时隙内，仍然可以按照频分多址方式，如采取正交频分复用等方式细化资源粒度。

2. 卫星跳波束实现架构

卫星或地面运控中心通过处理各小区的长时业务统计或实时业务需求信息，决策出跳波束时隙计划以服务地面用户。如图5.40所示,根据跳波束业务调度处理方式以及调度算法决策或执行位置这两个维度,卫星跳波束系统架构可以分为四类:星上处理业务驱动跳波束架构、地面处理业务驱动跳波束架构、地面处理预先规划跳波束架构、星上处理预先规划跳波束架构。

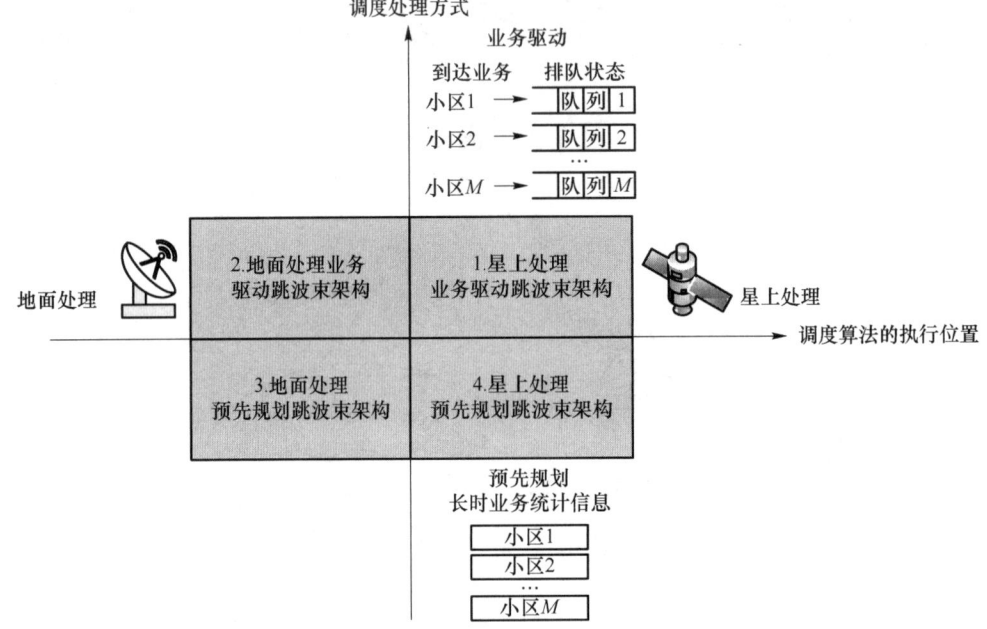

图5.40 卫星跳波束系统架构分类

1) 星上处理业务驱动跳波束架构

星上处理业务驱动跳波束架构如图5.41所示。卫星通过处理各小区实时到达的业务队列,按用户或小区队列长度和优先级逐时隙决策出跳波束图案,指配当前时隙的波束指向,卫星据此执行跳波束数据传输以服务地面用户。该方法依赖于具有星上处理能力的卫星。

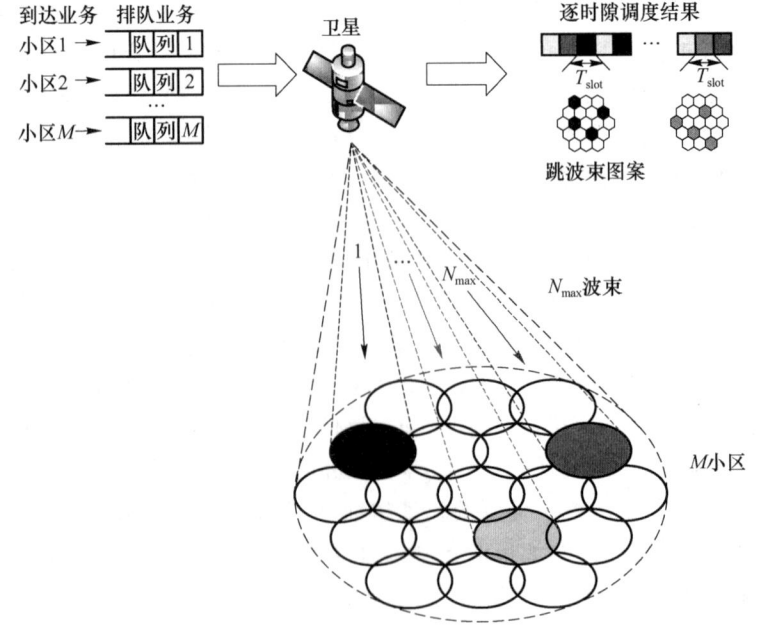

图5.41 星上处理业务驱动跳波束架构

2) 地面处理业务驱动跳波束架构

地面处理业务驱动跳波束架构如图 5.42 所示。地面运控中心通过处理各小区实时到达的业务队列,按用户或小区队列长度和优先级逐时隙决策出跳波束图案,指配当前时隙波束指向,并将其传输到卫星,再由卫星据此执行跳波束数据传输以服务地面用户。该方法的数据处理地点位于地面运控中心。

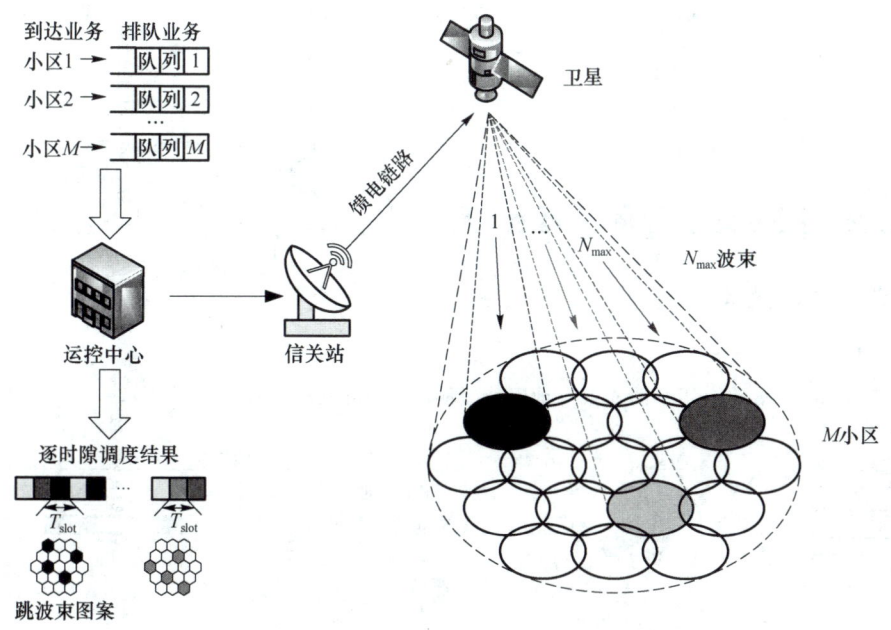

图 5.42 地面处理业务驱动跳波束架构

3) 地面处理预先规划跳波束架构

地面处理预先规划跳波束架构如图 5.43 所示。地面运控中心通过处理各小区一定时间的业务统计信息决策出跳波束时隙计划,并将其传输至卫星,再由卫星据此执行跳波束数据传输以服务地面用户。地面处理预先规划跳波束架构在一段时间内执行预先规划的跳波束调度,调度周期持续一段时间,该架构按小区业务统计信息和优先级安排跳波束时隙计划,且数据处理地点位于地面运控中心。例如,目前 Starlink 星座网络的服务模式是用户提前注册位置,地面运控中心根据卫星轨迹与地面用户位置,预先规划卫星在不同时刻的跳波束图案,实现不同卫星波束对不同小区的分时服务。

4) 星上处理预先规划跳波束架构

星上处理预先规划跳波束架构如图 5.44 所示,卫星通过处理各小区长时间的业务统计信息决策出跳波束时隙计划,卫星据此执行跳波束数据传输以服务地面用户。星上处理预先规划跳波束架构在一段时间内执行预先规划的波束调度,调度周期持续一段时间,该架构按小区业务统计信息和优先级安排跳波束时隙计划。该方法依赖于具有星上处理能力的卫星。

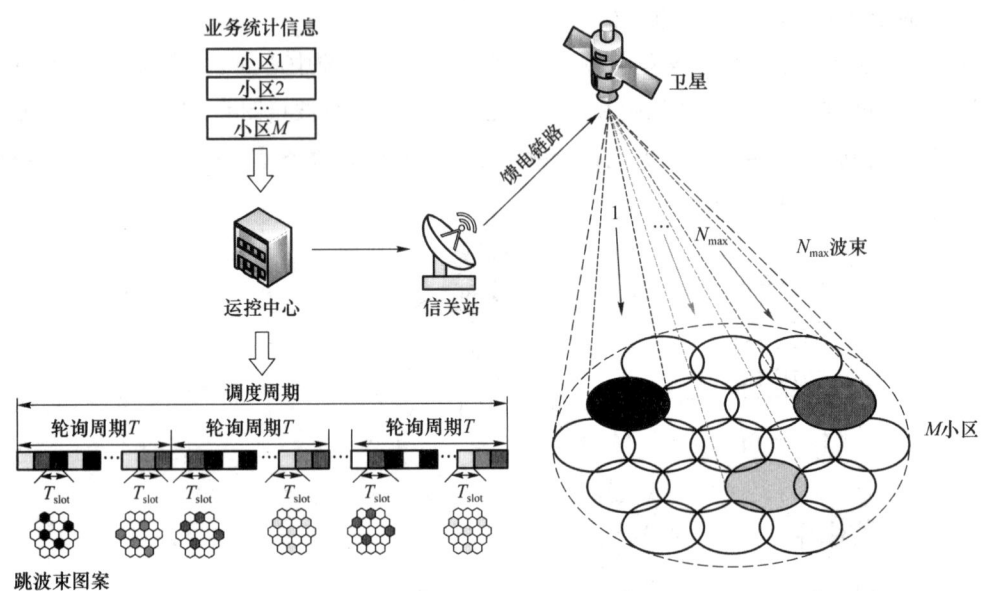

图 5.43 地面处理预先规划跳波束架构

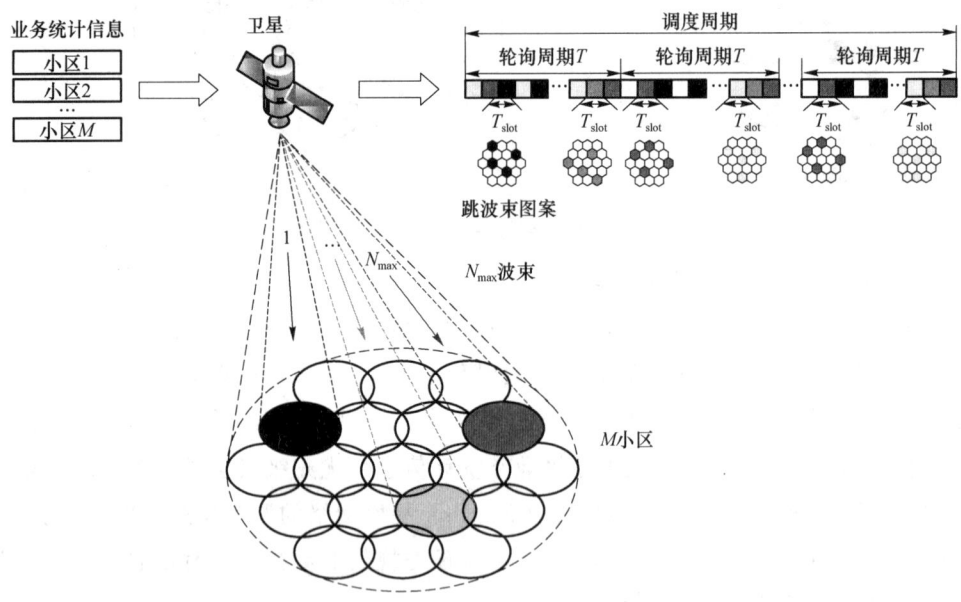

图 5.44 星上处理预先规划跳波束架构

5.4.7 ALOHA 方式

ALOHA 属于随机连接时分多址(RA/TDMA)方式,主要包括随机多址访问、可控多址访问和载波监听多址。

1. 随机多址访问

在随机多址访问方式中,所有用户共享公共信道传输信息,当发起信息传输时无须与其他用户协商；当信息产生碰撞时，必须重传信息。随机多址访问主要包括 P-ALOHA（Pure ALOHA，P-ALOHA）和 S-ALOHA 等。

1) P-ALOHA

(1) 协议内容

在 P-ALOHA 方式中，所有地球站共用一个卫星转发器频段，各站在时间上随机发送其数据分组。若发生碰撞，就会导致数据分组丢失，各站将随机延迟一定时间后重发该丢失的数据分组。

如图 5.45 所示，传输的数据分组是各地球站按照一定长度将待传数据分成若干段，然后在每段数据前后分别添加报头（包含了收、发两端地球站的地址及某些控制比特）和检验码。

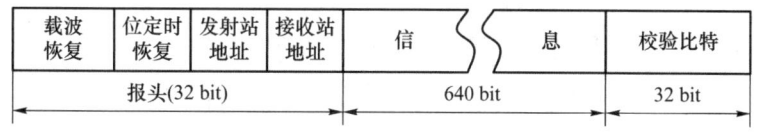

图 5.45 数据分组格式

如图 5.46(a)所示的 P-ALOHA 方式中，从前一个分组开始发送的时刻到本分组发送完毕的时刻（这一时间段称为受损间隔），若其他地球站发送分组就会出现碰撞，导致分组丢失。为此提出了时隙-ALOHA(S-ALOHA)方式。

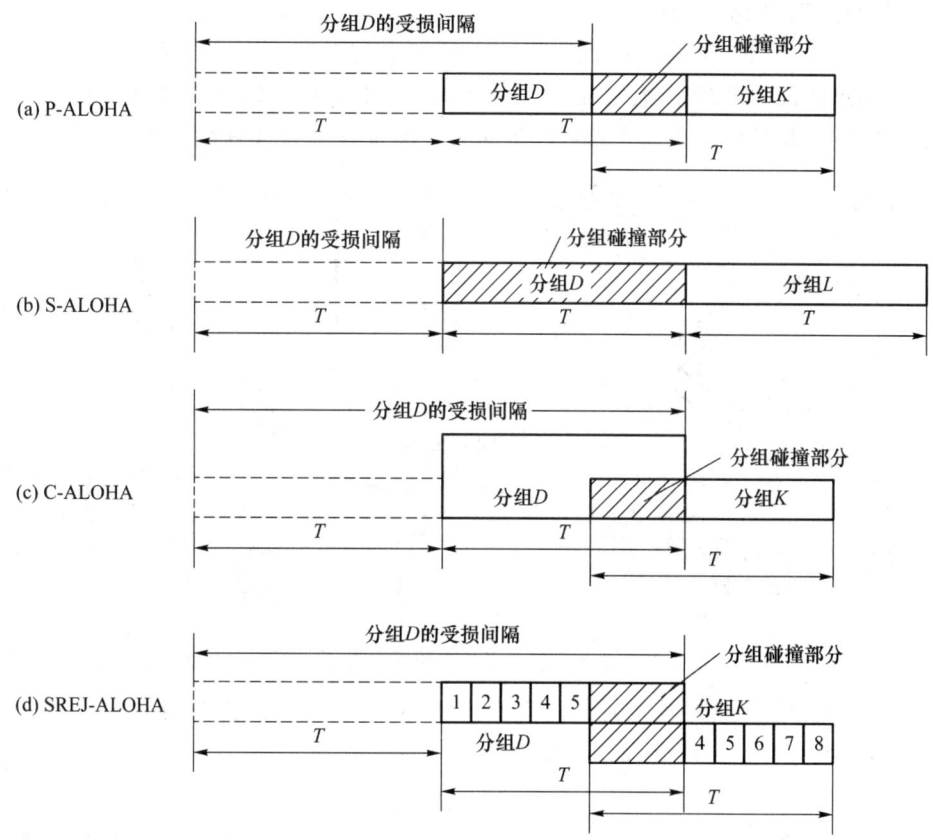

图 5.46 几种随机多址访问方式发生碰撞的对比

(2) 流量分析

为了分析 P-ALOHA 系统平均分组时延与系统吞吐量间的关系，假设有无限多个用户站

每秒产生 λ 个数据分组,则平均信道输入速率(每个分组所占用的时间 T 内通过的数据分组数)为 $\lambda\tau$。

业务量 G 定义为在每个分组长度 T 时间内新到达的数据分组 $\lambda\tau$ 和需要重发的分组数目。令 G 表示卫星信道的平均业务量,它以每个分组时间内通过的信息组来计算,且假设其分布为均值 G 的泊松分布,则在 t 个分组时间间隔内,k 个分组到达卫星信道的概率为

$$P(k,t) = \frac{(Gt)^k}{k!}\exp\{-Gt\} \tag{5-36}$$

所以,一个分组在传输过程中不发生碰撞的概率,等于在两个分组长度时间间隔内不出现其他信息组的概率,即

$$P(k=0, t=2) = \exp\{-2G\} \tag{5-37}$$

进而,系统吞吐量(每个分组所占用时间 T 内通过的数据分组数)为

$$S = G\exp\{-2G\} \stackrel{G=0.5}{\leqslant} \frac{1}{2e} = 0.184 \tag{5-38}$$

当 $G \geqslant 0.5$ 时,信道业务增大,系统吞吐量进一步下降。这是由于碰撞率上升而导致信道失去控制的结果,即 P-ALOHA 的不稳定性。

(3) 平均分组时延

ALOHA 信道的平均分组时延 T_{ALOHA},由服务时间(数据分组长度)T、平均分组重发时延 $E[\tau]$ 和传播时延 T_R 所组成,即

$$T_{\text{ALOHA}} = T_R + T + E[\tau] \approx T_R + T + [\exp(2G)-1][T_R + (k+1)T/2], k \gg 1 \tag{5-39}$$

P-ALOHA 协议的平均分组时延与系统吞吐量间的关系如图 5.47(a) 所示,而各类 ALOHA 协议的平均传输时延与系统吞吐量间的关系如图 5.47(b) 所示。

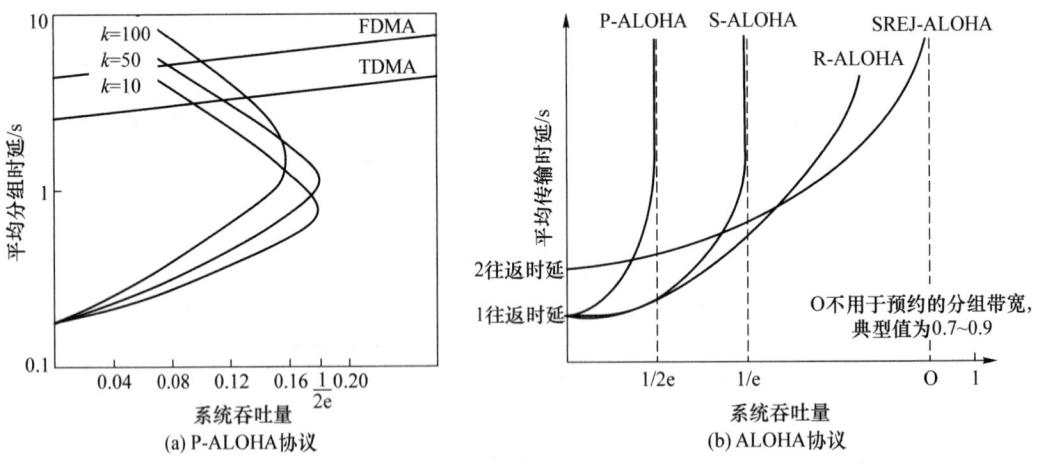

图 5.47 几种 ALOHA 协议的平均分组时延与系统吞吐量的关系图

综上,P-ALOHA 系统的优点是结构简单、用户入网方便、无须协调、业务量较小时通信性能良好;缺点是系统吞吐量较小,稳定性较差。

2) S-ALOHA

如图 5.46(b) 所示,为克服 P-ALOHA 的缺点,S-ALOHA 以卫星转发器输入端为参考点,将时间等间隔地划分为若干时隙(slot),而每个站所发射的分组必须以时隙起始时间开始、终止时间结束。因此,发生碰撞的可能时间降为 P-ALOHA 的一半,即一个分组长度,进而减少了信道上出现碰撞的概率,提高了卫星转发器的使用效率。

假设网内用户数 N 趋于无穷大,系统吞吐量为

$$S=G\exp\{-G\}\overset{G=1}{\leqslant}\frac{1}{e}=0.368 \qquad (5\text{-}40)$$

平均分组时延比 P-ALOHA 增大 $T/2$,即

$$T_{\text{S-ALOHA}}\approx T_R+T+[\exp(G)-1][T_R+(k+1)T/2+T/2], k\gg 1 \qquad (5\text{-}41)$$

S-ALOHA 的系统吞吐量是 P-ALOHA 的两倍,但时隙分割要求全网同步工作,这就增加了设备的复杂度。另外,即使每个分组持续时间控制在一个时隙内,信道上仍然存在不稳定性。

3) C-ALOHA

P-ALOHA 一般要求卫星转发器所接收的两个分组功率相同,因而在发生碰撞时,接收端无法正常接收分组。而具有捕获效应的 ALOHA(ALOHA with Capture effect,C-ALOHA)采用非正交多址的思想,通过控制地球站发送分组的功率,使卫星转发器收到的两个分组功率不同。因此,在 C-ALOHA 中发生碰撞时,将功率较小的分组视为干扰,功率较大的分组仍可能被正确接收,从而改善系统吞吐量。

C-ALOHA 可能发生碰撞的间隔与 P-ALOHA 相同,但理论上 C-ALOHA 系统吞吐量最高可达 P-ALOHA 的 3 倍。

4) SREJ-ALOHA

选择拒绝 ALOHA(Selective Reject ALOHA,SREJ-ALOHA)方式将 P-ALOHA 中的每个分组细分为若干个小分组(Subpacket),且每个小分组均配有自己的报头和前同步码,因而接收端可以对每个小分组进行检测。当两个分组碰撞时,可能仅为几个小分组的碰撞,未发生碰撞的小分组仍可被正确接收。

SREJ-ALOHA 的系统吞吐量比 P-ALOHA 大,与 S-ALOHA 相当;且与报文长度的分布无关。但由于小分组中增加了报头和前同步码,因此增加了系统的额外开销。

2. 可控多址访问

可控多址访问方式(又称预约协议),利用短的预约分组,为长数据报文分组在信道上预约一个时段;若预约成功,长数据报文在其预约的时段内传输,而不会出现碰撞。预约协议是可控多址访问方式中特有的,包括两层:第一层是针对预约分组的多址协议;第二层是针对数据报文的多址协议。可控多址访问方式主要用于长短数据兼容场景,但最佳可控多址方案仍有待进一步研究。常用的两种可控多址方式如下。

1) R-ALOHA

预约 ALOHA(Reservation ALOHA,R-ALOHA)方式的工作原理如图 5.48(a)所示,假设每帧包含若干个时隙,其中一部分为竞争时隙,采用 S-ALOHA 方式发送短报文和预约申请信息;另一部分为预约时隙,用于给申请成功的用户发送长报文。

当某地球站要发送长报文时,首先在竞争时隙中发送申请预约消息,表明其所需使用的预约时隙长度。若没有发生碰撞,一段时间后,全网中各地球站都会收到一个预约时隙位置信息(根据当时的排队情况确定);其他站不会去使用此时隙,发送地球站在预约时隙内准时发射信息。对于短报文,既可直接利用竞争时隙发射,也可通过预约申请,利用预约时隙发射。接收端用 S-ALOHA 竞争信道向发射地球站发射应答信号。若发射站收到应答信号,则删除存储器中保存的发射数据;若在规定时间内未收到应答信号,则进行重发。

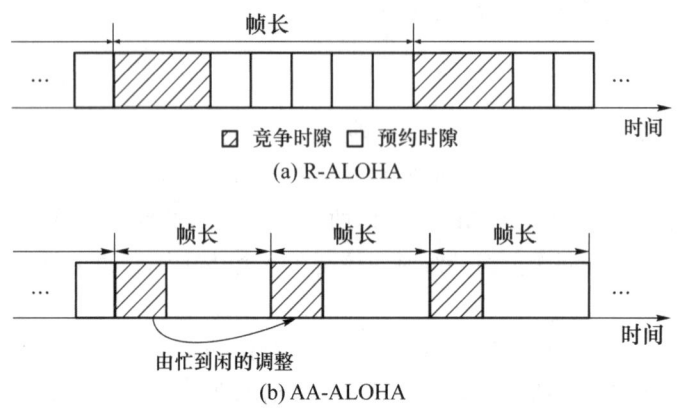

图 5.48 可控多址方式的工作原理

R-ALOHA 方式能很好地解决长短报文兼容的问题,具有较高的信道利用率,但信道稳定性问题仍未解决,且实现难度要大于 S-ALOHA。

2) AA-TDMA

自适应 TDMA(AA-TDMA)是一种 TDMA 方式的改进型预约协议。如图 5.48(b)所示,其工作原理类似于 R-ALOHA 方式。两者不同的是:每帧中,预约时隙与竞争时隙间的边界会根据当时所传业务量情况自适应调整。当业务量很小或多为短报文时,地球站多以 S-ALOHA 方式工作,每帧中时隙均为竞争时隙;当长报文业务增多时,一部分时隙分出来作为预约时隙,另一部分时隙仍作为竞争时隙,各站可根据 S-ALOHA 方式共享使用竞争时隙;当长报文业务量进一步加大时,只有少部分时隙为竞争时隙,而大部分时隙变成预约时隙;当所有时隙均变为预约时隙时,系统将采用预分配的 TDMA 方式进行工作。

AA-TDMA 实际上是一种竞争预约 TDMA/DA 方式,性能优于 R-ALOHA 方式。当业务量较轻时,其系统吞吐量与时延间的性能关系与 S-ALOHA 方式相当;当中等业务量时,其系统吞吐量与时延间的性能关系略优于竞争预约 TDMA/DA 方式;在重负荷情况下,其系统吞吐量与时延间的性能关系则略优于固定 TDMA/DA 方式。虽然它使用灵活,信道利用率高,但也增加了设备的复杂度。

3. 载波监听多址

载波监听多址(CSMA)是 ALOHA 的改进,其基本原理为:当站点要传输数据时,先监听信道,如果信道忙,则暂不传输数据,继续监听信道;如果信道空闲,则传输数据。CSMA 的最大信道利用率要远高于 ALOHA 或 S-ALOHA 的。其最大利用率由帧的平均长度和传播时间决定:帧的平均长度越长或传播时间越短,信道利用率越高。

虽然 CSMA 具备监听功能,但当两个站点同时发送数据时,还是可能发生碰撞。考虑到这种情况,发送站点在完成数据发送后需要等待一段时间以接收确认帧,该等待时长需考虑信号来回传输的最大时间和发送确认帧的站点竞争信道所需时间。如果没有收到确认,发送站点便认定发生了冲突并重新发送该帧。

显然,CSMA 仍然不能完全消除"碰撞"现象,如果网络节点的传播时间较长而信道不空闲时却有多个站点同时检测到信道空闲,导致"碰撞"频繁发生,最终将降低 CSMA 协议效率。故 ALOHA 多址协议更多应用于广域网中,CSMA 多址协议更多应用于局域网中。

5.5 信道分配方式

信道分配方式是将信道资源按照一定的规则分配给各地球站使用,因此信道分配的对象是按照多址方式划分的信道资源。"信道"在 FDMA、TDMA、CDMA 和 SDMA 中指各地球站占用的频段、时隙、码型和波束。信道分配的目标是使分配给各个地球站的信道数量能随着所需要处理的业务量变化而变化,使系统既不发生阻塞又不浪费资源,尽可能提高整个系统的信道利用率。目前,信道分配方式可以分为预分配、按需分配和随机分配等。在实际系统中,通常是多种分配制度结合使用。

1. 预分配方式

预分配方式(PA)是指卫星信道预先分配给各个地球站。在使用过程中,不再变动的预分配称为固定预分配。依据每日通信量的变化而不断改变的预分配则称为动态预分配。业务量大的地球站,分配的信道数目多;反之,则分配数目少。

预分配方式的优点是接续控制简单,适用于信道数目多、业务量大的干线通信;缺点是不能随业务量的变化对信道分配数目进行调整,以保持动态平衡,故信道利用率低。

2. 按需分配方式

按需分配方式(DA)是把所有信道归各地球站所共有,当某地球站需要与另一地球站通信时,首先向负责对卫星转发器全部信道进行统筹控制和管理的网络控制中心站提出申请,通过中心站分配一对空闲信道供其使用。一旦通信结束,这对信道又归各地球站共用。

由于各地球站间可互相调剂使用信道,因此按需分配方式的优点是可以用较少信道数为较多的地球站服务,信道利用率高;缺点是控制系统较为复杂。

3. 随机分配方式

随机分配方式(RA)是面向用户需要而选取信道的方法,通信网中每个用户可随机地选取(占用)信道。由于数据通信发送数据的时间一般是随机的、间断的,且传送数据的时间一般很短,因此对于这种"突发式"业务,若仍使用预分配或按需分配,则信道利用率会很低。而采用随机占用信道的方式可提高信道利用率。当然,若遇到两个以上用户同时占用一个信道时,会发生"碰撞"。因此必须采取一定的措施来减少或避免"碰撞"发生,并重新发送因"碰撞"而没有传送成功的数据。

本 章 小 结

本章重点介绍了卫星通信体制技术。首先,概述了卫星通信中常用的差错控制技术,包括信道编码、反馈重传及混合自动重传等;其次,对卫星通信中的调制技术进行了概述,并重点讲解 APSK 调制的设计和 OFDM 技术原理;再次,对卫星通信中的双工方式进行了总结分析;最后,对卫星通信中的多址技术进行了分类讨论,包括 FDMA、TDMA、CDMA、SDMA、跳波束、ALOHA 等常用方法,并对信道分配方式进行了论述。

习 题

1. 简述卫星通信中的差错控制机制有哪些。
2. 给出 ARQ 重传的三种机制及其信道有效性。
3. 在 HARQ 重传的帧结构中,有哪些方法可以提高传输成功的概率?
4. 分别给出 4+12-APSK 的硬解调和软解调方法。
5. 简述卫星通信对调制方式的要求;并对比 MQAM、MASK 和 MPSK 间性能的优劣。
6. 简述 OFDMA 方式在卫星通信中的限制因素。
7. 简述卫星通信中常用的双工方式。
8. 简述卫星通信中常用的多址方式。
9. 简述卫星通信中常用的信道分配方法。
10. 某卫星通信系统的手持终端发射功率为 1 W,发送天线增益为 0 dB,上行频段为 14 GHz。卫星距离终端 600 km,其接收天线增益为 30 dB。卫星接收机的噪声功率为 -132 dBW。已知该卫星信号在载波 14 GHz 上的自由空间路径损耗为 165 dB。

(1) 计算卫星接收到的信号功率,单位 dBW;

(2) 计算卫星接收机的 C/N,单位 dB;根据此时的 C/N 和香农公式,估算此时可以采用的调制方式和信道编码码率,并解释原因;

(3) 尝试对此系统进行改进,提升上行传输的性能。

11. 卫星转发器带宽为 36 MHz,饱和 EIRP 为 27 dBW,地面站接收机 G/T 为 30 dB/K,全部的链路损耗为 196 dB。转发器有多个 FDMA 波形,每个载波占 3 MHz 带宽。转发器有 6 dB 功率"压缩"(Back-off)。

(1) 计算单载波情况下下行链路的 C/N 值,并比较在没有功率压缩情况下该 FDMA 系统中可以容纳的载波数;

(2) 假设可以忽略上行链路噪声和交调噪声,求只考虑单载波时的 C/N 值。

12. 已知一个 TDMA 系统采用 QPSK 调制方式,其帧长 T_f 为 250 μs,系统中包含地球站数量 m 为 5,各站包含的通道数 n 均为 4,保护时间 T_g 为 0.1 μs,基准分帧的比特数为 B_r 与各报头的比特数 B_p 均为 90 bit,每个通道传输 24 路(PCM 编码,每取样值编码为 8 bit,一群加 1 bit 同步位)。求 PCM 编码器的输出速率 R_s、系统传输的比特率 R_b、分帧长度 T_b、帧效率 η_f 及传输线路要求的带宽 B。

13. 在 TDMA 卫星通信中,若卫星转发器的 EIRP 为 26.7 dBW,链路总的传输损耗为 200 dB,地球站 G/T 为 32 dB/K,成型滤波器的滚降系数为 0.2,若采用 QPSK 调制,且要求的误比特率为 10^{-5},求可以支持的信号传输比特速率和所需要的中频带宽。

14. 在 CDMA 系统中,若系统处理增益为 255,要求接入的每条信道信噪比为 9 dB。

(1) 假定系统的高斯噪声干扰可以忽略,求最大允许接入的信道数为多少?

(2) 若高斯噪声干扰与系统(接入信道数最大时)的多址干扰电平相同,则此时允许接入的最大信道数多少?

15. 已知某 3×3 的交换矩阵 D 如下,请根据分帧长度最短的编排法找出其所有基本分帧矩阵,并画出分帧编排结构图。

$$D = \begin{bmatrix} 5 & 1 & 6 \\ 4 & 4 & 4 \\ 3 & 7 & 2 \end{bmatrix}$$

16. 多个终端采用 ALOHA 随机信道接入协议与远端通信,帧时隙为 30 ms。大量用户同时工作时,使得网络每秒平均发送 40 帧(包括重传)。试计算:

(1) 发送 k 次都能成功传输的概率;

(2) 每帧平均需要发送多少次才能传输成功。

第6章 卫星通信网络技术

卫星通信网是利用人造地球卫星作为中继站转发电磁波,在地球站间进行通信的网络。它具有全球覆盖的能力,不仅能够保证高传输速率和较宽的带宽,而且支持灵活的、大规模的网络结构。卫星通信网络不但可以作为地面网络的补充和完善,而且可以单独构成天基卫星网络,使得来自陆地、海洋、天空乃至于太空的信息能够通过卫星网络进行传输,并且在未来的现代化军事作战、信息化工业制造、智能化生产生活中承担重要的角色。

6.1 卫星通信天基网络拓扑

6.1.1 单层卫星通信网络

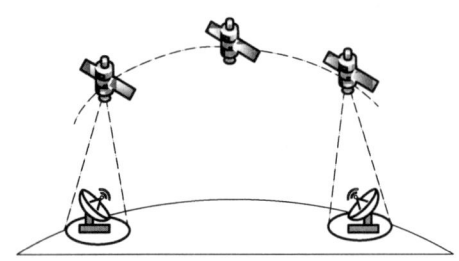

图 6.1 单层卫星通信网络

随着人们对卫星通信需求的不断提高,卫星通信系统已经由 GEO 卫星系统发展到 NGSO 卫星通信系统。由于地球大气层和范·艾伦电磁辐射带的影响,适合于卫星通信系统的轨道范围包括 500~2 000 km 高度的 LEO 和 10 000 km 左右高度的 MEO。因此,卫星通信网络也相应分为 GEO 卫星通信网络、LEO 卫星通信网络和 MEO 卫星通信网络。图 6.1 给出了非静止轨道单层卫星通信网络。

1. GEO 卫星通信网络

GEO 卫星覆盖范围广、与地面站指向关系固定、传播时延固定,在早期卫星通信系统中发挥了重要作用,可以便捷地为地球上相距很远的两点间提供中继通道。

但由于轨道位置和高度的原因,其缺点主要表现如下。

(1) 传输时延大。两地面站间往返时延(Round Trip Time,RTT)大约为 550 ms,无法满足语音、交互式视频等实时性业务的时延需求。

(2) 信号衰落严重。卫星通信信号的自由空间损耗与星地间距离的平方成正比,GEO 系统中信号衰减非常严重,发射端需要采用大发射功率来克服此影响,同时接收端需要有较高的接收灵敏度。这对天线尺寸提出了很高要求,导致地面通信设备的小型化难以实现。

(3) 轨位资源受限。GEO 卫星必须部署在赤道 35 786 km 处,且卫星间需要保持一定的空间角度间隔,因此可以利用的轨位资源非常有限。

(4) 不能覆盖两极地区。GEO 卫星位于赤道上空,地面接收站的通信仰角会随纬度的增加而显著下降,导致两极地区无法覆盖。

2. LEO 卫星通信网络

与 GEO 卫星相比，LEO 卫星的轨道高度大大降低，因此传播时延大大缩短，为几十毫秒，在不经过回音抵消处理的情况下就可以满足实时话音传输的需求；同时，LEO 卫星的传输衰减也显著下降，因此地面用户可以使用手持终端进行通信。

然而，LEO 卫星的缺点也很明显，如下。

（1）高速运动的影响。根据开普勒第三定律，卫星轨道越低，其相对地面的运动速度越快，这不仅对卫星的跟踪带来了困难，而且严重的多普勒频移会影响卫星信号的接收质量，甚至导致信号不能被正常接收。

（2）轨道高度的影响。轨道高度降低致使单星覆盖范围下降，因此需要几十甚至几百颗卫星构成星座以实现全球覆盖。

（3）拓扑结构的影响。由于卫星间和星地间的拓扑结构不断变化，必然带来频繁的星间切换和波束切换问题。以铱系统为例，卫星切换平均每 10 min 一次，波束切换每 1~2 min 一次，因此系统建设维护成本和技术复杂度均大大提高；尽管 LEO 卫星单跳时延远小于 GEO 卫星，但由于网络的动态性，端到端的时延抖动较为严重，因此对系统的服务质量带来了不利影响。

目前的 LEO 星座很多，除 Iridium 系统外，还有 Celestri、Globalstar、Skybridge、Teledesic、GEstarsys、Faisat、Orbcomm、Starlink 等几十个 LEO 系统，具体如表 6.1 所示。各个国家都有自己的 LEO 星座计划，大多数 LEO 星座采用星上处理和星间链路等技术。

表 6.1 典型的 LEO 卫星星座

星座名称	Globalstar	Iridium	Teledesic	Constellation	DLR	Celestri
高度/km	1 389	780	700	1 018	1 350	1 400
星座/颗	48+4(s)	66+6(s)	288	48	72	63
轨道数目	8	6	21	4	12	7
轨道倾角/(°)	52	86.4	98.2	90	47	48
覆盖范围	70°N~70°S	全球	近全球	全球	—	—
最小仰角/(°)	10	10	40	—	20~30	16
周期/min	113.54	100.13	98.77	105.3	112.7	114
星间链路/(条·颗$^{-1}$)	无	2 轨道内 2 轨道间*	有	—	—	2 轨道内 2 轨道间

注：* 表示非永久性链路，其余为永久性链路；s 表示备份卫星。

3. MEO 卫星通信网络

与 GEO 卫星和 LEO 卫星相比，MEO 卫星的特点是具有中等的覆盖面积、中等的星座卫星数量、中等的端到端时延和时延抖动、中等的传输损耗和中等的多普勒频移，因此近年来也逐渐得到业内关注。

MEO 卫星位于内、外两个范·艾伦带间的轨道上。星座一般由十几颗卫星组成，单颗卫星可视时间达 1~2 h。

1）时延性能

作为 GEO 和 LEO 卫星的折中，MEO 卫星双跳传输时延大于 LEO 卫星；但考虑星间链路的整个长度、星上处理和上、下行链路等因素，MEO 星座时延性能可能优于 LEO 星座，且满足 ITU-T(建议 G.114 和 G.131)所描述的 400 ms 话音通信最大传输时延要求。

2) 拓扑优势

相对于 LEO 卫星，MEO 星座切换概率降低、多普勒效应减小、空间控制系统和天线跟瞄系统简化，一般能达到 20°～30°的通信仰角。

目前的 MEO 卫星星座主要有 Odyssey、ICO(Inmarsat-P)、MAGSS-14、Orblink、Leonet 和 Spaceway 等。表 6.2 列出了两个 MEO 星座的轨道参量。

表 6.2 典型 MEO 卫星星座的轨道参量

星座名称	ICO(Inmarsat-P)	MAGSS-14
轨道高度/km	10 355	10 354
卫星数目/颗	10	14
轨道数目	2	7
轨道倾角/(°)	45	56
星间链路/条	2 轨道内；2 轨道间	无
最小仰角/(°)	20	28.5
覆盖范围	全球	全球
切换	很少切换	很少切换
星上处理	无	无

4. 单层卫星网络存在的问题

单层卫星构成的卫星星座存在如下几个方面缺点。

1) 单层卫星星座的时延过高

对于 LEO 卫星星座，时延过高来源于两个方面的因素：随着 LEO 星座规模扩大，传输路径上的 LEO 卫星节点增加，虽然单颗 LEO 卫星处理时延不大，但单层 LEO 卫星星座的总处理时延积累值增加；随着 LEO 星座规模扩大，路径中 ISL 数目增加，而且 LEO 星间的路由切换概率较高，重路由过程严重破坏了单层卫星网络的时延指标。

对于 MEO 星座，因为 MEO 卫星轨道较高，卫星数量较少，所以主要是 ISL 长度导致传输时延的过长。而 GEO 卫星的路径长度更大，时延也更大，且还存在覆盖不足的问题。

在以上各因素共同影响下，在远距离传输过程中，单层卫星网络时延指标过高；而在多层星座网络中，由于 MEO 卫星可接入时间长和 GEO 卫星位置相对固定，因此路径中卫星节点数目较少，ISL 切换概率也较小，使得多层卫星网络时延明显减小。

2) 单层卫星路由阻塞概率较大

在单层卫星网络中，为实现全球无缝覆盖，通常采用极轨道或近极轨道类型的星座。在极轨道星座中，由于星载跟瞄系统技术方面的原因，ISL 在通过极地地区时会暂时关闭，此时该 ISL 所承载的流量必须切换到相邻的卫星上。随着卫星星座规模不断扩大，ISL 切换频率的增加，导致单层卫星网络中路由阻塞概率(包括一次路由中断概率和重路由中断概率)的增大。而在多层卫星网络中，通过高层卫星中继网络，可以降低 ISL 切换概率，从而达到降低网络阻塞概率的目的。

3) 单层卫星网络抗毁性较差

在多层卫星网络中，源卫星和目标卫星的备用路由间存在很大差异，因此当所选取路径中的某颗卫星或某条 ISL 出现故障时,多层卫星网络能够容易地找到满足原有 QoS 要求(时延等条件)的代替路径。而在单层卫星网络中,源卫星和目标卫星间也存在多条备用路径,但能够提供同样时延指标的备选路径数不多,因此在所选路径中某颗卫星或某条 ISL 出现损毁的情况下,单层卫星网络不易找到满足原有 QoS 要求的替代路径。

4) 单层 LEO 卫星星座的星载跟瞄系统设计困难

单层 LEO 卫星星座多数使用极轨道星座或是近极轨道星座。极轨道星座虽然简化了星座设计过程,但其逆向轨道间 ISL 设计问题成为提高系统性能的难点。若为满足覆盖缝两侧的实时通信要求而采用逆向轨道间 ISL,则会增加 LEO 卫星跟瞄系统设计的复杂性。即使通过适当增加复杂性实现逆向轨道间 ISL,其性能也很难保证。为实现逆向轨道间 ISL,需要有特殊控制(如更复杂的差错控制功能和功率控制功能等),这样更增加了系统的复杂性。

在多层卫星星座网络中,通过 MEO 或 GEO 卫星中继服务,卫星网络不再需要维持低轨道星座中逆向轨道间 ISL,甚至可以采用倾斜轨道来实现 LEO 星座,这降低了对星载跟瞄系统的设计要求。

不同轨道高度的卫星都存在其局限性。随着人们对卫星网络传输可靠性、服务质量和覆盖性能需求的不断提高,单层卫星网络逐渐难以保证系统设计的需求。

6.1.2 多层卫星通信网络

1. 多层卫星通信网络结构

如图 6.2 所示,多轨道高度的卫星组合在一起形成的多层卫星星座网络作为一种新的卫星网络拓扑形式出现,即多层卫星网络(Multilayer Satellite Network,MLSN)。卫星通信网络的一种典型拓扑结构如图 6.3 所示。按照卫星在网络中的位置,可以将卫星网络分为卫星接入网和卫星骨干传输网两大部分。卫星接入网用于实现地面、空中、海上各类用户终端到卫星网络的连接,也就是通常所说的业务"上星";卫星骨干传输网由相同轨道高度的单层卫星星座或者不同轨道高度的多层卫星星座

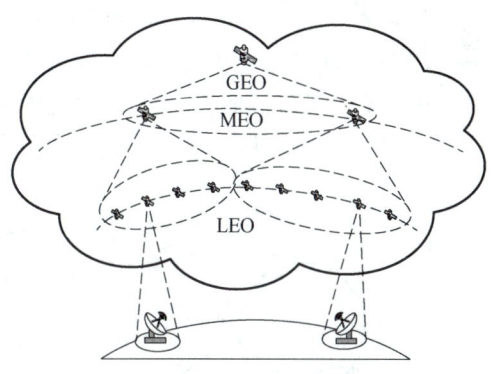

图 6.2 多层卫星通信网络

构成,通过星间链路完成通信业务在空间网络部分的路由、交换和传输过程。

卫星通信网络的地面系统主要包括:卫星管控中心、卫星关口站、卫星直接入户(Direct To Home,DTH)终端、卫星远程接入终端、手持终端、移动车载(机载、舰载)终端、可移动终端(野外通信)等。关口站通过互联功能模块把卫星网络与地面因特网相连,完成星地协议转换、流量控制、寻址等功能,并能支持各种信令协议;卫星 DTH 终端是专用卫星终端,卫星发来的数据通过 DTH 终端直接入户,从而为家庭用户终端提供与卫星通信网络的便捷接口;卫星远程接入终端主要用于稀路由地区,为小规模局域网提供远程因特网接入业务;移动终端和可移动终端的前向、反向信道都需要经过卫星。

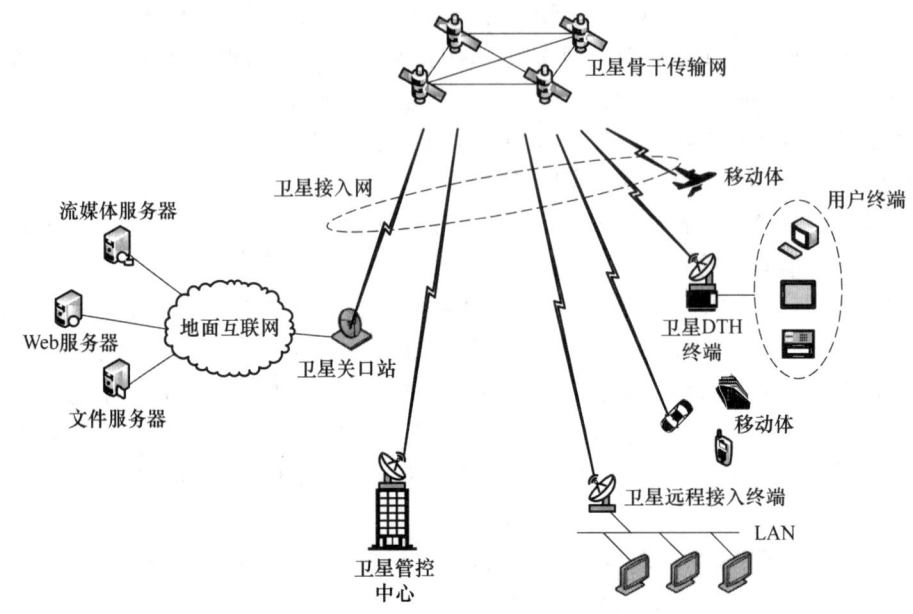

图 6.3 卫星通信网络拓扑结构

2. 多层卫星星座设计

多层卫星网络呈现出星座多元化、结构立体化、网络动态化格局,它以多元星座的卫星通信网络为骨干,并与星外的移动通信、多媒体通信等一起组成天地一体化网络。

多层卫星系统的设计不仅要考虑星座对地面的覆盖能力,也要考虑高层卫星对底层卫星的覆盖,因为层间链路的建立和高层卫星对低层卫星的通信与管理都同覆盖性能密切相关。倾斜圆轨道不能覆盖极地的问题,可通过 MEO 卫星的全球覆盖来解决,这种方法不影响主要通信业务,而且极地地区使用手持机等小型终端的人极少,多数业务不受影响。MEO 和 LEO 星座均采用 δ 星座,这种设计可以使在卫星运行过程中同一层面卫星间的相对关系保持不变,有利于卫星间建立相对稳定的路由关系。在多层卫星网络中,轨道由高到低,每层完成不同的功能,按照卫星特点提供差异化服务,满足不同的 QoS 需求。多层卫星网络的优点是:路由选择性大、可替换链路多、抗毁性强。

图 6.4 为单层倾斜圆轨道卫星星座,该星座包含 l 条倾角为 i、高度为 h_s 的圆轨道,每个轨道上有 m 颗均匀分布的卫星,卫星间的相位差为 $\delta = 2\pi/m$,每个轨道升交点赤经差值为 $\Omega = 2\pi/l$,相邻轨道卫星的相对位置可用 α 和 ω 表示,ΔM 为卫星的初始相位。可以计算出卫星对地球的覆盖,也就是半地心角为

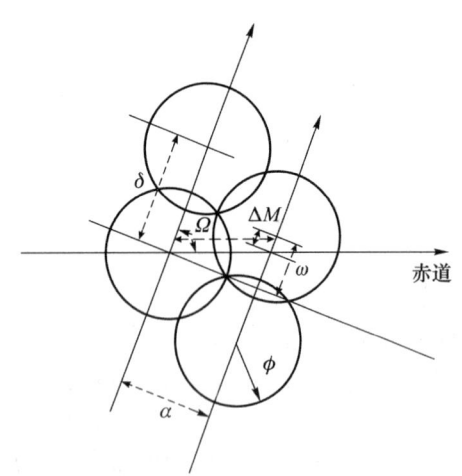

图 6.4 星座中的轨道参数

$$\phi = \frac{\pi}{2} - \varepsilon - \arg\sin\left(\frac{r_E}{r_E + h_s}\cos\varepsilon\right) \tag{6-1}$$

其中，ε表示最小通信仰角，r_E为地球半径。如图 6.4 所示，对于多层卫星网络，还需要考虑上层卫星对下层卫星的覆盖情况，此时，

$$\phi_i = \frac{\pi}{2} - \varepsilon_i - \arg\sin\left(\frac{r_i}{r_i+h_i}\cos\varepsilon_i\right), i=1,2,3 \quad (6-2)$$

图 6.5 对应于式(6-2)中 $i=2$ 的情况，即 $\varepsilon_2 = \theta$ 和 $r_2 = r_L$，其中 r_L 和 r_M 为 LEO 和 MEO 卫星轨道半径，h_1 为 LEO 卫星高度，h_2 为 MEO 与 LEO 卫星轨道间的高度差，s_L^1、s_L^2、$\cdots$、s_L^n 和 s_M^1、s_M^2、$\cdots$、s_M^N 表示卫星，d_1、d_2、d_3 表示星间距离，θ 表示 LEO 与 MEO 通信的最小仰角。图 6.5 中，上部的阴影表示 MEO 卫星对 LEO 卫星层的覆盖范围，即可以建立 ISL 的范围；下部的阴影表示 LEO 卫星对地面覆盖的范围。计算星间距离 d（即 ISL 长度），只要代入卫星坐标即可，即

$$d = \sqrt{(x_1-x_2)^2 + (y_1-y_2)^2 + (z_1-z_2)^2} \quad (6-3)$$

其中，(x_i, y_i, z_i) 表示卫星在地球固定坐标系中的坐标。坐标 (x,y,z) 可通过式(6-4)计算

$$\begin{cases} x = (r_E+h)[\cos\xi\cos\rho - \sin\xi\sin\rho\cos\gamma] \\ y = (r_E+h)[\cos\xi\cos\rho - \sin\xi\cos\rho\cos\gamma] \\ z = (r_E+h)\sin\xi\cos\gamma \end{cases} \quad (6-4)$$

其中：$\xi = \omega_0 + v_0 + v(t-t_0)$，$\xi$ 为真近点角，ω_0 为近地点辐角，v_0 为卫星初始真近点角；$v = \sqrt{\mu/r^3}$ 为卫星运动角速度，μ 为地球引力常数，r 为轨道半径；$t-t_0$ 为卫星运行时间，t_0 为初始时刻（可以设置为 0）；$\rho = \rho_0 - v_E(t-t_0)$，$\rho$ 为升交点赤经，ρ_0 为升交点赤经初值，v_E 为地球自转角速度。求出所有 ISL 长度的和，除以光速可以得到时延，再加上星上处理时间和上、下行链路传输时延，便可得到整个链路的传输时延。实际系统中存在多条路径，可以按照路由算法选取最短路径进行信息传输。

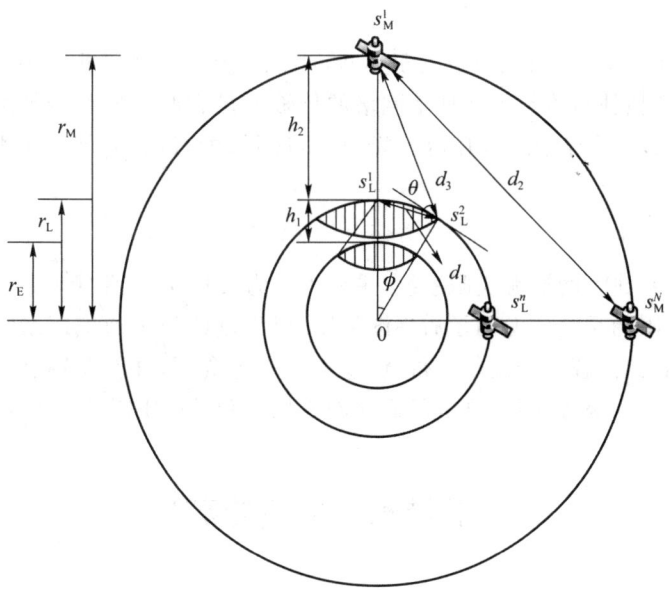

图 6.5 多层卫星网络覆盖示意图

6.1.3 卫星通信网络特征

与地面网络相比,卫星通信网络存在以下几个方面的显著特点。

1. 传播时延长

由于卫星网络空间跨度大,卫星间和星地间的链路长度远大于地面网络中的链路长度,这将带来长传播时延。在地面网络中,影响端到端时延的主要因素是链路带宽瓶颈所制约的传输时延,多数情况下电磁波在链路中的传播时延可忽略不计;而在卫星通信网络中,对于 GEO 卫星,星地间单向传播时延为 115~135 ms,即使是 LEO 卫星,由于端到端的通信过程中会经过多条星间链路,带来的总传输时延也会在数十毫秒量级。

这种长传播时延将给卫星通信网络的性能带来很大影响,许多在地面网络中采用的解决方案无法采用。例如,当 TCP 用于长传播时延的卫星链路时,卫星通信网络将面临三个主要问题,即拥塞窗口增长较慢、丢失数据分组恢复时间较长、接收窗口受限,这严重制约了系统的最大吞吐量。而从卫星路由协议角度,需要节点间频繁交互信息的方案也将不再适用。

2. 误码率高

卫星链路的另一显著特点是高误码率。由于空间跨度大带来的自由空间传播损耗较大,且信号受大气吸收、雨衰等因素影响,卫星通信链路具有相对较高的误码率。以 TCP 为例,其最初是为具有低 BER(大约为 10^{-9})的地面链路开发的:由于数据分组受损的概率低,因此所有 TCP 拥塞控制策略都将丢失的数据分组看作是拥塞指示;对于每个丢失的数据分组,TCP 发送端至少将其传输速率减少一半。因此,对于数据分组因受损而丢失的情况,这是一个错误的指示,将造成传输速率不必要的降低。

3. 高动态性

对于非 GEO 卫星系统,空间节点处于不断运动中,因此链路通断状态、长度、连接关系等不断变化,这种时变拓扑结构给卫星通信网络的传输容量和服务质量带来了挑战;同时,空间主要节点处于预先设定的轨道上,其运行规律是可预知的,因此这种动态性不同于地面 Ad hoc 等网络情形。

4. 资源受限

卫星通信网络是典型的资源受限系统,主要表现为带宽受限、星上功率受限。日益增长的业务传输需求和受限的系统资源间矛盾逐渐加剧,成为制约卫星通信网络大规模发展和应用的一大瓶颈。因此,如何合理分配信道带宽、星上功率等资源,并在兼顾公平性的基础上最大程度地提高系统容量和服务质量,是卫星通信网络规划和设计中需要重点考虑的问题。

6.2 卫星通信地基蜂窝拓扑

6.2.1 卫星蜂窝的概念

移动卫星系统通常采用多波束卫星,采用多个点波束不仅可以降低对移动终端 EIRP 和

G/T 的要求,还可以在不同波束上进行频率复用,提高频率资源的利用率。如图 6.6 所示,移动卫星系统采用多波束进行频率复用的方式,形成了卫星蜂窝覆盖,每个波束所覆盖的范围称为一个小区或者一个蜂窝小区。

每个小区的覆盖范围由卫星上的点波束天线决定。波束的正中心对应天线的轴线方向,因此无论是上行还是下行,小区中心处接收信号功率最大;离中心越远,信号越弱。小区是指一些地理位置的集合,这些位置上的接收信号电平大于某个规定的值。除位于星下点的小区外,卫星波束一般是

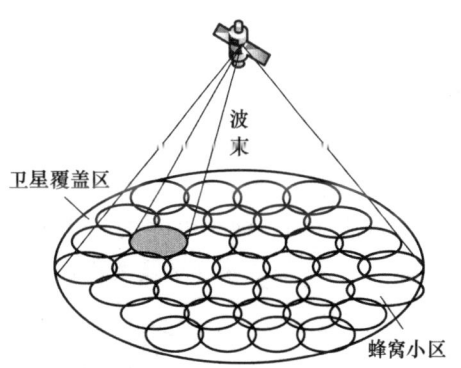

图 6.6 卫星蜂窝覆盖

斜向的锥形,而地球表面又是球面,因此卫星波束形成的小区不一定是圆形。如图 6.6 所示,处于卫星覆盖区域边缘的小区被拉长;且受到随机衰落的影响,有可能圆内某些位置电平低于规定值而不属于小区,圆外某些位置电平高于规定值而属于小区。

在小区中,小区中心由波束指向决定,小区大小由波束的宽窄决定。通过控制波束,可以排列这些小区。若所有小区大小相同,为了实现无缝覆盖,同时又能节省波束的个数,其方法是以让每个圆周围有六个圆,圆与圆相交的弦把地理区域分割成许多六边形。在两个圆交叠的区域内,用户可以任意连接到其中的一个波束上进行通信。如图 6.7 所示,若规定用户始终连接到接收信号最强的波束,则每个波束服务的区域就是一个正六边形,该意义下的小区的覆盖范围就是正六边形,而不是它的外接圆,因此将多波束的移动卫星通信系统称为蜂窝系统。

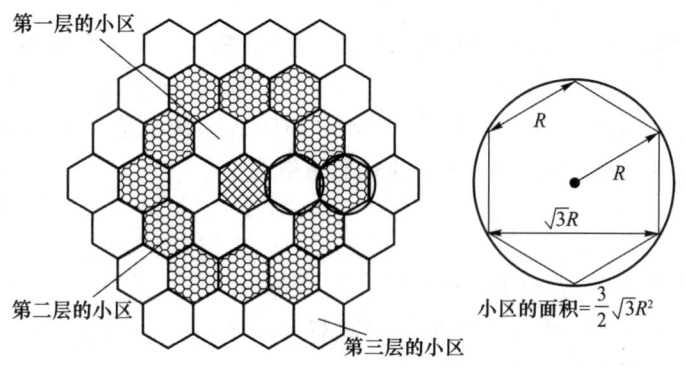

图 6.7 正六边形小区模型

6.2.2 频率复用

1. 星内频率复用

为提高系统频谱效率,卫星蜂窝系统常采用小区频率复用技术。小区频率复用是指在某个小区内使用的频率资源可被其他小区同时使用。同时使用相同频率的两个小区会互相收到对方的信号,构成同信道干扰(Co-Channel-Interference,CCI)。同信道干扰对不同系统的影响不同。通常,CDMA 系统抗干扰能力很强,因此相同频率资源可在所有小区内使用;而 FDMA/TDMA 系统对干扰比较敏感,所以使用相同频率的小区分隔距离需要足够远。

在 FDMA(或者 FDMA/TDMA)系统中,要考虑如何进行频率复用才能既保证 CCI 满足要求,又能尽量提高频谱利用率,该问题称为小区频率规划问题。频率规划分为静态和动态规划两种。本节只讨论静态规划,而动态规划在无限资源管理中研究。

FDMA 系统在进行频率复用时,一般把总频率资源分为 K 组;在覆盖范围内,每 K 个邻近小区组合成一个簇。所有簇重复使用所有的频率资源,每个簇中的 K 个小区平分总资源。图 6.8 是常见的几种复用模式。以 $K=4$ 为例,每个簇包含 4 个小区,整个频段被分成 4 组:$f_1/f_2/f_3/f_4$。每个簇都重复使用这 4 组频率,一个簇内的每个小区都只使用其中一组频率。

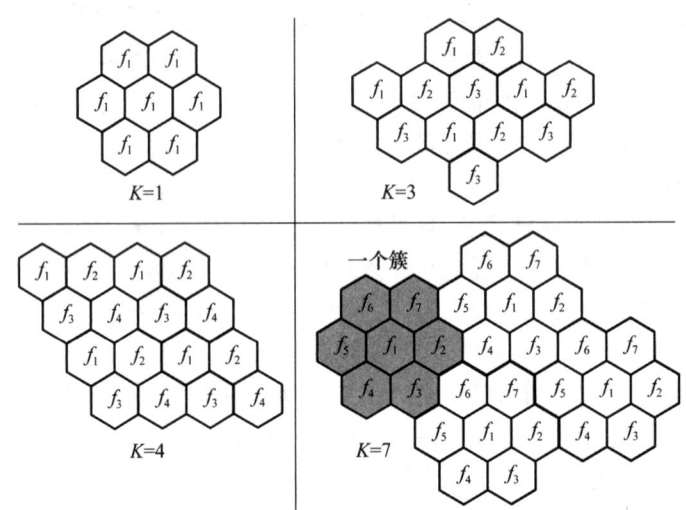

图 6.8 频率复用模式

每个簇中包含的小区数 K 称为复用因子,它直接反映卫星蜂窝系统的频谱效率。假设某颗卫星所覆盖的总面积为 S,可用总带宽是 B,每个载波占用的带宽是 B_c,每个载波可提供 N 个业务信道(N 在 FDMA 系统中是 1,在 FDMA/TDMA 系统中是 TDMA 的时隙数),则当整个卫星只用一个波束覆盖时,总共可以提供的信道数为

$$N_{单区制} = N\frac{B}{B_c} \tag{6-5}$$

当采用多个点波束时,若每个小区面积为 S_{cell},则小区总共有 $N_{cell}=S/S_{cell}$ 个小区,簇总数 $N_{cluster}=S/(S_{cell}\cdot K)$,每个簇含有的业务信道数 $N_{ch}=NB/B_c$,每个小区中的信道数 $N_c=N_{ch}/K$。总共能提供的业务信道个数为

$$N_{蜂窝制} = N_{cluster} \cdot N_{ch} = \frac{SBN}{S_{cell}B_c K} \tag{6-6}$$

与单波束情形相比,采用蜂窝频率复用使信道数增加了 G 倍,即

$$G = \frac{N_{蜂窝制}}{N_{单区制}} = \frac{S}{S_{cell}K} \tag{6-7}$$

式(6-7)说明,为提高系统容量应尽量提高波束密度(减小 S_{cell}),尽量采用较小的复用因子 K。但提高波束密度受成本和其他技术条件的限制,同时 K 的值受同道干扰限制。从图 6.8 可知,在小区大小相同的情况下,K 越小,则使用相同频率的两个小区距离越近,干扰越大。

一个簇中某小区所受的同信道干扰来自其他簇中使用相同频率的小区。由于卫星波束的方向性衰减随偏离波束轴向角度的增加而迅速增加,所以直接相邻簇对总干扰的贡献最大。

如果直接相邻各簇中,干扰小区到被干扰小区的距离各不相同,则相距最近的小区作用最大。

1) 规则频率复用模式

如果相邻簇中干扰小区到被干扰小区的距离相同,则该频率复用模式称为规则的频率复用模式。如图 6.9 所示,在规则频率复用模式中,确定其他同频小区位置的方法是:从本小区出发,朝着任意一边的方向前进 m 步(每步走一个小区),然后将前进方向左转 $60°$,再前进 n 步,则所达小区是同频小区。此时,K 不可能是任意的,它满足

$$K = m^2 + mn + n^2 \qquad (6-8)$$

其中,m 和 n 可取任意自然数。图 6.8 中所示的都是规则频率复用模式。使用相同频率的两个小区的中心距离叫作同频复用距离。在规则频率复用模式下,根据图 6.9,可以计算出最小的同频复用距离是

$$D = R\sqrt{3(m^2+mn+n^2)} = \sqrt{3K}R \qquad (6-9)$$

2) 不规则频率复用模式

K 不满足式(6-8)时的频率复用叫不规则频率复用模式,此时小区到各相邻簇中同频小区的距离不相等。图 6.10 给出 $K=5$ 时的不规则频率复用模式,每个簇周围有 6 个簇与其直接相邻。对每个小区来说,它周围 6 个簇内有 6 个同频干扰小区。这 6 个同频小区中,有两个距离较近,其距离和 $K=3$ 的规则频率复用模式的距离相同,另有 4 个距离较远,其距离和 $K=7$ 的规则频率复用模式的距离相同。

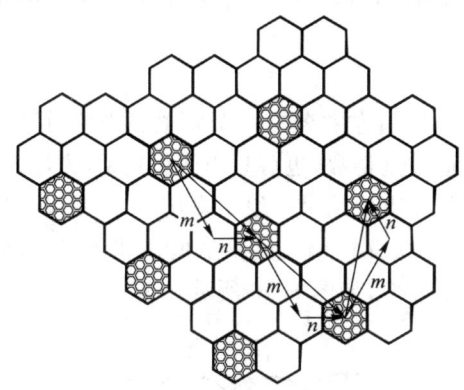

图 6.9 规则频率复用模式($K=7,m=2,n=1$)

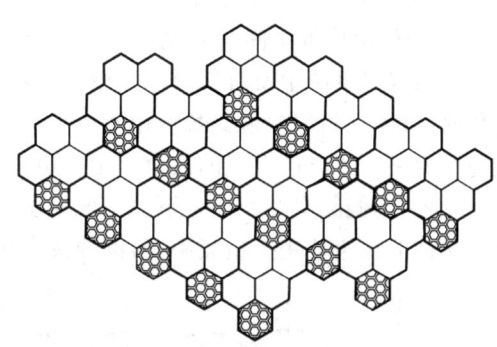

图 6.10 不规则频率复用模式($K=5$)

2. 星间频率复用

为达到无缝覆盖,相邻卫星的覆盖区通常都存在重叠。在两颗卫星互相重叠的覆盖区域内,分属两颗卫星的两个波束在地球表面的地理区域有可能是完全相同的。对于 FDMA/TDMA 系统,在这两个波束内使用相同的频率就会造成严重的同信道干扰。因此,有必要在频率上对两颗卫星的波束进行分隔。

1) 单轨道平面内的星间频率复用

假如卫星系统只有一个轨道平面,则只需对轨道上前后相邻的卫星进行分隔,因为不相邻的卫星虽然也可能形成同道干扰,但一般比较小。如图 6.11 所示,如果一个轨道上的卫星个数是偶数,则可将总频率资

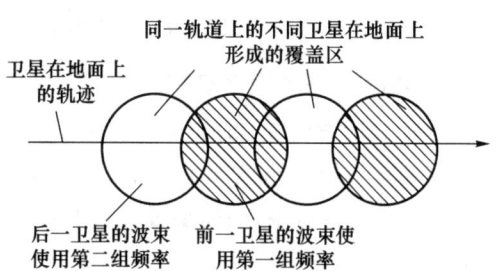

图 6.11 相邻的卫星使用不同的频率

源分成两份,轨道上相邻的卫星交替使用这两套频率。如图 6.12 所示,如果轨道上的卫星个数是奇数,也可将总频率资源分成两份,每个卫星的前半部分波束使用一组频率,后半部分波束使用另一组频率。在这两种情况下,每颗星都可使用一半的总带宽,每一份频率被使用的次数也相同。复用因子都是 $K_S=2$,在考虑星内的小区频率复用因子 K 后,总复用因子为 $K \cdot K_S = 2K$。

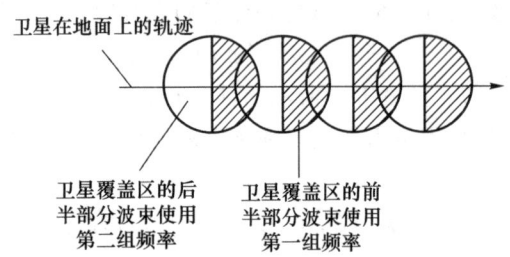

图 6.12 每颗卫星的前半部分和后半部分使用不同的频率

2) 双倾斜轨道中的星间频率复用

如果卫星系统中有两个倾角不同的倾斜轨道,每个轨道上的每颗卫星在其运动过程中有可能与另一轨道上的任意一颗卫星构成相邻关系,因此需要用不同的频率来分隔这两个轨道平面。如果系统中有多个不同倾角的倾斜轨道,那么每一个轨道必须独用一组频率。在这种情况下,频率复用因子 K_S 就是轨道平面个数。在考虑同一轨道上邻星的复用因子、星内的小区复用因子后,总复用因子是 $2KK_S$。

3) 极轨道中的星间频率复用

如果卫星系统中所有卫星都是极轨卫星,那么每个轨道左右各有一个轨道。当轨道数是偶数时,可以让相邻轨道交替使用两组频率。如果轨道数是奇数,也可只用两组频率,方法是:让每颗卫星前进方向左侧的波束使用一组频率,右侧的波束使用另一组频率,但在卫星飞过极点时,左右两侧频率要交换一下。也就是说,不论卫星是从北往南飞还是从南往北飞,所有轨道上东侧的波束使用一组频率,西侧的波束使用另一组频率,如图 6.13 所示。

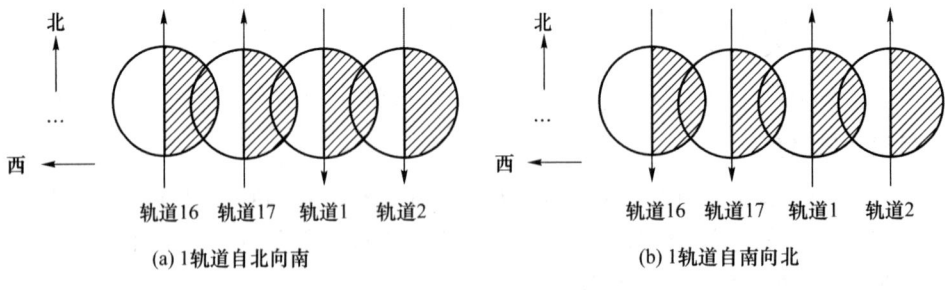

(a) 1轨道自北向南   (b) 1轨道自南向北

图 6.13 奇数极轨(轨道数是 17)时的频率复用

3. CDMA 系统的频率复用

由于扩频固有的强抗干扰能力,所有频率资源都可在所有小区中重复使用,因此 CDMA 系统的频率复用因子是 $K=1$。CDMA 系统对不同小区(波束)的信号用不同的 PN 码来区分。若 PN 码数目有限,则需要设计好 PN 码的复用。两个使用相同 PN 码的小区必须相隔足够远,以避免发生混乱。

6.2.3 同信道干扰

对于 FDMA/TDMA 系统,同信道干扰决定了复用因子 K 的设计。对于 CDMA 系统,虽然不存在频率复用问题,但同信道干扰与其容量密切相关。

1. FDMA/TDMA 系统中的同信道干扰

图 6.14 给出了上行链路的同信道干扰情况示意图。干扰源主要来自同一卫星的其他同频波束,也有可能来自其他卫星。所有使用相同频率并时同时通话的其他用户都是干扰用户。

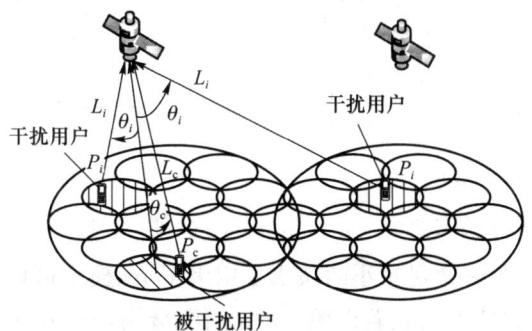

图 6.14 上行链路的同信道干扰

假设所有移动终端都采用全向天线,被干扰用户的发射功率是 P_c,用户到卫星的路径损耗是 L_c,用户所在位置相对于波束轴线方向的偏离角度是 θ_c。那么,卫星转发器接收到的有用信号功率是

$$C = \frac{P_c}{L_c} G(\theta_c) \tag{6-10}$$

其中,$G(\theta_c)$ 是天线增益。一种典型的点波束天线方向图可以写为

$$G(\theta_c) = G_{\max} \left[\frac{J_1(u)}{2u} + 36 \frac{J_3(u)}{u^3} \right]^2 \tag{6-11}$$

其中,$G_{\max}$ 是轴线方向的天线增益,$J_1(\cdot)$ 和 $J_3(\cdot)$ 分别是一阶和三阶的第一类贝赛尔函数,$\theta_{3\text{dB}}$ 是波束的半功率单边张角,而

$$u = 2.071\,23 \cdot \frac{\sin\theta}{\sin\theta_{3\text{dB}}} \tag{6-12}$$

图 6.15 展示了 $\theta_{3\text{dB}} = 5°$ 时的波束增益特性。

同理,如果第 i 个干扰用户的发射功率是 P_i,从干扰用户到被干扰卫星的路径损耗是 L_i,干扰用户的位置偏离被干扰波束轴线方向的角度是 θ_i,则此干扰用户产生的干扰功率为

$$I_i = \frac{P_i}{L_i} G(\theta_i) \tag{6-13}$$

进而,总信号干扰功率比(信扰比或信干比)为

$$\frac{C}{I} = \frac{C}{\sum_i I_i} = \frac{\dfrac{P_c}{L_c} G(\theta_c)}{\sum_i \dfrac{P_i}{L_i} G(\theta_i)} \tag{6-14}$$

其中,$G(\theta_c)$、$G(\theta_i)$、l_c、l_i 都是用户位置的函数。用户位置的随机性及用户周围不同环境引起

的衰落将使 C/I 成为一个随机变量。C/I 的统计特性与许多因素有关,图 6.16 给出了上行 C/I 的一种典型分布特性,其分贝值大致服从正态分布。

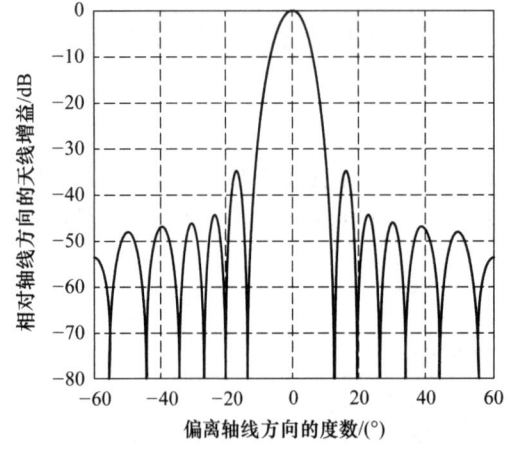

图 6.15 点波束天线的方向增益

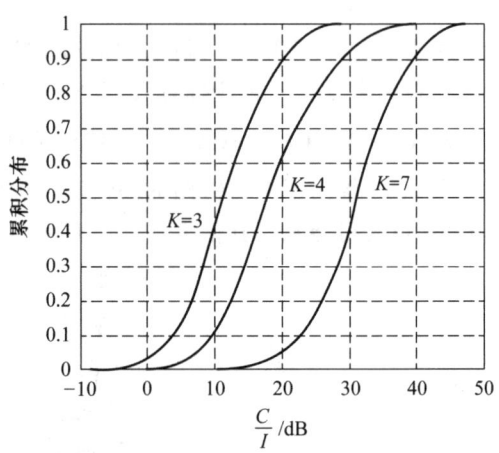

图 6.16 上行 C/I 的典型分布特性

系统设计的任务是选择一个尽量小的频率复用因子 K,使小区内大部分(90%以上)地点上的信干比大于最低要求 $(C/I)_{\min}$。若以图 6.16 为例,分别选择 $K=3$、4、7 时,可保证 90% 以上地点的信干比分别大于 3 dB、9 dB 及 23 dB。

下行信道的干扰分析方法和上行基本类似。图 6.17 给出了下行链路的同信道干扰情形,干扰源主要来自同一卫星的其他同频波束,也有可能来自其他卫星的同频波束。如果只考虑同一卫星内的信干比,并假设卫星在所有波束上发送功率相同,则有

$$\frac{C}{I} = \frac{G(\theta_c)}{\sum_i G(\theta_i)} \tag{6-15}$$

其中,θ_i 是被干扰用户离开干扰波束轴线的角度。

图 6.18 是上行 C/I 的一种典型分布特性。同图 6.16 所示的上行 C/I 相比,下行情况要比上行好很多。一般认为,对于对称业务(如话音业务)来说,系统的瓶颈在上行链路。

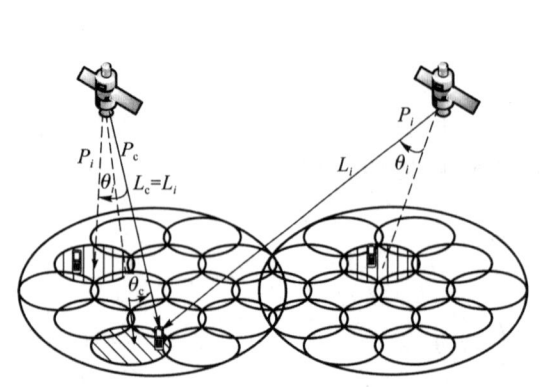

图 6.17 下行链路的同信道干扰

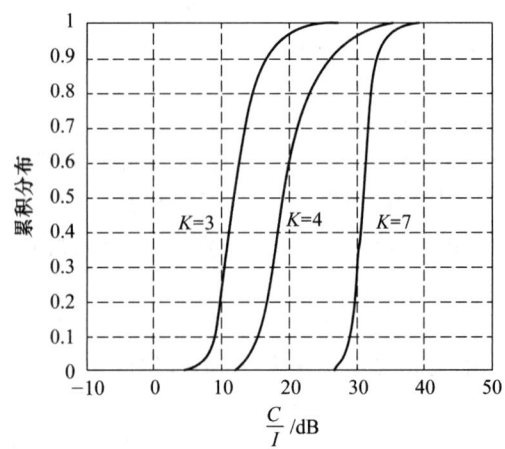

图 6.18 下行 C/I 的典型分布特性

2. CDMA 系统中的同信道干扰

在 CDMA 系统中,如果用户间的码字正交,理论上可以完全没有干扰;但正交码对同步有严格要求,尤其在上行链路和多径条件下,保持正交性更为困难。因此,许多系统采用准正交码,此时用户间会存在一定程度的同信道干扰;用户数越多,则干扰越大;当用户数增加到一定程度时,系统中同信道干扰将使所有用户的通信质量都不能满足要求。该特点使得 CDMA 系统被称作是干扰受限系统。为了提高系统容量,CDMA 系统一般采用上行发射功率控制以减少远近效应,采用语音激活减少同信道干扰。

对全球星这样的 CDMA 系统来说,系统容量的瓶颈在上行链路,因此下面只分析上行链路的干扰情况。

1) 本小区的干扰

如果小区中有 N_{uc} 个同时通话的用户,在理想功控下,每个用户到达卫星的信号功率都是 C。则一个用户的有用信号功率是 C,干扰功率是 $\alpha(N_{uc}-1)C$,其中 α 是话音激活因子。当小区内用户数很多时,本小区其他用户产生的干扰功率近似为

$$I_e = \alpha C N_{uc} \tag{6-16}$$

2) 其他小区造成的干扰

为简化分析,只考虑同一颗卫星内不同波束间的干扰。在图 6.19 中,小区 1 是被干扰小区,小区 2 以及未画出的其他小区是干扰小区。小区 2 中有一个用户处在位置 x 上,此用户的发射功率是 $P(x)$,从用户到卫星的路径损耗是 $L(x)$,用户离开小区 2 波束轴线的角度是 $\varphi(x)$。在理想功控下,该用户发射的信号到达卫星时的功率为 C,且无论用户是处在位置 x 或者 a、b 点信号到达卫星的功率都是 C,因此有

$$C = \frac{P(a)}{L(a)}G(0) = \frac{P(b)}{L(b)}G(0) = \frac{P(x)}{L(x)}G(\varphi(x)) \tag{6-17}$$

这样,位于 x 处时用户发射功率是

$$P(x) = C\frac{L(x)}{G(\varphi(x))} = P(a)\frac{G(0)}{G(\varphi(x))} \cdot \frac{L(x)}{L(a)} \tag{6-18}$$

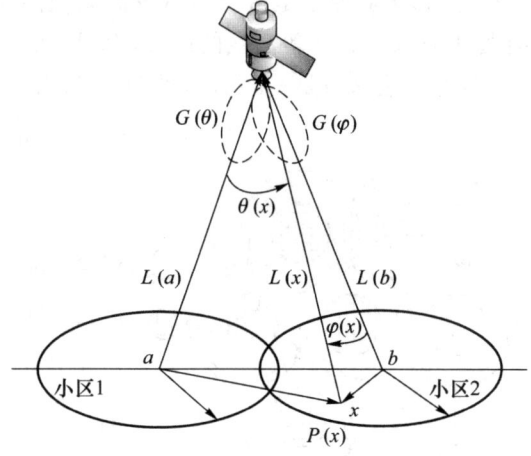

图 6.19 CDMA 上行链路

此用户离开小区 1 波束轴线的角度是 $\theta(x)$,因而对小区 1 的干扰功率是

$$I(x) = \frac{P(x)}{L(x)}G(\theta(x)) = C\frac{G(\theta(x))}{G(\varphi(x))} \tag{6-19}$$

因此,该干扰功率是依赖于用户位置的随机变量。考虑话音激活因子 α,若所有小区中都有 N_{uc} 个同时通话的用户且 N_{uc} 充分大,则小区 2 对小区 1 的总干扰功率近似为

$$I_2 = \alpha N_{uc} \cdot E[I(x)] = \alpha N_{uc} C \cdot E\left[\frac{G(\theta(x))}{G(\varphi(x))}\right] = \alpha N_{uc} C \cdot v_2 \quad (6\text{-}20)$$

其中,$v_2 = E[G(\theta(x))/G(\varphi(x))]$ 是依赖于小区 2 的一个量值。于是,总的邻小区干扰是

$$I_a = \alpha N_{uc} C \cdot \sum_{k \geq 2} v_k \quad (6\text{-}21)$$

3) 总信干比

定义邻小区干扰因子为

$$f = \frac{I_a}{I_e} = \sum_{k \geq 2} v_k \quad (6\text{-}22)$$

这个量反映邻小区干扰和本小区干扰的相对大小。如果已知 f,则小区 1 内某个用户的信干比近似为

$$\frac{C}{I} = \frac{C}{I_a + I_e} \approx \frac{1}{\alpha N_{uc}(1+f)} \quad (6\text{-}23)$$

4) 减小邻区干扰的方法

邻区干扰因子 f 和波束的设计有关。控制小区边缘处的衰减量可以控制波束的隔离程度,从而能控制 f,即降低邻小区干扰的程度。f 和小区边缘衰减量的关系有许多影响因素,图 6.20 给出了一种典型关系。由图 6.20 可见,把波束边缘的衰减量从 3 dB 增加到 5 dB 时,邻小区干扰下降了约一半。

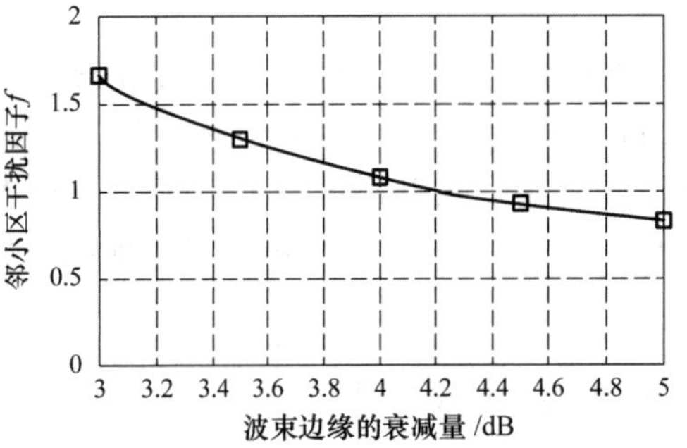

控制波束边缘衰减量的方法有:①直接将波束变窄;②波束宽窄不变,把波束间的轴线夹角加大。单从几何角度看,这两种方法是一样的。在图 6.21 中,正六边形边界原本是由 -3 dB 等高线交割而成的,而波束变窄为现在的 -5 dB 后,等高线恰好处于原来 -3 dB 等高线的位置,而现在的 -3 dB 等高线互不相交。也就是说,若按图 6.21,原来的边缘衰减量是 -3 dB,f 约为 1.6;而波束变窄后的边缘衰减是 -5 dB,f 约为 0.8。

图 6.20 邻小区干扰因子与波束边缘衰减量的关系

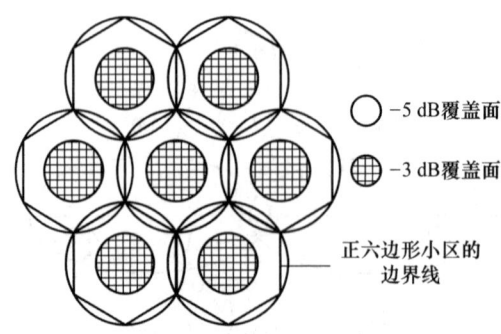

图 6.21 增加波束边缘的衰减设计值可以降低邻小区干扰因子

6.3 卫星通信网络的协议体系

6.3.1 TCP 协议

1. TCP 协议概述

TCP/IP 协议已成为互联网的标准。如图 6.22 所示，TCP/IP 协议是一个四层模型。TCP 协议和 IP 协议是构成 TCP/IP 协议栈的两个主要协议。IP 协议工作于 TCP/IP 协议栈的网络层，用于实现采用不同传输介质或机制的网络集成以构成互联网，并为数据包的传送选择传输路径。IP 协议提供"尽力交付"的数据包传输服务，这是一种不可靠的数据包传输服务，可能出现数据丢失、错序和重复。而为了向应用层提供可靠的数据传输服务，TCP 协议应运而生。TCP 协议工作于 TCP/IP 协议栈的传输层，它在 IP 协议提供的不可靠、无连接的数据包传输服务基础上，向应用程序提供端到端、有连接、可靠的数据流传输服务。

| 应用层 |
| 传输层 |
| 网络层 |
| 网络接口层 |

图 6.22 TCP/IP 协议栈的分层模型

TCP 协议包括连接管理、差错控制、流量控制和拥塞控制等机制，简单介绍如下。

1) 连接管理机制

如图 6.23 所示，在传输数据前，TCP 首先利用控制信息与对方建立连接（握手动作），其次进行数据传送，最后终止连接动作（释放连接）。

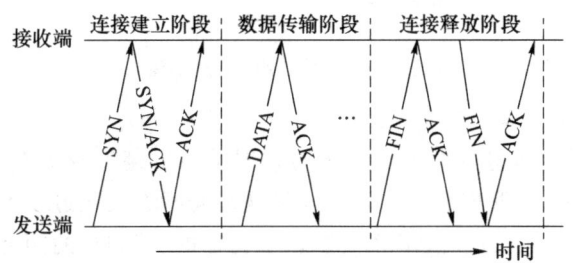

图 6.23 TCP 连接的管理机制

TCP 采用三次握手程序建立连接。首先，由发送端向接收端发出 SYN 包，表示要求建立 TCP 连接；若接收端同意连接请求，则回应 SYN/ACK 包，请求与发送端建立连接，并指明下一个要接收的数据字节；发送端收到 SYN/ACK 包之后再回应 ACK，确认下一个要接收的数据字节，并确认来自接收端的连接请求。在三次握手完成后，发送端开始传送数据。

TCP 的连接释放。当数据传送完毕时，发送端和接收端通过四次握手来终止连接。发送端首先发送一个 FIN 包到接收端，其次接收端对发送端的 FIN 进行确认，此时接收端仍可发送数据，当接收端数据全部传送完毕后，也发送一个 FIN 到发送端，最后发送端对接收到的 FIN 进行确认。

2) 差错控制机制

差错控制机制是可靠协议的一个主要部分，包括差错检测和差错恢复。TCP 使用确认包、定时器和重传来完成差错控制。TCP 协议为每个数据包分配一个 32 位的序列号，并对每个接收到的数据包进行确认,TCP 的确认是累积的,即发送的每个确认都指明了到目前为止接收到的最高有序序列号的数据包,因此只要接收到最新确认就可认为以前接收到的所有确认都是多余的。发送端在发送数据的同时,启动一个重传定时器,如果在定时器超时前收到数据包的确认,则定时器被关闭;相反,如果在定时器超时前没收到确认,则认为该数据包已丢失,需重新进行传送。TCP 超时与连接的 RTT(从发送方发出一个数据段开始到收到相应 ACK 的时间)密切相关。由于网络状态的变化,RTT 时间也会经常变化。TCP 需要跟踪这些变化,并相应改变其超时时间。

3) 流量控制机制

流量控制机制用于确保发送端发送的数据量不超过接收端所能处理的最大数据量。TCP 提供一个允许接收端规定发送端发送数据量的机制,该机制使用滑动窗口算法实现流量控制,如图 6.24 所示。在发送端,TCP 保留一个发送缓冲区,该缓冲区用于存储已经发送但还未得到确认的数据,以及已经由发送应用写入但还没有被传送的数据;在接收端,TCP 保留一个接收缓冲区,该缓冲区保存应用程序还没有读取的接收数据。为了避免缓冲区空间被耗尽,接收端需要向发送端通告它可以接收多少数据,这个工作由 TCP 头部的通告窗口域(RWND)来完成,通告窗口尺寸表示接收缓冲区中的空闲空间。

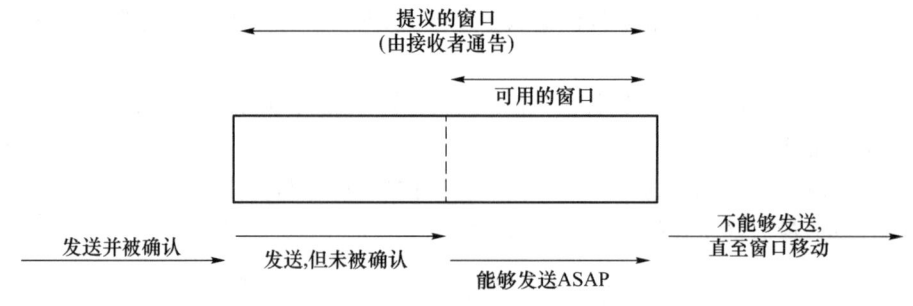

图 6.24 TCP 协议中的滑动窗口

4) 拥塞控制机制

虽然流量控制机制能够避免发送端发送的数据量超出接收端所能处理的最大数据量,但 TCP 协议还是提供了一个拥塞控制机制来预防发送端向网络发送过多的数据。TCP 拥塞控制机制采用一种加性增加、乘性减少(AIMD)的、基于窗口的、端到端的闭环控制方式。因为 TCP 流量控制机制和拥塞控制机制是一起使用的,所以拥塞窗口值不应该超过接收端的通告窗口尺寸或网络容量。虽然用于流量控制的信息可以通过接收端和发送端间的信息交换而容易地获得,但是有关网络容量的信息却是动态变化的,很难得到。因此,与流量控制机制相比,拥塞控制机制要更为复杂。

在拥塞控制中,TCP 发送端维护三个状态变量:拥塞窗口 CWND、接收端通告窗口 RWND 和慢启动门限 SS-THRESH。CWND 用于保证发送端不会使得网络超载;RWND 用于保证发送端不会使接收端缓冲器溢出;SS-THRESH 一般在 TCP 连接建立时被初始化为 65 535 字节。在 TCP-Reno 拥塞控制机制中(图 6.25),拥塞控制由慢启动算法、拥塞避免算法、快速重传算法和快速恢复算法共同完成。

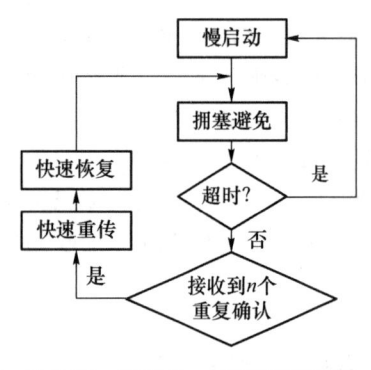

图 6.25 TCP-Reno 拥塞控制机制

慢启动算法是在一个新建立或恢复的 TCP 连接上发起数据流的方法。当 1 个 TCP 连接建立后,CWND 被初始化为 1 个最大报文段长度(Maximum Segment Size,MSS),发送 1 个最大报文段长度的数据;当收到确认信号时,CWND 的尺寸增加为 2 个最大报文段长度;当 2 个报文段得到确认后,CWND 的尺寸增加为 4 个最大报文段长度,依次类推。如图 6.26 所示,CWND 的尺寸按照指数形式增长;当 CWND 增加到 SS-THRESH 时,慢启动结束,进入拥塞避免阶段。由于原有 TCP 方案中,发送方按照接收端通告窗口的大小来确定发送窗口的大小,而慢启动中发送窗口尺寸逐渐增大,相比起来,其速度要比立即使发送窗口为接收端通告窗口那么大要"慢"多了。

在拥塞避免阶段,发送端的 CWND 尺寸在每个 RTT 内增加 1 个最大报文段长度,因此 CWND 尺寸按线性规律增长,如图 6.26 所示。

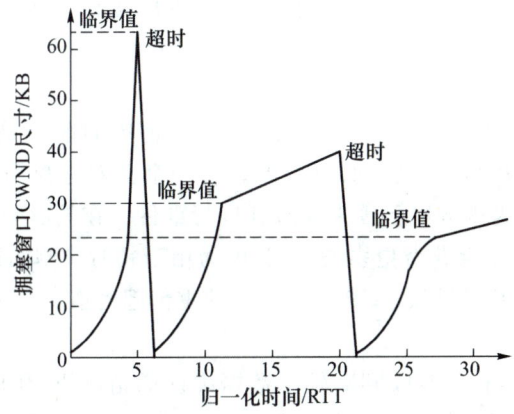

图 6.26 慢启动-拥塞避免算法中 CWND 尺寸变化

当网络发生拥塞时,就会丢失报文段。有两种报文段丢失的指示方法:发生超时和接收重复确认(Duplicate ACK)。超时机制是发送端主观判断网络拥塞的方法,而重复确认则是发送端根据接收端的指示判断报文丢失的方法。

(1) 超时机制

发送端在发送报文段后启动重传定时器,如果定时器溢出时还没有收到确认,发送端就重传该数据报文段,并将 SS-THRESH 重新设置为当前 CWND 值的一半,重新开始慢启动过程。

(2) 重复确认

接收端接收到失序的报文段后,将立即产生一个重复确认。这个重复确认不应该被延迟,其目的在于让发送端知道其收到一个失序的报文段,并通告自己希望收到的报文段序号。对于发送端,由于不知道这个重复确认是由一个丢失报文段引起的,还是由几个报文段的重新排序引起的,因此需要等待少量重复确认的到来。假如只是一些报文段的重新排序,则在重新排序的报文段被处理并产生一个新的确认前,只可能产生 1~2 个重复确认。如果连续收到 3 个或 3 个以上重复确认,就认为是一个报文段丢失了,此时无须等待定时器溢出,立即重传丢失的数据报文段。这就是快速重传算法。接下来执行的不是慢启动算法而是拥塞避免算法,这就是快速恢复算法。

2. 卫星通信对传统 TCP 性能的影响

当传统 TCP 应用于卫星通信网络时,其传输性能受到了严重的影响。影响 TCP 性能的卫星链路特点主要有:长传播时延,高误码率和带宽非对称性。

1) 长传播时延

卫星链路与地面链路最明显的差别在于卫星信道通常具有较长的传播时延。地面网络的传输时延为几到几十毫秒;而对于同步卫星,其单向传播时延约为 250 ms,RTT 达到 500 ms。长时延会严重影响 TCP 的性能,卫星环境下对 TCP 的改进大部分是针对此问题进行的。当 TCP 协议用于长延时卫星链路时,将面临三个主要的问题:拥塞窗口尺寸增长较慢、检测和恢复丢失数据包的时间较长和接收窗口受限。

(1) 拥塞窗口尺寸增长较慢

卫星链路较长的 RTT 使得 TCP 拥塞窗口的增长速度变得非常缓慢。在慢启动期间,需经过 RTT,拥塞窗口尺寸才能加倍;在拥塞避免期间,需经过 RTT,拥塞窗口尺寸才能增加 1 个最大报文段长度。因此,RTT 越长,拥塞窗口尺寸增长越慢,慢启动期间滞留的时间越长,信道的带宽利用率就越低。

(2) 检测和恢复丢失数据包的时间较长

TCP 对于丢失数据包的恢复是通过重传完成的,重传的前提是对丢失数据包的检测。TCP 对于丢失数据包的检测是通过超时进行的。若一个已发送数据分段的确认信息在一定时间内没有到来,TCP 认为该分段已丢失并对其进行重传。在具有长延时的卫星网络中采用超时进行丢失检测和恢复将会花费更多的时间,因为用于超时检测的重传超时值与 TCP 传输路径的 RTT 有关,大 RTT 将导致 TCP 设置较大的重传超时值。

(3) 接收窗口受限

为充分利用可得带宽,在没有收到对发送数据确认的情况下,延时带宽乘积决定了 TCP 可以向网络中发送数据量的上限。延时指的是 RTT,带宽指的是传输路径中的瓶颈带宽。对于具有较长 RTT 的卫星链路,延时带宽积通常相当大,TCP 不可能充分利用可用的链路带宽,这主要是由接收窗口受限造成的,接收端的通告窗口总是发送窗口增长的最大值。

2) 高误码率

当 TCP 协议运行于高误码率的卫星信道时,存在以下的两个主要问题。

(1) 无法区分拥塞丢失和受损丢失

TCP 协议最初是为具有较低 BER 的可靠链路开发的。由于数据包受损的概率较低,因此所有的 TCP 拥塞控制策略都将丢失的数据包看作是拥塞指示。对于每个丢失的数据包,TCP 发送端将其传输速率至少减少一半。在 TCP Tahoe 情况中(相对于 Reno 没有快速恢复)或者是当丢失非常严重、出现超时时,数据传输返回到慢启动阶段,每个 RTT 只能传送一个数据包。对于数据包因受损而丢失的情况,这是一个错误响应,根本不应减小发送端的传送速率。

(2) 不能很好地处理每个拥塞窗口中丢失的多个数据包

当每个拥塞窗口有多个数据包丢失时,某些版本的 TCP 协议(特别是 TCP Reno)不能很好地处理这些丢失的数据包,连续丢失导致拥塞窗口的连续减半。即使是采用较为先进版本的 TCP 协议,如 TCP New Reno,TCP 的累积确认也只允许发送端在每个 RTT 内恢复一个丢失的数据包。如果有多个数据包丢失,恢复就要花费相当长的一段时间。

3) 带宽非对称性

由于卫星通信系统的地面发射设备价格较为昂贵,或因为卫星转发器的资源限制,一些卫星网络中会采用非对称式的拓扑结构(如 VSAT 网)。其主要特征是返回信道带宽要比前向信道带宽小很多,这种情况对 TCP 性能的影响有以下几个方面。

(1) 输入确认的速率较慢

在非对称链路上运行 TCP/IP 协议时,经过返回链路传输的 ACK 受到带宽容量的限制,不能及时准确地到达发送端,从而影响了拥塞窗口的增加,降低了链路吞吐量。

(2) 容易造成数据突发

通常,TCP 收到一个确认就传送一个数据包,确保了数据的平滑传输。但当返回路径的缓冲区溢出时,就会丢失一些确认,确认的丢失导致数据的不规则重传,产生较高的突发。

(3) 造成不必要的超时重传

如果 ACK 在反向缓冲区溢出而被丢弃或者由于排队导致传输延时,使得 ACK 没有在重传定时器超时前到达发送端,就会导致不必要的超时重传,并使 TCP 发送端重新进入慢启动状态,这将导致无法充分利用卫星链路带宽,并严重恶化 TCP 的传输性能。

3. 卫星通信中对 TCP/IP 性能的改进

改进卫星链路 TCP 协议方案主要从以下两个角度考虑:①从 TCP/IP 协议的角度,通过改进 TCP 协议和其他低层协议来提高 TCP 协议在卫星链路上的性能;②从卫星链路的角度,屏蔽卫星信道对 TCP 协议的影响,让 TCP/IP 协议感觉不到卫星链路与地面链路间的差异。

1) 从 TCP/IP 协议角度的改进方法

(1) 端到端的解决方案

① TCP 增强

a. 使用路由 MTU

路由 MTU(Maximum Transmission Unit)是指在向接收机发送数据包时,在整个路由路径上不再需要分段处理的 MTU。当使用路由 MTU 发送数据时,数据在发送端以路由 MTU 的大小将数据分段处理后再进行发送,这样在通信过程中,路由器就不需要再进行分段处理了,从而避免了路由过程中不必要的分段和重组。使用路由 MTU 既允许 TCP 能使用尽可能大的包长,又消除了分段与重组带来的开销。此外,由于 TCP 的拥塞控制窗口是以数据段而不是以字节为单位计算的,故可以使信源以更快的速度增加拥塞窗口。

b. 大的初始窗口

允许 CWND 的初始值从一个数据包大小增加到 W_I,其值表示为

$$W_I = \min\{4 \times MSS, \max\{2 \times MSS, 4\,380\,B\}\} \tag{6-24}$$

通过采用一个较大 CWND 初始值,在发生超时重传时才将 CWND 设置为一个数据包的大小,这样可减少慢启动所需的时间,提高慢启动开始时的网络带宽利用率。

c. 字节计数

为解决延时确认造成的慢启动阶段 TCP 发送端增大 CWND 所需时间较长的问题,已经提出使用字节计数的办法,能加快 CWND 增加的速度,从而减少慢启动所需的时间。字节计数是一种 TCP 确认计算方式。在 TCP 协议中,每收到一个确认,就表示有一些数据被正确接收了,这些数据就叫该确认所覆盖的数据。在标准的 TCP 确认计算方式中,发送端每接收到一个确认,拥塞窗口尺寸就会以最大报文段的长度为单位增加。但在字节计数方式中,拥塞窗口的增加数量是由每个确认所覆盖的先前未确认的字节数目来决定的,而不是由确认的数目来决定的。这样就使得拥塞窗口尺寸的增加与已经正确传输的数据量相关,而不依赖于接收端确认的间隔。

d. 使用较大的窗口尺寸

TCP 的接收窗口尺寸与 RTT 一起决定了网络的吞吐量。TCP 的标准窗口尺寸是 64 KB,所以 GEO 卫星的最大吞吐量不会超过 1 Mbit/s,这显然无法充分利用大带宽的卫星信道。因此,提出"窗口缩放"的方法,建议双方在初始的 TCP 报头的一个字段中通知对方它自己的窗口缩放因子(缩放因子指窗口长度扩大或缩小的比特数)。为保证网络中新的分段完整性,窗口尺寸不能超过 2^{30} B。如果标准的 TCP 的窗口是 65 535 B,则最大缩放因子为 14(30－16＝14),而窗口的最大值为 1 GB(2^{30} B＝1 GB)。

e. 选择性确认

择择性确认(Selective Acknowledgement,SACK)是当发生多个数据段丢失时,TCP 处理策略的改进方案。标准 TCP 确认只指出接收端下一个要接收的数据包序列号;而使用 SACK,接收端就可通知发送端所有接收成功的数据包序列号,从而使发送端只重发那些确实丢失的数据包,并能在一个 RTT 内重发多个丢失的数据包。因此,使用 SACK 提高了 TCP 的传输性能。

f. 前向确认

前向确认(Forward Acknowledgement,FACK)算法是一种更高效的算法,用于获得传输过程中"前进最多"的数据信息。所谓"前进最多"是指接收端成功接收的数据包中最大的序列号。

② TCP-Peach

为使发送端区分链路拥塞与出错,基于传统的 Reno 算法,提出一种基于探测报文对链路丢包进行判断的 TCP-Peach 算法,该算法使其窗口在由链路引起的丢包情况下能迅速恢复到丢包前的状态,从而改善卫星网络中 TCP 性能。

TCP-Peach 将传统 TCP 协议拥塞控制的 4 个核心算法修改为:突然启动、拥塞控制、快速重传和快速恢复。其中,突然启动和快速恢复就是传统慢启动和快速恢复的改进算法。TCP-Peach 使用一种低优先级、不包含任何有用数据的报文段,即哑元(Dummy),来探测网络的拥塞情况。哑元应答的顺利接收标志着网络情况良好,发送方可增大拥塞窗口,以传输更多报文段。而一旦发生网络拥塞,哑元优先级比较低,将被首先丢弃。由于哑元不含任何有用的数据,其丢弃率不但可以反映网络拥塞情况,且丢弃的哑元不需要重传,拥塞窗口也不需要"回退"。TCP-Peach 不涉及中间节点的改造,能和传统 TCP 兼容。

③ STCP

为更好地利用长延时卫星链路的带宽,STCP 以共享 TCP 状态信息的思想为基础,通过在连贯并存的连接间共享有关主机对间的信道信息,使到达同一目的地的新连接能够更有效地启动,并对并存连接进行协调。

(2) 链路层解决方案

链路层解决方案是一种试图从底层(数据链路层)来改善 TCP 性能的方法。

① 窥探

TCP Snoop 采用 TCP 的确认 ACK 触发链路层重传,并抑制重复确认传送到 TCP 发送端。这个方法能遮蔽链路层丢失,隐藏链路层损坏,不会像端到端的 TCP 发送端那样将拥塞窗口减小为原来的一半。但如果基端保持确认在端到端间进行传送,那么采用 TCP Snoop 就会因为卫星链路的长传播延时而产生公平性方面的问题。

② ARQ 协议

ARQ 协议通常用于传输信令和控制报文等重要的数据帧,工作在数据链路层。发送端将分组分成若干个数据帧进行传输,并启动计时器以防止数据帧丢失。

③ 前向纠错码

卫星通信中采取 FEC 技术来改善 BER。

2) 从卫星链路角度的改进方法

(1) TCP Spoofing 方案

TCP Spoofing 方案主要用来解决长延时网络路径上 TCP 启动速率慢的问题。如图 6.27 所示,TCP Spoofing 方案的目的是:通过引入一个分割 TCP 连接的网关将长延时链路分离出来。在应答信息到达前,网关作为虚拟的目的节点向主机发送应答信息,这样就增大了发送端的数据传输速率;它还可以负责重传那些丢失的数据。这种方案大大缩短了信息在收、发两端的延时,提高了链路的性能。Linkway/LinkOne,DirecPC,Spotbytes,Cyberstar 等系统都采用了 TCP Spoofing 方案。但这种方法打破了 TCP 端到端的语义性,有可能破坏数据的传输。此外,TCP Spoofing 方案不与 IP 保密协议 IPSEC 兼容,且下一代互联网协议 IPV6 要使用的 IPSEC 认证也不能在 TCP Spoofing 方案中使用。该方案对链路要求非常高,对链路质量差、网络安全性要求高的业务不适用。

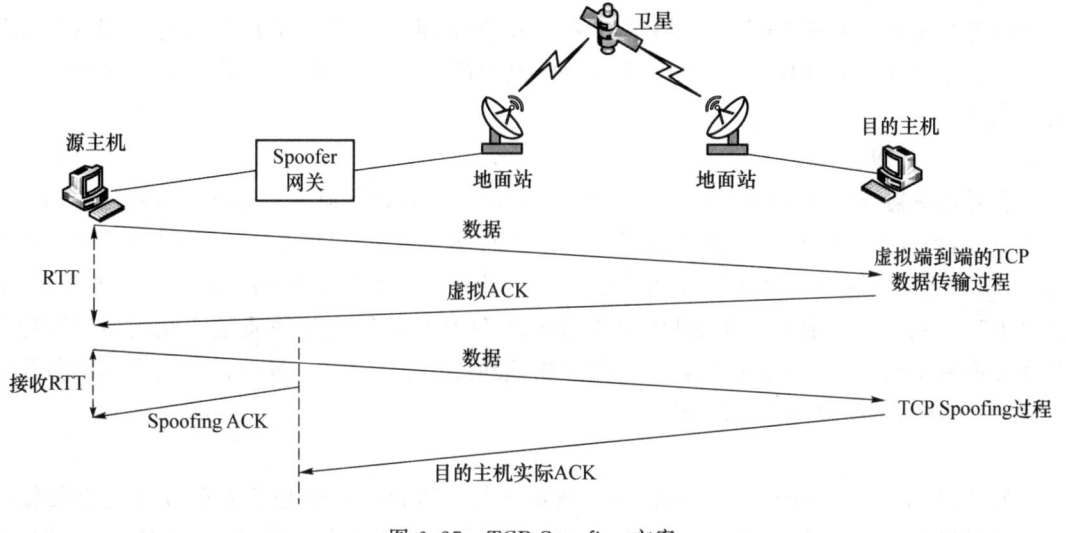

图 6.27 TCP Spoofing 方案

(1) TCP Splitting 方案

TCP Splitting 方案是将 TCP 连接完全分离开来,提供了一个既能充分利用卫星网络环境,又不用修改原有客户机和服务器协议的有效办法。如图 6.28 所示,TCP Splitting 方案的工作原理是在协议转换网关处截取发送端发来的 TCP 信号,并将数据转化成适合卫星传输的专用协议,然后在卫星链路的另一边,另一个协议转换网关再将数据重新还原为 TCP 数据,并传递给服务器。在整个过程中,网关将端到端的 TCP 连接分割成三个独立部分:一是客户机与网关间的远程 TCP 连接;二是两个网关间的卫星协议连接;三是服务器一侧的网关与服务器间的 TCP 连接。

TCP Splitting 方案允许在一段卫星链路上两个网关间的连接最优化。一般,它趋向用来解析两个端系统间 TCP 容量的不匹配性。协议转换网关可以在不同的 TCP 协议版本间进行简单转换,两个网关能够用一个充分适合卫星链路的 TCP 扩展协议版本连接,或者在链路的卫星部分使用一种不同于 TCP 的其他协议,而在地面段继续使用 TCP,以保护互联网的稳定性。这种分解连接方式的好处是既能保持对最终用户的全透明,又能改进传输性能。

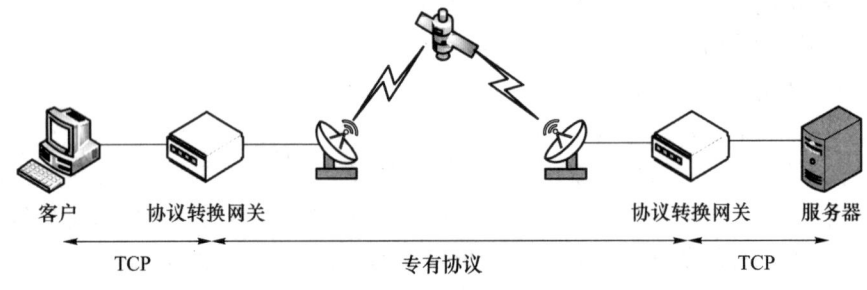

图 6.28 TCP Splitting 方案

目前,卫星链路段的主要协议有如下几种。

① 可靠 UDP

UDP 协议可直接应用于卫星链路的数据传输,能够充分利用卫星链路的带宽资源。只是 UDP 协议无差错控制机制,不能实现数据的可靠传输。可靠 UDP 就是在 UDP 协议的基础上,通过在应用层增加控制机制来实现数据的可靠传输。控制机制包括:窗口管理、接收确认以及重传算法等。可靠 UDP 在应用层实现,简单方便;但由于其在应用层实现,因此在性能、效率以及稳定性上都具有一定限制。另外,此种实现对网络终端是不透明的,因此增加了使用的复杂性。

② RTP 协议

实时传输协议(Realtime Transport Protocol,RTP)为数据提供了具有实时特征的端对端传送服务,是针对互联网上多媒体数据流的一个传输协议。RTP 是一个应用型的传输层协议,使用的前提是网络非常可靠,它并不提供任何传输可靠性的保证和流量拥塞控制功能,它依靠 RTCP 提供这些服务。在 RTP 会话期间,RTCP 负责管理传输质量并在当前的应用进程间交换控制信息。RTCP 在各参与者间周期性地传送 RTCP 包,包中含有已发送的数据包数量、丢失数据包的数量等统计资料。

③ XTP 协议

XTP(Xpress Transfer Protocol)是一种基于并行协议引擎思想开发的通用轻型传输协议。其开发目的是替代 TCP 协议和 UDP 协议,但实际上从没有达到过 TCP/IP 协议的通用效果。它提供独特的服务组合,包括快速连接设置,大数据流水线能力,可选的应答,可选的重传输,流、纠错、速率和突发控制,消息优先级和可靠的传输多端点等功能。这些特点使 XTP 非常适合于卫星信道使用。

3) 方案对比

上面的几种改进卫星链路上 TCP 性能的方案,包括端到端解决方案、链路层解决方案、TCP Spoofing 和 TCP Splitting 端到端的解决方法。通过调整 TCP 协议的参数在一定程度上可以改善卫星链路中 TCP 协议的部分性能,比如选择性确认策略(SACK)在长时延、中度丢失(小于 50%的窗口大小)的环境下很有效,但在高误码率环境中,SACK 又会引起 ACK 回传减慢,使传输超时。因此,通过调整 TCP 协议参数只能局部改善卫星链路中 TCP 协议的传输,并不能从根本上消除卫星链路对 TCP 性能恶化的影响,且大多数是以牺牲某些其他性能为代价的。另外，在实际情况中可能是多个 TCP 版本并存，在一个连有大量用户的实际网络中，并不能保证所有主机都采用适合于卫星环境的 TCP 协议。链路层解决方案与端到端的解决方案都要求对地面网络各节点协议进行修改，对所有用户进行修改是一件困难的事，不便于实际应用。

TCP Spoofing 方案和 TCP Splitting 方案彻底超越了在 TCP/IP 协议上修补的思想，从卫星链路的角度来解决问题，是提高卫星链路中 TCP 性能比较有效的办法。由于 TCP Spoofing 方案在卫星段仍然保持原有的 TCP 传输，因而对 TCP 协议在卫星环境中性能的提高是有限的。与 TPC Spoofing 方案相比，尽管 TCP Splitting 方案增加了协议转换网关实现的复杂性，但由于其可在卫星链路段上采用最适合于卫星链路特性的协议，因此能获得更好的性能。协议转换网关负责对 TCP 连接进行透明拦截和协议转换，而不需要对终端节点的协议栈和应用程序做任何改动，因此兼容性好，便于实际应用。

6.3.2 SCPS 协议

针对 TCP/IP 协议在卫星通信应用中的问题，1999 年空间数据系统咨询委员会（CCSDS）提出 SCPS 协议。SCPS 协议通过对 TCP/IP 协议进行修改和扩充，以适应空间通信环境中高误码、长延时等特点。SCPS 协议包括网络协议（SCPS Network Protocol，SCPS-NP）、安全协议（SCPS Security Protocol，SCPS-SP）、传输协议（SCPS Transmission Protocol，SCPS-TP）以及文件协议（SCPS File Protocol，SCPS-FP）。

SCPS-NP 对应互联网中的 IP 协议。它提供非常简洁灵活的终端地址与组地址表示方法，提供数据包的优先级操作机制和每包路由控制机制。SCPS-SP 与 IPSEC 类似，为空间网络数据传输提供了可选的端到端保护。SCPS-TP 为空间通信网络提供端到端的数据传输服务。SCPS-FP 支持带宽受限环境下的文件传输与指令传输。SCPS 协议与 TCP/IP 协议栈的对应关系如图 6.29 所示。

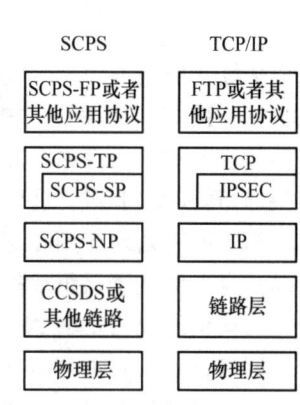

图 6.29 SCPS 协议与 TCP/IP 协议栈的对应关系

在使用 SCPS 协议时，SCPS-TP 是必须使用的，而其他三个协议可以用 TCP/IP 协议栈中的相应协议代替。SCPS-TP 相对于 TCP 的修改包括：采用 SNACK 与报头压缩技术来减小误码率；增大 TCP 拥塞窗口，以满足卫星通信中时延大的要求；数据速率控制功能，防止出现拥塞；可选择的多种拥塞控制机制、RTT 测量等功能。通过这些修改和扩充，SCPS-TP 很好地解决了卫星通信中误码率高、延时大、前向和反向链路差异大等问题。

实际应用证明，SCPS 协议在卫星通信中比其他空间通信协议性能好，因此 SCPS 协议的地位也越来越重要，它对空间通信的贡献堪比 TCP/IP 对互联网的贡献。

6.3.3 SR 协议

前向纠错和反馈重传以及两者的混合是数据链路层提供可靠传输的重要技术，其中反馈重传中的 SR ARQ 技术因具有高的可靠性和传输控制能力得到人们的青睐，特别是在无线数据通信系统中。SR 协议的运行过程如下。

（1）发送者按照安排在窗口中的帧编号，以从小到大的顺序连续发送帧，每发送一帧就将其置入发送缓冲器队列。每收到一个 ACKi 响应，就从发送窗口中删除该帧，同时窗口向前移动，从而使窗口外等待发送的帧落入窗口中，继续参与后续帧的发送。发送者窗口的大小和发送缓冲器队列的大小均为 $W/2$。

（2）接收者每收到一个帧，就与其窗口期待的帧编号进行比较。如果一致，就对其进行检验，若无错，则将该帧提交给上层处理，准备后续帧的接收，并向发送方发送一个 ACKi 响应；若有错，则向发送方发送一个 NACKi 响应，请求重传出错的帧。如果不一致，则丢弃接收到的帧，并将后续接收到的帧存入接收缓冲队列。接收者的窗口大小和接收缓冲区队列大小均为 $W/2$。

（3）如果发送者收到其窗口中某个帧的否定应答信息，即 NACKi 响应，无论当前已发送到哪个帧，都要重发该帧。

（4）为了能够使发送者对已发送帧做及时处理，提高发送者资源的利用率，发送者给每一个已经发送但还未收到应答信息的帧设置了超时定时器，以防止应答帧丢失而致使发送者长期等待，造成资源的浪费。若某帧的超时计时器发生超时，则重发超时帧。

（5）为防止发送者无限重发出错的帧，发送者还设置了重发计数器，其目的是防止接收者宕机或者其他不可避免的灾难而造成发送者资源的浪费。

6.3.4 DTN 协议

传统互联网采用 TCP/IP 协议作为体系结构，并建立在以下几个基本假设之上：端到端保证持续连接，双向对称的数据率，较低的丢包率、传输时延以及误码率等。然而，近年来部署在极端环境下的挑战性网络并不满足传统互联网设计的一个或多个假设，且具有间歇连接、频繁割裂、时延极高、非对称的数据率、较高的误码率与丢包率以及异构互连等特性，使得互联网体系结构不能有效地应用在这种网络中。例如，深空环境下的星间网络与空间传感网络；由附着在动物身上的传感器组成的移动传感网络；战场环境下的战术、战略移动 Ad Hoc 网络；高速行驶的车辆组成的车辆 Ad Hoc 网络；用于发展中国家偏远地区间通信和互联网接入服务的信息网络；海洋、湖泊环境下的水声传感网络等。

为实现孤岛式异构挑战性网络间互联与互操作以及异步消息的可靠传输，容迟与容断网络(delay and disruption tolerant network, DTN)应运而生。DTN 体系结构为解决异构挑战性网络间的互操作，在异构网络的传输层与应用层间，引入捆绑层(bundle layer)。捆绑层作为端到端面向消息(message-oriented)的覆盖层，采用存储转发的消息交换机制、低层逐跳的消息确认机制以及可选的端到端确认策略，提供持续存储(persistent storage)功能；采用保管传递(custody transfer)机制实现 DTN 节点间的消息重传与确认，增加消息传输的可靠性。捆绑层提供的功能类似于互联网网关，捆绑层中的消息称为 bundle。DTN 是未来无线网络发展的一个方向，在环境监测、军事战略、深空探测、反恐安保、森林防火、地震监测、交通管理、水下探测、灾难救援和偏远地区及发展中国家网络基础设施建设等方面具有广泛的应用和实用价值。

因此，DTN 不同于传统互联网等网络，主要具有以下几个基本特性。

（1）间歇连接。由于节点的移动和能量有限，DTN 频繁断开，导致 DTN 拓扑结构不断变化,并处于间歇连接、部分连接的状态,且网络连接状态具有一定随机性,无法保证实时的端到端路由。

(2) 时延极高、数据率低。端到端时延表示端到端路由上每一跳的时延总和,每一跳上经历的时延可由等待时间、排队时间、传输时间和传播时间组成。DTN 间歇连接特性,可能导致相邻节点在长时间内无法连接,使得每一跳上经历的时延会极高,进一步导致数据率较低,同时呈现出数据率非对称的特点。

(3) 资源有限、寿命有限。受价格、体积和功耗的限制,DTN 的节点计算、处理与通信能力及存储空间比普通计算机要差很多。有限的存储空间导致较高的丢包率。资源有限决定了路由协议不能太复杂。同时,当节点处于极端环境时,通常采用电池提供能量,这使得其寿命有限,甚至有传输时延超过节点寿命的可能。

(4) 随机动态拓扑。节点由于环境变化等因素可随机移动,也可因为能量耗尽或故障退出网络,还可由于任务需求而加入网络,这些都会导致 DTN 拓扑结构动态变化。此外,DTN 链路的间歇连接使其拓扑具有很大的不确定性,具体体现为 DTN 节点和链路的数量及概率分布的变化,这种不确定性决定了路由需要能够适应随机动态拓扑的要求。

(5) 安全性差。由于节点处于真实物理世界,由此 DTN 除受到传统无线通信网络面临的安全威胁以外,还可遇到窃听、消息修改、路由欺骗、拒绝服务(denial of service,DoS)和恶意代码等安全攻击。

(6) 异构互连。DTN 是面向异步消息传输的覆盖网,通过引入捆绑层,使其可以运行在不同异构网络的协议栈上,DTN 网关保证了异构网络互联时消息的可靠传输。

在 NASA 中,DTN 可以使简单的点对点网络转变为真正的像互联网那样的多模网络,它能从本质上简化太空指挥和控制的操作(如电力生产或生命支持系统),这对于未来太空计划来说很关键。DTN 协议在 2009 年 5 月已经被部署在国际空间站上。

6.4 卫星通信网络的路由技术

6.4.1 卫星通信网络的路由概述

卫星通信网络由无线节点、星间链路和星地链路构成。路由算法的目的是为通信网络中的源-目标节点对(Origination Destination Pair,OD-Pair)找到一条满足限制条件的最优路径。从用户角度出发,这些限制条件可被称为服务等级(Grade of Service,GoS)和 QoS,包含时延、时延抖动、阻塞概率、分组丢失率和吞吐量率等指标;从系统管理角度出发,需要根据链路长短和负载状况进行网络资源分配和调度,以满足不同的 GoS 和 QoS 需求。因此,路由算法是保证通信系统有效性和可靠性的重要手段。卫星通信网络的路由算法主要有以下几个特殊问题需要考虑:①链路时延较大,需要频繁进行信息交互的路由方案不再适用;②网络拓扑不断地变化,路由中断现象频繁,需充分利用卫星运行规律的可预测性来避免由路由中断而带来的不利影响。

为了屏蔽卫星拓扑结构动态性,早期提出了多个在时间和空间上对卫星网络进行划分的路由算法,称这类路由算法为静态路由算法。将依靠卫星节点间的信息传输来获取节点的链路状态信息,从而计算整个网络路由的算法称为动态路由算法。结合以上两者,将既考虑卫星网络的拓扑动态性,又考虑其拓扑结构的可预测性特点的路由设计方式称为动静结合路由算法。此外,多层卫星网络将不同轨道高度的卫星网络融合到一起,发挥各自的优势,将带来更好的网络性能,其路由策略也产生了新的变化。

6.4.2 卫星网络的路由策略

1. 静态路由算法

按照路由算法对卫星网络动态性拓扑结构的屏蔽方式,可以将静态路由分为虚拟拓扑(virtual topology)策略和虚拟节点(virtual node)策略。

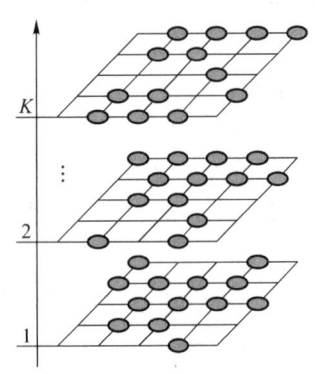

图 6.30 虚拟拓扑示意图

1) 虚拟拓扑策略

虚拟拓扑路由算法利用星座运动的周期性和可预测性,将动态变化的网络拓扑看作一系列重复周期为 r 的网络拓扑快照。如图 6.30 所示,假设一个周期内的网络拓扑快照数为 K,可以通过选择合适的时间间隔,使得网络拓扑快照接近于实时的网络拓扑结构。

假设星间链路的连通和断开仅发生在离散时间点,在每个时间间隔内各个星间链路的代价相同(链路代价因素包括星间距离、卫星位置、到链路断开前的时间长度等)。在拓扑快照对应的静态拓扑结构中,通常使用已知的方法(如 Dijkstra 最短路径算法)建立卫星网络中所有星间的优化最短路径或可选径。通过优化过程选择两个卫星间可选路径中的优化路径来减少路径切换次数。优化路径的计算或选择可以在地面上预先完成,然后上传到所有卫星上。这种基于路径的方法比较适用于异步传输模式(ATM)面向连接的服务场景,通过消除卫星的移动性影响来简化路由设计。虚拟拓扑路由策略需要的路由表存储空间较大,对网络中发生的流量变化、拥塞、故障等实际情况适应性较差。

2) 虚拟节点策略

虚拟节点策略是将地球表面覆盖区按保持不变的逻辑地址划分,将与地面覆盖区对应的空间节点视为一虚拟节点,该节点代表运行到这个虚拟空间的卫星,卫星运动到不同覆盖区上方就使用不同的逻辑地址,路由的确定主要根据虚拟节点来计算。

如图 6.31 所示,在每个区域上方都假定了一颗虚拟卫星节点,该虚拟卫星节点可以实现对区域的覆盖,同时在区域上方存在一颗实际的卫星,实际卫星在其实际观测中可以对该区域进行服务,那么可以确认在这颗实际卫星没有移出该区域的时间内,区域被服务,可以看作虚拟卫星功能有效。当实际卫星移出区域后,下一颗卫星又移动到了区域内,这颗实际卫星可以对区域进行同样的服务。由于卫星具有周期性,所以在对区域进行合理的划分后,每个区域上假定的虚拟卫星始终有效,因此可以用虚拟卫星节点替代实际卫星节点,从而屏蔽卫星移动性。

虚拟节点概念充分利用了星座运动的规律性。与虚拟拓扑路由类似,其目的也是屏蔽卫星的移动性。但与前者不同的是:有关每个陆地终端用户的信息(包括每个终端所在区域的信息)都被保存在一个个虚拟节点上,这些虚拟节点所构成的虚拟网络就嵌入卫星星座。当终端

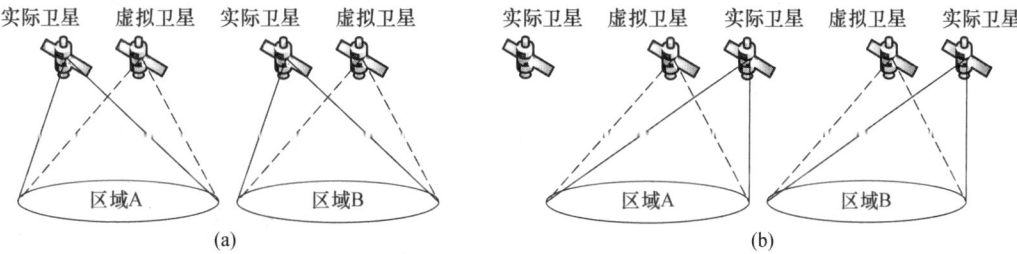

图 6.31　虚拟节点示意图

通信时,这些虚拟节点就在星座间交换,从而完成路由表的交换。基于虚拟节点的网络拓扑结构是固定的,可以使用现有的路由算法,比较适合无连接的服务。它在源目的地址信息中包含地理位置信息,由星上 CPU 实时计算路由,能够根据流量负载、故障等情况实时选择新的路由,对存储空间需求较小,但对星上处理能力要求相对较高。

2. 动态路由算法

由于利用卫星网络的实时状态不断变换的信息可以优化路由,因此出现了众多基于卫星拓扑动态性以及可预测性的路由方式,这种方式被称之为动态路由算法。按照路由算法对网络性能优化的不同方面,可以将路由算法分为如下几种。

1) 优化端到端时延的路由算法

卫星网络中数据包的传输时延的大小主要取决于传输过程中每一条链路的时延,而一条链路的时延由传播时延、处理时延以及排队时延决定。相比于地面网络,卫星网络传输距离长,传输时延在总时延中所占比重较大,所以减少传输过程中卫星节点的跳数可以有效减少传输时延;但当网络负载过大时,单链路会因为处理队列过长而产生拥塞,导致处理时延和排队时延的增大。因此,有不少算法侧重于通过优化端到端时延来提高卫星网络的性能。例如,Sun 等将卫星网络建模成一个二维的表,通过使用 Dijkstra 最短路径算法来计算每个节点端到端的最短路径,从而降低传输时延;Edici 等提出基于最小传输时延的分布式路由算法,该算法宗旨是对局部进行连续的优化以得到趋于全局优化的路径。

2) 优化链路负载均衡的路由算法

地球人口分布不均衡等导致卫星网络中各卫星节点所承担的星上业务量极度不均衡,部分卫星节点因业务流量较大而出现链路过载,而有的卫星节点会出现闲置现象。因此,在设计卫星路由时,应考虑如何将业务流量均匀分配至各条星上链路,从而实现整个卫星网络的负载均衡,如:

(1) J.Chen 等提出的动态自适应路由算法,其策略是先找出多条传输时延小、切换次数少的备选路径,再从备选路径中选择一条链路负载较轻的路径进行传输;

(2) ELB(Explicit Load-Balancing)算法,当卫星出现链路拥塞时,拥塞节点主动向邻居节点发送拥塞信息,使得节点在选择下一跳节点时规避拥塞的相邻节点,从而有效地提高了网络的负载均衡性;

(3) ALBR(Agent-based Load Balancing Routing)算法,根据星座特点以及热点区域模型提出了轨间链路代价权值 Inter-I 和轨内链路代价权值 Intra-I,通过这两个权值计算得到复合路径代价矩阵并更新路由表,ALBR 算法减少了热点区域上方卫星节点的业务负载,并规避高纬度区域的轨间链路造成的数据包丢失;

(4) 星上星(Satellite-over-satellite,SOS)系统的卫星星座由 LEO 卫星和 MEO 卫星两层

组成,每一个 MEO 节点都负责接收其所管理的多个 LEO 节点定时发送来的链路信息,然后计算出当下最合理的负载均衡路由,并下发给所管理的 LEO 节点。

3) 预测信息优化的路由算法

因为卫星网络拓扑结构具有可预测性,利用当前卫星链路的负载信息来预测下一阶段链路的拥塞情况,从而生成规避拥塞的路由算法称为预测信息优化的路由算法。典型的算法有 PAR(Priority-based Adaptive Routing)和 CPQA(Congestion-Prediction-based QoS-Aware Routing)算法。PAR 算法根据卫星节点的历史链路利用率和当前的队列缓冲大小,来选择最小节点跳数的路径,从而规避链路拥塞来实现网络负载均衡;CPQA 算法是以地面拥塞信息作为预测信息更新路由决定,该算法给地面网络中会产生拥塞的区域做标记,当卫星节点将要覆盖标记区域时,该卫星节点会通知其相邻节点,并通过业务流量的优先级修改其转发路径,从而绕过可能会发生拥塞的卫星节点,降低卫星网络的流量拥塞发生概率。

4) 优化业务 QoS 的路由算法

现在卫星通信增加了更多的实时多媒体业务,卫星网络作为天地一体化网络的一部分,需要达到面向连接且能够保证业务 QoS 的能力。但因为卫星拓扑的动态性,星上链路的连接很难得到保证,因此在设计基于业务 QoS 的路由算法时,会过多地考虑降低重路由的次数或者降低重路由发生时的时延抖动来保证 QoS。例如,Jukan 等提出的通过对星上各链路信息的收集,并考虑卫星拓扑结构的变化性,来计算得到可持续时间最长的路径方法;而基于业务类型(Traffic Class Dependent,TCD)的算法,将卫星业务分为高敏感业务、吞吐量敏感型业务以及低敏感业务,通过对业务进行优先级的划分来选择不同的传输路径,在最大程度上保证多种优先级业务的 QoS。

3. 动静结合的路由算法

在静态路由和动态路由的基础上,有人提出了动静结合的路由算法,大多是上述路由策略中一种或多种的结合。例如基于可预测链路的 PLSR(Predictable Link-State Routing)算法,将卫星网络快照路由和动态链路状态路由算法结合起来,每个卫星节点都存储有基于时间片的链路状态快照数据库,当前的时间片结束时,节点路由模块通过切换链路状态快照数据库来计算下一个时间片的路由表。与此同时,节点间通过链路状态算法感知网络的拓扑结构变化,此算法对可预测的拓扑变化和不可预测的拓扑变化都设计了处理策略。

4. 多层卫星网络的路由策略

跨层合作策略可以进一步提升网络的性能,解决单层卫星网络的缺陷,但也不可避免地带来了复杂性。多层卫星网络中的高层卫星拥有更广的覆盖范围,可以与多个下层卫星建立链接,因此在多数多层卫星网络的路由算法中,高层卫星多作为管理层卫星,要对下层卫星进行控制,包括移动性管理、路由决策等。由于多层卫星网络拥有更多的空间资源,其相对于单层卫星网络更灵活、更稳健,而且有更多的频谱资源。它融合了多个层卫星的优势,可以更有效地处理路由问题。

多层卫星网络的分层卫星网络架构如图 6.32 所示。在分层卫星网络架构中,高层的卫星与其覆盖范围内的第一层卫星组成卫星群组,高层的卫星作为群组的管理者,对群组的组员卫星节点进行管理和支配。但在卫星群组组建的过程中,会出现低层卫星被多个高层卫星覆盖的情况,面对这种情况,通常选取距离该低层卫星近的高层卫星作为管理者。由于卫星具有移动性,当低层卫星移出上层卫星的覆盖范围后,将脱离原来的卫星群组并加入新的卫星群组。

多层卫星网络路由（Multilayer Satellite Routing,MLSR）算法使用的是三层卫星网络模型，即 LEO 网络、MEO 网络以及 GEO 网络，并且首次在卫星网络中使用了卫星群管理策略。MLSR 算法旨在减少网络拓扑的计算复杂度和通信开销。MLSR 算法中每个 LEO 卫星都负责收集链路延时信息，并报告给其 MEO 卫星管理器；该管理器通过同一层的不同卫星转发此信息,此过程再由 MEO 和 GEO 层重新执行；最后,由 GEO 卫星计算路由表,并将其发送到每个下层卫星。这种策略可以减少信令开销并保持层次结构。为进一步简化网络拓扑的复杂度,MLSR 算法将一个群组的卫星节点化,并用群组节点到其他节点的最长时延表示组间链路信息。

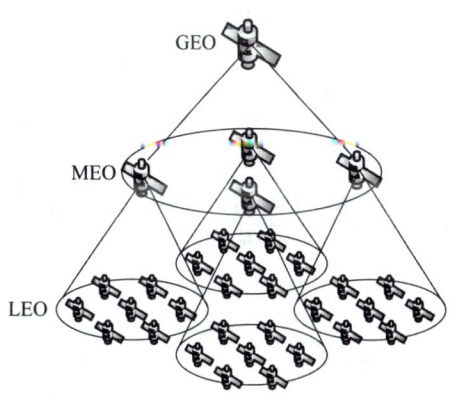

图 6.32　分层卫星网络架构示意图

从上面几个方案的描述可知,虚拟节点策略通过将地球表面或轨道球面（可以进一步映射到地球表面）分割为多个固定的虚拟/逻辑区域的方法,来隐藏卫星的动态特性,从而简化路由。这种方法对单一或固定构型的星座网络比较有效。而多层卫星网络利用高轨道卫星形成相对稳定的覆盖区域,负责处理区域内 LEO 卫星间的路由,该方法对于网络扩展带来的拓扑结构变化的适应能力比较差,系统成本高,层间链路传输时延长。

6.5　卫星多播技术

多播指的是点到多点或多点到多点的信息传输过程,与传统单播通信方式相比,多播方式具有网络利用率高、带宽开销小、可扩展性强等优点。在卫星通信网络中,链路带宽受限且信道误码率较高,在这种情况下,多播技术高效使用资源的优点显得尤为重要,卫星多播通信方式将进一步提高卫星通信网络的资源利用率。另外,由于具有覆盖范围广、网络配置灵活、信道广播性、可直接入户等优点,卫星通信网络本身也特别适合于大规模多播应用。如果采用星上处理和多波束天线,卫星系统就可以动态连接分布广泛的站点,因此在多播应用方面更具优势。

6.5.1　卫星多播技术的应用

从应用方向上讲,卫星通信系统可支持以下四大类业务：人与人间交谈型多媒体业务、人机交互型信息检索多媒体通信业务、多媒体采集业务、多媒体消息业务。在这几类业务中,多数需要应用到多播技术。如交互式多媒体远程教学,远程医疗、会诊,电视会议系统,视频点播 VOD 系统,分布式游戏,金融证券信息实时分发等。下面仅介绍前三种。

1. 交互式多媒体远程教学

如图 6.33 所示,为减少不同地区间教育水平的差距,最佳途径之一就是发展远程教学。最早的电视大学只能单向灌输,不能相互交流；互联网远程教学建立在有线网络基础上,很难推广到最需要的地区；受互联网"最后一公里"的技术限制,尽管文字、图片的交互不成问题,但

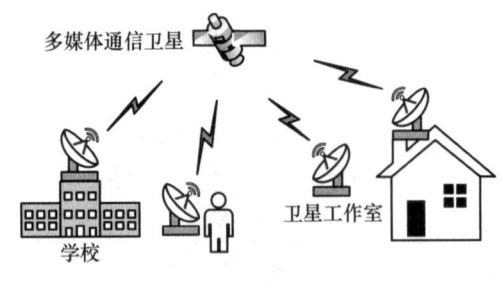

图 6.33 远程教学

很难实现真正意义上的多媒体教学。通过多媒体通信卫星构造的远程教学系统,彻底抛弃了中间环节,实现了端到端的宽带高速多媒体信息交互。由于卫星通信没有地域限制,不需要地面有线网络支持,不需要大量基础设施的投入,因此它是交互式教学的理想手段。采用卫星多播技术,可在分布广泛的地域范围内实现同步网络教学,提高了效率且节省了资源。

2. 远程医疗、会诊

高水平和良好条件的医疗大都集中在中心城市,且高水平医生所能服务的人群极为有限,因此利用卫星进行远程会诊和医疗指导是一个很好的方法。如图 6.34 所示,已经建成的卫星远程医疗网采用无中心网络形式。虽然网络规模还不大,但其作用非常明显。但受目前条件限制,通信速率还比较低,而且不能同时实现不同地域专家实时会诊,未来发展为:可实现在远端实时采集现场的所有检测数据,并通过多播方式,使处于不同地方的远端专家实时获得与现场相同的检查数据及照片,进而更准确地指导现场的医疗活动。

3. 电视会议系统

如图 6.35 所示,电视会议已经发展到多媒体交互式电视会议。这种应用模式最早是在地面网络中发展起来的,早期的电视会议采用 DN 方式,后多采用 ISDN 网络。ITU-T 对基于 IP 网的多媒体会议电视系统给出了 H.323 建议,从而 IP 网络电视会议系统得到迅速发展。

利用宽带卫星网络来组建电视会议系统是一种基于卫星多播技术的新应用模式,一方面可以满足稀路由地区的需求,另一方面可实现广域范围的电视会议系统。而且,由于无须铺设大量的地面网络,因此可以降低建造成本。

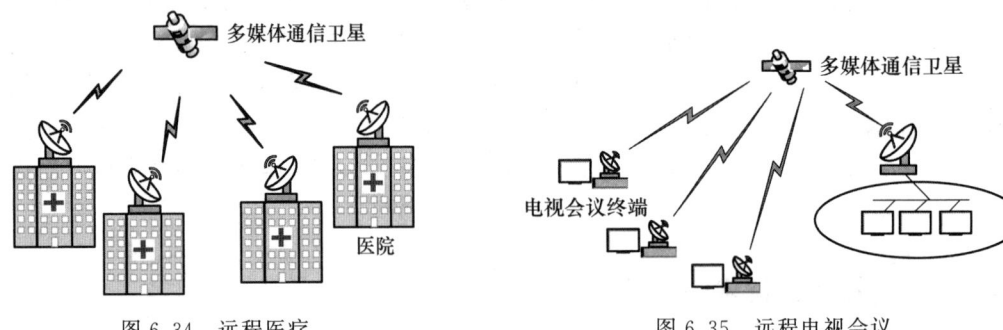

图 6.34 远程医疗　　　　　图 6.35 远程电视会议

6.5.2 卫星多播协议问题

卫星网络的特点为多播提供了更广阔的平台,但是也带来了新的挑战。卫星信道具有高误码率、长传播时延、带宽非对称等特点,卫星网络的拓扑结构也与地面网络不同,因此现有地面网络的大多数多播传输协议不能直接用于卫星多播。卫星网络的特点对 IP 多播传输协议的影响主要有以下几个方面。

1. 网络拓扑结构的影响

在地面多播网络中,位于不同地方的接收者由中间路由器相连,距离发送者有若干跳,通常通过建立由中间路由器辅助的多播树来实现通信。而在卫星多播网络中,卫星终端距离卫星通常只有一跳,所有接收者直接从卫星接收数据分组,即在卫星和接收者间没有中间路由器;在收到数据分组后,接收者直接向卫星发送确认包。也就是说,卫星和接收者间没有物理的分级。这种结构上的差异,导致许多针对地面有线网络提出的基于多播树的多播传输协议不再适合于卫星环境。

2. 卫星信道特性的影响

相对地面多播技术来说,卫星信道的长传播时延、高误码率、前向、反向信道不对称等给卫星多播技术带来了新的问题。

1) 高误码率

在 TCP 中,基于窗口的 AIMD 拥塞控制算法会把数据分组的丢失当作拥塞发生的标志。在误码率很低的地面有线网络中,这种判断是合理的,因为链路差错带来分组丢失的概率很低,数据分组的丢失绝大多数来自网络拥塞;但是在高误码率的卫星环境中,链路差错带来的分组丢失非常严重,如果不能区分数据分组的丢失到底是由拥塞引起的还是链路差错引起的,就会错误地减小拥塞窗口尺寸,从而造成系统吞吐量下降。这个问题对卫星多播来说更为严重。在一个多播 Session 的所有接收者中,只要有一个没有接收到数据分组,就会认为发生了分组丢失,基于分组丢失检测的通信量控制策略就会错误地降低传输速率以避免拥塞的发生,造成了网络带宽的浪费。因此,卫星信道的高误码率特性对多播协议带来的性能下降更加严重。

2) 长传播时延

卫星信道传播时延长,特别是在 GEO 系统中,往返时间在 550 ms 左右,在长时延环境中发送端要花费很长一段时间才能确认数据分组是否已被正确接收,而且差错恢复也需要很长的时间,因此长时延特性进一步加重了卫星信道高误码率对多播传输协议的影响。对于基于窗口的拥塞控制算法来说,由于往返时间和拥塞窗口增长间存在着一定的相关性,往返时间越长,拥塞窗口增长得越慢。

3) 接收差异性

在任一时刻,卫星多播的各个接收者可能经历不同的信道条件(误码率和传播时延),这就导致了接收差异性问题。如果对一个多播 Session 采用单一的拥塞窗口,那么瓶颈接收者将严重制约着整个系统的性能。

4) 带宽不对称性

许多卫星系统在前向和反向数据信道间有较大的带宽不对称性,出于对经济性和设备复杂性的考虑,反向信道一般带宽比较低。较慢的反向信道会引起像 ACK 丢失这样的不利影响,还会降低慢启动阶段和拥塞避免阶段的工作速度,从而大大减小吞吐量,研究表明,吞吐量随非对称性呈指数减小。

通过上述分析,IP 多播通过组管理机制和多播范围机制(通过 IP 分组头设置生存时间来控制多播传输的地理范围)来管理广域分布的多播用户。然而,在卫星多播系统中,卫星网络的长时延特性会影响多播组管理协议的互操作性,用户加入和离开多播组都会变得更加复杂。因此,在设计卫星多播协议时,就要避免用户频繁地加入或离开多播组为系统带来的较大时延和控制开销等问题。此外,对于多波束卫星系统,波束队列的功率分配方案会影响多播的一致性和各业务间的公平性,这也是卫星多播系统需要深入研究的问题。此外,卫星多播拥塞控制和可靠多播的研究非常重要,相关研究有:基于异或编译码的差错控制恢复方案、分割连接的卫星可靠多播方案等。

6.6 卫星波束管理技术

卫星通信系统采用波束进行广域覆盖,因此波束管理是卫星通信系统的重要技术。在卫星通信中,波束覆盖面积大,不同波束在地面的覆盖区域会明显不同,因此需要优化波束管理机制与算法。另外,与地面移动通信系统不同的是,卫星一般采用圆极化天线,极化复用在卫星通信中可以作为一种抗干扰技术,来减少波束间的干扰。

波束管理需要考虑波束与小区 ID、部分带宽(BWP)的关系,极化复用,宽波束与点波束结合,多波束协作等,这样可以更好地满足系统容量、用户业务速率、用户同步及接入时延等指标要求。

1. 波束和小区 ID 的关系

5G NR 的波束管理和 BWP 过程在卫星通信系统中可以重用。在波束方向不重叠的情况下,终端在包含 SSB 的初始 BWP0 进行小区初始接入,该 BWP 还用来寻呼和发送 PRACH。可配置的 BWP 个数最多为 4,如 BWP0~BWP3。

如图 6.36 所示,将物理小区标识(Physical Cell Identifier,PCI)和 SSB 映射到卫星波束,有如下两种方式。

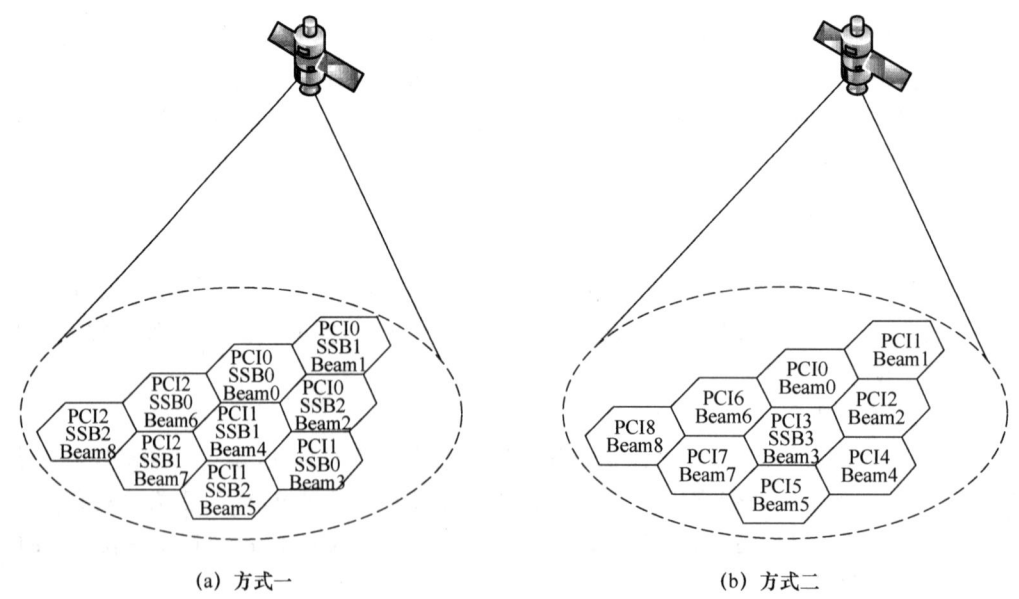

图 6.36 PCI 与 SSB、波束索引映射示意图

方式一为多个卫星波束具有相同的 PCI,每个波束具有不同的 SSB index。当 PCI 相同时,不同波束方向间可以同频,也可以异频。当卫星波束以跳波束模式工作时,不同波束方向间同频。跳波束分时覆盖的范围由 SSB index 最大数目决定,PCI 所标识的小区的大小为跳

波束覆盖的区域。当卫星波束以固定点波束的模式工作时,为了避免相互干扰,应该采用频分复用模式,不同的波束方向间采用异频。

方式二为每个卫星波束具有一个 PCI。当卫星波束以固定点波束的模式工作时,除采用频率复用模式外,每个波束也可以采用不同的 PCI。

2. 波束和 BWP 的关系

在地面 5G 系统中,一个小区内不同的 SSB 代表着不同的波束,一般是同频的。而在卫星通信系统中,为了减少相邻波束的干扰,相邻波束是异频的,这意味着波束的频率分配超出了现有 5G 的技术框架。为解决该问题,可以波束和 BWP 进行绑定,不同的波束对应不同的频段,每个频段和一个 BWP 进行绑定。这种办法能减少切换频次。这是因为在一个小区内的波束变化可以采用物理层的信令指示,无须按照小区级切换进行信令处理。图 6.37 给出了波束和 BWP 映射的两种方法,对应了两种不同的 BWP0 和 BWPn 的关系。

在方法一中,BWP0 和 BWPn 使用相同大小的窄波束,BWP0 所在波束承载 SSB 负责初始接入,轮询遍历覆盖区域中的每个波位;BWPn 所在波束负责数据传输。

在方法二中,BWP0 和 BWPn 使用不同大小的波束,初始接入使用一个宽波束,承载小区级的 BWP0;数据波束采用窄波束,承载 BWPn。图 6.37 中,假设不同波束间采用频率复用模式,频率复用因子为 3。

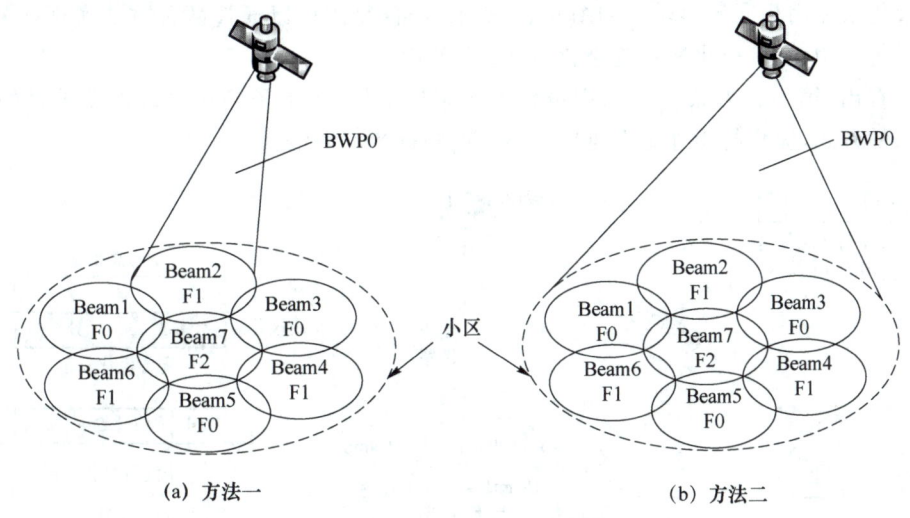

(a) 方法一　　　　　　　　　　(b) 方法二

图 6.37　波束和 BWP 映射

对于 BWP 的配置,在现有的 5G 体制中,一个小区最多有 4 个小区级的公共 BWP。当卫星配置的固定点波束数远大于 4 时,会有多个波束共用一个 BWP,采用空分复用模式进行数据传输。如图 6.38 所示,波束 2(即 Beam2)和波束 5 共用 BWP2 的配置,且有相同的带宽。当波束 2 和波束 5 有不同的通信需求时,这会使系统性能的下降。当采用跳波束技术时,可以根据用户业务需求更加灵活的调度,提高系统效率。

在图 6.38 中,SSB 在 BWP0 中发送,在空闲态时,波束测量是基于 SSB 的同步信号完成的。在连接态下,测量是基于下行链路中的信道状态信息参考信号(Channel State Information-Reference Signal,CSI-RS)和上行链路中的 SRS 进行的,CSI-RS 测量窗口,如周期性、时间/频率偏移量,是相对于相关的 SSB 同步信号来进行配置的。利用 SSB 和 CSI-RS 测量结果,需要周期性地寻找最佳波束。与 SSB 一样,CSI-RS 也将使用波束扫描技术。考虑

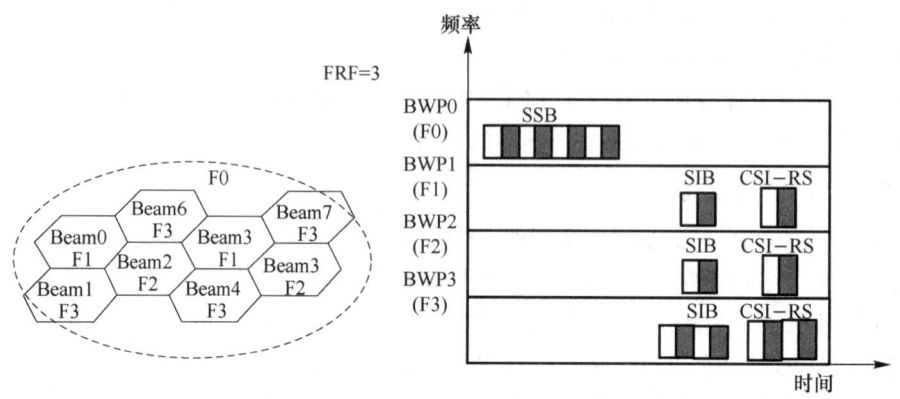

图 6.38 小区内的 BWP 配置

覆盖所有预定义方向的开销,CSI-RS 将基于终端的位置仅在那些预定义的波束方向进行传输。终端根据 gNB 方向传输 SRS,gNB 通过测量 SRS 来确定最佳的上行链路波束。下行链路波束是由终端决定的,其标准是接收到的波束的最大信号强度应超过预定义的阈值。

3. 极化复用

极化复用是多波束卫星通信系统提高频谱效率的一个重要手段,邻波束可分别采用左旋和右旋极化来复用相同的频段。如图 6.39 所示,四色复用可以通过两种方式实现:①两个子频段和极化复用(右旋极化和左旋极化);②4 个频段。

可以看出,第一种方式由于采用极化复用来抗干扰,每个子频段可以占总带宽的 50%。相比第二种方式,极化复用理论上可以将系统的频谱效率翻倍。

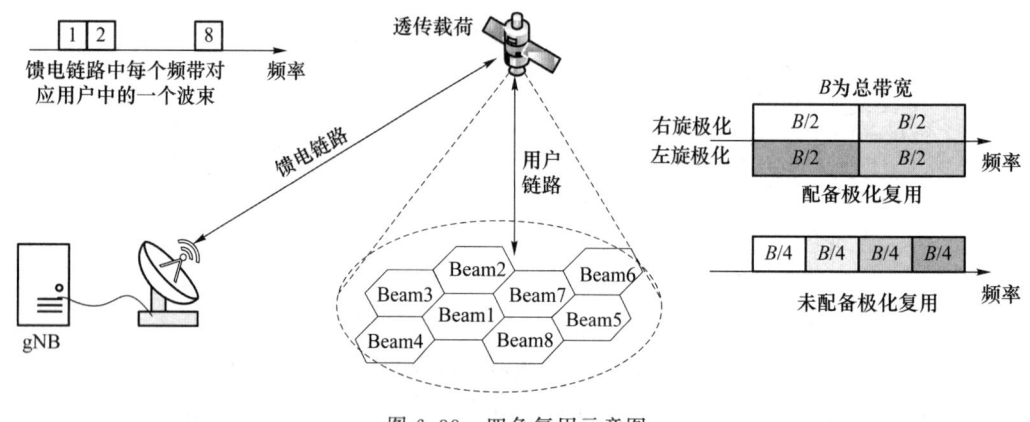

图 6.39 四色复用示意图

4. 宽波束与点波束结合

卫星覆盖范围较大,导致卫星功率的使用效率降低。为了提高波束的使用效率可以采用宽波束和窄波束相结合的机制,如图 6.40 所示。宽波束负责用户的接入控制,窄波束用于数据的实际发送,因此形成控制波束和业务波束两种类型。从逻辑功能的角度来看,业务波束是指用户数据所在的波束,而控制波束是指用户数据在同步、接入等信令过程中所在的波束,该波束需要承担数据传输之外的控制功能,如初始接入等。基于载波聚合原理,宽波束和窄波束可以集成在一起,宽波束对应主载波,而点波束对应辅载波,共同服务一个用户。

基于控制波束和业务波束分离的思想,图 6.41 给出了用户的一般性卫星接入的技术方案

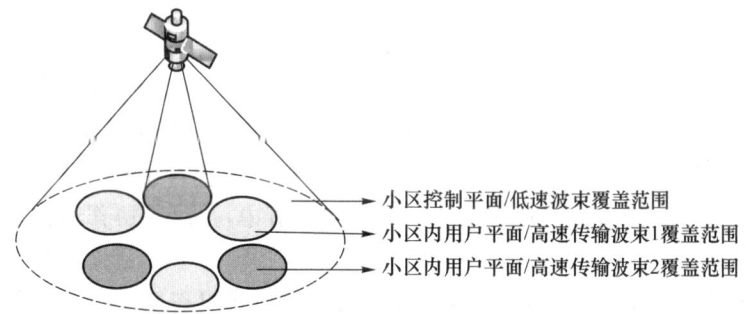

图 6.40 控制宽波束和业务窄波束示意图

示意图。图 6.41(a)表示用户位置未知的情况。首先网络在控制波束发送广播消息,用户接收系统信息,其次用户在控制波束发起随机接入。在用户接入网络后,业务波束可以提供高速数据传输。控制波束的波束宽度可以和业务波束的波束宽度相当或者更大,即一个控制波束可以支持多个业务波束。这种配置模式一方面可以减少控制波束的频繁切换,另一方面可以更灵活、精准地为用户调度资源。图 6.41(b)表示用户位置已知的情况。网络可以基于用户位置信息精准发送广播消息,支持用户的快速接入,降低用户接入的开销。网络基于部署考虑可支持控制波束或者业务波束发送广播消息,实现用户的快接入。

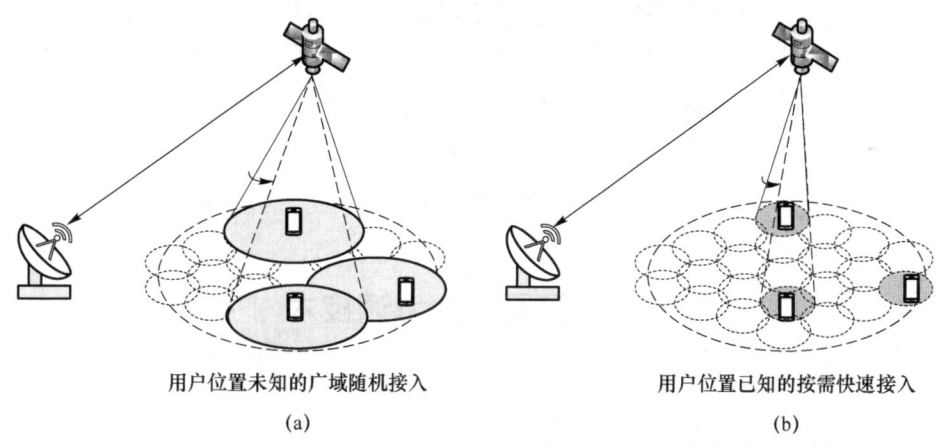

用户位置未知的广域随机接入 　　　　用户位置已知的按需快速接入
(a) 　　　　　　　　　　　　　(b)

图 6.41 用户的一般性卫星接入的技术方案

5. 多波束协作传输

在传统的卫星通信系统中,一个终端一般只与一颗卫星的一个波束连接,这给用户的数据传输速率和容量带来了一定的限制,也未能充分利用卫星资源。为了进一步利用卫星空间传输特性,可以让一个终端同时连接在编队的多颗卫星上,这些卫星通过协作实现联合数据传输,获得发送分集增益或者复用增益。

针对多星多波束多用户传输系统,多星均为多波束系统,且覆盖相同的区域,终端配备多根接收天线,终端与多星多波束构成分布式大规模 MIMO 传输系统。当两颗卫星足够远时,不同卫星到达终端的信道可被视为可分辨的独立信道,终端可利用多根天线获得空分复用增益,成倍提升系统容量。多波束卫星的高效传输技术与地面移动通信系统的多天线技术具有一定的共性,整个卫星通信系统类似于地面移动通信的多小区 MIMO 系统。如果将多个波束联合成一个整体,则可以和多天线终端组成一个广义 MIMO,利用协同信号处理技术提升系统效能。

地面移动通信系统中的协作通信技术已经比较成熟，但由于卫星通信与地面移动通信的差异，地面协作通信的研究成果不能直接应用到卫星通信中，还需要根据卫星通信与地面移动通信间的差异对协作通信中的关键技术进行研究。需要考虑的关键问题如下：

（1）在卫星通信系统中，终端和卫星都可能是移动的，它们在协作时势必会带来一定的系统开销。协作带来的性能增益与这些系统开销之间的折中，是决定协作通信能否在卫星通信中应用的首要因素。

（2）卫星之间会有较大的时延，而地面协作通信的时延可忽略不计。卫星的大时延会给系统和性能等带来一些问题。卫星通信信道的衰落特性有别于地面移动通信信道，在莱斯等卫星通信信道模型中，大量的视距分量会使协作通信不能获得其在衰落信道中的优异性能。

如图 6.42 所示，多波束协作传输技术作为提升卫星通信传输速率的一种候选技术，利用多颗卫星的波束或者单颗卫星的多个极化波束在相同频率资源中为用户传输数据。

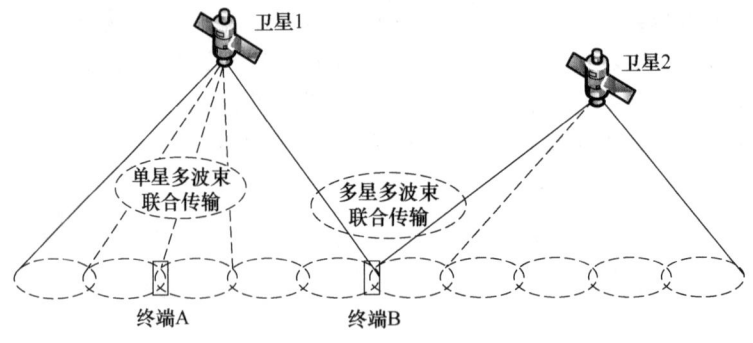

图 6.42　多波束协作传输示意图

6.7　卫星干扰协调技术

6.7.1　卫星通信系统中的干扰

1. 干扰分类

1）地面干扰

常见地面干扰有地球站设备的杂波干扰、电磁干扰、互调干扰、交叉极化干扰等。地球站设备的杂波干扰产生原因主要是设备的杂散指标不合格，所以导致在工作载波中会带有杂波或者谐波。上变频器和功放的工作点如果设置不当，也会使得设备产生杂波。电磁干扰的产生原因主要是地面广泛使用的各种通信设备，使得微波、无线电视、调频广播等一系列干扰源串入用户站，对卫星通信的上行或者下行链路造成一定的干扰。互调干扰则一般存在于多载波工作状态的上行站时，而交叉极化干扰分为上行交叉极化干扰和下行交叉极化干扰。

2）空间干扰

空间干扰包括邻星干扰、相邻信道干扰和个别用户由于不规范操作而误发的信号干扰。在空间中存在的卫星越来越多，相邻卫星间就会受到彼此的信号干扰，这种干扰叫作邻星干扰。相邻信道干扰是用户载波频率的分配不合理而造成的,如果用户载波频率与相邻信号的频带出现了重叠并且没有足够的保护带宽,就使得噪声过高或者出现副瓣。还有一部分空间干扰是由于用户的不规范操作而引起的,如果卫星地球站在进行入网操作时,操作人员进行了错误的操作,就会使得卫星通信受到影响。

3) 自然干扰

通信卫星的自然干扰主要包括了以下的形式:雨衰、日凌、电离层闪烁和星蚀。这几种自然干扰往往是无法避免的,因为其受到天文、自然现象的影响。但仍可采取一定措施,最大程度地降低其对卫星通信的影响。

4) 人为干扰

人为干扰是指人为的、有目的性地对卫星通信进行的干扰,其破坏性往往较强,而且会带来严重后果。

2. 抗干扰措施

抗干扰的目的是:在对信息、信息的载体和传播方式进行一定的处理后,使卫星通信具有较强的抗干扰能力,从而使得卫星通信能够正常的传输信息,保证传输信息的质量。

1) 天线抗干扰技术

卫星通信系统往往分布于不同的地域和空域,其所处的环境较为复杂且多变,因此也就很容易受到多方面因素的干扰。要实现卫星通信的抗干扰,就要使卫星覆盖区域灵活且对其加以优化,这样卫星的接收天线才能对有用信号进行最大程度的接收,并对干扰信号进行有效规避。天线抗干扰技术往往由于其技术简单而被广泛应用于卫星通信抗干扰中,如自适应调零天线技术。自适应调零天线能够针对正在变化着的信号环境自动调整天线波束的零点位置,使之对准干扰信号来向,并能够通过降低天线波束的旁瓣电平实现干扰信号的对消,同时保证天线主瓣波束(指向有用信号方向)输出始终处于最佳状态。

2) 扩频抗干扰技术

扩频抗干扰技术对卫星通信显得尤为重要,因为该技术与用户和干扰源的相对位置没有关系,并且它可将直接序列扩频和跳频两种基本技术相融合。比如,采用直接序列扩频技术,可以有效地过滤掉干扰信息,提高信干比;而跳频技术本身就具有很强的抗干扰能力。

3) 限幅技术

限幅技术已被广泛地应用于星上。限幅技术的应用可以有效地避免转发器中的功率放大器被上行干扰推向饱和的发生。限幅技术分为软限幅和硬限幅两种。硬限幅转发器主要工作在非线性状态;而软限幅转发器则工作在线性区和限幅区两个区域。

4) 星上处理技术

星上处理转发器相对于透明转发器具有明显的抗干扰优势。处理转发器将上行链路与下行链路分开,并对上行干扰进行识别、处理,从而减小或消除其影响。星上处理技术限制上行链路噪声、干扰、失真等因素在下行链路的积累,提高下行链路的功率利用率,从而提高系统的整体性能。该技术还可以与自适应调零天线相结合,增强上行抗干扰能力。同时,它使星上自主控制得以现实,系统可以在无中心站控制的情况下运行,增强了系统的顽存性。

5) 无线光通信技术

无线光通信技术又称自由空间光通信(FSO),它是以大气作为传输媒质来进行光信号传送的,只要在收、发机间存在无遮挡的视距路径和足够的光发射功率,通信就可以进行。

6.7.2 邻星干扰及其解决措施

1. 邻星干扰的定义

自然现象干扰和人为干扰均属于不可预料干扰，设备干扰可以通过系统设备性能的提高来抑制，但邻星干扰属于两个卫星网络间的干扰，有时甚至牵涉两个国家间的利益。因此，研究邻星干扰及其解决措施具有重大意义。

邻星干扰属于同频干扰，根据传播方向，干扰途径可分成两种：第一种干扰途径，被干扰网络的上行与干扰网络的上行有相同的频率；第二种干扰途径，被干扰网络的下行与干扰网络的下行有相同的频率。图 6.43 给出了两个卫星通信系统间的干扰几何关系。地球站 $E_1(E_3)$ 在向卫星 $S_1(S_2)$ 发射信号时，其偏轴方向的卫星 $S_2(S_1)$ 也收到了一部分信号，这就对卫星 $S_2(S_1)$ 所在的网络造成了上行邻星干扰。另外，由于地球站 E_1 处于两个网络相交的覆盖区，因此它也收到了来自卫星的下行邻星干扰。

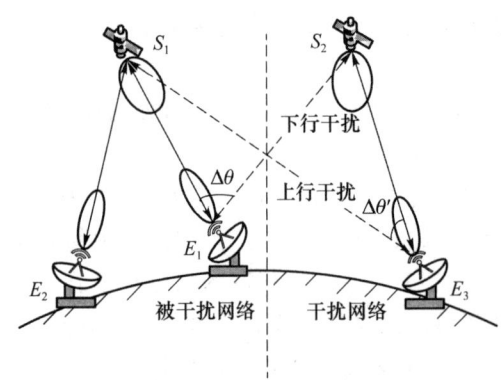

图 6.43 两个卫星通信系统间的干扰几何关系

2. 邻星干扰的模型

目前在轨卫星数量非常多，包含各种同步卫星和非同步卫星，这些卫星各自归属于相应的低轨道卫星通信系统、中轨道卫星系统、同步卫星通信系统，各通信系统间存在相互重叠的工作频段，这导致了非常复杂的邻星干扰：一个卫星通信系统既可能对多个邻近卫星网络造成干扰，也可能遭受到多个邻近网络的邻星干扰。

下面介绍三种基本的邻星干扰模型。前两种模型都是基于静止轨道卫星通信系统，第三种模型则考虑了非静止卫星网络的影响。

1) 静止卫星的单邻星干扰

如图 6.44 所示，E 为地球站，它与静止卫星 S_1 组成了某卫星通信系统的一部分。由于相邻静止卫星 S_2 的波束覆盖区域包含了地球站 E 所在的区域，且 S_2 与 S_1 的轨位间隔过窄，导致地球站 E 在接收 S_1 的有用信号的同时也接收了来自邻星 S_2 的同频干扰信号。而在发射方面，由于地球站 E 的天线具有旁瓣增益，因而在向 S_1 发射信号的同时，邻星 S_2 也接收到了一部分信号，这对 S_2 所在的网络造成了邻星干扰。

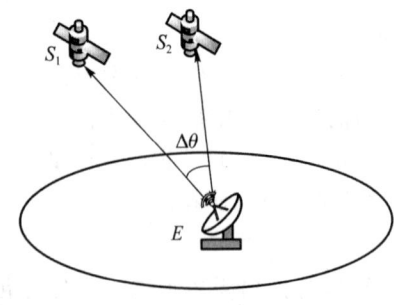

图 6.44 静止卫星网络的单邻星干扰

2) 静止卫星的双邻星干扰

如图 6.45 所示,地球站 E 与卫星 S_1 相互通信,但在下行链路上,地球站 E 不仅收到了目标卫星 S_1 的有用信号,而且收到了来自左右两颗邻星 S_2 和 S_3 的干扰,这种干扰与两边的隔离角度 $\Delta\theta_1$ 和 $\Delta\theta_2$ 的大小均有密切关系。

3) 非静止卫星与静止卫星间干扰

由于非静止轨道系统的卫星移动业务的链路通常也工作在 Ka 频段和 C 频段,因此容易对静止轨道系统产生干扰。如图 6.46 所示,卫星 S_1 处于静止轨道,相对于地球站 E 的位置固定,卫星 S_2 处于非静止低轨道,相对于地球站 E 的位置不是固定的,从而导致了卫星间以及卫星与地球站间的空间几何关系的时变性。同时,干扰的时变性会加剧链路干扰计算的复杂度。

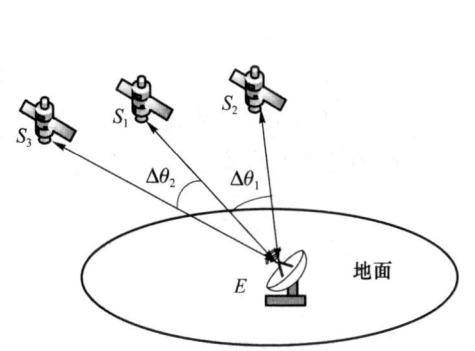

图 6.45 静止卫星网络的双邻星干扰

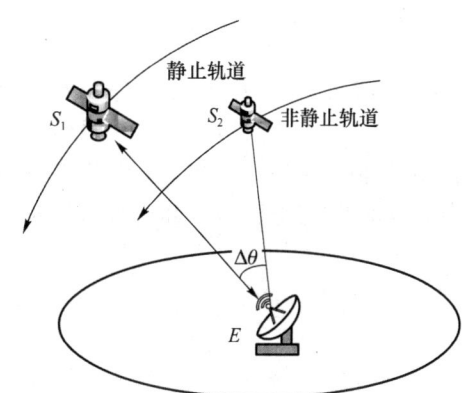

图 6.46 非静止卫星网络与静止卫星网络间的干扰

3. 降低邻星干扰的方法

1) 增加轨位间隔

适当增加卫星间的轨位间隔,对于减少干扰具有重要意义。我国的中星 9 号卫星本来是要定位在东经 92°,但是通过协调最终定位在 92.2°,与马星 3 号相距 0.7°,这在一定程度上解决了潜在的干扰。

2) 使用性能更好的天线

大口径天线具有更窄的波束和较低的旁瓣,因此可在干扰比较严重的地方尽量使用大口径天线。在估算干扰时,应使用实际天线方向图或性能较好的方向图进行估算,而不是只用 ITU 规定的公式。检查卫星网络的实际特性,如天线方向图、地球站天线尺寸、空间站天线的波束赋形等,在实施前修改设计以减轻干扰。通过空间站天线赋形设计,使空间站天线增益在相邻卫星网络的业务区快速降低,从而使双方网络的相互干扰都可接受。

3) 隔离覆盖区

为解决网络间干扰,卫星发射成功后,通过姿态控制调整波束的覆盖区,或通过对可调波束的覆盖区进行调整控制,使得相邻卫星的覆盖区不产生重叠区域。

4) 隔离频率

在上述方法均不可行的情况下,应该重新规划卫星转发器频率,对具有相同覆盖区域的卫星使用不同的工作频率。目前,很多轨位内共存了许多静止卫星,采用隔离频率的方法能够有效消除邻星干扰。

电磁波可以有圆极化和线极化两种极化方式,各具有互相正交的两种方式,即左旋圆极化、右旋圆极化和垂直极化、水平极化。这样在同一个波束中相互正交的极化波可使用同一频率,频率资源得到双重使用,提高了频率资源利用率。或者利用时间隔离,即两个载波在不同的时刻共用频率,也能够避免干扰。

5) 调整其他网络参数

为取得可以接受的干扰电平,可以调整其中一个或者两个网络参数,例如修改链路参数,使功率密度和灵敏度参数改变;也可以把功率较高的载波安排在接收干扰严重的传输链路,功率较低的载波安排在接收干扰较小的传输链路。

本 章 小 结

本章主要介绍了卫星通信网络技术。首先,本章对卫星组网的拓扑结构进行了介绍,并分析了卫星网络的特点;其次,对卫星通信蜂窝的频率复用和同道干扰进行了介绍;再次,对卫星通信网络的协议进行了阐述,包括 TCP、SCPS、SR 和 DTN 协议;最后,对卫星通信的路由技术、多播技术、资源分配技术和干扰协调技术进行了概要性的分析与介绍。

习 题

1. 简述 GEO 网络、MEO 网络和 LEO 网络各自存在的问题。
2. 简述单层卫星通信网络中存在的问题。
3. 假设卫星点波束为正圆锥形,覆盖在地面上的小区形状为一个平面圆,如果波束张角增加一倍,问小区面积增加多少倍?
4. 某移动卫星通信系统采用 $K=1$ 的频率复用,所有小区都是半径为 1 的正六边形。对于某一个小区,其干扰来自邻近的 6 层小区,问共有多少个干扰小区? 其中最远和最近的干扰小区中心到本小区中心的距离是多少?
5. 某蜂窝移动卫星通信系统采用 6 个极轨道及 6×11 个卫星覆盖全球,系统上下行两个方向上总可用带宽为 25 MHz,采用 FDD/FDMA/TDMA 方式,上、下行各用一半的总带宽,每个载波带宽为 200 kHz,每个载波有 8 个信道。按照 FCA 方式进行频率复用,全球所有小区有相同的资源,星内采用 $K=4$ 的规则频率复用,问每个小区内可同时通信的双向信道数是多少?
6. 某系统中上行干扰的分贝值大致服从高斯分布,累计分布如图 6.16 所示,试从图中得到不同 K 值时的平均 C/I 以及高于 90% 的 C/I。
7. 简述卫星通信网络中几种常用的协议体系。
8. 简述 TCP 协议中的拥塞控制机制。
9. 简述卫星通信对传统 TCP 协议的影响及改善措施。
10. 如图 6.26 所示的慢启动拥塞避免算法中,假设 TCP 在一条往返时延为 100 ms 的移动卫星链路上传输一个 400 KB 的文件,如果 TCP 发送的报文段大小为 1 KB,试求:

(1) 发送完该文件需要多少个 RTT?

（2）此次传输的有效吞吐量是多少？

11. 简述卫星通信网络中的路由策略。
12. 简述卫星通信中的多播概念及应用场景。
13. 简述卫星通信中的资源分配包括哪些方面。
14. 简述卫星通信中的干扰类型及抗干扰方法。
15. 简述卫星通信中邻星干扰的概念及抵抗邻星干扰的方法。

第 7 章 典型的卫星通信系统

本章主要介绍典型的卫星通信系统,包括移动卫星通信系统、固定卫星通信系统、卫星电视广播系统、定位导航系统及卫星遥感系统。而面向未来的空天地一体化信息网络将在第 8 章介绍。

7.1 移动卫星通信系统

7.1.1 移动卫星通信系统概述

移动卫星通信是指利用卫星转接实现移动用户间或移动用户与固定用户间的相互通信。移动卫星通信系统由移动终端、卫星、地球站构成。移动卫星通信系统以 VSAT 和地面蜂窝移动通信为基础,结合了卫星多波束技术、星载处理技术、计算机和微电子技术,是高级的智能化通信网,能将通信终端延伸到地球的每个角落,实现世界互联。

移动卫星通信不仅可向人口密集的城市和交通沿线提供移动通信,也可向人口稀少的地区提供移动通信;尤其对运动中的汽车、火车、飞机和轮船,及个人通信更具有意义。其业务范围包括单向和双向无线话音、数据和定位等。

1. 移动卫星通信系统的分类

第 1 章已经按照不同的方式对移动卫星通信系统进行了分类。表 7.1 列出了不同轨道高度下移动卫星通信系统的星座参数。LEO 和 MEO 系统在个人卫星通信业务方面具有极大潜力。为管理方便,美国联邦通信委员会把 LEO 和 MEO 系统分为大 LEO/MEO 系统和小 LEO/MEO 系统两类,其他国家也按此分类。大 LEO 系统可处理语音传输,并使用高于 1 GHz 的频率。小 LEO 系统只处理数据传输,且使用低于 1 GHz 的频率,一般为 VHF 和 UHF。典型的大 LEO 和大 MEO 系统及其特征参数见表 7.2。GEO 与中、低轨道相比各有优、缺点,具体如下。

(1) GEO 轨道。优点:三颗卫星可构成除南、北极地区外的全球覆盖,用一颗卫星即可实现廉价的区域性移动卫星通信。缺点:两跳传播延迟较大;传播损耗大,手持终端不易实现。缺点可通过采用星上交换和多点波束天线技术克服。

(2) 中、低轨道。优点:利用卫星星座即可构成全球覆盖的移动卫星通信系统;传播延迟较小,服务质量较高;传播损耗小,手持终端易于实现;移动终端对卫星的仰角较大(一般在 20°~56°),天线波束不易遭受地面反射及多径衰落影响。缺点:须使用多星星座,技术较为复杂,投资较大,用户资费高。

表 7.1 不同轨道高度下移动卫星通信系统的星座参数

类型	LEO	MEO	HEO	GEO
倾角/(°)	85～95(近极轨道) 15～60(倾斜轨道)	45～60	63.4	0
高度/km	500～2 000 或 3 000 (多为 1 500 以下)	约 2 000 或 3 000～20 000	低:500～20 000 高:25 000～40 000	约 35 786
周期/h	1.4～2.5	6～12	4～24	24
星座卫星数/颗	24 到几百	8～16	4～8	3～4
覆盖区域	全球	全球	高仰角覆盖北部 高纬度国家	除两极的全球
单星覆盖地面/%	2.5～5	23～27		34
传播延迟/ms	5～35	50～100	150～250	270
过顶通信时间/h	1/6	1～2	4～8	24
传播损耗	比 GEO 低数十 dB	比 GEO 低 11 dB		
典型系统	Iridium、Globalstar、 Orbcomm、Teledesic	Odyssey、ICO	Molniya、Loopus、 Archimedes	INMARSAT、MSAT、 Mobilesat

表 7.2 大 LEO 系统和大 MEO 系统的主要特征

参数	铱星	全球星	O3b	Oneweb	New ICO
上行/下行频带/GHz	1.621 35～ 1.626 5	1.619～1.621 5/ 2.483 5～2.498 5	27.5～30/ 17.7～20.2	14.4～14.5/10.7～12.7 27.5～29.1/17.8～18.6 29.5～30/18.8～19.3	1.98～2.01/ 2.17～2.2
最大带宽/MHz	5.15	11.35	2 500	2 500	30
单星波束数	48	16	10+2	640	163
单星额定容量	1 110 话路	2 400 话路	12 Gbit/s	约 6 Gbit/s	4 500
轨道高/km	780	1 414	8 062	1 200	10 355
轨道类型	极轨道	倾斜轨道	赤道轨道	极轨道	倾斜轨道

2. 移动卫星通信系统的特点

(1)移动卫星通信覆盖区域的大小与卫星高度及数量有关。移动终端的 EIRP 有限,空间段的卫星转发器及星上天线需专门设计,并采用多点波束和大功率技术。因此,天线波束应能适应地面覆盖区域的变化并保持指向。

(2)移动终端体积、重量、功耗均受限,天线尺寸和外形受限于安装载体,对于手持终端要求更加苛刻。因此,天线波束应能随用户的移动而保持对准卫星,或者是全方向性的天线波束。

(3)用户链路的工作频段受限(一般为 200 MHz～10 GHz)。当移动终端与卫星转发器间的链路受到遮挡时,会产生阴影效应,造成通信阻断。因此,系统设计应确保移动终端能够实现多星共视。

(4)多颗卫星需要建立有星上处理和星上交换能力的星间链路,或需要建立具有交换和处理能力的信关站(即网关)。

(5) 与地面蜂窝系统相比,移动卫星通信系统覆盖范围大,路由选择比较简单,且通信费用与通信距离无关,因此可利用卫星通信的多址传播方式提供大跨度、远距离和大覆盖的移动通信业务。

3. 移动卫星通信系统的发展趋势

(1) 在发展静止同步轨道的移动卫星通信的同时,重点发展低轨道移动卫星通信系统;与地面有线及无线通信网络协作,发展能实现海事、航空、陆地的综合移动卫星通信系统。

(2) 趋向采用低轨道小型卫星,发展高增益多波束天线和多波束扫描技术、星上处理技术,开发更大功率的固态放大器和更高效的太阳能电池,开展星间通信技术等;开展终端小型化技术。

(3) 开展移动卫星通信新频段和频谱,有效利用技术使移动卫星通信不仅可以服务话音、数据、图像通信,还可服务导航、定位和遇险告警、协助救援等。

(4) 开展与地面移动通信终端兼容和与地面网络接口技术的研究;制订全球通信系统标准和协议,并解决与各国用户、地面接口兼容的问题。

7.1.2 系统结构

图 7.1 给出了卫星蜂窝系统的典型系统结构,与地面蜂窝系统基本类似。卫星相当于地面蜂窝系统中的基站,波束相当于地面蜂窝系统中的小区。

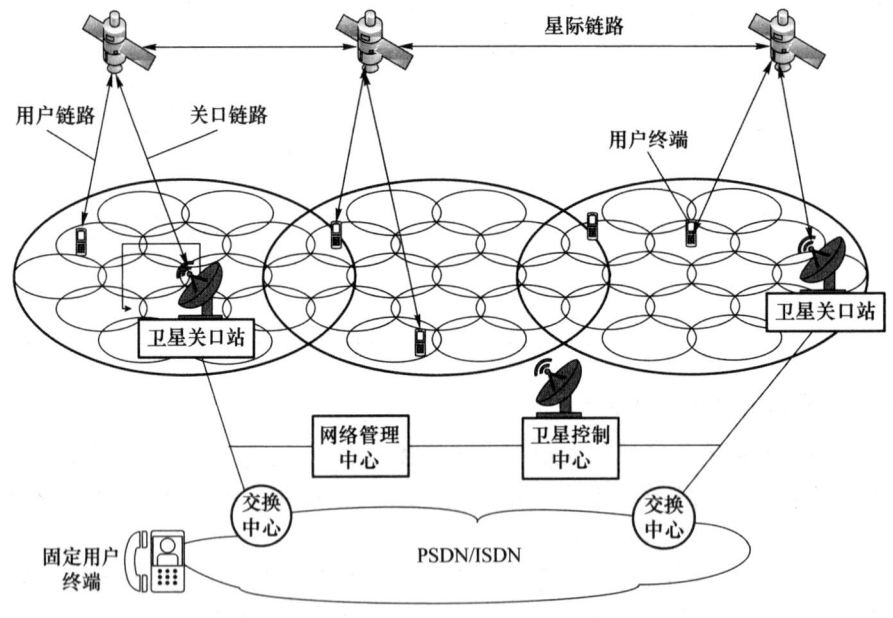

图 7.1 移动卫星通信系统的网络结构

1. 空间段

卫星移动系统的空间段由空中所有卫星构成,这些卫星分布在多个轨道平面上,形成一种特定的卫星星座结构。卫星轨道的高低直接决定了覆盖区的大小,同时也决定了需要多少颗卫星才能实现全球覆盖。不同卫星移动系统的空间段存在很大的差异。

下面以铱系统为例说明卫星蜂窝系统的空间段。铱系统的空间段由分布在 6 个极轨道上的 66 颗卫星构成,每个轨道上各有 11 颗卫星。轨道高度约 780 km,轨道倾角为 86.4°。在 6 个轨道中,轨道 1 和轨道 6 是相互反转的,这两个轨道的间隔是 22°,其他相邻轨道旋转方向相同,轨道间隔是 31.6°。卫星在轨道上的运动速度为 26 804 km/h,绕地球一周约 100 min。铱系统设计的最小仰角为 8.2°,对于地球上处在某个固定位置上的用户,每颗铱星的可视时间(从用户看到它升起到最小仰角的时刻与它落下到最小仰角的时刻的时间间隔)平均为 9 min。在地球表面上的任何位置,用户都能够以大于 8.2°的仰角看到 1~2 颗铱星。一颗铱星在地球表面的覆盖面积约为 1 500 万 km^2,相当于中国国土面积的 1.5 倍。

有些卫星移动系统设计了星间链路。例如,在铱系统中,除 1、6 轨道外,每颗卫星和它前后左右 4 颗卫星保持有宽带的微波连接。因为 1、6 轨道相互为反转,高速的相对运动使得它们难以实现定向连接,所以这两个轨道上的卫星只有 3 个星间链路。另外,有些移动卫星通信系统没有星间链路,如全球星系统。原因是:全球星采用透明转发器或者弯管转发器;而铱星采用星上处理转发器,需要把收到上行的信号解调出来后,根据目的地利用星间链路送到邻近卫星上。

2. 地面段

地面段最重要的组成部分是卫星关口站(gateway),相当于 2G GSM 中的移动交换中心(MSC)。当用户通话时,不论是卫星移动终端和固定用户终端间,还是两个卫星移动终端间,往来信号都要经过关口站。此外,关口站还负责交换、通信控制等。图 7.2 是系统中关口站的框图。

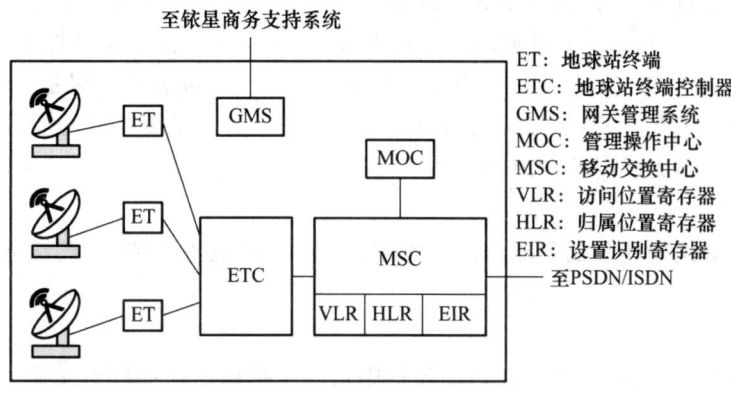

图 7.2 系统关口站框图

在关口站中,ET 是地球站,它负责射频通信部分,包括天线、接收机、发射机、调制器、解调器等。ETC 是地球站控制器,相当于 GSM 中的 BSC。关口站最核心的部分是 MSC,而 VLR、HLR 及 EIR 是附属于 MSC 的几个重要的数据库。对于某一个具体的用户,卫星蜂窝系统的关口站分为归属关口站(home gateway)和拜访关口站(visited gateway)两种。其中,归属关口站是用户入网时所注册的关口站,用户的相关信息储存在归属关口站的 HLR 中。当该用户离开归属区,来到另一个关口站的服务范围时,这个关口站便成了拜访关口站,用户的相关信息将储存在拜访关口站的 VLR 中。

图 7.1 中的卫星控制中心负责星座管理,主要任务是管理卫星及轨道的状态。例如:当发现轨道偏移时,它便发出命令启动助推火箭修正轨道;当发现卫星故障时,它便发出指令对卫星状态进行查询,并通过遥控指令进行故障处理;在卫星发射、测试过程中,或者卫星到达寿命需要离轨时,卫星控制中心都会进行相关的操作。卫星控制中心的工作主要是管理卫星本身,

它同这颗卫星是否为通信卫星并无太多的关系。

图 7.1 中的网络管理中心负责卫星通信网的控制与监测,包括对各个网络节点、链路等的监测、控制及日常维护,完成对网络结构的变更、网络状态的分析报告等。

地面段还包括用户终端。卫星蜂窝系统中的用户终端可以是手持式移动终端,也可以是车载、舰载或航空器上的通信终端。

7.1.3 网络控制

1. 网络控制概述

1) 网络控制的功能

卫星蜂窝系统的网络控制在概念上和地面蜂窝系统类似,但有些地方更为复杂。总的来说,为支持一次通话过程,卫星蜂窝系统的网络控制需要有以下几项功能。

(1) 移动性管理

用户位置的移动性产生了移动性管理(MM)的问题。当有人给某个卫星用户打电话时,系统首先需要知道用户现在在哪里;当用户出差旅游到另一个地方时,他应该能继续使用他的手持机和电话号码进行通信,这当中涉及当用户离开归属区后卫星如何提供服务、如何鉴别用户合法性等问题。

(2) 无线资源管理

当一个用户进行通话时,系统要为他准备一个信道,信道在 FDMA/SCPC 系统中指一个载波,在 TDMA 系统中是一个时隙,在 FDMA/TDMA 系统中是某个载波上的一个时隙,在 CDMA 系统中是一个特定的码字。在移动通信中,频率、时隙或者正交码是一种稀缺资源,不可能让某一个用户永久性占用;而是当用户需要通信时才分配给他一定数量的资源。如何将资源分配给用户就是无线资源管理(RR)的问题。

(3) 连接管理

用户的通信必然要涉及端到端的链路的建立、维持、释放等功能,这些功能都是连接管理(CM)的一部分。

(4) 切换

切换(HO)的宗旨是保证用户在通话过程中系统能持续地提供信道连接。在地面蜂窝系统中,当一个正在通话的用户从一个小区的覆盖范围移动到另一个小区的覆盖范围时,就会产生切换问题。在卫星蜂窝移动系统中,卫星的移动性使问题变得更为复杂。如何进行切换能保证用户的通话质量是网络控制的重要内容。

2) 协议体系

话音业务方面的网络控制一般采用和 GSM 相同或相似的结构。图 7.3 给出了网络控制的相关协议,其中三层协议的功能如下。

第一层:物理层。该层主要负责比特流的传送。

第二层:数据链路层。该层主要负责第三层消息的打包、成帧、复用、差错控制编码、流控制传输协议等。

第三层:网络层。该层主要负责发送消息、连接管理、移动性管理、无线资源管理。

3) 信令信道

网络控制的功能是通过移动终端和关口站间的信息交互完成的,这些控制信息一般称作

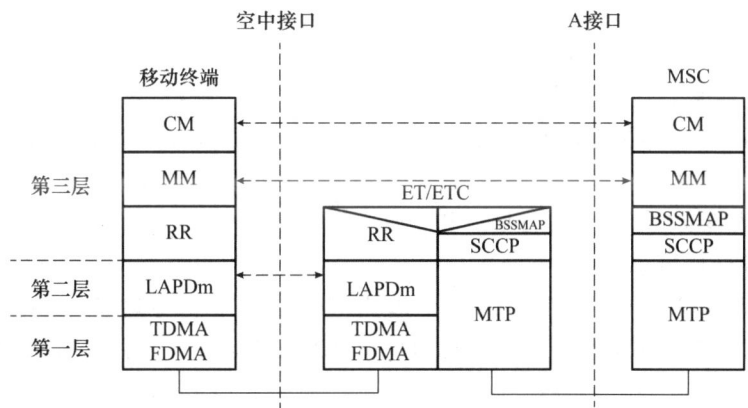

MTP：消息转换部分
LAPDm：专用于空中接口的链路接入协议
BSSMAP：基站系统管理应用部分
SCCP：信令连接控制部分

图 7.3　类似 GSM 的网络控制协议

信令。通信系统除能够传送用户的话音或数据信息外，还应当有一些额外的传输能力以支持控制信息的交互。传输这些信令的信息通路叫信令信道，而传送用户数据的通路叫业务信道。

不管是业务信道还是信令信道，最终都要在物理层上传输。例如，对于 TDMA 系统，所有信息都是在具体的时隙中传输的。业务信道一般占用一个时隙。信令信道种类很多，大部分情况下信令信息相比于业务信息来说数据量要小得多，比较有效率的传输方法是让一个时隙同时给多个信令信道进行服务，就是将几路信令信息通过时分复用后再通过物理层的时隙传送。由此，出现了逻辑信道和物理信道的概念：物理信道是处在某个具体载波上的具体时隙，逻辑信道则是信息流。不同的逻辑信道是对物理信道的不同映射，如图 7.4 所示。

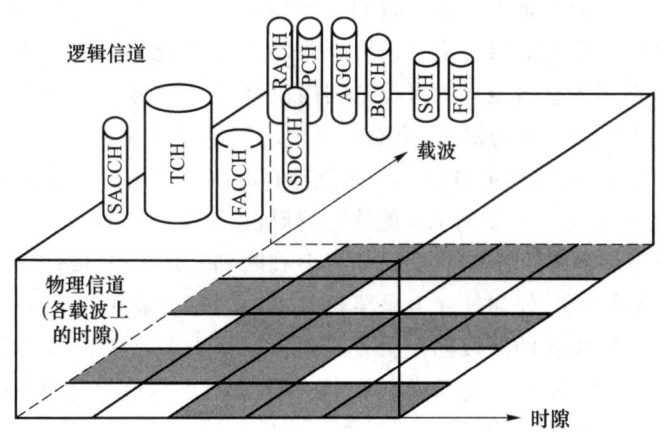

图 7.4　逻辑信道是对物理信道的映射

逻辑信道主要分为下面 3 种。

(1) 广播控制信道

广播控制信道(BCCH)以广播方式从卫星或从关口站经由卫星向用户发布一些公共信息，包括波束识别、网络参数、邻近波束指示、无线信道配置等。所有待机用户都在不断监听 BCCH 信息。

(2) 公用控制信道

公用控制信道（CCH）包括用于系统呼叫用户的 PCH、用于用户发起呼叫的 RACH、用于分配信道的 AGCH 等。其中，PCH 和 AGCH 是前向广播信道；RACH 是反向的随机接入信道。在卫星移动系统中，从地面到卫星的信道称作上行信道；从卫星到地面的信道称作下行信道；从关口站到用户的信道叫前向信道；从用户到关口站的信道叫反向信道。一个前向信道或者一个反向信道都包含了一段上行信道和一段下行信道。

(3) 专用控制信道

专用控制信道（DCCH）是具体的某个用户同网络交互信令时使用的控制信道，包括 SACCH、FACCH、SDCCH 等。它们涉及用户位置登记、信道测量、信道切换等多个方面的功能。

2．移动性管理

移动性管理中最核心的问题是如何让系统知道用户当前所处的位置。在卫星移动系统中，特定的位置被归属到某个关口站服务区中的某个位置区中。用户通过位置登记向系统报告自己的位置区。

1) 关口站的服务区

在卫星移动系统中，所有用户的通信都必须经过关口站。卫星系统总的覆盖区域分属于不同的关口站管理。对某个关口站而言，由它提供服务的用户的位置集合是这个关口站的服务区。在没有星间链路的系统中，用户只有和关口站处在同一卫星的覆盖范围时，才能得到通信服务区的服务。在有些用户位置上，总存在一颗卫星同时覆盖用户和关口站，这些位置的集合是这个关口站的保证服务区。在有些用户位置上，虽然总能看到卫星，但用户看到的卫星的覆盖范围内没有关口站，这些用户将不能得到通信服务，因为用户处在关口站的服务区之外。也可能有这样一些位置，在这些位置上的用户有时能通过卫星连到关口站，有时却不能。

图 7.5(a) 和图 7.5(b) 分别展示出了时刻 1 和稍后的时刻 2 的卫星、用户、关口站的位置关系。在时刻 1，用户 A 能够通过卫星 a 连接到关口站 1，因此他可获得通信服务。用户 B、C 虽然其上空有卫星，但因为这些卫星的覆盖范围内没有关口站，所以不能获得通信服务。在时刻 2，虽然卫星 a 移出了用户 A 的视野，但随后跟来的卫星 z 可以继续向用户 A 提供服务。用户 B 现在可以通过卫星 a 连接到关口站 1，即虽然他在时刻 1 不能获得服务，但现在可以。而用户 C 现在还是不能获得服务。对于图 7.5 的这种情形，我们说用户 A 处在关口站 1 的保证服务区内，用户 C 处在此卫星系统的服务区之外，用户 B 在时刻 2 处在关口站 1 的临时服务区内。

对于有星间链路的系统，任何处在卫星覆盖范围内的用户总可以经由星间链路连接到某个关口站，因此所有卫星覆盖的区域都在服务区内。原则上各个关口站的具体服务区可以任意规划，不必像没有星间链路的系统那样，每个关口的服务区只能是它附近的区域。

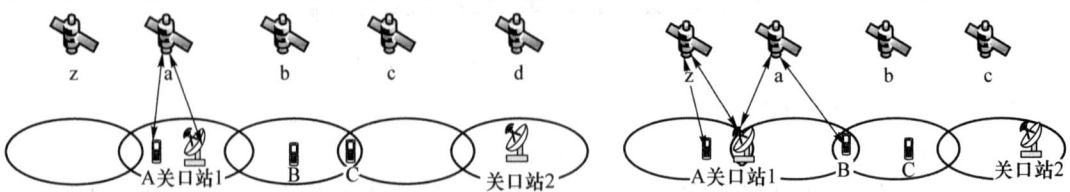

(a) 卫星、用户和关口站在时刻1的位置关系　　(b) 卫星、用户和关口站在时刻2的位置关系

图 7.5　关口站的服务区

2）位置登记

位置登记就是要求用户定期或不定期地向系统报告自身的位置信息。系统需要这个信息来处理打给用户的呼叫、用户鉴权、用户的通信路由等问题。

用户通过位置登记向系统发送的是其所在地的位置区识别码（Location Area Code, LAC）。位置区是由系统定义的、用来确定用户位置的最小地理区域。每当用户开机时,或每当用户发现其位置区发生变化时,移动终端将自动向系统报告其 LAC。系统也可要求用户定期发送 LAC。在进行位置登记时,用户先通过 RACH 请求发送 LAC 需要的信令信道。在这个请求得到获准后,系统将通过 ACCH 分配一个 SDCCH 给用户,用户再通过这个信令信道发送自己的 LAC。

但首先要解决的问题是如何让用户得知自己的 LAC。地面蜂窝系统中位置区的定义方法对于采用 MEO/LEO 的卫星移动系统来说是行不通的,因为卫星在高速移动。在卫星系统中,根据用户有无定位功能,将确定位置区的方法分为两种：如果用户没有定位功能,则以关口站的保证服务区作为位置区。系统通过 BCCH 广播关口站的识别信息,用户监听它所发现的 BCCH 的内容就知道自己属于哪个关口站。如果用户有定位功能,则位置区可以分得很小,用户直接把它的定位结果报告给系统即可。

3）寻呼

当有电话呼叫打到移动卫星用户时,系统首先要对这个用户发起呼叫,这个过程叫寻呼。通过是否收到寻呼应答,系统可以确认用户目前是否处于可接听电话的状态（已经开机,并且在服务区中）；通过得到应答的位置,系统可得知用户当前所在的具体波束。根据位置区的大小,系统可能需要在多个波束甚至多个卫星上通过 PCH 对用户进行呼叫。用户在同一个时间只能处在某一个小区内,因此大部分的 PCH 信令是冗余的。位置区越大,波束个数也越多,PCH 信令负荷也越大。但位置区大也有好处：位置区越大,用户在该位置区内停留的时间也越长,因而位置登记的周期就越长,花费在位置登记上的信令也越少。

为减轻 PCH 信令负荷,可不采用前述的并行寻呼方法,而采用串行寻呼方法。系统并不是同时在多个波束或多个卫星上对用户发起并行呼叫,而是首先在可能性最大的一个或多个波束上进行试呼；如果呼不到,再试可能性次大的波束或者再考虑使用并行寻呼的方法。可根据用户最近一次的位置登记、通话等信息来确定用户最可能所在的小区。这种串行寻呼的方法可显著节约信令负荷,但呼到用户的平均时延会大一些。

3. 呼叫控制

呼叫控制是连接管理（CM）的一个子集,它主要负责实现呼叫的建立、维持、释放等功能。这里"呼叫"是指一个电话话路连接,包括话音业务以及基于电路交换的数据业务。本小节将简要介绍与 GSM 类似的呼叫控制功能。不同卫星系统中的具体设计可能有差别,但其基本原理是相似的。

图 7.6 给出了卫星用户主叫时的控制过程。用户在平时待机状态时一直在监视 BCCH 信道。在拨号后,用户终端首先通过其所在波束的随机接入信道 RACH 发出信道请求,关口站随即通过 AGCH 分配一个 SDCCH 信道给用户。用户用这个信令信道向关口站发送出电话呼叫请求及相关的一些信息。关口站在收到呼叫请求后首先对用户进行鉴权,确认该用户是可以提供服务的合法用户,不存在挂失、欠费停机等问题。如果受理呼叫请求的关口站不是该用户的归属关口站,那么拜访关口站将通过用户的归属关口站进行鉴权。用户通过鉴权后,关口站将启动加密过程以对用户的信息提供保护。接下来,关口站将为用户建立通话需要的

专用控制信道(SDCCH 以及 FACCH),并通过这些信道分配业务信道、进行初始化,启动呼叫。最后,业务数据将通过 TCH 在用户链路上传输,这里的业务数据既可以是数字化的语音,也可以是基于电路交换的数据。

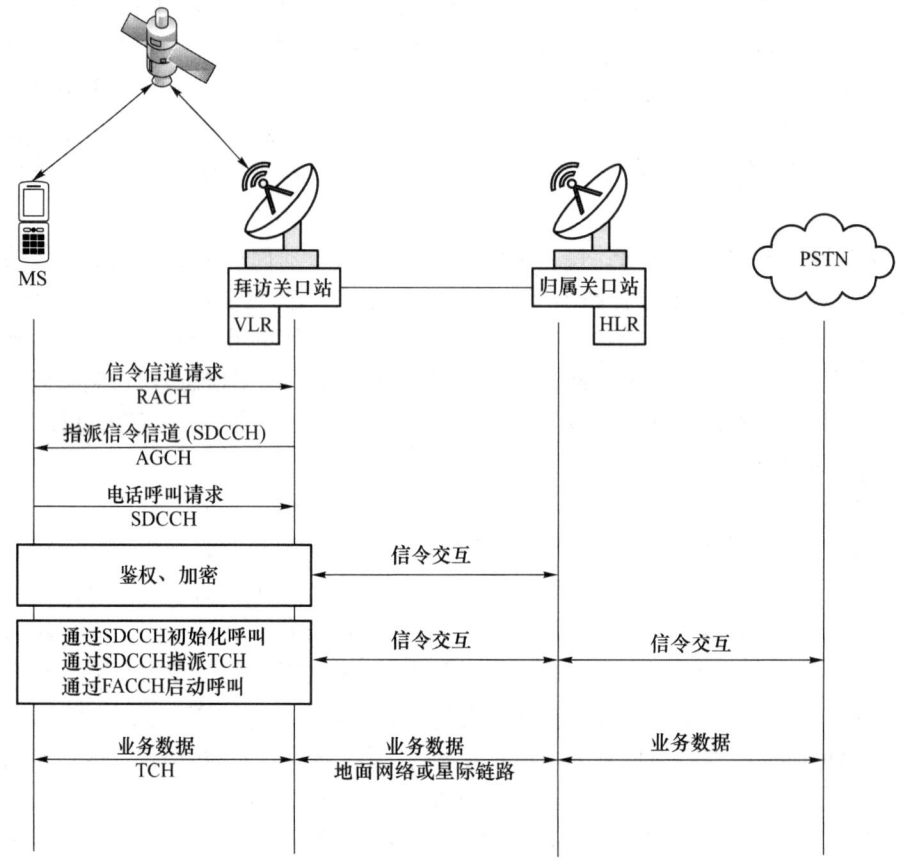

图 7.6 卫星用户主叫的情形

图 7.7 则是卫星用户被叫的情形。来自 PSTN 的呼叫先被送到被叫用户的归属关口站。如果用户不在归属关口站的服务区内,呼叫将被转移到卫星用户当前所在地的拜访关口站。拜访关口站通过 PCH 对用户进行寻呼,从而得知用户目前在哪颗卫星的哪个波束覆盖范围内。此后过程与卫星主叫时的大致相同,不再赘述。

4. 无线资源管理

无线资源管理(RR)的问题发生在呼叫建立的时候,其功能是:为需要通信的用户决定一个合适的卫星、波束,在这个波束内分配一个信道,并规定用户及卫星以多大功率发送信号。一个信道代表一定数量的无线资源,由于用户链路上的无线资源是系统容量的瓶颈,所以如何在 RR 这一环节有效地利用无线资源是一个重要的问题。

信道资源分配的问题主要出现在 FDMA、TDMA 或者 FDMA/TDMA 系统中。对于 CDMA 系统,由于所有频率都可在所有小区内复用,因此原则上并不存在资源分配问题。在 CDMA 系统中,信道分配实际变成了码字分配。如果我们给每个用户一个唯一的扩频码,那么无论用户处在哪里,只要他发生呼叫,系统就能用这个码同用户进行通信。全球星系统便是这样做的。

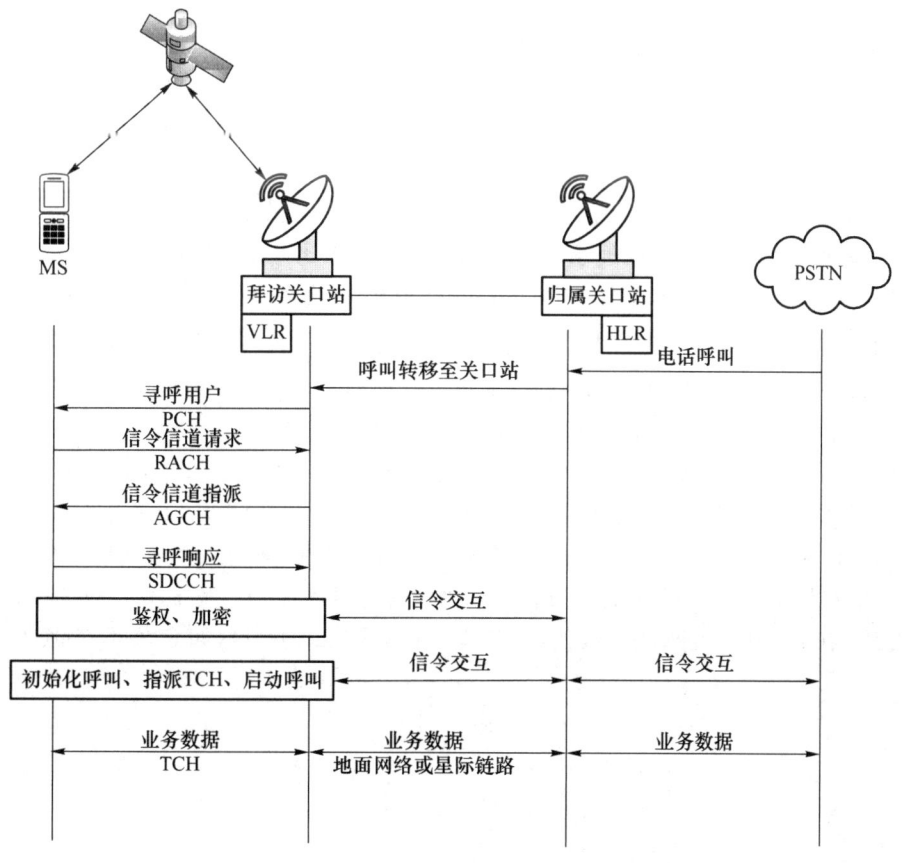

图 7.7 卫星用户被叫的情形

本节将不讨论 RR 所涉及的信令操作问题,只是简单介绍一些资源分配的策略。

1) 固定信道分配(FCA)

最基本的资源分配策略是固定信道分配(Fixed Channel Allocation,FCA)。系统通过事先分配,让每个卫星波束内具有数量相同且固定的资源。为提高资源利用效率,分配给某个波束的资源可以继续分配给其他波束,前提是保证同信道干扰低于要求的最小值。

FCA 系统中每个波束有固定的资源,因而一个波束能提供的信道数是固定的。在这个波束所覆盖的小区内,每发生一个呼叫,就占去一个信道。当所有信道都被占用后,新发生的呼叫将得不到服务,称这些新发生的呼叫被阻塞了或者被损失了。阻塞发生的频率叫做阻塞率或呼损率。一个合理设计的系统必须要保证阻塞率低于某个规定值。显然,小区内信道数越多,呼叫被阻塞的概率也越低,但每个小区的信道数越多,系统所需要的资源也越多。因此,好的设计应当是在系统总资源给定情况下,尽量让每个波束有更多的信道数,也就是要尽量选用小的频率复用因子 K。

FCA 系统中有可能出现这样的情形:某个波束上的信道已经被占满,使新发生的呼叫被阻塞,但在同一时间内其他波束上还有许多空闲的信道。在 FCA 规则下,那些信道已满的波束不能使用其他波束中的空闲资源。出现这种情形的原因为:一方面,实际中各个小区同时存在的用户个数不均匀;另一方面,即便各小区存在的用户数相同,同时发起呼叫的用户数也是随机的。解决 FCA 中该问题的方法就是采用动态信道分配(Dynamic Channel Allocation,DCA)。

2) 信道借用(CB)

采用信道借用(Channel Borrowing,CB)的系统,首先按 FCA 方式工作,即每个波束都有预先分配好的固定数目的信道。如果某个波束的信道已经被占满,而这个小区内又发生新的呼叫,则系统将向其他有空闲信道的波束借用信道以临时应付这个新发生的呼叫。在通话结束后,再把借用的信道归还给原来的波束。或者当本波束内有其他用户通话结束而腾出一个固有信道时,把使用借用信道的用户切换到固有信道上,再把借用的信道归还。系统通过一定的 CB 算法来保证借用行为不会使系统中任何用户的信干比低于规定 $(C/I)_{min}$。

以图 7.8 为例,所有小区首先按 $K=7$ 进行规则的频率复用,最小同频复用距离 $D=\sqrt{3K}R=4.58R$,并假设这个距离是能够保证信干比大于 $(C/I)_{min}$ 所需要的最小距离。假设系统是 FDMA/SCPC 系统,共有 21 个载波,则每个簇中的每个小区分得固定的 3 个载波。图中小区 C0 分得的固定资源是 f_1,f_2,f_3,当这 3 个信道都被占用而又产生了新的呼叫时,系统将从同一簇的其他小区借用空闲信道,在借用时需考虑同频干扰的关系。图中小区 C1 分得的固定资源是 f_4,f_5,f_6,载波 f_5,f_6 空闲,因此系统决定 C0 借用 f_5。注意,C0 不能借用 f_6,因为 f_6 正在被 C8、C15 使用,如果 C0 也使用 f_6,那么最小同频复用距离将减小到 $3R$,导致 C0、C8 和 C15 中使用 f_6 的户信干比低于 $(C/I)_{min}$,而借用 f_5 则没有这种问题。在系统决定 C0 借用 f_5 后,需通知 C8、C15 在 C0 归还 f_5 之前不要使用 f_5,但其他复用 f_5 的小区(如 C22)不在此列。

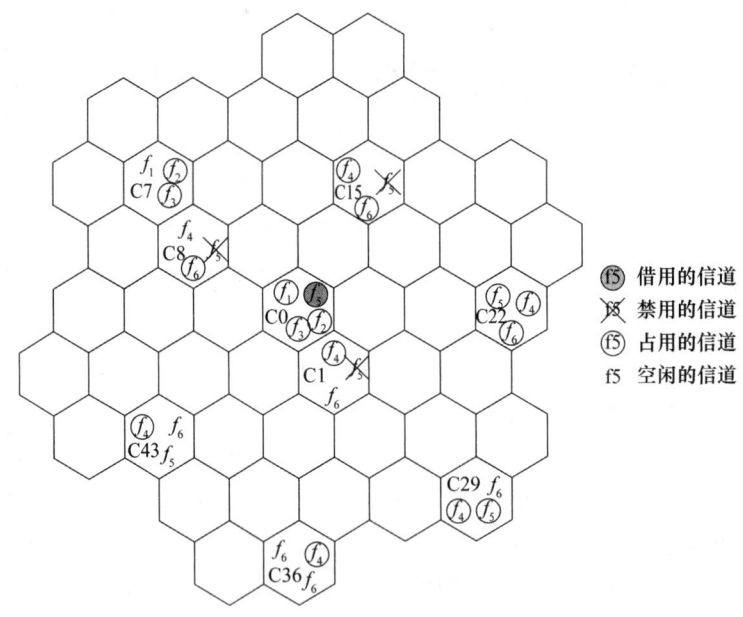

图 7.8 CB 的概念

3) 动态信道分配(DCA)

DCA 方法是把所有资源集中在一起由系统统一分配。在完全的 DCA 中,不再有簇的概念,每个波束也没有事先分配的固有信道。每发生一个呼叫,系统就为这个呼叫分配一个信道,在呼叫结束后这个信道资源被交还系统,以备下一个发生的呼叫使用。只要同信道干扰能满足要求,同一个信道可以在不同的波束中重复分配。

仍以图 7.8 为例,假设系统中总的小区个数就是图中的 49 个小区。每当有呼叫发生时,系统就从 21 个频率中选一个频率给它使用,任何一个频率都有可能分配给任何一个波束。选择频率的原则是,让这个新发生的呼叫使用该频率后,所有正在通信的用户信干比都不会低于

$(C/I)_{\min}$。在具体运用上,DCA 需要一个算法来决定如何给每个新发生的呼叫分配信道。

(1) MaxMin 算法

MaxMin 算法把所有正在通信的用户按照其所用的信道划分成 N 个集合:$U_1,U_2,\cdots,U_N$,其中 N 是总信道数,所有属于 U_k 的用户都在复用同一个信道 h。假设用户 j 发生了呼叫,如果我们给他分配的信道是 k,j 也将成为 U_k 的一员。在用户 j 加入 U_k 后,信干比受影响的只可能是 U_k 中的用户。记 $(C/I)_k(m)$ 是 U_k 中某个用户 m 的信干比,那么对于 $\forall m \in U_k$,用户 j 的加入只能使 $(C/I)_k(m)$ 的数值减小。系统可以预先估计出在用户 j 加入 U_k 后所有 $(C/I)_k(m),m \in U_k$ 的数值,并得到其中的最小值 $\Lambda_k = \min_m\{(C/I)_k(m)\}$。假设用户 j 加入 $U_k(k=1,2,\cdots,N)$,可得到 $\Lambda_1,\Lambda_2,\cdots,\Lambda_N$。因为合理的信道分配应该是用户 j 的加入对其他用户信干比的恶化量最小化,所以系统最终把对应 $\Lambda_1,\Lambda_2,\cdots,\Lambda_N$ 中最大值的信道 v 分配给用户 j,即

$$v = \underset{k}{\mathrm{argmax}}\left\{\min_{m \in U_k}\left[\left(\frac{C}{I}\right)_k(m)\right]\right\} \tag{7-1}$$

对于每个新发生的呼叫,系统总按式(7-1)将信道 v 分配给它,不过还必须要保证 U_v 中的用户(包括用户 j)的最小信干比 Λ_v 不低于规定的最低限值 $(C/I)_{\min}$,即要求

$$\Lambda_v = \min_{m \in U_v}\left[\left(\frac{C}{I}\right)_v(m)\right] \geqslant \left(\frac{C}{I}\right)_{\min} \tag{7-2}$$

如果让用户 j 加入任何一个组都会使这个组中所有用户的信干比低于 $(C/I)_{\min}$,那么系统将不给用户 j 分配信道,其呼叫被阻塞。

(2) 代价函数算法

对于小区 i 以及信道 k,代价函数 $C_i(k)$ 表示在小区 i 中使用信道 k 的代价。可以任意定义"代价"的含义,通常,$C_i(k)$ 的定义与同信道干扰相关。比如,若信道 k 已经在小区 i 中使用,则规定 $C_i(k)$ 为无穷大,表示不可以在小区 i 中再次使用信道 k;若信道 k 未在小区 i 中使用,则 $C_i(k)$ 的数值与目前正在使用信道 k 的小区离小区 i 的距离有关,距离越远,$C_i(k)$ 越小。当小区中产生新呼叫时,系统在所有信道中选择代价最小的信道给这个新呼叫,因此分配结果使同频用户尽量远。若在用户 x 使用信道 k 通话的过程中,另有其他用户结束通话而释放出信道 m,而系统发现此时信道 m 的代价比信道 k 更小,则用户 x 会被切换到代价更小的信道 m 上继续通话。

5. 切换

1) 切换场景

在卫星蜂窝系统中存在如下一些需要切换的情形。

(1) 信道切换

电磁波传播环境或干扰情况的变化会造成用户的通信信道变得不可用,此时系统需要将用户切换到同一波束的另外一个可用信道上。此外,动态信道分配也会启动波束的信道切换。

(2) 波束切换

在地面蜂窝系统中,用户自身的移动会造成小区间的切换,对应到卫星蜂窝系统中就是波束切换。对于非 GEO 卫星蜂窝系统来说,用户移动造成的波束切换几乎可以忽略不计,绝大部分切换产生的原因是卫星移动。卫星移动造成的波束切换如图 7.9 所示。某个用户起初在卫星的波束 1 中通信,虽然他没有移动,但因为卫星在移动,所以经过一定时间后覆盖他所在位置的波束不再是波束 1 而变成后面的波束 2。如果用户的通话没有结束,就需要将通信切换到波束 2 上。

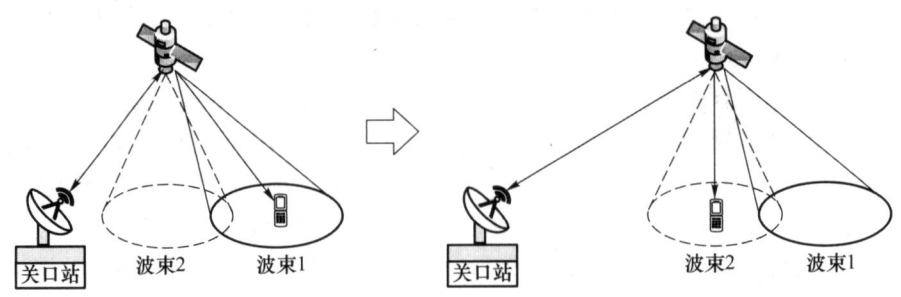

图 7.9　波束切换

过于频繁的切换对系统来说不是一件好事情,因为实现切换需要一系列信令方面的操作过程,频繁切换将使系统的信令负荷加重。另外,切换越频繁,切换失败的概率也越大,切换失败将导致用户的通话过程被中途打断,这种情况称为掉话。相对于阻塞来说,用户对掉话更难以接受,所以在系统设计中更重视掉话率。

许多系统采取了一些降低切换率的波束设计。一种方法是固定波束在地面的位置:如图 7.10 所示,卫星在移动过程中通过位置计算,控制投向地面的波束方向,卫星在相对地面前移时,波束在相对卫星后移,从而使波束在地面的位置固定。采用这种技术的例子如 ICO、Teledesic 等。另一种方法是不把波束设计成常规的圆形,而是设计成窄条形状:如图 7.11 所示,在全球星系统的波束设计中,每个波束都是长条形状,长条的方向和卫星的移动方向一致,除非卫星移出用户的视野,否则不会发生切换。

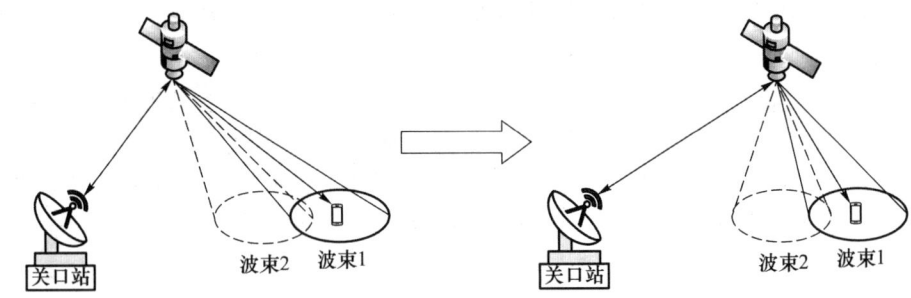

图 7.10　固定波束在地面的位置以减少切换频度

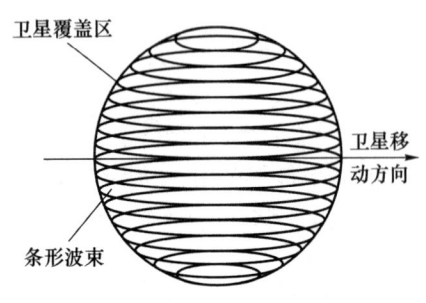

图 7.11　全球星的波束设计

(3) 星间切换

即便没有波束切换的问题,卫星蜂窝系统还有卫星切换的问题。如果正在为用户服务的卫星在用户通话结束前离开了用户视野,就需要将通信切换到后面的卫星上。卫星切换的问题主要存在于 LEO 系统中,MEO 系统基本可以不考虑。例如,ICO 系统中卫星的平均视野时间约为 2 h,而铱星的平均视野时间是 9 min,因此在 ICO 系统中卫星切换几乎不会发生,而在铱系统中极有可能发生。

(4) 关口站切换

还存在一种可能的切换,就是在通话过程中切换了关口站。如图 7.12 所示,用户起初通过卫星 A 连到关口站 1,在通话结束前,卫星 A 离开了关口站 1 的视野,而后面跟来的卫星还没有进入用户的视野,因此不能切换到后面的卫星。此时,卫星 A 进入了关口站 2 的视野,因此只能切换到关口站2,否则会发生掉话。和前述3种切换相比,关口切换涉及更多的信令交互,还需要变更用户话路在地面网络中的路由,一般来说应该通过事先设计尽量避免。

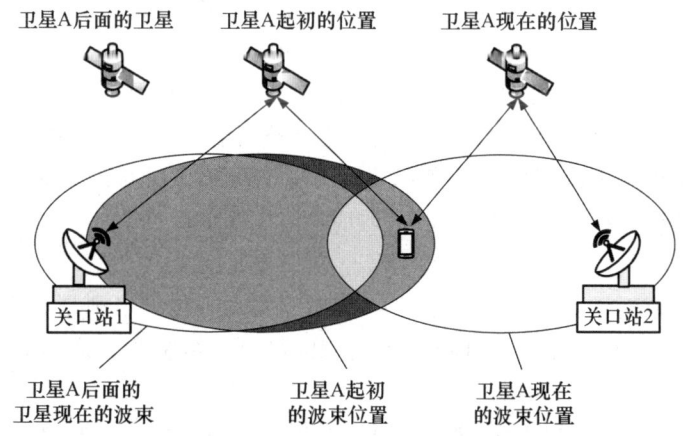

图 7.12　发生关口站切换的情形

(5) 网络切换

为降低用户费用,许多卫星蜂窝移动系统都设计成双模运行方式:同时支持地面移动网络和卫星移动网络,如果地面移动网络可用,则优先使用地面移动网络。假如用户的呼叫是在卫星移动系统中建立的,在通话过程中发现地面移动网络可用时,需要将后面的通话切换到地面移动网络。反过来,在地面移动网络中接通电话的用户在其通话过程中移出地面移动网络的服务区后,需要切换到卫星移动网络才能继续通话。

2) 切换的操作

在不同的系统中,切换的具体操作方式可能有很大的差别,但基本原理大致相同。在切换操作中,首先需要确定的问题是该不该切换以及应该在什么时候切换;其次是应该切换到哪个波束(或卫星等)上;最后是切换的过程如何进行。

为决定是否该切换,用户终端或者系统需要不断监测正在通信的信道质量,并同时监测其他波束或卫星上的信道状况。这些测量结果是判断是否应该执行切换的依据。如果发现其他波束上的信号比现在正在通信的波束更好,则表明用户很可能已经进入新的波束覆盖区,正在离开原有的波束。原则上,只要发现了更好的波束,就可以将用户切换过去,不过对于使用手持终端的个人通信系统,用户通信的信号质量除了与它相对于各波束的位置有关外,衰落也是一个重要因素。发现其他波束的信号更好并不一定意味用户已经处在新波束的覆盖范围内,也可能是正在使用的波束信号衰落造成的。因此,不能一旦发现更好的波束就立即启动切换过程,否则有可能出现某个用户刚切换到新波束又发现原波束更好要切换回来的"乒乓现象"。为避免这种情形,实际系统在决定是否进行切换时,需要给测量到的信道质量加上一个迟滞门限 Δ,只有当新波束的信号质量比现波束信号质量高出 Δ(单位为 dB)时才启动切换过程。设计适当的 Δ 是一个重要且两难的问题:如果 Δ 太小,则可能会造成过多不该发生的切换;如果 Δ 太大,则可能使该发生的切换没有发生。如果现有波束确实在远离用户,而系统未能及时切换,那么用户当前使用的信道就会持续恶化。当恶化到一定程度时再启动切换,很可能已经来不及了,因为从启动切换到完成切换需要一定的时延,以便在当前波束上完成必要的信令交互。如果信道持续恶化的速度太快,当前波束上的信令传送就会失败,进而导致切换失败、发生掉话。

切换的具体操作有后向切换和前向切换之分,其主要差别是在哪个波束上发出切换请求。后向切换如图 7.13 所示,用户起初在波束 1 的某个业务信道上进行通信。当用户作出应该切换到波束 2 的决定后,它先在正在通信的本波束上发出切换请求,系统也在本波束发出切换指令,而后本波束上的业务信道及相关的信令信道关闭,用户的通话临时中断。系统同时在邻波束上准备好相应的信道,用户立即被调谐至邻波束上,这一过程包括必要的频率同步和时间同步。而后用户向系统发出切换接入信息以表明它已被调谐到新波束。系统随即将涉及切换的相关信息发布给用户并等待用户的应答,在收到用户应答后立即接通临时中断的话路,使用户的通话过程继续进行。在后向切换方式中,通话临时中断的时间为

$$T_{中断} \approx 3T_{信令传输} + T_{后向切换的处理} \tag{7-3}$$

信令传输的时延在地面移动网络中没有多大,但对于移动卫星网络则是不可忽略的,具体与卫星轨道高度有关。大致而言,在 LEO 系统中因后向切换造成的通话临时中断时间约为 200 ms,在 MEO 系统中的中断时间约为 500 ms。

对卫星系统来说,图 7.14 所示的前向切换可能更合适一些,因为前向切换比后向切换引起的通话中断时延小。在前向切换方式下,用户在决定切换后并不是在本波束中发出切换请求,而是在新波束中以随机接入的方式发出切换请求。虽然随机接入的信令时延可能会长一些,但用户在切换请求过程中继续保持旧波束上的通话,直到新波束发出命令后才切断旧波束上的通话,用户在新波束上对指派做出应答后,通话在新波束上继续进行。从图 7.14 可以看出,此时通话的临时中断时间为

$$T_{中断} \approx T_{信令传输} + T_{前向切换的处理} \tag{7-4}$$

对于 LEO 系统,采用前向切换时典型通话中断时间大约是 60 ms。

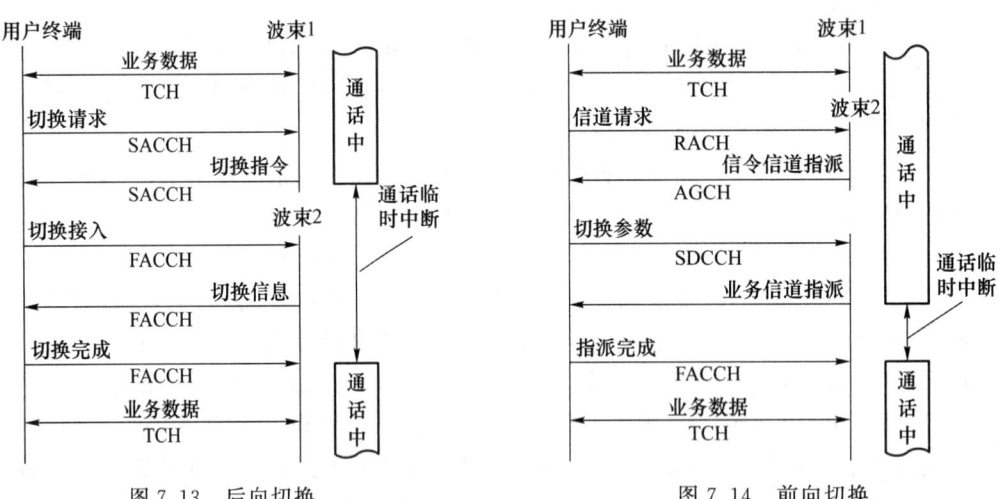

图 7.13 后向切换 　　　　图 7.14 前向切换

3) 切换引起的资源分配问题

当用户切换到新小区后,需要在新小区中建立起相应的业务信道以及控制信道,该过程涉及无线资源管理方面的问题。与切换有关的资源分配一般有如下几种策略。

(1) 视同新呼叫

视同新呼叫把切换请求看作新产生的呼叫,如果用户切换到新小区时新小区中的信道已被占满,则切换来的用户通话中断,发生掉话。因切换而发生的掉话率等于该小区中的阻塞率。

(2) 预留资源

对用户来说,掉话比阻塞更难以接受,因此系统设计应当使掉话率显著低于阻塞率。为此,小区需预留出一部分信道用于切换来的呼叫。此时小区中的资源被分成普通信道和预留信道两组。系统操作方式如图 7.15 所示,本地产生的新呼叫不得使用预留信道,只能使用普通信道,如果普通信道已经占满,则呼叫被阻塞;切换来的呼叫首先考虑使用普通信道,如果普通信道没有空闲,则考虑使用预留信道,只有当预留信道也无空闲时才发生掉话。在预留资源策略下,切换来的用户更容易得到信道,因切换失败而造成的掉话率必然小于阻塞率。

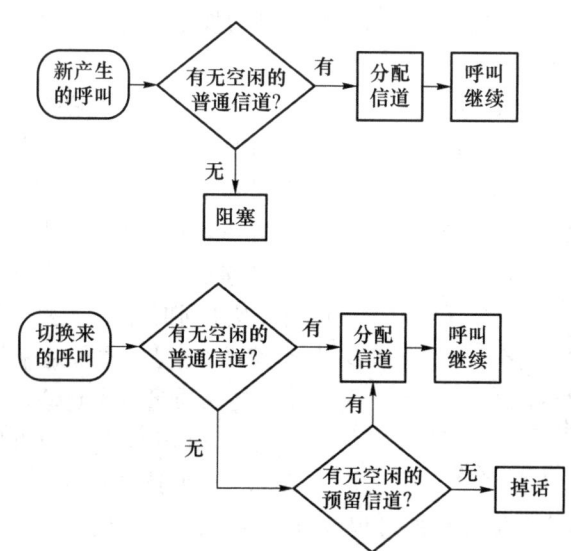

图 7.15 为切换来的呼叫预留信道以降低掉话率

(3) 切换排队

切换排队就是让切换来的用户在没有信道可用时处于排队等信道的状态,在排队期间继续使用原来的信道。如果排队期间新小区中有人结束了通话,则释放的信道立即给这个排队的切换用户。如果排队期间用户原来的波束越走越远,以至于等不到新信道原来的信道就已经不可用,则发生掉话。

(4) 动态信道分配

在动态信道分配中,系统把所有信道在各个波束间按需分配,任何信道都可以分配给任何小区。在这种情况下,覆盖用户的波束发生变化不一定会引起信道的变更,只是提供这个信道的波束发生了变化。但当覆盖波束发生变化时往往会导致同频用户间的干扰关系发生变化,如果同信道干扰不能满足要求,系统会对各个用户的信道重新进行安排,某些通话用户需要被切换到其他信道上去,信道需要变更的用户不一定是切换来的用户。

4) CDMA 系统中的软切换

在采用 FCA 方式的 FDMA/TDMA 系统中,相邻小区有不同的信道资源,用户发生切换时需要在新小区中分配一个新的信道给他。在 CDMA 系统中,如果让每个用户始终使用只属于这个用户的特定扩频码,那么 CDMA 系统是一种完全的 DCA 系统,用户在不同小区间移动时信道并没有变化,变化的只是处理这个信道的波束或卫星。信道在这里只意味着用户所使用的扩频码,不代表独占的频率或时隙资源。

除不需要信道分配这一点外,由于 CDMA 系统的频率复用因子是 1,相邻波束可以使用相同的频率,于是当用户处在波束交叠区时,完全可以同时在两个波束内建立链路,这种做法叫宏分集。宏分集的具体实现方法有多种,例如,手机发送的信号可以被相邻的两个波束收到,关口站可以得到这两个信号,通过比较两个信号的质量,关口站可以选择两者中质量更好的一个。宏分集的好处是可以抵抗衰落,使用户在两个链路上同时发生深衰落的概率大大小于只有一个链路的情形。另外,宏分集也使 CDMA 系统的切换概念发生了变化:用户在交叠区时,它同时和两个波束(或卫星)通信;当它离开交叠区深入到另一个波束的覆盖中心时,只需放弃一个信道即可。CDMA 系统的这种切换情形叫软切换,而前述的 FDMA/TDMA 系统中的切换叫硬切换。在软切换的情形下,不存在硬切换中的通话临时中断问题,也不存在因为切换时无资源可用而掉话的问题。

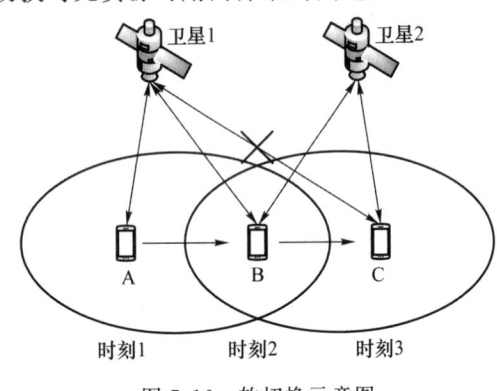

图 7.16 软切换示意图

图 7.16 是软切换的示意图。为了便于说明,假设卫星不动而用户在移动,这和用户不动卫星移动是等价的。图中用户起初(时刻 1)在位置 A,他和卫星 1 保持连接。其后在时刻 2 用户移动到位置 B,此时他能同时见到两颗卫星,因此同时建立了两个链路。随着用户的继续移动,卫星 1 离他越来越远,因此用户到卫星 1 的链路质量越来越差,一直到用户移动到位置 C 时,他和卫星 1 间的链路质量已经变得非常差,已无维持的必要,于是放弃这个链路。注意,在用户从位置 A 移动到位置 C 的过程中,通话过程没有发生中断,但用户的通信却从卫星 1 切换到了卫星 2 上。

7.2 VSAT 通信系统

7.2.1 VSAT 通信概述

1. VSAT 概念

VSAT 系统中的地球站被称为微型站(小型数据站、甚小孔径终端或 VSAT 终端),其天线口径通常为 0.3～2.4 m。VSAT 系统的主要特点有:

(1) 可工作在 C 频段或 Ku 频段,支持包括数据、语音和图像等多种业务类型;

(2) 集成程度高(VSAT 分为天线、室内单元 IDU 和室外单元 ODU)、天线小、低功耗、成本低、安装方便、对环境要求低;

(3) 组网灵活、独立性强,各方面的性能可根据用户需求灵活调整,可与地面网络连接;

(4) 面向用户而不是网络,站点多、各站业务量小,一般作为专用网络。

2. 系统分类

如表 7.3 所示,按照不同多址方式、调制方式、传输速率和业务类型,VSAT 系统可分为以下 5 类。

(1) 非扩频 VSAT:工作在 Ku 频段的高速双向交互型 VSAT,采用不同扩频 PSK 调制和自适应带宽接入协议。

（2）扩频 VSAT：工作在 C 频段，采用直扩技术，可以提供单向或双向数据业务。

（3）USAT：目前最小的双向数据通信地球站（特小地球站），采用混合扩频调制和多址技术。

（4）TSAT：用于双向传输语音、数据和图像的综合业务，不需要中枢站。

（5）TVSAT：主要用于接收电视，也用来接收广播质量的语音和高速数据。

表 7.3 不同类型 VSAT 特点的比较

	VSAT	VSAT(SS)	USAT	TSAT	TVSAT
天线直径/m	1.2～1.8	0.6～1.2	0.3～0.5	1.2～3.5	1.8～2.4
频段	Ku/C	C	Ku	Ku/C	Ku/C
出站速率/(kbit·s^{-1})	56～512	9.6～32	56	56～1 544	
入站速率/(kbit·s^{-1})	16～128	1.2～9.6	2.4	56～1 544	
多址方式（入境）	ALOHA、S-ALOHA R-ALOHA、DA-TDMA	CDMA	CDMA	PA	
多址方式（出境）	TDMA	CDMA	CDMA	PA	PA
调制方式	BPSK/QPSK	DS	FH/DS	QPSK	FM
有无枢纽站	无/有	有	有	无	有
支持的协议	SDLC、X.25、BSC、ASYNC				
网络运行	公用/专用	公用/专用	公用/专用	专用	公用/专用

3. 业务类型

如表 7.4 所示，除了个别宽带业务外，VSAT 卫星通信网几乎可以支持所有的现有业务。对各种业务分别采用广播（点→多点）、收集（多点→点）、点-点双向交互、点-多点双向交互等多种传递方式。

表 7.4 VSAT 卫星通信网支持的业务类型及应用

业务			应用
广播和分配业务		数据	数据库、气象、新闻、仓库管理、遥控、金融、商业、远地印刷品传递、报表、零售等
		图像	传真
		音频	单向新闻广播、标题音乐、广告和空中交通管制
		TBVO（电视单收）	接收文娱节目
		BTV（商业电视）	教育、培训和资料检索业务
双向交互型业务	收集和监控业务	数据	新闻、气象、监测、管线状态
		图像	图标资料和静止图像
		视频	高压缩监控图像
	星形拓扑	数据	信用卡核对、金融事物处理、销售点数据库业务、集中库存控制、CAD/CAM、预订系统、资料检索等
	点对点	数据	CPU-CPU、DTE-CPU、LAN 互联、邮件、电报等
		语音	稀路由语音和应急语音通信
		电视	压缩图像电视会议

7.2.2 VSAT 系统组成

图 7.17 所示的 VSAT 系统由卫星、主站(Hub)和若干小站(VSAT)设备组成。

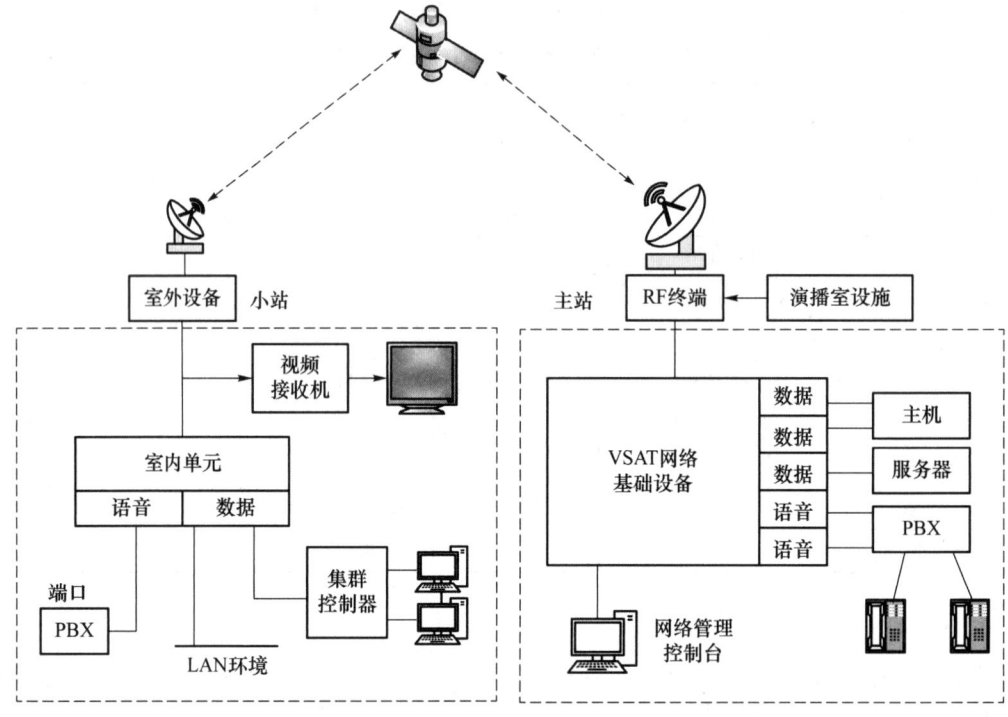

图 7.17 VSAT 系统的主站和小站设备框图

1. 卫星设备

VSAT 系统中通常使用工作在 C 频段或 Ku 频段的同步卫星，且采用透明转发器。C 频段主要用于第一代 VSAT 网络，而 Ku 频段是从第二代 VSAT 网络开始便作为主要的频段。采用频段的类型取决于是否有可用的星上转发器资源和 VSAT 设备本身。空间设备的经济问题是 VSAT 网络需要考虑的重要问题之一。可以只租赁转发器的一部分，此时，地面终端网络依据所租用的卫星转发器能力来进行设计。

通常，Ku 频段相对于 C 频段有以下几个方面的优点：
(1) 不存在与地面微波线路的干扰问题；
(2) 允许的功率通量密度高，天线尺寸可以更小，传输速率可以更高；
(3) 在天线尺寸相同情况下，天线增益比 C 频段高 6~10 dB。

虽然 Ku 频段传播损耗较大，特别是受降雨影响较大，但在实际链路设计时都有一定余量，在多雨和卫星覆盖边缘的地区，使用稍大口径的天线即可获得必要的性能余量。因此，大多数 VSAT 系统采用 Ku 频段，少量扩频系统使用 C 频段。当非扩频系统工作在 C 频段时，需要较大的天线和功率放大器，并且要用较大的卫星转发器发射功率。

2. Hub 设备

Hub 设备由 RF 终端、基带处理部分和网管设备组成。RF 终端与通常的地球站 RF 终端相同。基带处理部分包括调制解调器、复用器和编/解码器。基带处理部分与用户数据终端设备和语音终端有相应的接口,并能完成对地面链路的访问。数据复接是必要的,同时因为卫星链路在路径传播延时和差错概率性能及相关协议等方面均与地面系统有所不同,所以主站的软件部分应实现用户接口与卫星空间链路间的必要协议转换。最基本的是多址访问、数据通信格式的转换。

如表 7.5 所示,根据用途和规模进行分类,主站有以下三种类型。

(1) 大型主站(Dedicated Large Hub):设备配置比小站复杂、发射功率高(一般为几十至几百瓦)、天线大(C 频段天线直径为 7~13 m;Ku 频段为 3.5~8 m),支持上千小站接入。

(2) 中型主站或共享主站(Shared Hub):当 VSAT 网中有若干相对独立的子网时,每个子网(一般不超过 500 个小站)分配一个共享主站较适宜,以节省投资成本和便于管理。

(3) 小型主站(Mimi Hub):在卫星发射功率增大、低噪声接收设备性能提高的前提下出现的。为降低成本,采用天线尺寸为 2~5 m 的小型主站和支持小站数目不多(300~400 个)的 VSAT 网。

表 7.5 典型的主站参数

发送频带/GHz		14.0~14.5(Ku 频段)
		5.925~6.425(C 频段)
接收频带/GHz		10.7~12.75(Ku 频段)
		3.625~4.2(C 频段)
天线形式		轴对称双反射器
天线尺寸/m		2~5(小型)
		5~8(中型)
		8~10(大型)
极化方式		线极化(Ku 频段)
		圆极化(C 频段)
极化隔离/dB		35(沿轴向)
功率放大器输出功率/W	SSPA	3~5(Ku 频段)
		5~20(C 频段)
	TWTA	50~100(Ku 频段)
		100~200(C 频段)
接收机噪声温度/K		80~120(Ku 频段)
		35~55(C 频段)

3. VSAT 设备

VSAT 可具有双向的语音、数据业务和视频单收业务,并可与本地 LAN 相连。VSAT 小站主要由室内和室外设备组成(具体参数见表 7.6)。

(1) 室内设备的尺寸与一台 PC 接近。

(2) 室外设备是由接收的 LNA(含下变频器)、发送 SSPA(发射功率为 1~10 W)与上变频器组成的 RF 模块,通常与天线装配在一起;天线通常使用直径 1~2.5 m(C 频段不超过 3.5 m,而单收站可小于 1 m)的偏馈抛物面天线。

(3) 在小站接口设备中,可以完成输入信号和协议的转换。比如,在语音接口中将标准的电话信号转换为 VSAT 网络协议,而在数据接口中将数据协议(如 TCP/IP)转换为 VSAT 协议。

表 7.6 典型的 VSAT 小站参数

参数	数值
发送频带/GHz	14.0～14.5(Ku 频段)
	5.925～6.425(C 频段)
接收频带/GHz	10.7～12.75(Ku 频段)
	3.625～4.2(C 频段)
天线形式	偏置单反射器
天线尺寸/m	1.2～1.8(Ku 频段)
	1.8～3.5(C 频段)
极化方式	线极化(Ku 频段)
	圆极化(C 频段)
极化隔离/dB	30(沿轴向)
功率放大器输出功率/W	0.5～5 SSPA(Ku 频段)
	3～30 SSPA(C 频段)
接收机噪声温度/K	80～120(Ku 频段)
	35～55(C 频段)
EIRP/dBW	43～53(Ku 频段)
	44～55(C 频段)
$\frac{G}{T}$/(dB·K^{-1})	14～18(Ku 频段,晴天)
	19～23(Ku 频段,99.99%的时间)
	13～14(C 频段)

VSAT 系统的小站天线尺寸较小,波束宽度较宽,会覆盖到目标卫星的相邻卫星(如邻星轨道位置相隔 2°～4°)。若两卫星系统采用相同的频率和极化方式,则将对相邻卫星形成干扰。

7.2.3 VSAT 网络结构

1. 星形网络

VSAT 系统最初主要用于主站与各小站间的低速数据传输。VSAT 系统的星形结构如图 7.18 所示,各小站与主站间可直接进行通信,而各小站间的通信需要经主站进行转接。VSAT 星形网络的主站在规模和容量方面都与一个 TDMA 卫星系统的地球站相当:①入站链路(小站到主站的链路)常采用 TDMA 协议,传输速率较低,一般为 64 kbit/s 或 128 kbit/s,有利于降低小站成本;②出站链路(从主站到小站的链路)的传输速率较高,且为 64 kbit/s 的整倍数,如 2 Mbit/s。出站链路与入站链路的数据速率、载波功率不平衡,是 VSAT 数据网的一个重要特征。

星形结构的 VSAT 有两个方面的应用:①跨国公司或行业的专用数据网,用于总部与各分支机构间的数据通信,包括由下而上的信息汇总和由上而下的决策传达与信息发布;②分级管理的计算机网,用于主机与各分机间的数据通信。

在 VSAT 数据网中,主站与主计算机或数据处理中心、信息库相连,每个小站支持一组用户终端或本地 LAN;在大规模网络中,可能存在多个(分配式或小型)主站,各主站间由卫星链路相连。

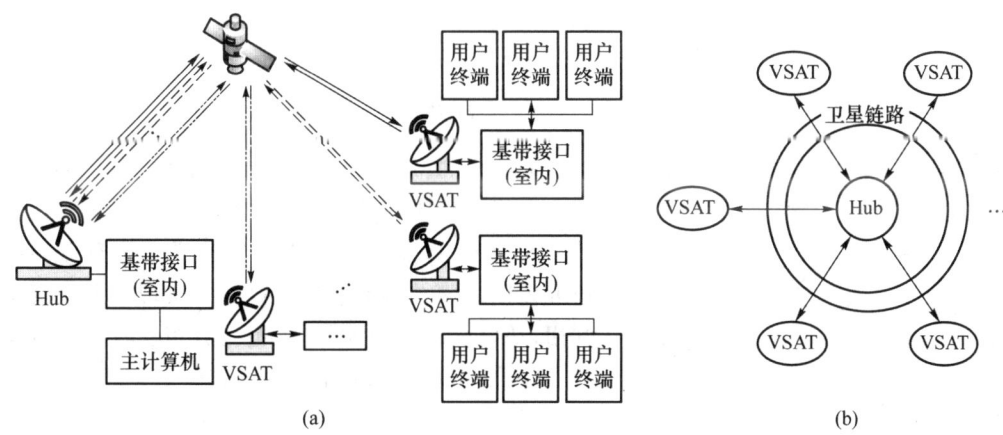

图 7.18 卫星星型数据网的组成示意图

2. 网状网络

如图 7.19 所示,支持语音等对称业务的 VSAT 系统常采用网状结构,使小站间可不经过主站而直接进行通话。其优点有:VSAT 网状结构成本低、容量小、路由稀疏,适合为农村和偏远地区提供基本的通信业务;相比于星形结构,VSAT 网状结构可实现双向对称的语音链路,不像星形结构的"两跳"传输带来的长时延会严重损害语音的质量。其缺点有:小站间直接通信要求小站的天线尺寸和功率(或 EIRP 和 G/T)均有所增加,增加了小站的成本。(在星形网络的小站和主站间通信链路中,主站有较大的天线,EIRP 和 G/T 都较高,因此对小站的要求可以低些)

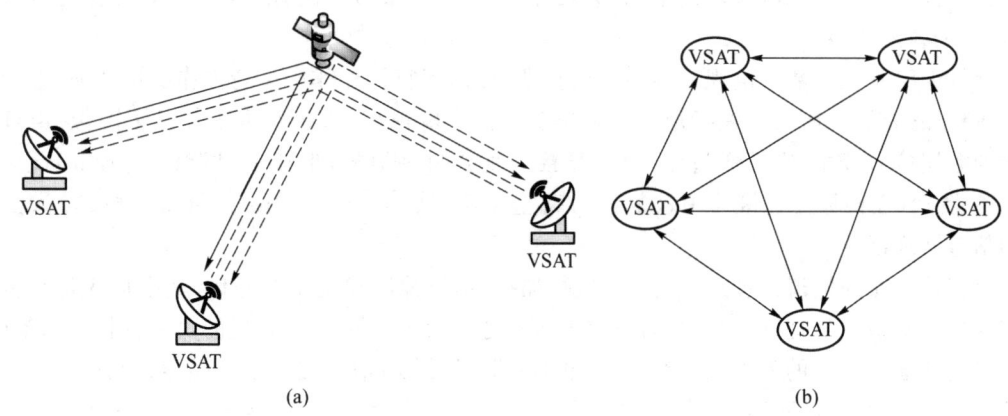

图 7.19 卫星网状电话网络的组成示意图

在 VSAT 电话网络中,业务网络和控制网络采用不同的网络结构。

(1) 业务网络:为避免星形网络"双跳"传输导致的过长传输时延,VSAT 语音业务网需采用网状结构。

(2) 控制网络:传送控制、管理信息的控制子网仍然是星形的,由主站(网控中心)负责卫

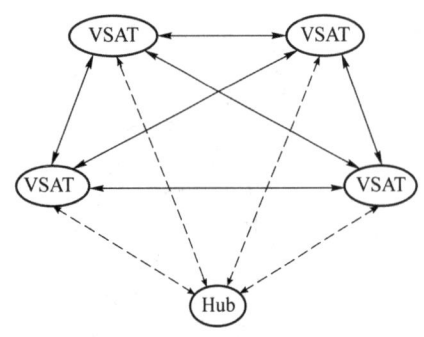

图 7.20　VSAT 混合网络的组成示意图

星信道的分配,处理话路的交换,并执行对网络的监测、管理和诊断。

3. 混合网络

如图 7.20 所示,VSAT 混合网络是由星形网络和网状网络混合构成的。网状结构适合于对实时性要求较高的业务,如点到点的语音业务或点到多点的综合业务传输。该结构能够比较高效地实现对卫星资源的利用,适合网络规模比较大、范围分布比较广的传输业务,既有数据业务也有语音业务。

7.3　卫星数字电视广播系统

7.3.1　卫星数字电视广播系统概述

卫星通信问世不久就被用来转播电视节目。在卫星数字电视广播系统中,由于接收机众多,如何降低接收机成本是系统设计需要考虑的重要问题。系统经历了由模拟电视信号到数字电视信号、由集体接收(转发给用户)到对个人广播或直播(DTH)的过程。在这个过程中,卫星的 EIRP 逐渐提高,接收机的天线尺寸也逐渐变小。

1. 卫星数字电视广播系统的组成

如图 7.21 所示,卫星数字电视广播系统由上行地球站、卫星转发器和地面接收站组成。上行地球站与广播中心和演播室相连,卫星将用户反馈的点播信息发送至广播中心。地面站可以是地方电台或有线电视网前端站(大尺寸天线,用于节目二次分配),也可以是家庭接收机(小尺寸天线)。

上行链路是卫星数字电视广播系统的重要部分,下行操作作为上行操作的反变换,上行操作的流程如图 7.22 所示。上行地球站发送多路数字电视信号,每路电视包括了图像、声音和可能的数据信号分量,它们通过编码后,复接为复合数字信号,形成节目流(program stream,PS);多路 PS 在传输流复接器中被复接为高速传输流(transport stream,TS),并被送入上行站的信道处理部分。

上行地球站的信道处理部分对 TS 进行加扰、信道编码和调制等操作,其中加扰是对传输数据流进行随机化处理,以避免出现长连 0 或长连 1 在某一射频点附近的功率较长时间集中,防止对其他通信系统的干扰,且有利于接收端的同步恢复;信道编码由内码卷积码(或 LDPC)和外码 RS(或 BCH)码级联而成;编码后的信号进行基带整形,以限制带宽,防止码间干扰。

2. 卫星数字电视广播传输标准

目前,国际电联(ITU)已批准三种数字电视传输标准,包括欧洲的数字电视广播(digital video broadcasting,DVB)、美国的高级电视制式(advanced television systems committee,ATSC)和日本的综合业务数字广播(Integrated services digital broadcasting,ISDB)。《卫星数字电视广播信道编码和调制标准》是我国 1999 年制定的卫星数字电视传输国际标准,采用

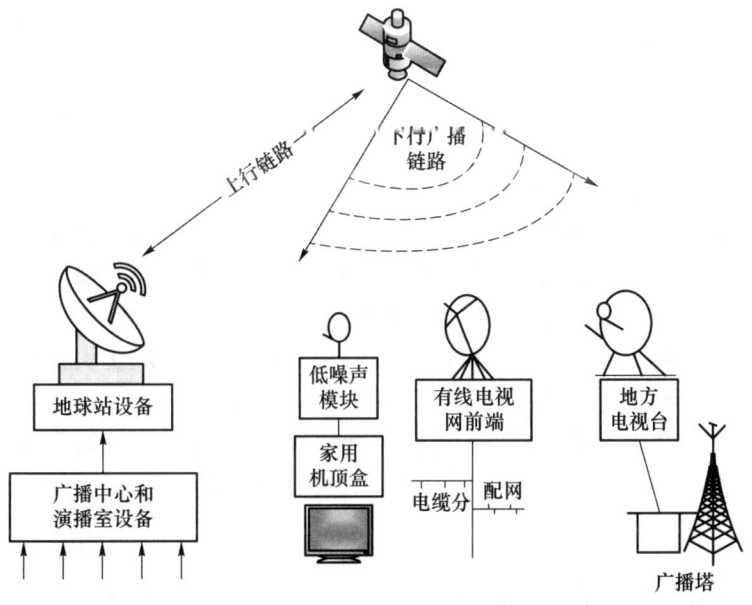

图 7.21 卫星数字电视广播系统的组成

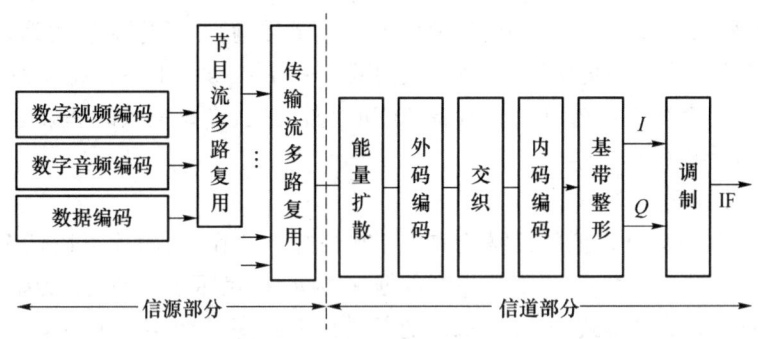

图 7.22 卫星数字电视广播系统上行操作框图

了 ITU-R BO.1211 建议的《用于 11/12 GHz 卫星业务中的电视、声音和数据业务的数字多节目发射系统》中的原则并根据我国的情况做了补充;采用的信源编码、信道编码方式和参数与 DVB-S 相同。2020 年,参照 DVB-S2 标准,我国制定了"数字电视卫星传输信道编码和调制规范"。

3. 条件接收、视频点播与数据广播

电视广播系统中有两种特殊业务:条件接收(conditional access,CA)和视频点播(video on demand,VOD)。条件接收是系统确保被授权用户能接收到加扰节目,并且阻止非授权用户收看的业务,一般通过插入机顶盒的智能卡实现。视频点播是系统按照用户的指令,将视频节目有选择性地传输给用户的业务,可通过机顶盒加电视或 PC 实现。

统计表明,互联网上部分信息使用频次较高,传输占用网络资源较多。利用点对多的广播推送方式,可以缓解网络传输压力,于是出现了数据广播。数据广播是将数字化的视频、图像、软件包和计算机文件等数据,通过数字广播信道以推送方式传输到机顶盒、PC 或相关移动设备的业务。

7.3.2 DVB-S2X 标准

1. DVB 标准简介

数字视频广播组织于 1993 年 9 月正式成立。在 1994 年和 1997 年,数字卫星广播标准和数字卫星新闻采集标准相继问世。2005 年,第二代数字卫星广播标准(DVB-Satellite-Second Generation,DVB-S2)问世,显著提高了数据传输质量和频带利用率。该系统对广播服务、数字多节目电视、高清电视、交互数据服务、数字电视贡献、卫星采集、数据分发和中继业务等宽带卫星应用进行了优化。为追求更高的频谱效率、更好的移动性能、更大的连接速度、更强的服务能力、更低的成本,第二代数字卫星广播拓展标准(DVB-S2 Extensions,DVB-S2X)于 2014 年问世。DVB-S2/S2X 作为典型的卫星单载波体制,集成了高阶调制、自适应编码调制(Adaptive Coding and Modulation,ACM)等技术,其实现非常具有代表性,便于快速更新其他类似体制。

1) DVB-S2 标准

DVB-S2 标准具有更灵活和广泛的输入数据格式,可以支持不同数据格式(即分组式数据和连续数据流)的单输入流和多输入流;基于外编码 BCH 和内编码 LDPC 级联的强大 FEC 系统,允许在距离香农理论限 0.7~1 dB 范围内准无差错传输;能适应更多的编码速率,从 1/4 到 9/10 码率;拥有 4 个调制星座,频谱效率范围从 2~5 bit/(s·Hz);拥有 3 种频谱形状以及 3 种滚降系数,分别为 0.2、0.25、0.35;具备 ACM 功能,并且在每一帧的基础上优化了信道编码和调制。

2) DVB-S2X 标准

DVB-S2X 系统可以在极低的信噪比和信干比情况下工作(信噪比可以低至 −10 dB),服务于航空、航海、民航互联网接入、卫星小型数据站终端和小型便携式终端,为整个系统提供更高容量和更高效率的传输模式。DVB-S2X 的频谱效率提高了 20%~30%,在某些条件下可以达到 50%。DVB-S2X 标准相对于 DVB-S2 标准,在物理层的改进主要有:①增加了 112 种调制与编码方案;②除兼容 DVB-S2 标准的码长和码率外,还增加了 32 400 中长码以及多种码率;③新增了 0.05、0.10、0.15 三种更低的滚降因子,对于相同符号率的信号,滚降因子越低,占用带宽越小,带宽利用率越高。

2. DVB-S2X 系统帧结构

DVB-S2X 系统帧结构包括用于连续系统的标准帧结构和适用于突发系统的甚低信噪比帧结构及多种超帧结构,其中后两种属于 DVB-S2X 跳波束突发系统帧结构。

1) DVB-S2/DVB-S2X 连续系统标准帧结构

在标准帧中,一个完成编码的纠错帧(FECFRAME)长度是 64 800(普通帧)或 16 200(短帧),由于调制方式的不同,因此 XFECFRAME 的长度也不同。

一个完整的物理层帧的组成过程为:根据调制映射方式,将编码后的 FECFRAM 映射得到 XFECFRAME,将其分成 S 个时隙(slot),每个 slot 有 90 个符号。根据图 7.23 的方式生成 90 个符号的物理层帧头(PLHEADER),将其插入在 XFECFRAME 的起始位置,占用一个单独的 slot。在导频模式下,每隔 16 个时隙插入固定长度为 36 个符号的导频块,如果插入的导频块与下一帧 PLHEADER 重合,则删除;最后,对帧头之后的数据进行加扰,实现数据的随机化。

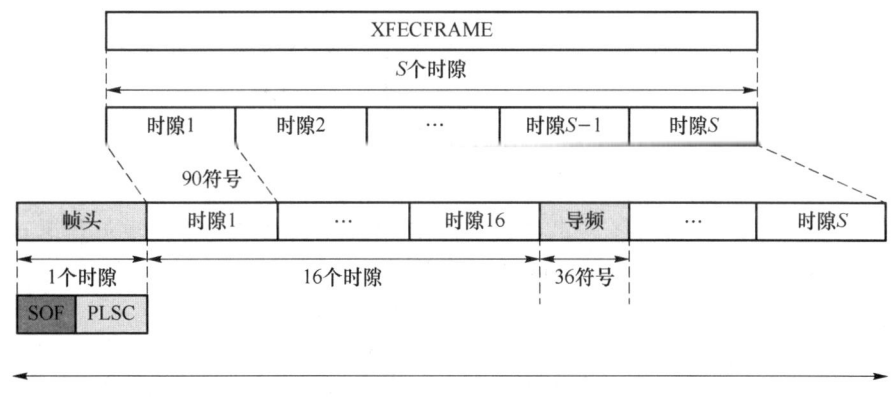

图 7.23 连续系统标准帧结构

(1) 物理层帧头

物理层帧头(PLHEADER)是接收机完成帧同步的重要依据,正确解析帧头可以获取帧长、调制编码方式以及是否存在导频等信息。PLHEADER 由帧起始(Start Of Frame,SOF)和物理层信令码字(Physical Layer Signalling Code,PLSC)两部分组成。

SOF 部分由 26 个固定符号 18D2E82$_{HEX}$组成,指示一帧的起始位置,常用作帧同步的本地同步序列。

PLSC 部分由 64 个符号组成,包含当前帧长度、调制编码方式和是否存在导频等信息。其是后续进行载波恢复、软解映射和译码的关键。PLSC 部分由 8 位信息(b_0,b_1,b_2,b_3,b_4,b_5,b_6,b_7)经过 RM(Reed Muller)编码生成。其中,b_0 用于区分 DVB-S2 标准($b_0=0$)与 DVB-S2X 标准($b_0=1$)。在 $b_0=0$ 时,当前帧是 DVB-S2 帧,(b_1,b_2,b_3,b_4,b_5)表示 DVB-S2 标准中的 MODCOD(调制编码方式),b_6 表示帧长(64 800 或 16 200)。在 $b_0=1$ 时,当前帧是 DVB-S2X 帧,(b_1,b_2,b_3,b_4,b_5,b_6)表示 DVB-S2X 标准新增的 MODCOD 并包含帧长信息(16 200,32 400,64 800)。在两种标准下,b_7 都用来表示是否存在导频。

PLSC 序列采用 RM 编码的方式,如图 7.24 所示,将 7 位信息与编码矩阵相乘得到编码后的 32 位序列(y_1,y_2,…,y_{32}),再将该序列与导频控制位 b_7 进行异或,结果有两种情况:当 $b_7=0$ 时,得到(y_1,y_2,…,y_{32});当 $b_7=1$ 时,得到($\bar{y}_1$,$\bar{y}_2$,…,$\bar{y}_{32}$)。将两组序列按照图 7.24 的方式进行并串转换得到 64 位编码序列,最后对该序列进行加扰,即可得到最终的 PLS 序列。

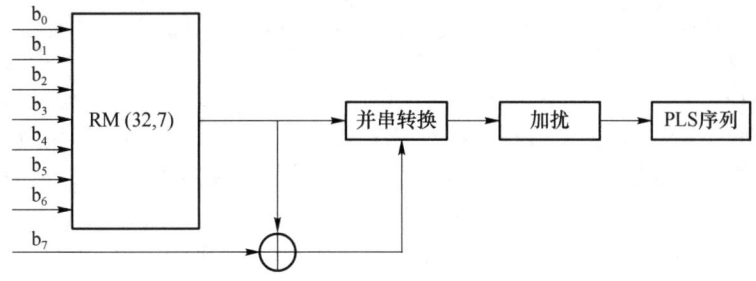

图 7.24 PLS 编码结构图

帧头序列采用(x_1,x_2,…,x_{90})表示,根据图 7.25 完成 π/2-BPSK 映射,其中奇数位映射结果在第一($x=0$)或第三($x=1$)象限,偶数位映射结果在第二($x=0$)或第四($x=1$)象限,最终映射为 90 个符号数据,插入到帧头位置。

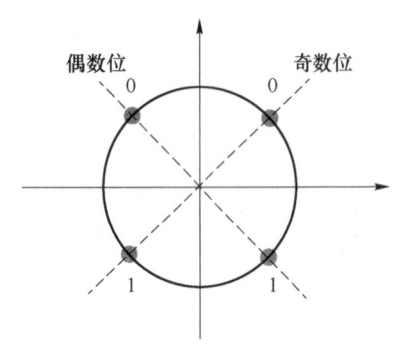

图 7.25 π/2-BPSK 调制映射方式

(2) 导频(Pilot)

物理层帧 PLFRAME 支持有导频和无导频两种模式。在有导频模式下,PLHEADER 的后面每间隔 16 个时隙插入符号长度为 36 的导频块。导频块为未调制符号($I=1/\sqrt{2}$, $Q=1/\sqrt{2}$)。若导频块位置与下一帧的帧头位置重合,则删除。导频块主要用于载波恢复,实现频偏估计和相位恢复。

2) VL-SNR 帧结构

由于很多 DVB-S2 终端设备应用在火车、飞机、船只和军事平台上,为了能更好地支持这些应用,在 DVB-S2X 标准中引入 VL-SNR 配置,可以使 DVB-S2X 标准涵盖当前和新兴的应用。另外,在强衰落信道环境中,VL-SNR 模式可以扩展接收机工作的动态范围,提高信号的可用性。VL-SNR 模式只在需要时使用,将信号传送到受信道环境影响比较大的接收机中。在广播应用中,ACM 可以和 VL-SNR 结合使用提高传输信号的可靠性。VL-SNR 帧结构主要用于支持小型移动终端,有专门设计的帧头,来进行可靠的解调和译码。DVB-S2X 标准无法预测 VL-SNR 帧何时会发送,因为 VL-SNR 帧并非工作在连续模式,而是以突发模式进行传输。

VL-SNR 帧可以在 $E_s/N_0 = -10$ dB 的情况下正常工作,因此在原有帧结构的基础上选择 900 个符号用于突发模式帧同步捕获,如图 7.26 所示。在 ACM 模式下,VL-SNR 帧可以和标准帧混合,而不影响标准帧的接收。用于 VL-SNR 同步序列的帧头不需要进行加扰。为了继续使用传输帧中的导频符号,可采用同样的方式对导频序列进行加扰。DVB-S2X 系统定义了 9 种适用于 VL-SNR 模式的 MODCOD,采用了低速率的调制方式,可以在 -10 dB 下工作,从而满足了一些特殊的应用场景。

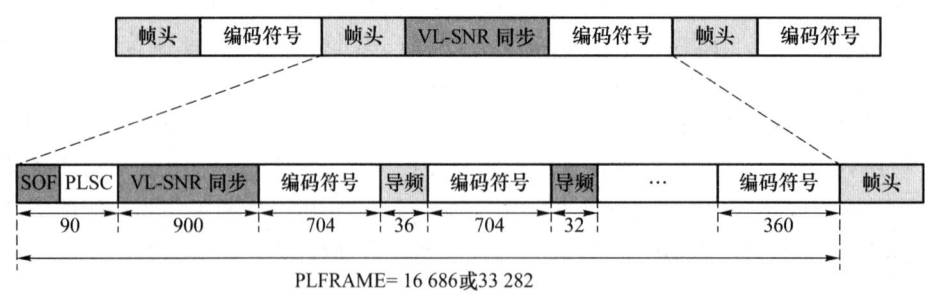

图 7.26 VL-SNR 帧结构

3) 超帧结构

超帧结构作为 DVB-S2X 系统内可选的传输模式,可以结合 PLFRAME 的常规传输,使用常规的传输框架。超帧结构主要有以下优势:①超帧结构主要用于跳波束,预编码和在用户终端进行多用户终端检测;②引入新的传输格式;③在恶劣信道下(VL-SNR 或移动终端)使接收机同步更稳定,便于进行符号定时恢复和载波恢复;④抗干扰能力强。

拥有超帧长度(Super Frame Len,SFL)个符号的帧结构称为超帧,超帧具有多种帧格式,其中,0、1、2、3 和 4 格式具有 SFL=612 540 个符号,5、6 和 7 格式主要用于跳波束系统,帧长可以灵活配置。如图 7.27 所示,每个超帧结构在起始位置都包含超帧起始(Start Of Super Frame,SOSF)和超帧格式标志(Super Frame Format Indicator,SFFI),用于实现帧同步。超帧长度与是否有导频和内容格式无关,SFFI 部分包含实际的超帧格式。对于内容格式资源的分配,采用一种容量单元(Capacity Unit,CU)的格式,CU 大小与 Slot 相同都是 90 个符号。超帧 5、6 和 7 是专门为跳波束系统而设计的,可以用在连续传输系统中。在图 7.28 中,超帧帧头(Super Frame Header,SFH)包含扩展帧头区域(Extended Header Field,EHF)和保护等级标志(Protection Level Indication,PLI)两部分,主要用来延长同步序列,辅助接收端完成同步。

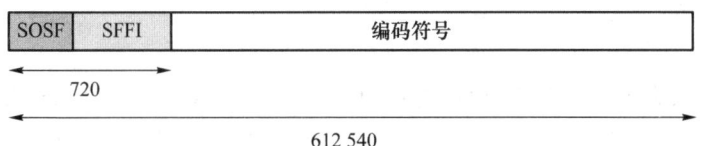

图 7.27 超帧 0~4 通用帧结构

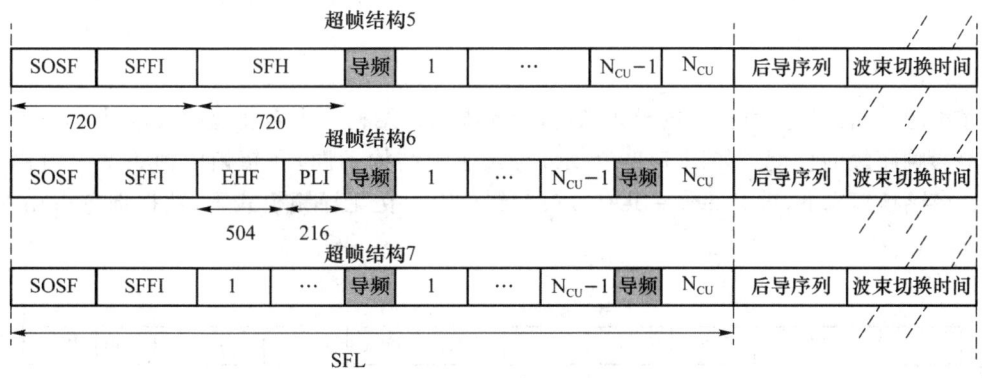

图 7.28 超帧 5~7 帧结构

(1) SOSF

SOSF 序列包含 270 个符号,由 256 位长的沃尔士-哈达玛(Walsh-Hadamard,WH)序列加 14 位比特填充生成。序列的产生方式如下:

$$H_{2m} = \begin{bmatrix} H_m & H_m \\ H_m & -H_m \end{bmatrix} \tag{7-5}$$

其中,$H_1 = [1]$。

根据式(7-5)进行推导,可得到 H_{256}。H_{256} 第 i 行的数据对应第 i 个 WH 序列,对于填充序列 H_p,采用一个大小为 256×14 的矩阵,该矩阵由 $H_{14} = H_{16} = (:,1:14)$ 产生,并重复 H_{14} 得到:

$$H_p = [H_{14}; H_{14}; \cdots; H_{14}] \tag{7-6}$$

通过合并可以得到最终的 SOSF 序列:

$$H_{SOSF} = [H_{256}; H_p] \tag{7-7}$$

其中,i 是发射机的静态选择,不同的发射信号可能有不同的 i 值。对于接收机来说,i 值是先验信息,若没有特殊设定,i 值默认为 0。最后,该序列经过 BPSK 调制后发送出去。

(2) SFFI

SFFI 序列包含 4 位的帧格式信息,定义 c_{SFFI} 为

$$c_{SFFI} = b_{SFFI} G_{SX} \tag{7-8}$$

其中，G_{SX} 定义为

$$G_{SX}=\begin{bmatrix} 0 & 0 & 0 & 0 & 0 & 0 & 0 & 1 & 1 & 1 & 1 & 1 & 1 & 1 & 1 \\ 0 & 0 & 0 & 1 & 1 & 1 & 1 & 0 & 0 & 0 & 0 & 1 & 1 & 1 & 1 \\ 0 & 1 & 1 & 0 & 0 & 1 & 1 & 0 & 0 & 1 & 1 & 0 & 0 & 1 & 1 \\ 1 & 0 & 1 & 0 & 1 & 0 & 1 & 0 & 1 & 0 & 1 & 0 & 1 & 0 & 1 \end{bmatrix} \quad (7-9)$$

通过对 c_{SFFI} 进行 30 次重复，即每个信息位分别重复传输 30 次，可以得到 450 位的 x_{SFFI}，最后对该序列进行 BPSK 调制。

（3）SFH

SFH 由扩展帧头区域（EHF）和保护等级标志（PLI）组成。其中，EHF 由 504 个固定符号组成，$H_{EHF}=[H_{252},-H_{252}]$，其中 $H_{252}=H_{256}[:,3:254]$，H_{256} 的选取与 SOSF 对应。PLI 由 216 个符号组成，表示 PLI 的保护等级，"00"表示由 216 个 0 组成，"01"表示由 144 个'1'和 72 个'0'组成，"11"表示由 72 个'0'、72 个'1'和 72 个'0'组成，最后对 SFH 序列进行 BPSK 调制。

（4）导频

每种超帧格式都具有独特的导频结构，导频在超帧结构中周期性地插入，且是否存在导频并不会影响超帧的长度。如图 7.29 所示，与普通帧结构不同，在超帧中帧头部分占用 8 个 CUs。在导频模式下，数据部分一共有 6 632 个 CUs。在无导频模式下，数据部分占用 6 798 个 CUs。

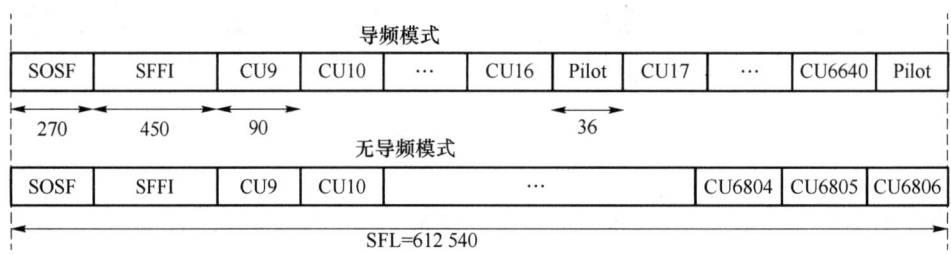

图 7.29 超帧有导频和无导频模式

表 7.7 超帧导频配置参数

导频间隔	导频块长度	占用率
13CUs=1 170	60	4.88%
16CUs=1 440	36	2.44%
16CUs=1 440	54	3.61%
18CUs=1 620	40	2.41%
20CUs=1 800	45	2.44%
27CUs=2 430	30	1.22%
27CUs=2 430	60	2.41%

在表 7.7 中，导频配置参数主要是超帧格式 0、1、4、5、6 和 7 的可选配置。此处以表 7.7 中的第二行对超帧中的导频结构配置展开介绍。导频长度为 36，导频之间的间隔为 1 440 个符号，导频的内容也采用 WH 序列，由 H_{32} 和 4 个比特的填充序列组成：

$$H_p=[H_4;H_{14};\cdots;H_4] \quad (7-10)$$

$$H_{\text{PilotA}} = [H_{32}; H_{\text{p}}] \tag{7-11}$$

在对导频进行加扰之前,需要对导频序列进行 BPSK 调制。

3. DVB-S2X 通信系统结构

如图 7.30 所示,此处以 DVB-S2/DVB-S2X 连续系统标准帧结构为例,说明 DVB-S2X 通信系统调制器结构。

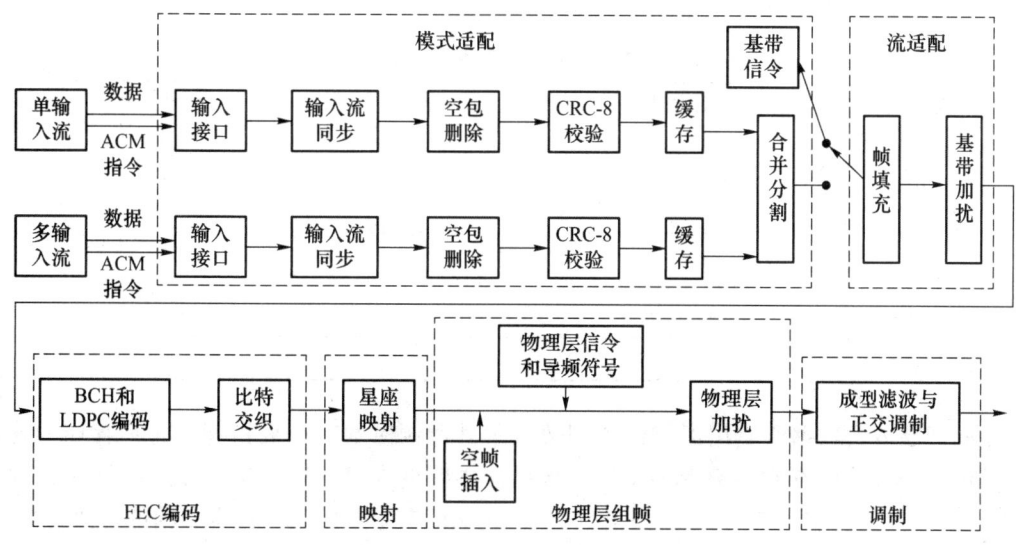

图 7.30 DVB-S2X 系统调制器结构

1) 模式适配和流适配

输入数据可以是单输入流或多输入流,经过输入流同步、空包删除、循环冗余校验、合并分割等过程后,形成基带信令,并传递给流适配模块。

流适配模块将基带信令信息插入数据中,并且对长度没有达到基带帧标准长度的数据填充"0",填充后的数据进行基带加扰以消除连续"0"或连续"1"的影响,最后生成基带帧。

2) BCH 编码

假设 BCH 编码的生成多项式为 $g(x)$,输入比特 $\boldsymbol{m} = (m_{k_{\text{BCH}}-1}, m_{k_{\text{BCH}}-2}, \cdots, m_1, m_0)$ 转换为码字 $\boldsymbol{c} = (m_{k_{\text{BCH}}-1}, m_{k_{\text{BCH}}-2}, \cdots, m_1, m_0, d_{n_{\text{BCH}}-k_{\text{BCH}}-1}, d_{n_{\text{BCH}}-k_{\text{BCH}}-2}, \cdots, d_1, d_0)$ 需要以下步骤:

(1) 信息多项式 $m(x) = (m_{k_{\text{BCH}}-1} x^{k_{\text{BCH}}-1} + m_{k_{\text{BCH}}-2} x^{k_{\text{BCH}}-2} + \cdots + m_1 x + m_0) \cdot (x^{n_{\text{BCH}}-k_{\text{BCH}}})$;

(2) $x^{n_{\text{BCH}}-k_{\text{BCH}}} m(x)$ 除以 $g(x)$ 得到余项 $d(x) = d_{n_{\text{BCH}}-k_{\text{BCH}}-1} x^{n_{\text{BCH}}-k_{\text{BCH}}-1} + \cdots + d_1 x + d_0$;

(3) 得到码字多项式 $c(x) = x^{n_{\text{BCH}}-k_{\text{BCH}}} m(x) + d(x)$。

3) LDPC 编码

LDPC 编码在长度为 k_{LDPC} 的信息块之后,附加长度为 $n_{\text{LDPC}} - k_{\text{LDPC}}$ 的校验位,得到长度为 n_{LDPC} 的输出码字 $\boldsymbol{c} = (i_0, i_1, \cdots, i_{k_{\text{LDPC}}-1}, p_0, p_1, \cdots, p_{n_{\text{LDPC}}-k_{\text{LDPC}}-1})$。对于同一帧长,不同码率对应的参数 q 不同,该参数以及 LDPC 参数可以在 DVB-S2/S2X 标准中查看。在不同码率 R 下,不同帧长对应的 q 值为

$$q = \frac{n_{\text{LDPC}} - k_{\text{LDPC}}}{360} = \frac{n_{\text{LDPC}}}{360}(1-R) \tag{7-12}$$

通过式(7-12)可知,LDPC 校验位是以 360 为周期的循环结构,不同帧长和不同码率对应不同的编码表。

4) 比特交织

比特交织技术在不改变信息序列内容的前提下,对信息序列元素位置进行重置,得到新的信息序列。交织技术将突发连续错误转化为单独随机错误,再经过纠错码的纠错功能,还原出正确的信息序列,极大地提高了通信系统的可靠性。

数据连续按列顺序写入交织器,存储完成后按照行顺序读出,此时得到比特交织数据。不同调制方式数据的交织器结构见表7.8。

表7.8 不同调制方式数据的交织器结构

调制方式	行数(长帧)	行数(短帧)	列数
8PSK	21 600	5 400	3
16APSK	16 200	4 050	4
32APSK	12 960	3 240	5
64APSK	10 800	—	6
128APSK	9 258(特殊)	—	7
256APSK	8 100	—	8

不同调制方式数据所使用的交织器列数等于其调制阶数。行数指的是每列存储的比特数。其中,128APSK 存在特殊情况,即该调制方式数据在经过 LDPC 编码后,每个长帧有 64 806 比特,使其能够被 7 整除。这样做的目的是保证交织器的每列具有相同的行数,便于数据按行读出。

以图 7.31 中 8PSK 调制非 3/5 码率的长帧数据为例,对比特交织方法做出了说明。所有交织数据按列写入的方式都是相同的,但是按行读出的顺序是不相同的。在 DVB-S2 标准中,除 8PSK 调制 3/5 码率的数据外,所有调制方式及码率的数据按行读出的顺序都是从左向右的,即从最高位数据的第一个读出。但 8PSK 调制 3/5 码率数据交织读出的顺序则是从右向左的,即从最高位数据的第三个读出。在 DVB-S2X 标准中,不同码率数据的交织读出方式是不相同的,具体可以查看相关标准。

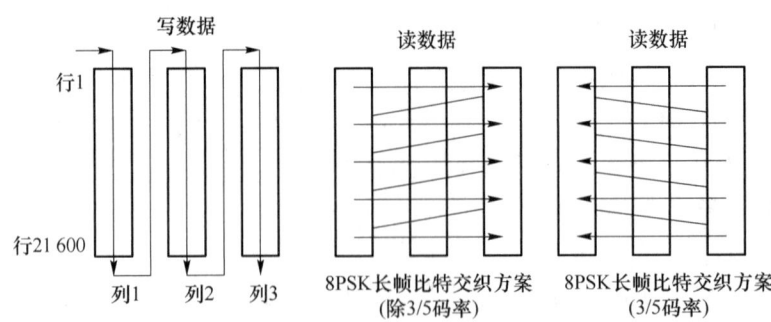

图 7.31 8PSK 长帧比特交织方案

5) 星座映射

比特交织模块的输出 FEC 帧(长帧、中长帧、短帧)在星座映射模块中首先进行串并转换;在串并转换时,将每 η_{mod}(调制阶数)个比特数据映射为一个星座符号(QPSK、8PSK、16APSK、32APSK、64APSK、128APSK、256APSK 的 η_{mod} 分别是 2、3、4、5、6、7 和 8);进而,将并行比特数据映射为调制星座图上的复向量 (I,Q) (I 是同向分量,Q 是正交分量)或其等价形

式 $\rho\exp(j\phi)$（ρ 是向量的模，ϕ 是它的相位）。

6）物理层组帧

如图 7.32 所示，星座映射后的数据符号参与到物理层组帧的过程中。每 1 440 个数据符号组成一个数据域，在第一个数据域前插入帧头，每 1 440 个数据后插入 1 个导频域。帧头由 90 个符号组成，主要用于接收机同步以及说明

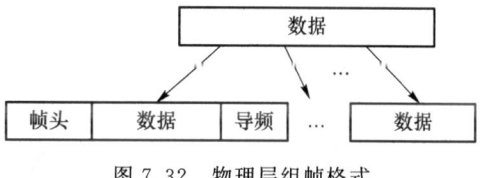

图 7.32 物理层组帧格式

数据调制方式和码率。每个导频域由 36 个未经调制的导频符号构成。每个导频符号可以用 $I=Q=0.707$ 表示。

7）基带滤波和正交调制

平方根升余弦（滚降因子 0.05、0.1、0.15、0.2、0.25 或 0.35）用于生成频谱并利用正交调制产生 RF 信号。

7.4 卫星定位与导航系统

7.4.1 卫星定位简介

导航是将用户从起始地导引到目的地的技术和方法。卫星导航的实质是把导航台设置到太空中去，以克服地面无线电导航受地形、地貌、气象条件、航行距离等限制的不足，进而实现全球范围的高精度定位。全球导航卫星系统（Global Navigation Satellite System，GNSS）是所有在轨工作卫星导航定位系统的总称。根据卫星导航中的卫星高度，可以将其分为如下三类。

1. 子午仪卫星定位系统

低轨卫星信号由于卫星相对地面的高速运动而产生多普勒频移。世界上第一个卫星定位系统——子午仪系统就是利用低轨卫星的多普勒频移实现的，它对卫星导航技术产生了深远的影响。目前仍有一些系统，如国际搜索救援组织的 Cospas-Sarsat 救援卫星系统、环境监测系统 Argos、轨道数据通信系统 Orbcomm 等，采用与子午仪系统类似的多普勒定位技术。

低轨多普勒定位技术具有信号强度高、定位基准信号容易获得的优点。其中，频率信号只要具有足够的稳定度就能够使定位具有一定精度，而稳定的频率源比原子钟等高精度时间基准设备容易获得，因此，多普勒定位技术在不需要很高精度的定位场合中是一种成本低且易于实现的技术。低轨卫星导航定位系统采用的技术基本与子午仪系统相似。

2. 双静止卫星导航系统

用中、低轨卫星建立全天候、全天时的卫星导航系统需要大量的卫星，系统投资巨大，并且系统一般是全球性的。而静止卫星的轨道高度高，对地面的覆盖特性比中、低轨卫星好，只需要少量的卫星就可以在固定区域内建立定位所需要的稳定多重覆盖，因此可以以相对少的投资建立区域性卫星导航系统。世界上有多个静止卫星导航系统，如美国科学家提出的 GEOSTAR 计划、欧洲的 LOCSTAR 系统、美国 Qualcom 公司的 Omni TRACS 移动定位服务等。我国的"北斗一号"系统是世界上第一个实用的专用静止卫星导航系统。这些静止卫

导航系统具有相似的结构和工作原理,主要利用两颗卫星完成信号的中继转发,由地面控制中心完成定位计算,终端需要发射信号且以有源方式工作,因此可以统一归类为双静止卫星导航系统。

3. 中轨道高度导航系统

不同于低轨和静止卫星,中轨星座是可以实现全能性(陆地、海洋、航空、航天)、全天候、全天时、全球性连续的定位和导航卫星系统,能为各类用户提供精密的三维坐标、速度和时间。例如,GPS采用高度为20 200 km的中高度轨道,利用24颗卫星组成对地面多重覆盖星座,采用测距定位。俄罗斯的GLONASS系统、欧盟的Galileo系统均采用与此相似的原理和星座。

目前,全球四大卫星导航系统包括中国的北斗定位系统、美国的全球定位系统(Global Positioning System,GPS)、俄罗斯的GLONASS全球导航卫星系统和欧盟的Galileo卫星导航定位系统。四大卫星导航定位系统的参数比较如表7.9所示。

表7.9 全球四大导航定位系统参数比较

定位系统	卫星数量 /颗	轨道高度 /km	位置精度 (民用)/m	授时精度 /ns	速度精度 /(m·s^{-1})
GPS(美国)	24+4	20 200	10	20	0.1
Galileo(欧盟)	27+3	24 126	1	20	0.1
GLONASS(俄罗斯)	24	19 100	10	25	0.1
北斗(中国)	3GEO+3IGSO+24MEO	21 500	10	10	0.2

注:以上定位参数均为民用等级。

7.4.2 定位基本知识

空间和时间的参考系是描述卫星运动、处理导航定位数据、表示被定位物体位置和运动状态的数学物理基础。卫星导航的最基本任务是确定用户在空间的位置,即定位。定位实际是确定物体在某个特定坐标系中的位置坐标,因此首先需要定义适当的空间参考坐标系。

1. 时间体系

推断卫星位置时需要准确的星历和时间数据,而在采用测距体制的卫星导航定位系统中,需要将时延的测量结果转换为距离。因此,时间基准系统的精度和稳定性决定了定位的精度。时间体系就是在一定基准下表示时间的标准单位。任何一个恒定可观测的周期运动,都可以作为时间的尺度。

常用的时间体系有如下四种。

(1) 世界时(Universal Time,UT):是以地球自转周期为基准的时间体系。

(2) 原子时(Atomic Time,ATM):以位于海平面上铯原子133原子基态的两个超精细结构能级跃迁所辐射的电磁波振荡周期为基准,从1958年1月1日世界时的零时开始启用。原子内部能级跃迁所发射或吸收的电磁波频率极其稳定,比以地球转动为基础的计时系统更为均匀。虽然原子时比任何一个时间尺度都精确,但它含有一些不稳定因素需要进行修正。

(3) 协调时(Universal Time Coordinated,UTC):并不是一种独立的时间,而是在时间播发中把原子时的秒长和世界时的时刻结合起来的一种时间。

(4) GPS 时(GPS Time, GPST):是由 GPS 星载原子钟和地面监控站原子钟组成的一种原子时系统,它与国际原子时保持有 19 s 的常数差,并在 GPS 标准历元 1980 年 1 月 6 日零时与 UTC 保持一致。

绝大多数应用系统的时间都是 UTC 时间,所以必须将各系统时间与 UTC 联系起来。例如,GPS 系统采用的方法是在卫星导航电文中播发两个系数,用来确定 GPST 与 UTC 之差,用户接收设备可以利用给定的公式将 GPS 时转换为 UTC 时间。

2. 坐标系

如图 7.33 所示,一类常用的坐标系是与地球固连的坐标系,它的坐标轴随着地球自转而移动,称为地球固定坐标系/地心固定直角坐标系/宇宙直角坐标系;另一类坐标系是惯性坐标系,它在空间的位置和指向是固定的,与地球的自转无关,对于描述各种空间飞行器的运动状态非常方便。

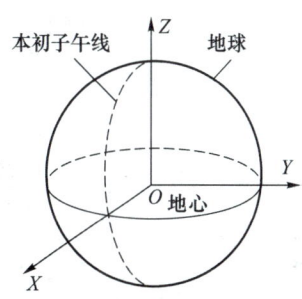

图 7.33 地球固定坐标系

每种坐标系中坐标轴的选取会带来坐标系统较大的差异,常用协议坐标系作为统一参考,这种坐标系是指国际上通过协议确定某些全球性的坐标轴指向。上述固定坐标系和惯性坐标系都有相应的协议坐标系。WGS-84 是目前使用最为广泛的坐标系统,WGS-84 全称为 1984 年世界大地坐标系,它是由美国国防部制图局建立并公布的,是 GPS 卫星广播星历和精密星历的参考系,也是 GPS 导航系统中表示被定位用户坐标所采用的坐标系。

1) 基准椭球和地理坐标

确定用户在空间的位置时,经常转化成确定用户在地面上或地球上空的位置。因此,地球表面或上空任何一点的位置可用经度 λ、纬度 φ、高度 H 表示。然而,地球并非一个圆球,以圆球来代替地球误差太大。为高精度定位,需采用更好的近似方法。

(1) 基准椭球

由于地球形状的不规则和地球质量分布的不均匀,大地水准球面并不是平滑的球面,而是一个不很规则的球面。以大地水准球面为基础,利用椭球面和大地水准面间高度差的最小平方和定义的椭球称为全球基准椭球。

前述的 WGS-84 系统,除定义三维直角坐标系外,还定义了一个基准椭球,称为 WGS-84 椭球。WGS-84 椭球是一个定位在地心的旋转等位椭球,其中心和坐标轴与 WGS-84 三维直角坐标系一致。表 7.10 为 WGS-84 椭球的基本参数。参数中椭球扁率的定义为 $f=(a-b)/a$,第一偏心率定义为 $e=\sqrt{a^2-b^2}/a$,其中 b 为椭圆短半轴。

表 7.10 WGS-84 椭球的基本参数

参数	符号	采用值
长半轴	a	6 378 137 m
地球引力场规格化的二阶带球函数系数	$\overline{C}_{2,0}$	$-484.166\ 85\times 10^{-6}$
地球自转角速度	ω	$7\ 292\ 115\times 10^{-11}$ rad/s
地球质量与万有引力常数乘积	GM	$3\ 986\ 005\times 10^6$ m^3/s^2
椭球扁率	f	1/298.257 223 563
椭球第一偏心率平方	e^2	0.006 694 379 990 13

(2) 地理坐标

基于基准椭球,可以定义地球上任一点的地理坐标。如图 7.34 所示,设点 O 为椭球中心,即地心,对地球上任一点 G,可通过 G 点作基准椭球面的垂线 GO',GO' 与基准椭球面交于点 P,与赤道半径 OL 交于点 Q',与地轴 OZ 交于 O'。P 点在赤道面 XOY 上的投影为 P'。定义 G 点的地理经度为 OP' 与 OX 轴的夹角 λ,地理纬度为 GO' 与 OL 的夹角 φ,大地高度 H 是 G 点与 P 点的距离 GP。

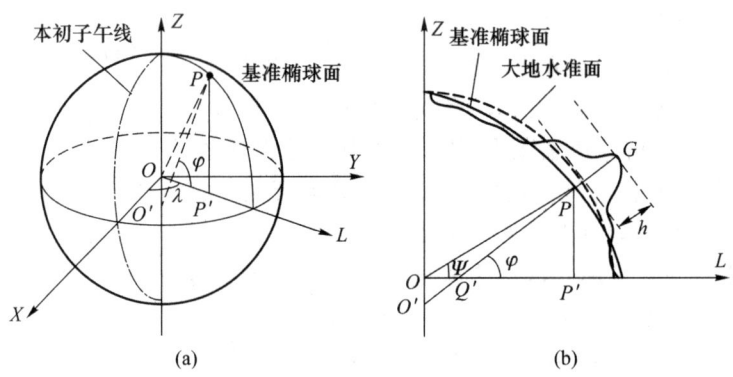

图 7.34 地理坐标与地心固定坐标系的坐标计算

地理坐标中大地高 H 是 G 点与基准椭球间的距离,该距离与大地水准面和海拔高度之间的关系为

$$H = n + h \tag{7-13}$$

其中,n 为大地水准面高度,定义为对应 G 点的大地水准面与基准椭球面间的距离;h 是海拔高度,定义为 G 点与大地水准面间的距离。若 G 点在海面上空,则海拔高度就是 G 点与对应 G 点处的大地水准面间的距离。在 WGS-84 系统中,根据大量实测数据,建立了 n 值的数据库;对任一点,可以先由直角坐标算出椭球高度 H,再由数据库和插值算法求出 n,最后得到海拔高度 h。

纬度有时也用图 7.34(b) 中所示的地心纬度 Ψ 来代替,是图中 OP 与 OL 间的夹角。地理纬度 φ 和地心纬度 Ψ 间的关系为

$$\tan \Psi = \frac{b^2}{a^2} \tan \varphi = (1 - e^2) \tan \varphi \tag{7-14}$$

以 WGS-84 椭球为基准,地球上任一点的地理坐标 $[\lambda, \varphi, H]$,可用式(7-15)变换到 WGS-84 三维直角坐标,即

$$\begin{aligned} X &= (N+H)\cos\varphi\cos\lambda \\ Y &= (N+H)\cos\varphi\sin\lambda \\ Z &= [N(1-e^2)+H]\sin\varphi \end{aligned} \tag{7-15}$$

其中,$N = a/\sqrt{1 - e^2 \sin \varphi}$。

由直角坐标 $[X, Y, Z]$ 到地理坐标的逆变换公式为

$$\begin{cases} \lambda = \arctan\left(\dfrac{Y}{X}\right) \\ \varphi = \arctan\left\{\dfrac{Z(N+H)}{[N(1-e^2)+H]\sqrt{X^2+Y^2}}\right\} \\ H = \dfrac{Z}{\sin\varphi} - N(1-e^2) \end{cases} \tag{7-16}$$

其中，N 是纬度 φ 的函数。因此需要迭代求解纬度 φ，然后由式(7-16)求解大地高 H。

2) 天球与天球坐标系

卫星导航系统中除表示地面被定位点的位置外，还需要描述卫星或其他飞行体的运动。由于地球和卫星都在运动，地心固定坐标系难以很好地描述卫星的运动。此时，可用与地球自转无关的天球坐标系来描述。

所谓天球，是指以地球质心为球心，具有无限长半径的一个假想球体。地球自转轴的延长线与天球的两个交点称为天极。地球赤道平面可视为宇宙空间中的一个稳定平面，将其无限延展的平面称为天球赤道面，它与天球的交线称为天球赤道。此外，地球绕太阳公转的轨道平面也是一个稳定平面，该平面与天球相交的大圆称为黄道。黄道与天球赤道有两个交点，其中太阳的视位置为由南到北的交点称为春分点，另一点称为秋分点。

为便于描述卫星等飞行体的运动，所选取的参考系最好不动，因此将地心设定为天球坐标系的原点 O，以北天极方向为 Z 轴方向，以天球赤道面为 XOY 平面，地心指向春分点的方向为 X 轴的方向，Y 轴在 XOY 平面内并与 X 轴、Z 轴构成右手系，如图 7.35 所示。这样的坐标系为天球空间直角坐标系，天体在天球直角坐标系中的位置为 $[X,Y,Z]$。

除天球空间直角坐标系以外，还可以定义天球球面坐标系。如图 7.35 所示，假设天体 S 在天球球面参考系中的坐标为 $[\alpha,\delta,r]$，其中，原点位于地心 O，赤经 α 为含天轴和春分点的天球子午面与过天体 S 的天球子午面间的夹角，赤纬 δ 为原点 O 至天体 S 的连线与天球赤道平面间的夹角，矢径 r 为原点 O 至天体 S 的距离。

上述两种坐标系与地球自转无关，对描述人造卫星或其他天体的位置和状态非常方便，因此得到大量使用。在卫星导航系统实践中，天球坐标系可看做惯性坐标系的一个近似。

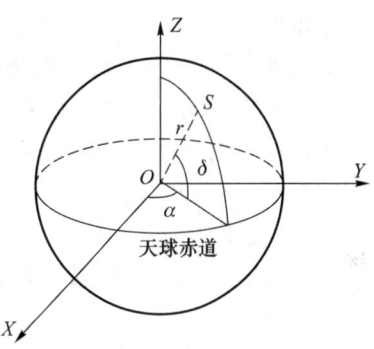

图 7.35 天球空间直角坐标系和天球球面坐标系

3. 定位原理

卫星定位的原理是将用户坐标、卫星坐标、用户相对卫星位置与导航定位方程联系在一起。卫星坐标是由卫星的轨道参量和星历决定的；用户相对卫星位置是一个难以直接获得的量，通常用用户相对于卫星的角度、距离、距离差、距离和、速度等代替。因此，卫星定位的一般步骤可以概述为：

(1) 计算卫星在指定坐标系中的坐标；

(2) 测量用户相对卫星的位置；

(3) 利用导航定位方程计算用户在指定坐标系中的位置。

假设卫星在地心固定坐标系中的坐标为 $[X_S,Y_S,Z_S]$，待测量用户在固定地心坐标系中的坐标为 $[X,Y,Z]$，对应于观测量为 ρ 的导航定位方程可以写为

$$f(X,Y,Z;X_S,Y_S,Z_S;\rho)=0 \tag{7-17}$$

由于定位方程中存在 3 个位置变量，因此必须得到 3 个独立的方程才可以求得用户的位置。如果用户在地球面上，则只需要测得 2 个定位导航参量。由于测量误差以及观测误差依赖于其他未知量，如时间和频率等，因此一般需要 3 个以上的定位观测量，建立 3 个以上的定位方程，才能求解出用户的坐标。

7.4.3 GPS 原理

1. 系统组成与工作原理

1) 系统组成

GPS 主要由空间部分、地面跟踪控制部分和用户接收处理部分组成。

(1) 空间部分

GPS 的空间部分即卫星星座,主要由 24 颗卫星(21 颗工作卫星,3 颗备用卫星)组成,分布在 6 个近圆形轨道上,平均每个轨道上分布 4 颗卫星,高度在地面上约 20 200 km,轨道平面相对于地球赤道面倾角为 55°,卫星运转周期约为 11 h58 min(半个恒星日),卫星过顶可观测时间为 5 h,这样在地球表面任何地方、任何时刻可观测卫星至少 4 颗、平均 6 颗、最多达 11 颗,以满足定位要求。

(2) 地面跟踪控制部分

地面控制部分由 5 个卫星监控站、1 个主控站、3 个信息注入站组成。

卫星监控站:在主控站直接控制下的数据自动采集中心。站内设有双频 GPS 接收机、高精度原子钟、计算机及环境数据传感器等,能够对 GPS 卫星进行连续观测、采集相关数据和监测卫星的工作状况。原子钟用来提供时间标准,环境传感器用来采集有关气象数据。全部观测资料由计算机处理后,储存和传送到主控站,用以确定卫星轨道。

主控站:设在美国本土科罗拉多·斯平士(Colorado Spring)的联合空间执行中心。主控站除协调和管理地面监控系统工作外,其主要任务有以下四点。

① 根据监控站所有观测资料,计算并编制各卫星的星历、卫星钟差和大气层的修正参数等,将其传送到注入站。

② 提供全球定位系统的时间基准。各监控站和 GPS 卫星的原子钟,均应与主控站的原子钟同步,若不同步,则应测出其时间钟差,并把这些钟差信息编入导航电文,送到信息注入站。

③ 调整偏离轨道的卫星。当某颗 GPS 卫星偏离自己的轨道太远时,主控站能够对它进行轨道修正,使之沿预定的轨道运行。

④ 必要时可启用备用卫星,代替失效的工作卫星。

信息注入站:分别设在印度洋的迭戈加西亚(Diego Garcia)、南大西洋的阿松森岛(Ascencion)和南太平洋的卡瓦加兰(Kwajalein)。信息注入站的主要设备包括 1 台直径为 3.6 m 的天线,1 台 C 频段发射机和 1 台计算机。其主要任务是:在主控站的控制下,将主控站推算和编制的卫星星历、钟差、导航电文和其他控制指令信息等,注入相应卫星的存储系统,并能检测注入信息的正确性。

在 GPS 的地面跟踪控制部分中,除主控站外均无人值守。各站间用通信网络联系,在原子钟和计算机的驱动和精确控制下,实现各项工作的自动化和标准化。

(3) 用户接收处理部分

用户设备主要是 GPS 接收机,它由天线前置放大器、信号处理、控制与显示、记录和供电单元组成。GPS 接收机具有解码、分离出导航电文、进行相位和伪距测量的功能。

GPS 接收机主要分为测地型和导航型两大类。对于大地测量,一般都采用较精密的双频接收机,可做双频载波相位测量,用于长距离的精密定位,价格较贵;单频接收机适用于 10 km

以内的短距离精密定位。导航型 GPS 接收机通常只可观测测距码,当选择性可用(Selective Availability,SA;人为降低普通用户测量精度的技术)关掉时,单点定位精度为 10 m,价格低廉。

2) 工作原理

GPS 卫星发射测距信号和导航电文,导航电文中含有卫星的位置信息,用户用 GPS 接收机在某一时刻同时接收 3 颗以上的 GPS 卫星信号,测量出测站点(接收机天线中心 U)至 3 颗以上 GPS 卫星的距离,并计算出该时刻 GPS 卫星的空间坐标,再据此利用距离交汇法算出测站点 U 的位置。但要实现同步必须具有统一的时间基准,从解析几何角度出发,进行 GPS 定位需要确定 1 个点的三维坐标和 4 个实现同步的时间参数,因此必须测定出测站点到至少 4 颗卫星的距离才能实现定位。

在图 7.36 中,设在时刻 t 用 GPS 接收机同时测得测站点 U 到 4 颗 GPS 卫星 S_1、S_2、S_3、S_4 的距离分别为 ρ_1、ρ_2、ρ_3、ρ_4,通过导航电文解译出该时刻 4 颗 GPS 卫星的三维坐标分别为 $(x_j,y_j,z_j)(j=1,2,3,4)$。用距离交汇法得到测站点 U 的三维坐标 (x,y,z) 的观测方程为

$$\rho_j^2 = (x-x_j)^2 + (y-y_j)^2 + (z-z_j)^2, \quad j=1,2,3,4 \tag{7-18}$$

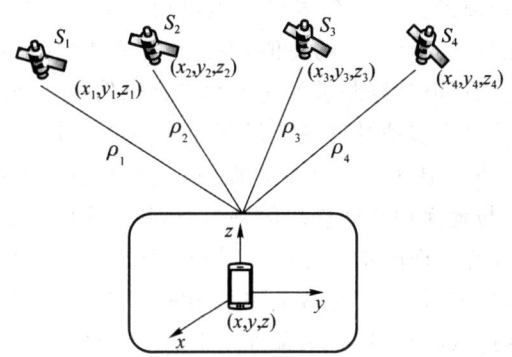

图 7.36　GPS 绝对定位(单点定位)

3) GPS 卫星信号

GPS 卫星信号的三个主要部分是:导航数据、测距码和载波。

导航数据又叫卫星电文,主要包括卫星星历、时钟信息、电离层时延更改和卫星工作状态等信息,导航信息经过编码调制之后,由卫星向地面接收机广播。用户一般需要利用此导航信息来解出某一时刻 GPS 卫星的位置坐标。导航电文的码率比较低,一般为 50 bit/s。

测距码的本质是一段 PN 序列,分为民用 C/A 码与军用 P 码两种。C/A 码又被称为粗捕获码,是码长为 1 023 位的 PN 序列,码率为 1.023 MHz,周期为 1 ms;P 码又被称为精码,周期为 7 天,码率为 10.23 MHz,一般用户无法利用 P 码来进行导航定位。

如图 7.37 所示,导航数据经过与 C/A 码模二加之后,利用 L1(1 575.42 MHz)载波进行调制后广播,用来服务一般用户;导航数据与 P 码模二加之后,分别用 L1 与 L2(1 227.60 MHz)两个载波进行调制后广播,用来为军方提供服务。

2. 测距定位原理

距离测量主要采用两种方法:一种方法是测量 GPS 卫星发射的测距码信号到达用户接收机的传播时间,即伪距测量;另一种方法是测量具有多普勒频移 GPS 卫星载波信号与接收机产生的参考载波信号间的相位差,即载波相位测量。采用伪距观测量定位的速度相对较快,而

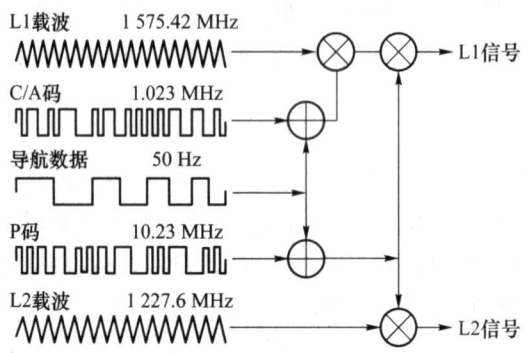

图 7.37 GPS 信号调制过程

采用载波相位观测量定位的精度相对较高。

1) 基于伪距的定位

(1) 伪距测量

伪距就是由卫星发射的测距码到达 GPS 接收机的传播时间乘以光速所得的测量距离。由于卫星钟、接收机钟误差以及无线电信号经过电离层和对流层的时延,实际测出的距离 $\tilde{\rho}$ 与卫星到接收机的几何距离 ρ 间有一定的差值,因此一般称测量出的距离为伪距。用 C/A 码测量的伪距称为 C/A 码伪距,用 P 码测量的伪距称为 P 码伪距。伪距法定位虽然一次定位精度不高,但具有定位速度快且无多值性问题等优点,因此仍是 GPS 定位的最基本方法。同时,所测伪距可作为载波相位测量中解决整周数不确定问题(模糊度)的辅助信息。

利用测距码测量卫星与地面用户间伪距的基本原理为:假设卫星钟和接收机钟均无误差,且都能与标准 GPS 时间保持严格同步;在某一时刻 t,卫星在卫星钟的控制下发出某一结构的测距码,同时接收机在其时钟控制下产生或复制结构完全相同的测距码(或复制码);由卫星产生的测距码经 τ 时间后到达接收机,接收机调整产生的复制码延迟时间 $\tilde{\tau}$,直至这 2 个信号对齐为止;复制码的延迟时间 $\tilde{\tau}$ 就等于卫星信号的传播时间 τ,乘以真空中光速 c 后即可得到卫星与地面间的伪距为

$$\tilde{\rho} = c \times \tau = c \times \tilde{\tau} \tag{7-19}$$

在实际中,卫星钟和接收机钟均不可避免地存在误差。若设两者时间误差为 Δt,伪距观测量等于待测距离与钟差(包括卫星钟差与接收机钟差)等效距离之和,即 $\tilde{\rho} = \rho + c \Delta t$。若能精确求出接收机钟和卫星钟相对于 GPS 基准时间的间隔,则可通过 Δt 对伪距进行修正,求得卫星到接收机间的准确距离。在实际应用中,卫星钟差包含在导航电文中,为已知值,而接收机钟差未知,在定位计算中作为未知数与接收点的位置一同计算,这也正是 GPS 定位为什么需要 3 颗以上卫星的原因。若再考虑信号穿过电离层与对流层时速度的变化,则需要加上电离层与对流层影响的改正数。

(2) 伪距观测方程

为建立伪距观测方程,假设:t_j 表示第 j 颗卫星发出信号瞬间的 GPS 标准时间;$\tilde{t}_j$ 为相应的卫星钟钟面时刻;t_U 表示接收机 U 接收信号瞬时的 GPS 标准时间;$\tilde{t}_U$ 是相应的接收机钟钟面时刻;Δt_j 代表卫星钟钟面相对于 GPS 标准时间的钟差;Δt_U 为接收机钟钟面相对于 GPS 标准时间的钟差。进而,存在如下关系:

$$\begin{cases} \tilde{t}_j = t_j + \Delta t_j \\ \tilde{t}_U = t_U + \Delta t_U \end{cases} \tag{7-20}$$

因此，卫星信号到达测站的钟面传播时间为

$$\tau_j = \tilde{t}_U - \tilde{t}_j = t_U - t_j + \Delta t_U - \Delta t_j \tag{7-21}$$

① 若不考虑大气影响，则由钟面传播时间乘以光速 c，即得到卫星 S_j 至接收机 U 间的伪距为

$$\hat{\rho}_j = c\tau_j = c(t_U - t_j) + c(\Delta t_U - \Delta t_j) \triangleq \rho_j + c\Delta t_{Uj} \tag{7-22}$$

假设 $[x_j(t), y_j(t), z_j(t)]$ 为 t 时刻卫星 S_j 的三维地心坐标和 (x_U, y_U, z_U) 是接收机 U 的三维地心坐标，式(7-22)右边第一项为

$$\rho_j(t) = \sqrt{[x_U - x_j(t)]^2 + [y_U - y_j(t)]^2 + [z_U - z_j(t)]^2} \tag{7-23}$$

而右边第二项 $c\Delta t_{Uj} = c\Delta t_U - c\Delta t_j$ 表示接收机钟与卫星钟间相对钟差的等效距离误差。

根据卫星发布的参数，可以直接计算获得 $c\Delta t_j$，因此将式(7-22)改写为

$$\tilde{\rho}_j \triangleq \hat{\rho}_j + c\Delta t_j = \rho_j + c\Delta t_U \tag{7-24}$$

② 若进一步考虑大气层折射的影响，则伪距观测方程可写为

$$\tilde{\rho}_j(t) = \rho_j(t) + c\Delta t_U + \Delta I_j(t) + \Delta T_j(t) \tag{7-25}$$

其中，$\Delta I_j(t)$ 为 t 时刻电离层折射延迟的等效距离误差，$\Delta T_j(t)$ 为 t 时刻对流层折射延迟的等效距离误差。

③ 若假设

$$\begin{cases} x_U = x_U^0 + \Delta x_U \\ y_U = y_U^0 + \Delta y_U \\ z_U = z_U^0 + \Delta z_U \end{cases} \tag{7-26}$$

其中，(x_U^0, y_U^0, z_U^0) 为接收机三维地心坐标的近似值。假设导航电文所提供的卫星瞬时坐标为固定值，那么以 (x_U^0, y_U^0, z_U^0) 为中心，对 $\rho_j(t)$ 用泰勒级数展开并取一次项，可得

$$\rho_j(t) = (\rho_j(t))_0 + \left(\frac{\partial \rho_j(t)}{\partial x_U}\right)_0 \Delta x_U + \left(\frac{\partial \rho_j(t)}{\partial y_U}\right)_0 \Delta y_U + \left(\frac{\partial \rho_j(t)}{\partial z_U}\right)_0 \Delta z_U \tag{7-27}$$

其中

$$\left(\frac{\partial \rho_j(t)}{\partial x_U}\right)_0 = -\frac{1}{(\rho_j(t))_0}(x_j(t) - x_U^0) \triangleq -k_j(t)$$

$$\left(\frac{\partial \rho_j(t)}{\partial y_U}\right)_0 = -\frac{1}{(\rho_j(t))_0}(y_j(t) - y_U^0) \triangleq -l_j(t) \tag{7-28}$$

$$\left(\frac{\partial \rho_j(t)}{\partial z_U}\right)_0 = -\frac{1}{(\rho_j(t))_0}(z_j(t) - z_U^0) \triangleq -m_j(t)$$

于是，站星几何距离的线性化表达式为

$$\rho_j(t) = (\rho_j(t))_0 - k_j(t)\Delta x_U - l_j(t)\Delta y_U - m_j(t)\Delta z_U \tag{7-29}$$

把式(7-28)代入式(7-29)后，可得线性化的伪距观测方程为

$$\tilde{\rho}_j(t) = (\rho_j(t))_0 - k_j(t)\Delta x_U - l_j(t)\Delta y_U - m_j(t)\Delta z_U + c\Delta t_U + \Delta I_j(t) + \Delta T_j(t) \tag{7-30}$$

在不同历元对不同卫星同步观测的伪距观测方程中，对流层、电离层的影响可采用一些比较成熟的模型加以描述，可以认为是已知量，所以式(7-30)中共有 4 个未知数，接收机必须同时测定至少 4 颗卫星的距离才能解算出接收机的三维坐标值和终端钟差。当观测到卫星的个数 J 大于等于 4 时，可采用间接平差法计算接收机位置坐标的最大似然值。

在测定 4 颗卫星的距离时，式(7-30)写成矩阵的形式为

$$\underbrace{\begin{bmatrix} k_1(t) & l_1(t) & m_1(t) & -1 \\ k_2(t) & l_2(t) & m_2(t) & -1 \\ k_3(t) & l_3(t) & m_3(t) & -1 \\ k_4(t) & l_4(t) & m_4(t) & -1 \end{bmatrix}}_{A} \underbrace{\begin{bmatrix} \Delta x_U \\ \Delta y_U \\ \Delta z_U \\ c\Delta t_U \end{bmatrix}}_{x} = \underbrace{\begin{bmatrix} \rho_1(t)_0 - \widetilde{\rho}_1(t) + \Delta I_1(t) + \Delta T_1(t) \\ \rho_2(t)_0 - \widetilde{\rho}_2(t) + \Delta I_2(t) + \Delta T_2(t) \\ \rho_3(t)_0 - \widetilde{\rho}_3(t) + \Delta I_3(t) + \Delta T_3(t) \\ \rho_4(t)_0 - \widetilde{\rho}_4(t) + \Delta I_4(t) + \Delta T_4(t) \end{bmatrix}}_{y} \quad (7\text{-}31)$$

因此,根据最小二乘法可解得

$$x = (A^T A)^{-1} A^T y \tag{7-32}$$

在实际应用中,一开始给出的测站在 WGS-84 坐标系中的近似值偏差可能过大,为避免略去高次项对解算结果的影响,可利用解算出的测站坐标作为近似值,迭代求解。

若观测时间较长,则接收机钟差的变化往往不能忽略。在此情况下,可将钟差表示为多项式的形式,把多项式的系数作为未知数在平差计算中一并求解。也可以对不同观测历元引入不同的独立钟差参数,在平差计算中一并求解。

由此可见,接收机只要接收到 4 颗及以上卫星信号即可解出接收机位置(x_U, y_U, z_U),从而实现实时定位。由于卫星位置是在 WGS-84 坐标系下的坐标,求得的接收机位置坐标也是 WGS-84 坐标系下的坐标,因此可以根据大地坐标的正、反算公式(式(7-15)或式(7-16))将其转换成大地经纬度坐标或地理坐标。

伪距定位法定位速度快,无多值问题,数据处理也比较快捷,是单点定位的基本方法。但由于 P 码受美国军方控制,民用只能采用 C/A 码进行伪距定位,定位精度为 10~30 cm。在非常时期,美国对 GPS 定位提出了限制政策,造成对 GPS 工作卫星所发信号的人为干扰,使非特许用户不能获得高精度的实时定位。在这种情况下,利用 C/A 码进行伪距定位的精度降低至约 100 m,远远不能满足高精度单点定位的要求。

2) 基于相位的定位

(1) 载波相位测量

利用测距码进行伪距测量是 GPS 的基本测距方法,但测距码的码元较长,无法满足一些高精度定位的需求。伪距测量的测距精度一般达到测距码波长的 1%,因此对于 C/A 码测量精度约 3 m,对 P 码精度约 30 cm。而包含在 GPS 卫星信息中的载波 L1 和 L2 的相应波长为 $\lambda_1 = 19.03$ cm 和 $\lambda_2 = 24.42$ cm,若把载波作为测量信号,则可以提高定位精度。目前,大地型接收机普遍利用载波相位测量,其定位精度可达 1~2 m,相对定位精度可达 10^{-8}。

载波相位测量是通过测量 GPS 载波信号从 GPS 卫星发射天线到 GPS 接收机接收天线传播路程上的相位变化,从而确定传播距离的方法。如图 7.38 所示,卫星 j 发射的一载波信号,在时刻 t 的相位为 $\varphi_j(t)$,该信号经过距离 ρ_j 到达接收机 U 时的相位为 φ_U,则$(\varphi_j - \varphi_U)$为其相位变化量,包含整周期部分与不足整周期部分。由于载波信号是一种周期性的正弦波,因此若能测定$(\varphi_j - \varphi_U)$,则可计算出卫星到接收机间的距离,即

$$\rho_j = \lambda(\varphi_j - \varphi_U) = \lambda(N_j + \Delta\varphi_j) \tag{7-33}$$

其中,相位以周期为单位,N_j 为整周期部分,$\Delta\varphi_j$ 为非整周期部分,λ 为载波波长。

实际中该方法不能实现,因为 φ_j 无法测定。为此采用相对方法,即 GPS 接收机振荡器产生一个频率和相位均与卫星载波完全相同的基准信号,那么要测定某一时刻的相位差即为接收机产生的基准信号与接收的卫星载波相位之差。图 7.39 为载波相位测量的原理图。

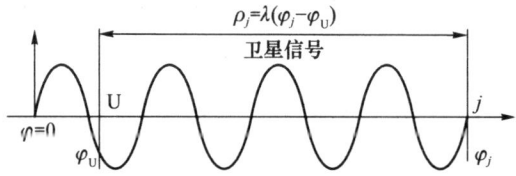

图 7.38 载波相位测量的原理图

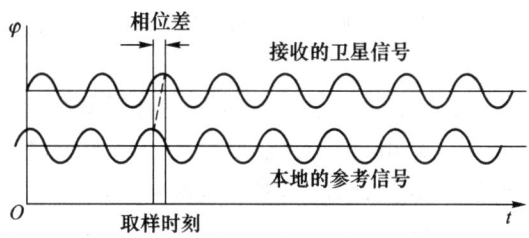

图 7.39 载波相位测量的原理图

某一时刻 t,卫星信号的相位等于本地振荡器产生的基准相位 $\varphi_j(t)$,则相同时刻接收机接收到的 GPS 卫星信号载波相位为 $\varphi_U(t)$,则

$$\Delta\varphi_j = \varphi_j(t) - \varphi_U(t) \tag{7-34}$$

因此,信号的传播距离为

$$\rho = \Delta\varphi_j \lambda = [\varphi_j(t) - \varphi_U(t)]\lambda \tag{7-35}$$

由于卫星与地球间的相对运动,接收的卫星信号频率因多普勒频移而发生变化,与基准信号频率不同。将接收的卫星信号与产生的基准信号混频,得到差频的中频信号,其相位值即为 2 个信号间的相位差。因此,通过测定该中频信号的相位便可获得所需的相位差。

在 GPS 信号中,由于已用相位调制的方法在载波上调制了测距码和导航电文,接收到的载波相位已不再连续,所以在进行载波相位测量前,首先要进行解调工作,设法将调制在载波上的测距码和卫星电文去掉,重新获取载波,这项工作称为载波重建。载波重建一般可用 2 种方法:一种是码相关法;另一种是平方法。若采用前者,则用户可同时提取测距信号和卫星电文,但用户必须知道测距码的结构;若采用后者,则用户无须掌握测距码的结构,但只能获得载波信号而无法获得测距码和卫星电文。

由于载波信号是一种周期性的正弦信号,而相位测量只能测定其不足 1 周期内的小数部分,因而存在着整周数不确定的问题,也就是整周模糊度精确求解问题。

(2) 测相伪距观测方程

设在卫星 S_j 的卫星钟钟面时 t 发射的载波信号相位为 $\varphi_j(t)$,而接收机 U 在接收机钟面时 t 收到卫星信号后产生的基准信号相位为 $\varphi_U(t)$,相应于历元 t 的相位观测量为 $\Delta\varphi_j(t)$,其应当等于接收机基准信号相位与卫星发射信号相位之差减去初始历元 t_0 的相位差整周数 $N_j^i(t_0)$,即

$$\Delta\varphi_j(t) = \varphi_U(t) - \varphi_j(t) - N_j(t_0) \tag{7-36}$$

其中, $N_j(t_0)$ 称为整周未知数(或整周模糊度)。

由于卫星钟和接收机钟面时与 GPS 标准时间存在差异,假设 Δt_U 与 Δt_j 分别是接收机钟与卫星钟的钟差改正数且 $\Delta t_{Uj} = \Delta t_U - \Delta t_j$,于是其相位观测量可进一步表示为

$$\Delta\varphi_j(t) = \varphi_U(t) - \varphi_j(t) + f\Delta t_{Uj} - N_j(t_0) \tag{7-37}$$

考虑到 $\varphi_U(t) - \varphi_j(t) = f\rho_j(t)/c$，且顾及电离层和对流层对信号传播的影响，则有载波相位观测方程为

$$\Delta\varphi_j(t) = \frac{f}{c}[\rho_j(t) + \Delta I_j(t) + \Delta T_j(t)] + f\Delta t_{Uj} - N_j(t_0) \tag{7-38}$$

若在式(7-38)两边同时乘以 $\lambda = c/f$，则有

$$\tilde{\rho}_j(t) \triangleq \frac{c}{f}\Delta\varphi_j(t) + c\Delta t_j = \rho_j(t) + \Delta I_j(t) + \Delta T_j(t) + c\Delta t_j - \lambda N_j(t_0) \tag{7-39}$$

将式(7-38)与式(7-25)比较，载波相位观测方程除增加正整未知数外，其余部分和伪距观测方程完全相同。

式(7-38)或式(7-39)给出的载波相位观测方程是一种近似简化表达式。在相位定位中，当基线较短(<10 km)时，完全可采用这种简化式，但当基线较长时，则应采用较为严密的观测模型。可取测站坐标的近似值 (x_U^0, y_U^0, z_U^0)，将其线性化，有

$$\rho_j(t) = (\rho_j(t))_0 - k_j(t)\Delta x_U - l_j(t)\Delta y_U - m_j(t)\Delta z_U \tag{7-40}$$

将式(7-40)代入式(7-38)，得线性化的载波相位观测方程为

$$\Delta\varphi_j(t) = \frac{f}{c}(\rho_j(t))_0 - \frac{f}{c}[k_j(t)\Delta x_U + l_j(t)\Delta y_U + m_j(t)\Delta z_U] + \\ \frac{f}{c}[\Delta I_j(t) + \Delta T_j(t)] + f\Delta t_U - N_j(t_0) \tag{7-41}$$

同理，测相伪距观测方程的线性化形式为

$$\tilde{\rho}_j(t) = (\rho_j(t))_0 - [k_j(t)\Delta x_U + l_j(t)\Delta y_U + m_j(t)\Delta z_U] + \Delta I_j(t) + \Delta T_j(t) + c\Delta t_U - \lambda N_j(t_0) \tag{7-42}$$

与测码伪距观测方程相比，载波相位观测方程仅多了一个整周未知数，其余各项均完全相同。然而，正是由于测相协距观测方程中存在整周未知数，t 时刻在测站同步观测 J 颗卫星，则可列 J 个观测方程，方程存在 $4+J$ 个未知数，因而难以利用载波相位进行实时定位。但只要接收机保持对卫星 j 的连续跟踪，则整周未知数 $N_j(t_0)$ 是一个不变的值。因此，只要通过一个初始化过程求出整周未知数 $N_j(t_0)$，且 GPS 接收机保持对卫星信号的连续跟踪，则式(7-42)仍可用于 GPS 绝对定位，且精度优于测码伪距定位法。然而，保持对卫星的连续跟踪较为困难，因此目前静态绝对定位中主要采用测码伪距定位法。

3. GPS 定位方法

GPS 定位方法包括绝对定位和相对定位。绝对定位是以地球质心为参考点，确定接收机天线在相应坐标系中的绝对位置的定位方法。由于该定位工作仅需要一台接收机，因此绝对定位又称为单点定位。在两个或若干个测量站上设置 GPS 接收机，同步跟踪观测相同的 GPS 卫星，测定测站间的相对位置，称为相对定位。在相对定位中，其中一点或几个点的位置是已知的，即其在相应坐标系中的坐标为已知量，称为基准点。

1) 绝对定位

根据用户接收机天线所处状态不同，可分为动态绝对定位和静态绝对定位。

(1) 动态绝对定位

动态绝对定位是将用户接收设备安置在运动的载体上确定载体瞬时绝对位置的定位方法。动态绝对定位一般只能得到没有(或很少)多余观测量的实时解。该方法广泛应用于飞机、船舶及陆地车辆等运动载体的导航中；另外，在航空物探和卫星遥感等领域也有广泛应用。

(2) 静态绝对定位

静态绝对定位是当接收机天线处于静止状态时用于确定观测站绝对坐标的定位方法。这时,由于可以连续地测定卫星至观测站的伪距,因此可获得充分的多余观测量,以便在测后通过数据处理提高定位的精度。静态绝对定位方法主要用于大地测量,以精确测定测站点在协议地球坐标系中的绝对坐标。

目前,无论是动态绝对定位还是静态绝对定位,所依据的观测量都是所测卫星至观测站的伪距,通常也称为伪距定位法。由于伪距有测码伪距和测相伪距之分,所以绝对定位又可分为测码伪距绝对定位和测相伪距绝对定位。

绝对定位的优点是,只需一台接收机便可独立定位,数据处理简单。但主要问题是,受卫星星历误差和卫星信号在传播过程中大气延迟误差的影响,其定位精度较低。特别是在施加 SA 措施以后,GPS 定位精度降至 100 m。但这种定位模式在舰船、飞机、车辆导航、地质矿产勘探、陆军和空降兵等作战中仍有广泛的用途。

2) 相对定位

相对定位的一种主要应用是差分定位(DGPS)。其基本方法是在定位区域内,在一个或若干个已知点上设置 GPS 接收机作为基准站,先连续跟踪观测视野内所有可见的 GPS 卫星的伪距,再与已知距离对比,求出伪距修正值(也称差分修正参数),最后通过数据传输线路,按一定格式播发。测区内的所有待定点接收机,除跟踪观测 GPS 卫星伪距外,还接收基准站发来的伪距修正值,对相应 GPS 卫星伪距进行修正,然后用修正后的伪距进行定位,如图 7.40 所示。根据用户接收机在定位过程中所处的位置状态,相对定位也分为静态差分定位和动态差分定位两种方式。

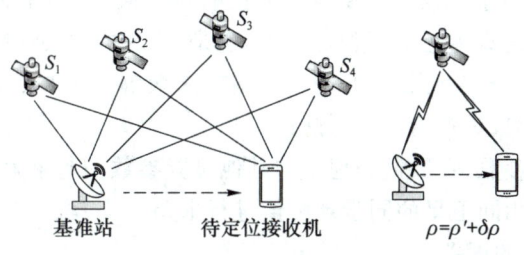

图 7.40 GPS 差分定位

(1) 静态差分定位

测站和基准点上的接收站均是固定不动的,一般均采用载波相位观测量(或测相伪距)作为基本观测量。这种方法是当前 GPS 定位中精度最高的一种方法,广泛应用于工程测量、大地测量和地球动力学研究等领域。实践表明,在中等距离(100~500 km)下,差分定位精度可达 10^{-3} m,甚至更好。所以,在精度要求较高的测量工作中,均采用这一方法。

(2) 动态差分定位

动态差分定位将一台接收机固定在坐标已知的基准点上,另一台接收机安装在运动的载体上,令这两台接收机同步观测相同的卫星,以确定运动点相对基准点的实时位置。动态差分定位根据其采用的观测量,分为测码伪距动态差分定位法和测相伪距动态差分定位法。

① 测码伪距动态差分定位法

测码伪距动态差分定位法的实时定位的精度目前可达米级。以差分定位原理为基础的实时差分 GPS,可以有效地减弱卫星轨道、钟差、大气折射误差及 SA 政策的影响,且定位精度远高于测码伪距动态绝对定位的精度,所以该方法获得了迅速的发展,并在运动目标的导航、监测和管理方面得到了普遍应用。

② 测相伪距动态差分定位法

测相伪距动态差分定位法的主要问题是载波相位整周模糊度的快速求解,目前是以预先初始化或动态快速解算方法求解。这一方法受到基线距离的限制,目前在 20 km 的范围内,定位精度可以达到 1~2 cm。

4. GPS 卫星定位误差

GPS 定位的误差来源于 GPS 卫星、卫星信号传播过程和地面接收设备。在高精度 GPS 测量中,考虑了与地球整体运动有关的地球潮汐、负荷潮及相对论效应等。通常将各种因素带来的误差投影到观测站址到卫星的距离上,并以相对距离误差表示。表 7.11 列出了 GPS 定位的误差来源及等效的距离误差。

表 7.11 GPS 定位的误差来源及等效的距离误差

项目	误差来源	距离误差/m
卫星部分	星历误差;钟误差;相对论效应	1.5~15
信号传播	电离层;对流层;多路径效应	1.5~15
信号接收	钟的误差;位置误差;天线相位中心变化	1.5~5
其他影响	地球潮汐	1.0

根据误差性质,可将误差分为系统误差和偶然误差两类。偶然误差主要包括卫星信号的多路径效应及观测误差等;系统误差主要包括卫星的轨道误差、卫星钟差、接收机钟差以及大气折射误差等。其中,系统误差远大于偶然误差,它是 GPS 的主要误差来源。同时,系统误差有一定的规律可循,根据其产生原因可采取不同措施来缓解。主要措施如下:

① 建立系统误差模型,对观测量进行修正;

② 引入相应的位置参数,在数据处理中与其他位置参数一起求解;

③ 将不同观测站对相同卫星的同步观测值进行求差。

1) 与 GPS 卫星有关的误差

与卫星有关的误差包括卫星星历误差、卫星钟误差、地球自转影响和相对论效应影响等。

(1) 卫星星历误差

由星历所计算得到的卫星空间位置与实际位置之差称为卫星星历误差。卫星星历是由地面监控站跟踪监测卫星求得的。由于卫星运行中受到多种摄动力的影响,而通过地面监控站又难以充分可靠地测定这些作用力或掌握其作用规律,因此在星历预报时会产生较大误差。

解决星历误差的方法有两种。一是建立区域性 GPS 跟踪网,可实现对 GPS 卫星的独立定轨。这不仅可使区域内用户在非常时期不受美国政府降低 C/A 码上的卫星星历精度影响,且可根据计算出的精密星历进行相对定位。二是使用轨道松弛法,就是在平差模型中把卫星星历给出的卫星轨道视为初始值,将其改正数作为未知数,通过平差求得测站位置及轨道改正数。

(2) 卫星钟误差

时钟误差包括卫星钟误差和接收机误差。卫星钟误差不但包括钟差、频偏、频飘等误差,而且包括时钟的随机误差。虽然 GPS 卫星设有高精度的原子钟,但其钟面时与理想 GPS 时间仍存在偏差或飘移。卫星钟误差的量值在 1 ms 以内,由此引起的等效距离误差约 300 km,显然无法满足定位精度的要求。

卫星钟差数值可由卫星地面控制系统根据前一段时间跟踪资料和 GPS 标准时算出来,并通过卫星的导航电文发送给用户。经改正,各卫星钟间的同步差可保持在 20 ns 以内,由此引起的等效距离偏差不会超过 6 m。经改正后的卫星钟残余误差,可采用在接收机间求一次差分等方法来消除。

2) 与卫星信号传播有关的误差

卫星信号传播误差包括:信号穿过大气电离层和对流层时所产生的误差,以及信号反射后所产生的多径效应误差。

(1) 电离层折射误差

由于电离层(距地面高度为 50~1 000 km)中气体分子受到太阳及其他天体射线辐射的影响,空气将产生电离,而形成大量的自由电子和正离子。当 GPS 信号通过电离层时,信号的路径会发生弯曲,传播速度也会发生变化并与自身频率有关的变化,由此产生的偏差叫电离层折射误差。这种距离误差在天顶方向最大可达 50 m,在接近地平线方向(角度约为 20°)则可达 150 m,因此必须对观测值加以改正。

有多种减弱电离层影响的措施。①采用双频接收机。电磁波通过电离层所产生的折射改正数与电磁波频率 f 的平方成反比。若调制在两个载波上的 P 码测距时,除电离层折射的影响不同,其余误差影响都相同,则 $\Delta\rho$ 实际上就是用户 P_1 和 P_2 码测得的伪距之差,即 $\Delta\rho = (\tilde{\rho}_1 - \tilde{\rho}_2)$,所以当用户采用双频接收机进行伪距测量时,可根据电离层折射的信号频率的有关特性,从两个伪距观测值中求得电离层折射改正数。②利用电离层改正模型。采用双频技术可有效地减弱电离层折射的影响,然而在电子含量很大且卫星高度又较小时,求得电离层延迟改正中误差还是能达到几厘米。为满足高精度 GPS 测量的需要,Fritzk 和 Brunner 等提出了电离层延迟改正模型。结果表明,在任何情况下改正模型的精度均小于 2 mm。③利用同步观测值求差。若用两台接收机在基线的两端进行同步观测并取其观测值之差,则可以减弱电离层折射的影响。当两个观测站相距不太远时,卫星至两观测站电磁波传播路程上的大气状况相似,因此大气状况的系统影响便可通过同步观测量的求差而削弱。这种方法对于短基线(小于 20 km)场景效果尤为明显。然而,随着基线长度增加,其精度会明显降低。

(2) 对流层折射误差

对流层是高度为 50 km 以下的大气层,其大气密度比电离层更大,大气状态也更复杂。对流层直接与地面接触并从地面得到辐射热能,其温度随高度的上升而降低,当 GPS 信号通过对流层时,传播路径发生弯曲,从而使测量距离产生偏差,这种现象叫做对流层折射。

为减小对流层影响可进行以下操作:①在测站直接测定其气象参数,并采用对流层模型加以改正;②引入描述对流层影响的附加参数,在数据处理中一并求得;③利用同步观测量求差。

(3) 多路径效应误差

① 多路径效应产生的原因

两路信号的叠加将引起天线相位中心位置迁移,从而使观测量产生误差。一般环境下,多路径效应对测码伪距影响可达米级。若处于高反射环境中,不仅影响量值显著增大,而且会导致接收的卫星信号失锁,使载波相位观测量产生周跳。多径效应对伪距测量的影响要比对载波相位观测量影响大得多,多路径效应对 P 码测量的最大影响可达 10 m 以上。

② 减弱多路径效应影响的措施

多路径效应的影响一般分为常数部分和周期部分，其中常数部分在同一地点将会日复一日地重复出现。减弱多路径效应影响的主要措施有：①选择合适的站址，减小多径；②在接收机天线处设置抑径板。如图 7.41 所示，为减弱多路径误差效应，接收机天线下应配置抑径板，

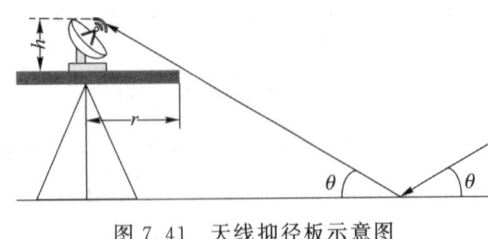

图 7.41　天线抑径板示意图

其中 h 为天线距离抑径板的高度，r 是抑径板的半径，θ 是某条多径的入射角。接收机天线对于极化特性不同的反射信号应该有较强的抑制作用。

3）与接收机有关的误差

与接收机有关的误差包括接收机钟误差、接收机安装误差、天线相位中心位置误差以及几何图形强度误差等。

（1）接收机钟误差

GPS 接收机内标准时间一般由石英晶体振荡器提供，其稳定度约为 10^{-6}。若采用恒温晶体振荡器，其稳定度可达 10^{-9}。假设接收机钟与卫星钟的同步误差为 $1\,\mu s$，则由此引起的等效距离误差约为 300 m。减弱接收机钟差的方法有以下几种：①将每个观测时可得接收机钟差当作一个独立未知数，在数据处理中与测站位置参数一并求解；②认为观测时可得接收机钟差间是相关的，将它们表示为时间多项式，并引入平差模型中一并求解多项式的系数；③相对定位中，通过在卫星间求一次差消除接收机钟差。

（2）接收机安置误差

接收机天线相位中心相对于测站标识中心的位置偏差称为接收机安置误差。它包括天线的整平和对中误差以及天线高的测量误差。若天线高为 1.6 m，整平误差为 0.1°，则会产生 3 mm 的对中误差。因此，在静止定位中，必须认真操作，尽量减少这种误差的影响。在 GPS 地形测量中，应采取具有强制对中装置的观测墩。

（3）天线相位中心位置误差

GPS 测量是以接收机天线的相位中心位置为准的，天线相位中心与其几何中心在理论上应保持一致。然而，天线的相位中心实际上是随信号的输入强度和方向而改变的，即观测时相位中心的瞬时位置（一般称相位中心）与理论上的相位中心不一致，这种误差称为天线相位中心位置误差。这种误差的影响可达数毫米至数厘米。在实际工作中，若在相距不远的 2 个或多个测站采用同一类型的天线进行同步观测，则可以通过观测值求差来削弱天线相位中心偏移的影响。

4）其他误差来源

由于地球的自转，当卫星信号传播到测站时，与地球相固联的协议地球坐标系相对上述的卫星瞬时位置已经绕 z 轴产生了旋转。

在太阳和月球的万有引力作用下，地球要产生周期性的弹性形变，这一现象称为固体潮。此外，在日月引力作用下，地球上的负荷也将发生周期性变动，使地球产生周期性的形变，该现象称为负荷潮。例如，海潮即为负荷潮。固体潮和负荷潮引起的测站位移可达 80 cm，使不同时间的测量结果互不一致，所以在精密相对定位中应考虑其影响。

7.5 卫星遥感系统

我国遥感卫星数量占卫星总数的 1/3,已经形成涵盖气象、海洋、陆地、减灾等多维空间民用基础设施领域的卫星体系。卫星遥感技术从单一卫星遥感技术发展为涵盖遥感、地理信息系统、全球定位系统等在内的多维空间信息技术体系。卫星遥感系统完成一次任务操作涉及的环节包括:指令上注、数据获取、星上处理、数据下传、数据处理与分发。遥感卫星的工作模式包括成像记录、数据回放、实时数据传输等 10 种,同一时刻只能工作在一种工作模式中,具体由运控指令进行控制。

1. 卫星遥感系统架构

如图 7.42 所示,卫星遥感系统的体系架构由有效载荷遥感器、遥感卫星平台、星地链路、地面系统 4 个子系统组成,各系统有序协同配合,完成遥感作业。

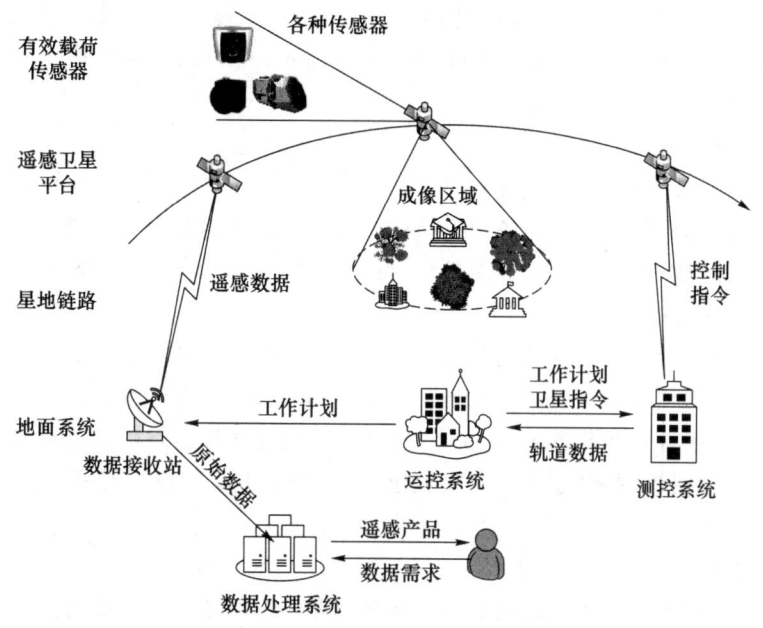

图 7.42 卫星遥感系统的体系架构

1) 有效载荷遥感器

有效载荷即卫星平台搭载的对地感知观测设备。它可以是照相机、多光谱扫描仪、微波辐射计或雷达等多种设备,其性能直接关系到遥感的分辨率和成像质量。我国高分二号卫星已具有全色 0.8 m 的高空间分辨率。

2) 遥感卫星平台

遥感卫星常采用太阳同步轨道、回归轨道等 1 000 km 以下的低轨卫星,也有部分处于地球同步轨道上。本文主要针对低轨遥感卫星与星座进行探讨。低轨卫星具有发射成本低、重访次数高、数据传输率高等优点,更利于完成全球观测任务和观测数据快速下传。

3) 星地链路

星地链路主要包括测控链路和数据传输链路,测控链路主要以 S/X 频段为主,数据传输链路主要以 X 频段为主。我国部分地面站具备 Ka 频段的下行数据接收能力,链路码速率可达 $4×1.5$ Gbit/s。

4) 地面系统

地面系统主要包括运控系统、测控系统、数据接收站、数据处理系统。运控系统作为地面控制中心,根据遥感需求生成卫星控制指令和遥感任务计划、统筹调度地面站网络资源。测控系统负责卫星遥测与轨道保持、上注运控系统分发的控制指令、监视卫星平台和载荷运行工况。数据接收站根据运控系统发布的工作计划,完成遥感数据下行接收。数据处理系统对原始遥感数据做辐射校正及几何校正等进一步处理,生成对应的遥感信息产品并分发给用户。目前,我国卫星遥感地面站承担着中国全部的民用陆地观测卫星和空间科学卫星任务,呈现出以北京总部为中心,连接密云、喀什、三亚、昆明、北极 5 个卫星接收站的结构,形成了完整的卫星数据接收、传输、存档、处理、分发体系。

2. 卫星遥感智能化技术

随着卫星互联网技术的发展,遥感卫星的用途越来越广,对卫星载荷本体提出的要求也越来越高。比如,要求卫星的分辨率越来越高、重访周期越来越短、谱段越来越多、质量越来越轻。因此,面对复杂化的用户需求及多样化的成像模式,新一代卫星遥感技术的发展迎来了机遇。

1) 在轨实时处理技术

遥感影像在轨实时处理技术包含大量的星上实时处理算法的研究,为智能遥感卫星的实时智能处理提供了基础保障。世界各国科研院所与商业公司开展了大量的星上实时处理算法的研究,促进了遥感数据实时获取、智能处理、稀疏压缩、实时分发等全流程技术的发展。

2) 空间信息网络技术

空间信息网络为智能遥感卫星的运行提供了环境基础,为智能遥感卫星的实时传输提供了基础保障。典型的项目有美国的转型通信卫星系统计划、SeeMe 计划和欧洲的天基互联网计划。其中,通信、遥感一体化的 SeeMe 计划,可以使用地面移动终端直接指挥有效载荷进行操作并接收图像。"对地观测脑"概念是将遥感卫星、导航卫星和通信卫星组合,形成多层卫星网络结构,共同服务于用户。

3) 人工智能技术

随着卫星载荷影像分辨率的提高和卫星遥感获取数据量的增多,提高卫星遥感系统的影像自动化处理能力显得十分重要。基于人工智能的类脑技术,对遥感卫星数据进行批量化处理可有效提高数据处理效率。同时,人工智能的应用可有效解决因系统分辨率提高而导致的"同物异谱"和"同谱异物"问题。因此,人工智能的发展,能够极大地提高星上数据处理的智能化和自动化水平,为卫星的智能化发展提供强有力的支撑。

3. 星载激光雷达技术

星载激光雷达技术是新兴的地球探测技术,该技术以高轨道卫星作为载荷平台,具有运行轨道高,观测范围广,观测速度快,受影响小,分辨率、灵敏度高的特点,可覆盖地球表面任一区域。为三维控制点和数字地面模型数据的获取提供了新途径,在国防和科学研究领域具有重要应用价值和研究意义。星载激光雷达技术还具有天体测绘观察能力,可实现全球信息采集、大气成分测量。此外,该技术在环境监测、农林资源调查、植被垂直分布、海面高度测量、云层和气溶胶垂直分布,以及特殊气候现象实时监测等方面也发挥着重要作用。

目前,国际上比较典型的星载激光雷达系统主要有地球观测 GLAS 系统、CALIOP 星载激光雷达、ALADIN 星载多普勒激光雷达。从技术应用角度看,星载激光雷达技术主要有三个重要的发展方向。

1) 多光谱激光雷达技术

多光谱激光雷达技术可同时发射两个及两个以上频段的激光信号对地物进行探测,通过信号分析同时获取地物的光谱和结构信息。

2) 单光子激光雷达技术

单光子激光雷达技术将对现有机载和星载激光雷达系统造成极大的影响。单光子激光雷达传感器拥有纳秒级的最短激发时间,能够大幅提高激光脉冲的发射频率,并能大幅提高激光接收器的敏感性。这使得单光子激光雷达能够在更高的高度采集高密度、高精度的激光雷达点云。

3) 固态激光雷达技术

固态激光雷达技术将对小范围测绘技术的发展产生革命性的影响。该类型的激光雷达设备可以像打印集成电路一样进行批量化生产,从而进一步减轻激光雷达设备的重量和降低其成本。

4. 星载微波遥感技术

星载微波遥感技术可根据远程目标对电磁波的反射、散射、透射、吸收和辐射等特性,从空间环境获取各类目标的特征信息,反映空间内物体的存在状态和变化信息。星载微波遥感技术可应用在国民经济建设和科学研究的各个领域,如地形勘测、地质研究、资源勘探、海洋观察、大气测量、环境保护灾害预报、收成预估等。

星载微波遥感器主要分为有源微波遥感器和无源微波遥感器两大类。星载微波遥感器具有全天候工作、可穿透天然植被、获取多极化信息、不依赖于太阳角工作、自身可控辐照等多种能力。

星载微波遥感器可使用或组合使用多个通信频率,从多种极化和多个视角开展遥感测试工作,主动获取目标物体的空间关系、形状尺寸、表面粗糙度、对称性和复介电特性等方面的信息。

5. 星载遥感器定标技术

星载遥感器在发射前必须经过绝对辐射定标,才能从卫星对地观测数据中获得不同类型地物的定量辐射信息,然后通过大气传输模型反向推导地物的光谱反射和光谱辐射特性,为了给更准确地识别地面目标提供判别依据,使得不同卫星遥感器的数据可以进行比较,从而提高遥感数据的应用水平。

星载多光谱遥感器一般选择太阳作为基准光源,对性能变化进行监测和校正。在标定过程中,将太阳辐射引入星载遥感器并调节到其动态范围内,进行绝对辐射定标。

本 章 小 结

本章主要介绍了几种典型的卫星通信系统。首先,本章介绍了移动卫星通信系统,包括概述、系统结构与网络控制等;其次,介绍了固定卫星通信系统,阐述了 VSAT 的基本概念、系统组成和网络结构;再次,对卫星电视广播系统进行了简单介绍,详细介绍了卫星导航定位,包括定位的基本概念及以 GPS 为例的定位原理;最后,对卫星遥感系统进行了简要介绍。

习　题

1. 简述移动卫星通信系统的特点。
2. 全球星系统开通业务必须要在拟定的服务区内设置关口站,而铱星不需要,这是为什么?
3. 在预留信道方案中,预留信道数多或少会产生什么样的影响?
4. 简述移动卫星通信与地面移动通信间的关系及其优劣性。
5. 简述 VSAT 网络的拓扑分类和特点,及各自应用在什么业务场景中。
6. 简述 VSAT 系统组成及各部分的功能。
7. 简述卫星电视广播中的两种特殊业务及数据广播的好处。
8. 简述常用的定位原理,包括三点定位、双曲线定位等。
9. 简述 GPS 卫星信号的组成结构。
10. 简述 GPS 定位中距离的测量方法及相应的伪距方程。
11. 简述 GPS 定位方法有哪些。
12. 简述影响 GPS 定位性能的因素及应对措施。

第8章 空天地一体化信息网络

空天地一体化信息网络主要包含地基或海洋网络、空基网络、天基网络和深空网络。首先,本章介绍空天地一体化信息网络的结构;其次,阐述空基网络中的平流层通信;再次,阐述非地面网络(NTN),并给出天基网络中常用的星间激光通信;最后,介绍深空通信网络。

8.1 天地一体化信息网络

8.1.1 天地一体化信息网络的内涵

为给用户提供各类空间传感器的综合信息资源,并与地面网络实现互联互通,有必要研究天地一体化信息网络。天地一体化信息网络:是通过星间、星地链路将不同轨道、种类、功能的卫星、飞行器及相应地面设施连接在一起,实现信息互联互通;并在此基础上,有效利用空间、陆地、海洋各种传感器获取感知信息,为各类应用需求提供高效服务的宽带智能化综合网络。换言之,天地一体化信息网络是以涵盖陆、海、空、天的各类信息资源共享为目的,实现全球全域的"泛在连接",完成数据收集、处理、传输的新一代军民两用信息化基础设施。

具体来说,其意义体现如下:

(1) 保卫国家安全,支持现代信息化作战,为多军兵种联合攻防提供信息集成与共享,实现快速反应和精确打击;

(2) 扩大物联网的感知范围,为生活提供更加丰富的原始信息;

(3) 为深空探测等空间科学活动提供通信支撑。

天地一体化信息网络的特点包括:

(1) 实现陆地、空间、海洋区域的直接感知,获取更为丰富的原始信息;

(2) 多来源、多功能的信息融合,提供多重业务类型;

(3) 网络层在 IP 基础上实现陆地互联网和卫星互联网的深度融合,形成天地一体化的骨干网络,并采用统一的空口技术和核心网架构,为感知层各部分(海、陆、空、天)获取的信息提供透明传输通道;

(4) 提供一体化信息交换及信息处理,也就是通过多种接入方式的协同传输,实现对多个系统资源的统一管理,端到端统一编排,提高整体资源的利用效率,为海量用户提供无感知、极简、智能的泛在接入;

(5) 高度的开放性,使得接入方便,但给系统安全性提出了更高的要求。

8.1.2 天地一体化信息网络的结构

为与承担通信、数据中继任务的卫星区分开来,将用于环境监测、气象服务、立体测绘、海洋观测等用途的卫星归为空间感知层;将承担通信和数据中继任务的卫星归为空间网络传输层。天地一体化信息网络功能结构如图 8.1 所示,以 IP 为基础网络层,并通过地面关口站(天地网关)连接,与地面互联网组成天地一体化信息传输网络,为用户提供大量所需数据。在关口站的作用下,天基传输网络与地面互联网相互融合,形成天地一体化信息网络的骨干网,该骨干网能够实现地面感知层所获取信息的大范围传输。此外,地面、海洋、空间的各类感知数据可以通过相应的卫星终端直接接入卫星网络,更加方便、快捷地实现信息共享。

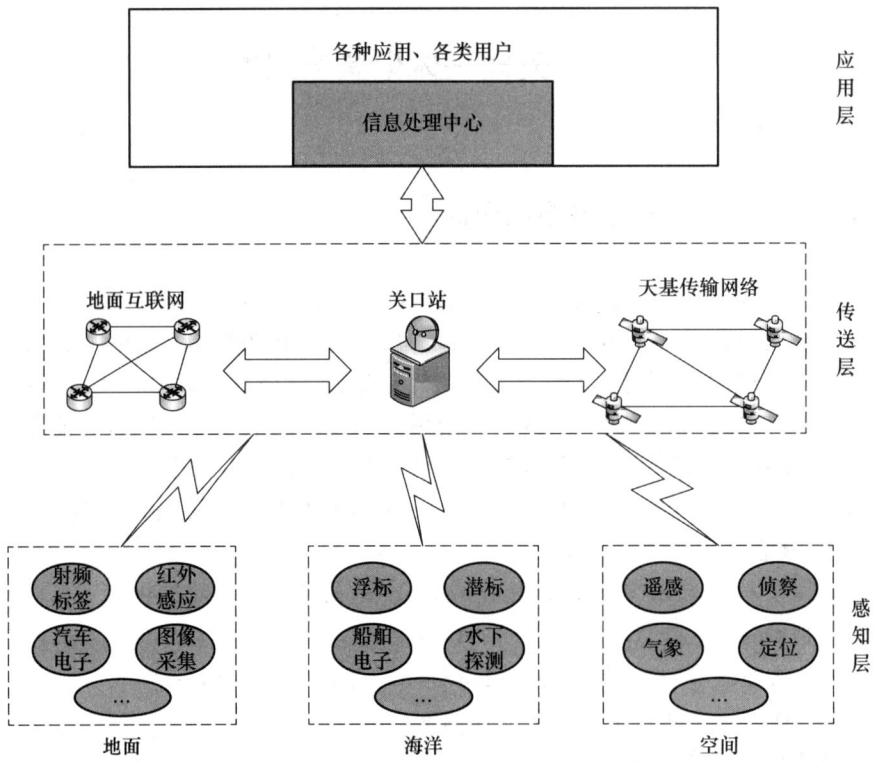

图 8.1 天地一体化信息网络功能结构

如图 8.2 所示,典型的空天地一体化网络由四部分组成:各种探测器构成的深空网络、各种轨道卫星构成的天基网络、飞行器构成的空基网络〔包括 HAPS 或高空基站(HAPS IMT BS,HIBS)和无人机系统(Unmanned Aircraft Systems,UAS)等〕,以及传统的地/海基网络。其中,地/海基网络又包括蜂窝无线网络、海上网络、地面站和移动卫星终端以及地面的数据与处理中心等。深空网络将在 8.5 节讲述,在此不再赘述。

1. 天基网络

1) 感知层

空间传感器同时具备星地和卫星中继两种链路,可根据需要选择将感知数据直接下传至地面站,或经中继卫星通信网络转发至卫星关口站,并实现接入地面互联网。空间感知层的各类航天器具有如下显著特点。

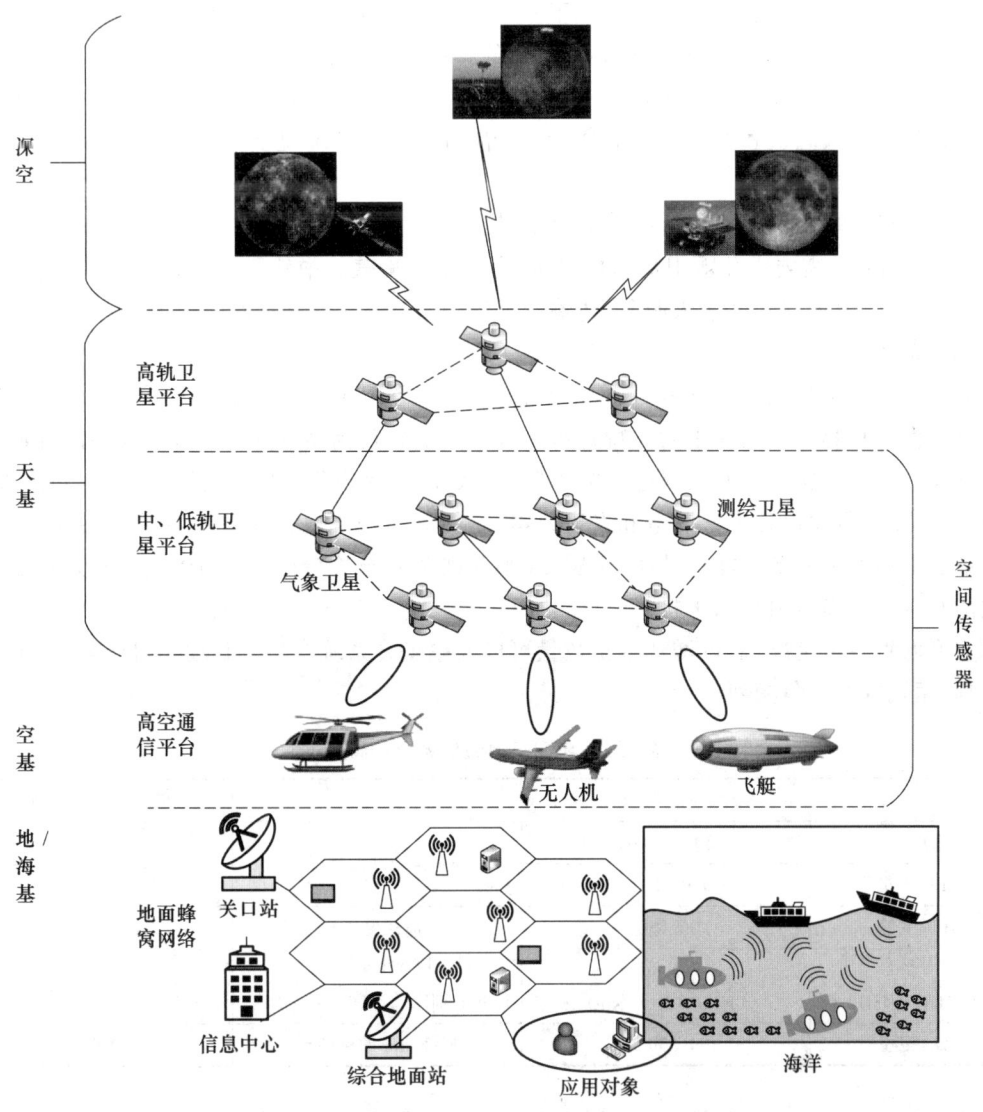

图 8.2 空天地一体化信息网络拓扑结构

(1) 从轨道高度看,大多位于几百千米的太阳同步轨道,轨道倾角接近 90°,经几十分钟至数小时环绕地球一周,轨道重复周期为几十天。通常,在每次经过指定地面站时,下传采集到的数据经处理后利用地面网络传输和共享。

(2) 系统彼此孤立、自成体系,缺少各类空间信息资源的统一管理以及综合应用的技术体制和相应系统。

(3) 前/反向业务不对称。前向链路的传输方向为:地面站→(天基网络传送层卫星)→感知层卫星。反向链路的传输方向为:感知层卫星→(天基网络传送层卫星)→地面站。根据感知层卫星的业务特点,其反向业务流量要远大于前向业务流量,呈现明显的不对称性。

2) 传输层(天基传输网络)

天基传输网包括高、中、低轨卫星,其通信系统的特征如表 8.1 所示。

(1) 高轨卫星

高轨卫星的覆盖范围相对地面固定,单星最大覆盖地球 42% 的面积,一般 3~4 颗卫星便可完成极地地区之外的全球覆盖。高轨卫星正在向高通量方向发展,利用 Ka 频段丰富的频谱资源及多波束和频率复用技术,提高了卫星的频谱效率和数据吞吐量。目前,高轨卫星系统的容量可达 50 Gbit/s,卫星技术和通信体制较为成熟。但高轨卫星传输时延大,时延超过 500 ms;卫星设计、制造和发射的门槛高,系统容量低,适合传统卫星广播业务。

（2）中轨卫星

中轨卫星的单星覆盖面积比高轨卫星小,轨道高度为 2 000~20 000 km,约覆盖地球表面积的 12%~38%,需要十几颗卫星构成星座,完成全球覆盖。中轨卫星定位于提供高带宽、低成本、低延迟的卫星互联网接入服务,传输时延约为 150 ms,系统容量可达 15 Gbit/s。

（3）低轨卫星

低轨卫星的单颗卫星成本低,覆盖范围较小,需多颗卫星组成大型卫星星座以完成全球覆盖。星座设计总容量可达几十太比特每秒。低轨卫星轨道高度小于 2 000 km,传输时延通常在 30 ms 左右。低轨卫星的发展趋势为小型化、低成本、更密集组网、单独成形可控制波束,即采用小型化、轻量化设计降低制造和发射成本,组网更加密集以提供更大的系统吞吐量,并采用波束成形和波束调形功能将功率、带宽、大小和视轴动态地分配给每个波束,最大限度地提高性能并减少对高轨卫星的干扰。

大型低轨卫星星座,通过增加卫星数量可以大幅提升系统容量。目前,多国提出了低轨卫星计划,频轨资源竞争激烈。

表 8.1 典型卫星通信系统的特征

平台	高度定位/km	轨道	典型波束直径/km
LEO 卫星	300~1 500	环绕地球的圆形	100~1 000
MEO 卫星	7 000~25 000		100~1 000
GEO 卫星	35 786	相对地球保持静止,	200~3 500
UAS 平台（包括 HAPS/HIBS）	8~50（HAPS 是 20 km）	对于地面上的某个点,具有固定的高度和方向角	5~200
HEO 卫星	400~50 000	环绕地球的椭圆形	200~3 500

构建和完善天基信息传输网络,实现对低轨航天器、平流层飞艇、航天飞行器等全天候无缝覆盖,为空间感知层提供低时延、高带宽的数据传输通道,从根本上解决实时性、覆盖率等问题。与地面网络类似,感知层卫星获取的数据接入到传输网络后,由承担交换中心任务的传输层卫星实现信息汇聚、融合、交换和落地。交换中心可能有一个或者多个,由具有较大容量和较强信息处理能力的传输层卫星实现。

2. 空基网络

如图 8.3 所示,HAPS/HIBS 将无线基站安放在长时间停留在高空的飞行器上来提供电信业务,可与地面终端直接通信。HAPS/HIBS 具有覆盖范围广、受地面因素影响小、布设机动灵活等优势,可有效弥补地面网络的不足。

当 HAPS/HIBS 高度为 20 km 时,覆盖范围半径约 50 km,采用 4 面台或 5 面台天线,将其覆盖范围划分为 4~5 个小区,小区边缘传播空口时延约为 180 μs,覆盖范围内的时延差为 12.8 μs。HAPS/HIBS 的网络容量主要由平台的载荷决定,其中系留式气球和飞艇的载荷较大,通常为几百千克,预计可搭载 1 个宏站设备。以 3.5 GHz 的 5G NR 宏小区（100 MHz 带

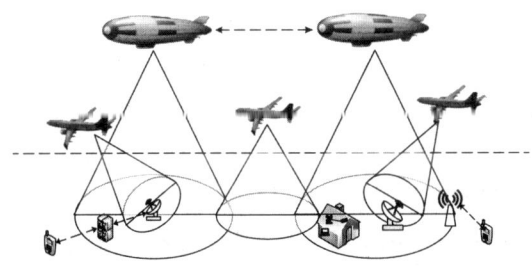

图 8.3 空基网络结构图

宽)基站为例,系留式气球或飞艇上的 HIBS 单小区峰值速率可达 5 Gbit/s,单基站峰值速率可达 20/25 Gbit/s。

3. 地基网络

在地面网络基础上,需要构建具有多系统空间信息收发和数据融合能力的新型综合地面站(直接接收过顶航天器的数据)及管控中心,实现空间资源的统一管理和利用,建设具有中继下行数据接收和互联网接入功能的多功能关口站。

天基网络与空基网络属于非地面网络(Non-Terrestrial Network,NTN)。非地面网络与地面移动网络各有优势和劣势。

(1) 地面移动网络的优势是:具有强大的计算能力、大数据存储能力、高数据传输速率、低时延、城郊低成本覆盖以及支持海量连接,在人口相对聚集的地区可以有效提升社会与经济的数字化程度。但是,偏远地区的地面移动网络铺设困难、成本高昂,且地面移动网络会受到地形和地理灾害的限制。

(2) 非地面网络可突破地表限制,实现全球全域的覆盖和大时空尺度的快速通信服务。卫星网络具有天然的广播性,覆盖范围内的链路损耗与时延相对一致,避免了地面蜂窝网络中的"远近"效应,使用户具有相近的体验速率。在偏远地区,非地面网络比地面移动网络有更低的覆盖成本与容量成本;但传播时延高,并且无法完成深度覆盖和城区容量承载。

地面移动网络提供基础的大数据存储与处理能力,并利用高数据传输速率提升大部分陆地区域的数据传输效率;非地面网络提供偏远地区、海洋、空域等立体覆盖能力,协助地面网络实现全域泛在覆盖。因此,深度融合的空天地一体化网络可以充分利用卫星、HAPS/HIBS 和地面 5/6G 网络各自的特点与优势,实现用户的极简、极智、泛在接入和全域时敏服务。

8.2 平流层通信

1. 平流层通信概述

地面上方 8~50 km 的空间范围为平流层,该区域内大气温度基本上是常数,故也称为同温层。与较低的对流层不同,在平流层高度 18~24 km 内平均风速为 10 m/s,最大为 40 m/s,且风向大部分时间不变,气流比较平稳。如果将载有大量通信设备的飞艇作为高空信息平台,并利用推进器使其长时间稳定在平流层某一固定位置,就可以和地面控制/交换中心以及多种类的无线终端构成一个无线通信系统。平台大体上位于平流层底部,距地面约 20 km,该高空平台(High Altitude Platform Stations,HAPS)被称为平流层通信平台,相应的通信系统称为平流层通信系统。ITU 决定将 47/48 GHz 两个带宽各 300 MHz 的频带分配给高空平台通信系统使用。

平流层通信平台高于商业飞行与天气能够影响的高度，但是与卫星通信相比，高度又足够低，因此能够为它覆盖的地区提供高容量和高密度的通信服务。较大的有效载荷承受能力使得平台能装下各种各样的通信设备。同时，通过地面站，平流层通信平台能和天空站公用网及其他平台无缝连接。该平台使用太阳能电池与燃料电池，在 5～10 年平台服务期内给推进系统及承载有效载荷提供所需能量。该平台可以回收、修复并重新安放。

2. 平流层通信的特点

（1）与卫星通信相比，平流层通信平台与地面的距离是 GEO 卫星的 1/1 800，自由空间衰减少了 65 dB，延迟时间只有 0.5 ms，有利于通信终端的小型化、宽带化和双工数据流的对称传输和互操作，能够实现对称双工的无线接入。

（2）与地面蜂窝系统相比，平流层通信平台的作用距离远、覆盖地区大。当它作为高空中继站时，其作用距离可达 1 000 km，比地面中继站远约 20 倍，而且信道衰落只是地面系统的 2/5，发射功率显著减少。

（3）平流层通信平台既可用于城市，也可用于海洋、山区，还可以用于发生自然灾害地区的监测和通信。

（4）飞艇放飞不需要复杂庞大的发射基地，每台造价约是通信卫星的 1/10；每个平台都可独立运行，建设周期短，初期投资少，一般用户端机价格较低，通信资费不高于已有的公众电话。

3. 平流层通信系统组成

如图 8.4 所示，平流层通信系统由多个平流层通信平台、多个地面交换/控制中心以及各种类型的无线接入终端构成，整个系统构成一个无线接入网。

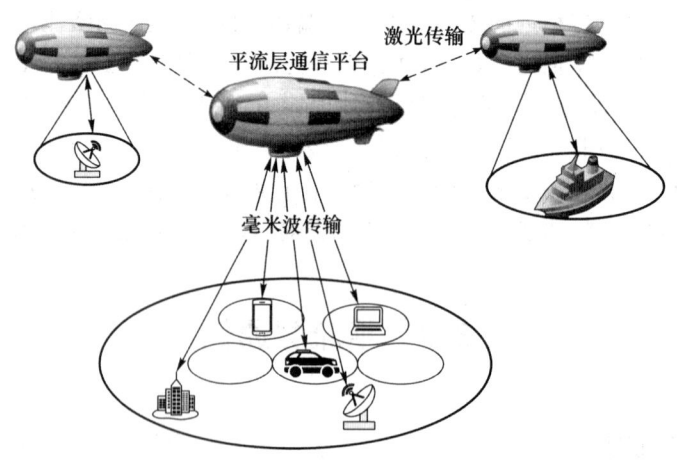

图 8.4　平流层通信系统示意图

根据使用频率与带宽及设备配置的不同，主要有如下两种基于平流层通信平台的宽带无线通信系统。

1）47 GHz 平流层宽带通信系统

ITU 将 47 GHz 频带的 600 MHz 带宽分配给平流层通信系统。工作频率在 47 GHz 的平流层宽带通信平台位于主要城市上空约 21 km 高度处，能够为 19 000 km^2 的覆盖范围提供业务服务。该系统可为各种类型的移动终端提供数字电话、传真、电子邮件、可视电话、互联网接入等各种服务。

2）2 GHz 平流层移动通信系统

装有 2 GHz 相控阵列天线的平流层移动通信平台可为 1 000 km 直径范围内的上百万用户提供宽带移动业务。天线阵列作为一个"高天线塔"发射上百甚至上千的波束并可多次复用频率，相当于在地面建造成百上千个地面天线塔。在采用 2 GHz 范围内频率的标准分配后，一个通信平台加上几个地面站就可以为覆盖范围内上百万蜂窝和固定话音设备提供移动业务。系统动态分配容量给最需要的地方，从而可避免业务量大的地方出现业务阻塞。

4. 平流层通信系统的网络结构

1）蜂窝小区

为充分利用有限的频谱资源，在平流层通信平台上使用相控阵列天线或机械控制的可展开轻型抛物面天线等波束成形技术，在地面上形成"蜂窝小区"结构。与 GSM 移动通信系统相似，空间分离的用户可以复用无线信道。

2）无线 ATM

基于蜂窝结构和有线环境下 ATM 的突出优势，平流层通信系统采用无线 ATM 作为系统的基本传输和交换技术；为了支持蜂窝移动 ATM 通信，在 ATM 高层协议中需要相应增加新的信令/控制功能，来处理诸如蜂窝小区切换、终端寻址和定位及流量控制等一系列与蜂窝移动通信有关的问题。

3）平流层通信网

将整个平流层通信平台相互连接，还可以构成类似地面微波中继通信的空中中继体系。美国 Sky Station 公司认为，在全世界建立 250 个中继平台，就可以构成环绕全球的平流层通信网。

5. 平流层通信业务

平流层通信业务可使数字电话、计算机图像信息和混合信息发送到手提式多媒体终端、无线本地环路（Wireless Local Loop，WLL）终端以及固定无线网络终端上。

8.3 非地面网络

卫星通信在覆盖、可靠性及灵活性方面的优势能够弥补地面移动通信的不足，卫星通信与地面 5G 融合能够为用户提供更为可靠的服务，降低运营商网络部署成本，连通"空-天-地-海"多维空间，形成一体化的泛在网络格局。

8.3.1 NTN 的应用场景与挑战

1. NTN 的应用场景

5G 三大应用场景是 eMBB、uRLLC 和 mMTC。虽然 NTN 无法满足 uRLLC 场景的需求，但凭借其可靠性和大覆盖特点，在 eMBB 和 mMTC 场景中有着广泛的应用和地面网络无法替代的重要性。如表 8.2 所示，3GPP 对 NTN 在 5G 应用中的场景和用例进行了总结。

表 8.2　NTN 的 5G 用例

5G 服务	5G 用例	5G 使用场景描述	NTN 服务
eMBB	多连接	在服务不足地区(家中或小型办公室,大型活动临时设施)的用户通过多种网络连接到 5G 网络,速率可达 50 Mbit/s 以上。时延敏感流量可以在短时延链路上转发,而时延不敏感流量可以在长时延链路上转发	连接到 5G 服务不足地区的小区或中继节点,作为用户吞吐量有限的地面无线或有线接入的补充
	固定用户连接	偏远村庄或工业场所(采矿、海上平台)的用户可以接入 5G 服务	为核心网络与无服务地区建立宽带连接
	移动用户连接	船上或飞机上的乘客可以接入 5G 服务	为核心网络和移动平台(如飞机或船只)上的用户建立宽带连接
	网络弹性	一些关键的网络链路需要高可用性,可以通过多个网络连接并行聚合来实现,防止网络连接中断	备份连接
	中继	运营商可能希望在一个孤立的地区部署或恢复 5G 服务,为没有连接到 5G 本地接入网的"孤岛地区"提供服务	建立公共数据网络与一个移动网络锚点或两个移动网络锚点间的宽带连接
	边缘网络交付	媒体和娱乐内容(如直播、广播/组播流、组通信、移动边缘计算的虚拟网络功能更新)以组播方式传输到网络边缘的无线接入网设备,并存储在本地缓存中或进一步分发给用户设备	广播信道,支持组播传输到 5G 网络边缘
	定向广播	① 电视或多媒体服务传送到家庭场所或移动平台。 ② 公共安全部门希望能够在灾难事件发生时立即向公众发出警报,并在地面网络可能出现故障时为他们提供救灾指导。 ③ 汽车行业希望为他们的客户提供即时固件/软件空中服务,如地图信息、实时交通、天气和早期预警广播、停车位可用性等。 ④ 媒体和娱乐业可以在车辆上提供娱乐服务	向家庭或移动平台上的接入点或用户设备提供广播/组播服务
	广域公共安全	紧急救援人员(如警察、消防队和医务人员)可以在任何地方的户外条件下交换信息、语音和视频,并在任何机动情况下实现服务连续性	访问用户设备(手持或车载设备)
mMTC	广域物联网服务	基于一组传感器(物联网设备)的远程通信应用,这些传感器分散在广阔的区域,向中央服务器报告信息或由中央服务器控制,可以应用在以下领域。 ① 汽车和道路运输:高密度编队、高清地图更新、交通流量优化、车辆软件更新、汽车诊断报告、用户基础保险信息、安全状态报告等。 ② 能源:对石油/天然气基础设施的关键监控。 ③ 交通:车队管理、资产跟踪、数字标牌、远程道路警报。 ④ 农业:牲畜管理、耕作	物联网设备与星载平台间连接,需要实现星载平台和地面基站间服务的连续性
	本地物联网服务	一组收集本地信息的传感器,彼此连接并向一个中心点报告,中心点还可以命令一组执行器执行局部操作	在移动核心网与为小区内物联网设备服务的基站间建立连接

2. NTN 系统的挑战

空中或太空载体的高度较高、移动速度较快,对 NTN 的设计和应用带来了一些新问题和挑战。因此,5G NTN 组网需要对 5G 协议进行修改或增强,以适应上述差异和变化。非地面网络面临的挑战如下。

1) 高传输时延

GEO 卫星单路传输时延高达 270.73 ms(针对透明转发卫星),非 GEO 单路传输时延至少为 12.89 ms(如高度 600 km 的 LEO 卫星),而高度在 10 000 km 的 MEO 可达 95.2 ms,HAPS 单路传输时延至少为 1.526 ms。这些传输时延都远高于地面蜂窝网络的 0.033 ms。高传输时延极大地影响基站与终端间交互的时效性,特别是接入和切换等需要多次信令交互的过程,以及 HARQ 重传过程等,可能导致系统的定时器已经超时重启而信令还没送达。

2) 更大的小区半径

地面蜂窝小区的覆盖距离一般为几百米到几千米,超远覆盖也不到 100 km。与地面蜂窝小区相比,NTN 小区一般具有更大的覆盖范围,卫星小区的覆盖直径可达 1 000 km 级别,因此小区中心与边缘的时延差异更加明显。小区半径的增大将对系统定时同步带来影响,由于 5G 系统是同步通信系统,因此有必要引入增强的同步机制,保证用户间的同步,从而避免干扰。

3) 多普勒变化率和定时变化率

地面 5G 系统在高铁场景中仅需考虑数千 Hz 的多普勒频偏。而 LEO 卫星围绕地球做高速运动会导致多普勒变化和定时变化,系统不得不处理几万 Hz 甚至兆 Hz 级别的多普勒偏移。对于时间变化率,地面通信基本可以忽略,而对于 LEO 卫星通信,其定时变化率则达数十毫秒的量级,这对高频段的 5G 系统挑战巨大。时频同步技术必须进行较大的改进才能支持 NTN 通信。

4) 移动性管理

5G NTN 小区重选和切换、波束选择和恢复等移动性管理过程需要考虑可能的小区移动。一方面,在移动性管理决策中,需要考虑小区的移动状态信息(如速度、方向、预计位置),避免不必要的切换或重选等;另一方面,可进一步利用小区的移动状态信息,进行预先的小区或波束切换,减少信令交互开销。

5) 峰均比问题

受载荷器件限制,卫星通信的峰均比一直是重点关注的问题。传统卫星通信采用单载波技术,而 5G NTN 系统采用 OFDM 技术,峰均比较高。峰均比问题可以通过技术手段规避,如考虑削峰技术,通过对信号的峰值进行限幅来降低峰均比。经讨论,3GPP 仍然采用 5G 波形体制,峰均比问题作为实现问题留给设备商进行技术优化。

6) 资源问题

不同于地面网络设备,星载设备在功率、质量、尺寸等方面存在严格的限制,导致其运算及存储能力均有一定局限性。因此,星间路由及存储能力等的设计面临严苛挑战。该挑战可以通过增加系统容量,如多波束技术和高通量有效载荷、有效的资源管理(如高效的算法和编码技术)、优化地面基础设施等改善星上资源的有限性。现存频谱资源逐渐无法满足日益增长的网络服务需求,低轨卫星网络也需要采用更高的频段,并采用频谱分配、调制解调技术等合理利用频谱资源。

8.3.2 5G NTN 系统架构

1. 5G NTN 网络组成

1) NTN 网络结构

NTN 分为透明转发（或弯管转发）和再生转发两大场景。

(1) 透明转发场景

如图 8.5 所示，在透明转发场景中，卫星的角色是射频中继，服务链路和馈电链路均采用 5G 的 Uu 接口，而 NTN 网关只是透传 NR-Uu 口信号，不同的透传卫星可以连接相同的地面基站(gNB)，技术容易且成本较低，但卫星和基站间的路径长、时延较高，且不支持星间协作，因此需要部署大量网关站。

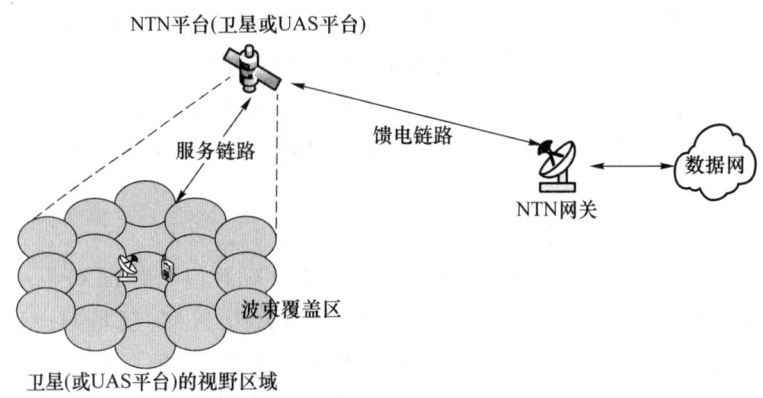

图 8.5 基于透明转发的 NTN

(2) 再生转发场景

如图 8.6 所示，在再生转发场景中，卫星的角色是星载基站(gNB-DU 或 gNB)，服务链路采用 NR-Uu 接口，而馈电链路采用私有的卫星无线空口(Satellite Radio Interface，SRI)，NTN 网关则是传输网络层节点，不同星载 gNB 可以连接相同的地面 5G 核心网、再生转发架构必须改造并新发射卫星，技术复杂度较高且成本较大。其优点是手机和卫星基站间的时延较低，且由于有星间链路存在，网关站可以部署得少一些。

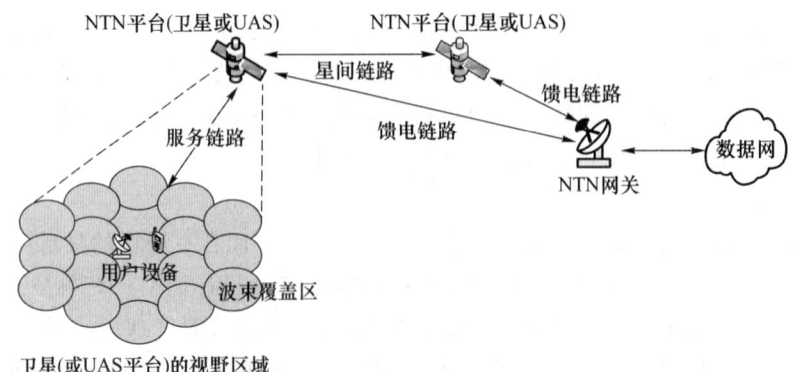

图 8.6 基于再生转发的 NTN

2) NTN 网络组成

NTN 由以下 6 个部分组成。

① NTN 网关：NTN 与公共数据网络间的参考点，能把 NTN 网络连接到公共数据网络上。

② 馈电链路：NTN 网关与 NTN 平台间的通信链路。

③ 星间链路(ISL)：用于再生转发模式下 NTN 平台基站间信息交互情况，是以星座方式组网时的可选链路，ISL 间的传输媒介是电磁波或光波。

④ 服务链路：NTN 终端与 NTN 平台间的通信链路。

⑤ NTN 终端：NTN 平台在目标覆盖区域内服务的用户，包括手持终端等小型终端和 VSAT。NTN 终端的典型特征见表 8.3。手持终端等小型终端通常直接接入窄带或宽带卫星网络，常在 6 GHz 以下，手持或 IoT 终端通常运营在 S 频段(2~4 GHz)频段，下行速率为 1~2 Mbit/s(窄带)；VSAT 常搭载于移动平台(如船舶、列车、飞机等)作为其内部小型终端的中继，由宽带卫星接入网络提供服务，频段通常在 6 GHz 以上，运行在 Ka 频段(27~40 GHz)，下行速率可超过 50 Mbit/s。

表 8.3 NTN 终端的典型特征

参数	VSAT 终端(固定或安装在移动平台上)	手持或 IoT 终端
发射功率	2 W(33 dBm)	200 mW(23 dBm)
天线类型	60 cm 等效孔径(圆形极化)	全向天线(线形极化)
天线增益	发射：43.2 dBi 接收：39.7 dBi	发射和接收：0 dBi
噪声系数	1.2 dB	9 dB
EIRP	45.75 dBW	−7 dBW
G/T	18.5 dB/K	−33.6 dB/K
极化方式	圆形	线形

⑥ NTN 平台：搭载部分基站单元(如 RRU)或全部基站功能单元。当搭载部分基站单元，NTN 平台仅具备射频滤波、频率转换和放大功能时，称为透明转发模式；当搭载全部基站单元，NTN 平台额外具备调制/编码、解调/解码、交换/路由等功能时，称为再生转发模式。

(1) 平台组成

NTN 平台包括卫星及无人机系统(UAS)平台。UAS 平台中的高空平台(HAPS)位于平流层。该平台包括飞机、气球、飞艇等，相对于地球固定在某个特定位置上，具有覆盖半径大、时延低、容量大等特点。NTN 平台类型见表 8.1。GEO 卫星提供洲际或区域通信服务。LEO 卫星和 MEO 卫星以星座组网的方式在北半球和南半球提供通信服务，在某些条件下，也可以为包括极地在内的全球区域提供通信服务。UAS 平台提供本地通信服务。HEO 卫星通常为高纬度地区提供通信服务。

(2) 波束类型

卫星在视野范围内的特定区域产生多个波束，波束覆盖区是典型的椭圆形，可以产生固定波束或可调整波束，因此在地面上产生移动的或固定的波束覆盖区，波束分为以下 3 种类型。

① 地面固定(Earth-Fixed)波束

在所有的时间内，同一个地理区域由固定的波束持续的覆盖，如 GEO 卫星产生的波束。

② 准地面固定(Quasi-Earth-Fixed)波束

如图 8.7(a)所示,在某个有限的周期内,某个地理区域由一个波束覆盖,在其他的周期内,该区域由其他波束覆盖,如非 GEO 卫星产生的可调整波束。

③ 地面移动(Earth-Moving)波束

如图 8.7(b)所示,波束的覆盖区域沿着地面滑动,如非 GEO 卫星产生的固定的或不可调整的波束。

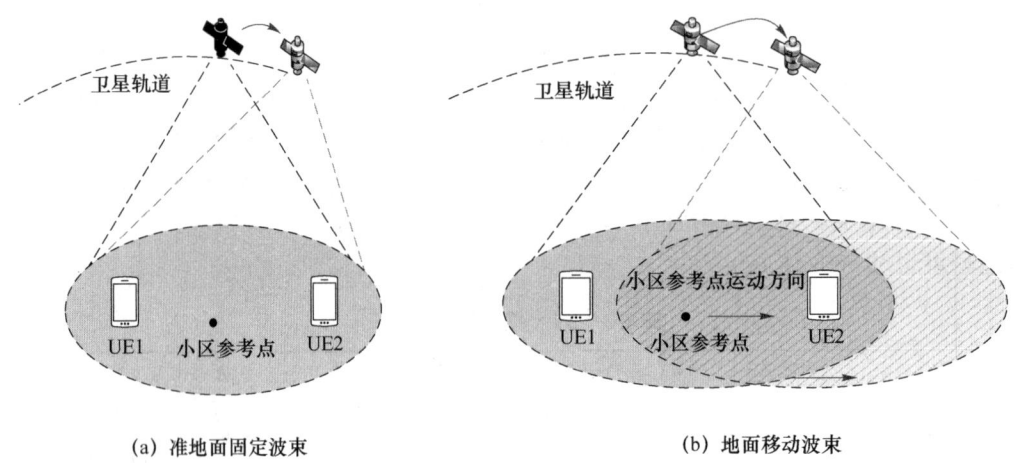

图 8.7 准地面固定波束和地面移动波束的示意

2. 基于 NTN 的 NG-RAN 架构

1) 透明转发的 NG-RAN 架构

透明转发的 NG-RAN 架构如图 8.8 所示。卫星对无线信号进行频率转换和放大,对应模拟射频直放站,服务链路的 SRI 接口是 NR-Uu 接口,也就是卫星不终止 NR-Uu 接口。NTN 网关支持面向 NR-Uu 接口的所有必要功能。不同的透明卫星可能连接到地面上的同一个 gNB 上。

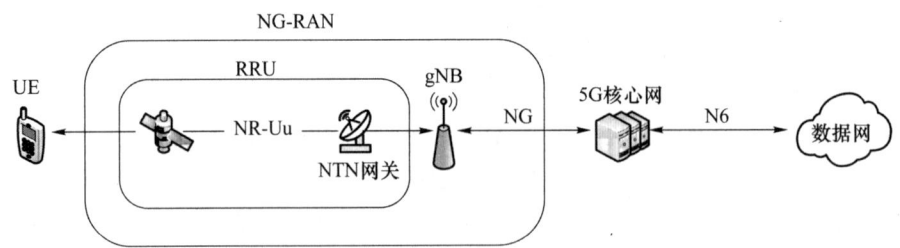

图 8.8 透明转发的 NG-RAN 架构

透明转发的 NG-RAN 架构的 QoS 流如图 8.9 所示。5G 核心网为每个 UE 建立一个或者多个 PDU 会话,一个 PDU 会话可能包含多个 QoS 流和多个 DRB,但是只有一个 GTP-U 隧道。gNB 可将单个 QoS 流映射到多个 DRB 上,一个 DRB 可以传输一个或多个 QoS 流。QoS 流是 5G 核心网到终端的 QoS 控制的最细粒度。每个 QoS 流用一个 QoS 标识符(Flow Identity,QFI)来标识。在一个 PDU 会话内,每个 QoS 流都是唯一的。核心网会通知 gNB 每个 QoS 流对应的 5G QoS 标识(5G QoS Identifier,5QI),用于指定此 QoS 流的 QoS 属性。

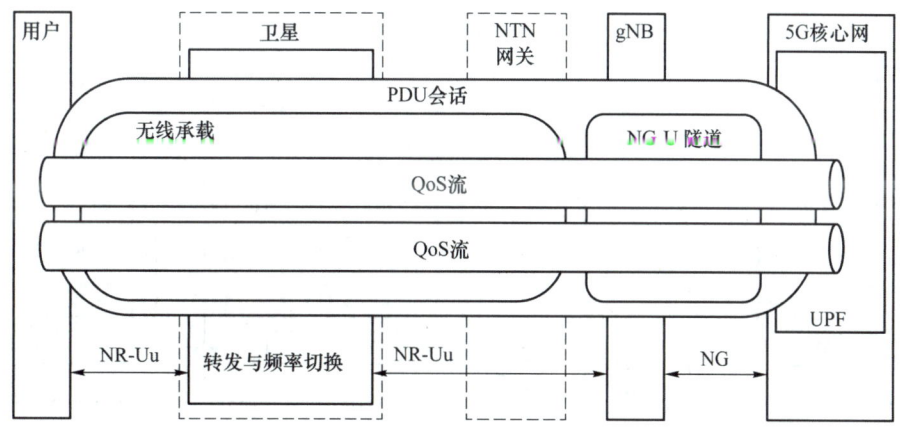

图 8.9 透明转发的 NG-RAN 架构的 QoS 流

透明转发的 NG-RAN 架构的用户面协议栈如图 8.10 所示。UE 和 gNB 间的 NR-Uu 接口的协议栈由 SDAP、PDCP、RLC、MAC 和 PHY 组成，gNB 和 UPF 间的 NG-Uu 接口的协议栈由 GTP-U、UDP、IP、L2、L1 组成。与地面 5G 蜂窝网络类似，用户数据经过卫星和 NTN 网关在 UE 和 5GC 的 UPF 间传输，卫星对无线信号进行频率转换和放大。

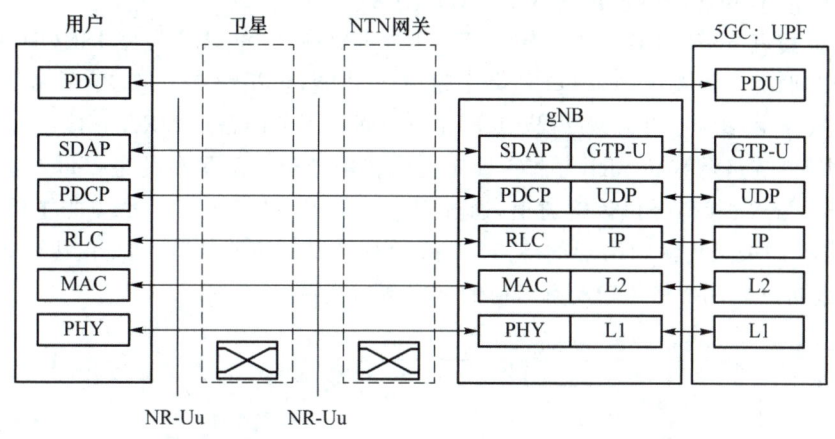

图 8.10 透明转发的 NG-RAN 架构的用户面协议栈

透明转发的 NG-RAN 架构的控制面协议栈如图 8.11 所示。UE 和 gNB 间的 NR-Uu 接口的协议栈由 RRC、PDCP、RLC、MAC 和 PHY 组成，RRC 信令终止于 gNB；gNB 和 AMF 间的 NG-C 接口的协议栈由 NGAP、SCTP、IP、L2、L1 组成。与地面 5G 蜂窝网络类似，NAS 层信令经过卫星和 NTN 网关在 UE 和 5GC 的 AMF 间传输，卫星只对无线信号进行频率转换和放大。

透明转发的 NG-RAN 架构对 NG-RAN 设计主要有以下 3 个方面的影响。
(1) 不需要修改 NG-RAN 结构，即可支持透明转发的 NTN。
(2) NR-Uu 接口的定时器需要扩展，用来应对馈电链路和服务链路的超长时延。
(3) 控制面(Control Plane, CP)和用户面(User Plane, UP)都在地面终止。

对于 CP，不引起任何问题，但定时器需要扩展以适应 Uu 接口的超长时延，这一实现问题由设备厂家负责解决。对于 UP，不影响 UP 协议本身，但是 UP 数据包的长回环时延会带来问题，因此 gNB 需要配备更大的缓存来存储 UP 数据包。

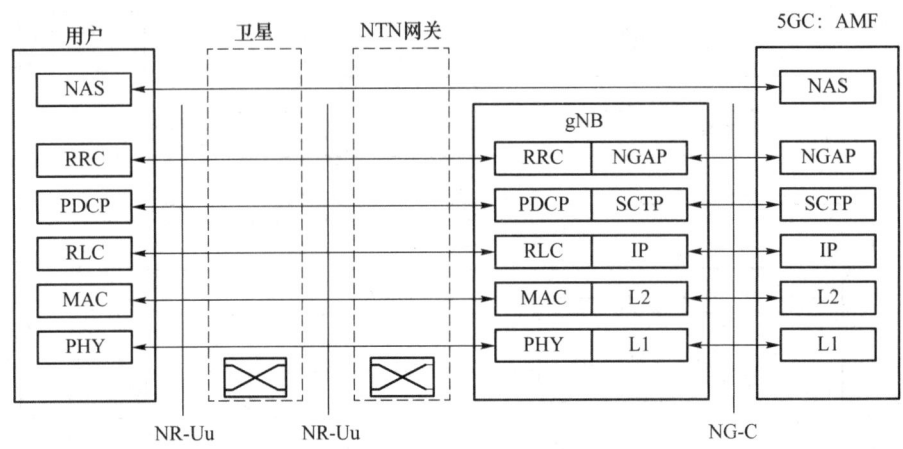

图 8.11 透明转发的 NG-RAN 架构的控制面协议栈

2) 再生转发的 NG-RAN 架构

再生转发的 NG-RAN 架构可分为两类：一类是卫星具有 gNB 的全部功能；另一类是卫星只具有 gNB-DU 的功能，gNB-CU 在地面上。

(1) 具有 gNB 功能的再生转发 NG-RAN 架构

对于卫星具有 gNB 功能的再生转发 NG-RAN 架构，又可以分为无 ISL（图 8.12）和有 ISL（图 8.13）两类。该架构中，卫星具有全部基站功能，包括频率转换、信号放大、解调/解码、交换和/或路由、编码/调制等过程。UE 和卫星间的服务链路是 NR-Uu 接口。NTN 网关和卫星间的馈电链路是 SRI，SRI 为 NG 接口提供传输通道。卫星负荷也可以在卫星间提供 ISL 链路，ISL 为 Xn 接口提供传输通道，通过卫星上 gNB 服务的 UE 可以通过 ISL 接入 5G 核心网。NTN 网关是传输网络层的节点，支持所有必要的传输协议。如果卫星承载不止一个 gNB，那么同一个 SRI 将传输所有对应的 NG 接口实例。

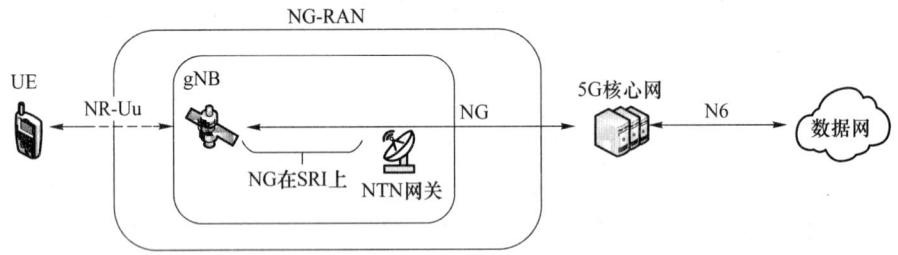

图 8.12 具有 gNB 功能的再生转发的 NG-RAN 架构（无 ISL）

具有 gNB 功能的再生转发 NG-RAN 架构的 QoS 流如图 8.14 所示。

具有 gNB 功能的再生转发 NG-RAN 架构的用户面协议栈如图 8.15 所示。SRI 接口的协议栈用于传输卫星和 NTN 网关间的用户面数据，SRI 是 3GPP 或非 3GPP 协议。用户的 PDU 经过 NTN 网关在 5GC 和星上 gNB 之间的 GTP-U 隧道上传输。

具有 gNB 功能的再生转发 NG-RAN 架构的控制面协议栈如图 8.16 所示。NG-AP 协议经过 NTN 网关在 5GC 的 AMF 和星上 gNB 之间的 SCTP 上传输。NAS 层信令经过 NTN 网关在 5GC 的 AMF 和星上 gNB 之间的 NG-AP 上传输。

具有 gNB 功能的再生转发 NG-RAN 架构对 NG-RAN 的设计主要有以下 3 个方面的影响。

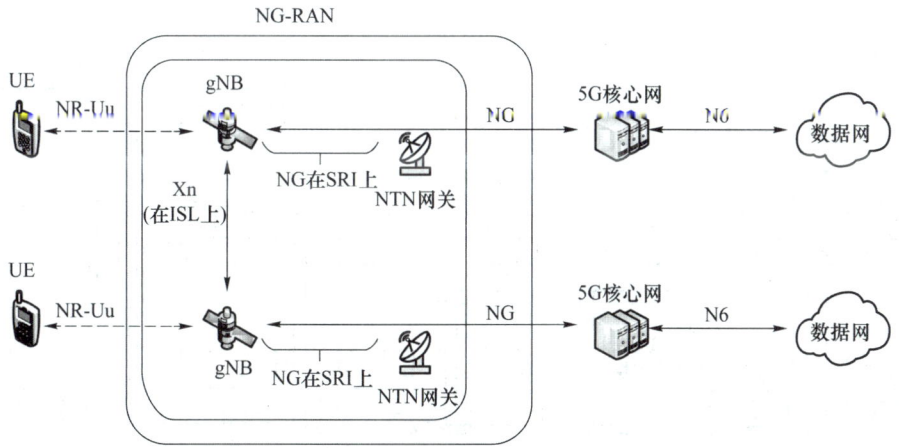

图 8.13　具有 gNB 功能的再生转发的 NG-RAN 架构（有 ISL）

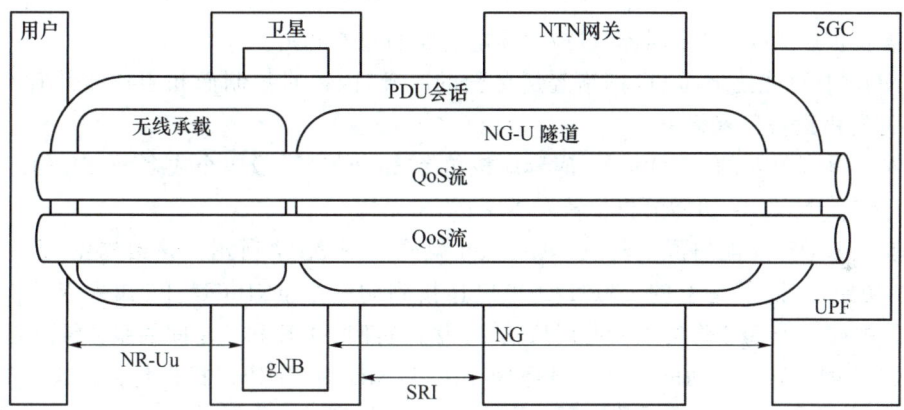

图 8.14　具有 gNB 功能的再生转发 NG-RAN 架构的 QoS 流

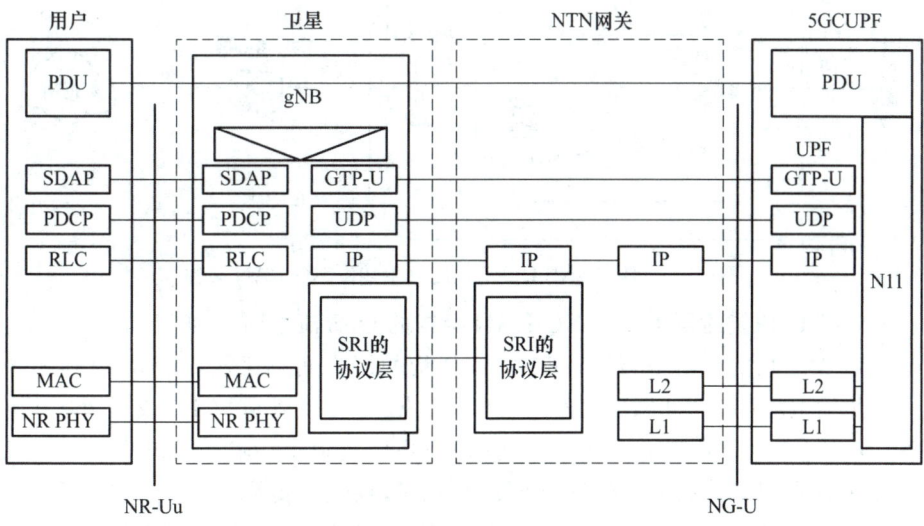

图 8.15　具有 gNB 功能的再生转发 NG-RAN 架构的用户面协议栈

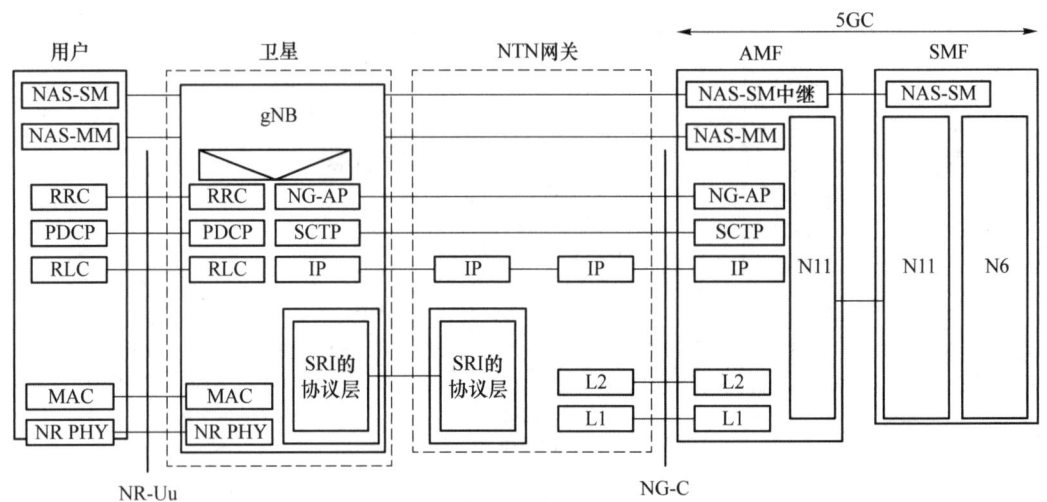

图 8.16 具有 gNB 功能的再生转发 NG-RAN 架构的控制面协议栈

① 需要扩展 NG-AP 定时器,以应对馈电链路的超长时延。

② NG-AP 可能比地面 5G 网络经历更长的时延,因此对控制面和用户面都有不利的影响,该类问题由设备厂家解决。

③ 对于具有 ISL 的 LEO 场景,时延应该包括 SRI 的时延及 1 个或多个 ISL 的时延。

(2) 具有 gNB-DU 功能的再生转发 NG-RAN 架构

具有 gNB-DU 功能的再生转发 NG-RAN 架构如图 8.17 所示。该架构中,卫星只具有 gNB-DU 功能,不同卫星上的 gNB-DU 可以连接到同一个 gNB-CU 上,如果卫星上有多个 gNB-DU,则同一个 SRI 将传输所有对应的 F1 接口实例。UE 和卫星间的服务链路是 NR-Uu 接口。NTN 网关和卫星间的馈电链路是 SRI 接口,SRI 为 F1 协议提供传输通道,F1 协议由 3GPP 协议定义。NTN 网关是传输网络层的节点,支持所有必要的传输协议。

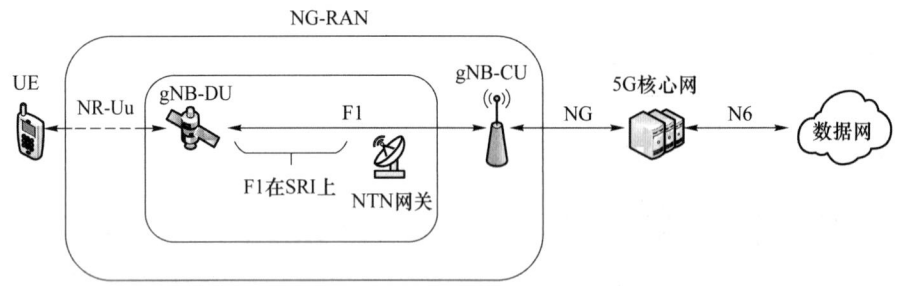

图 8.17 具有 gNB-DU 功能的再生转发 NG-RAN 架构

具有 gNB-DU 功能的再生转发 NG-RAN 架构的 QoS 流如图 8.18 所示。

具有 gNB-DU 功能的再生转发 NG-RAN 架构的用户面协议栈如图 8.19 所示。SRI 的协议栈用于传输卫星和 NTN 网关之间的用户面数据,SRI 可以是 3GPP 或非 3GPP 协议。用户的 PDU 在 5GC 的 UPF 和 gNB-CU 之间的 GTP-U 隧道上传输。用户的 PDU 经过 NTN 网关在 gNB-CU 和卫星上的 gNB-DU 之间的 GTP-U 隧道上传输。

具有 gNB-DU 功能的再生转发 NG-RAN 架构的控制面协议栈如图 8.20 所示。NG-AP PDU 在 5GC 的 AMF 和 gNB-CU 之间的 SCTP 上传输。RRC PDU 经过 NTN 网关在 gNB-

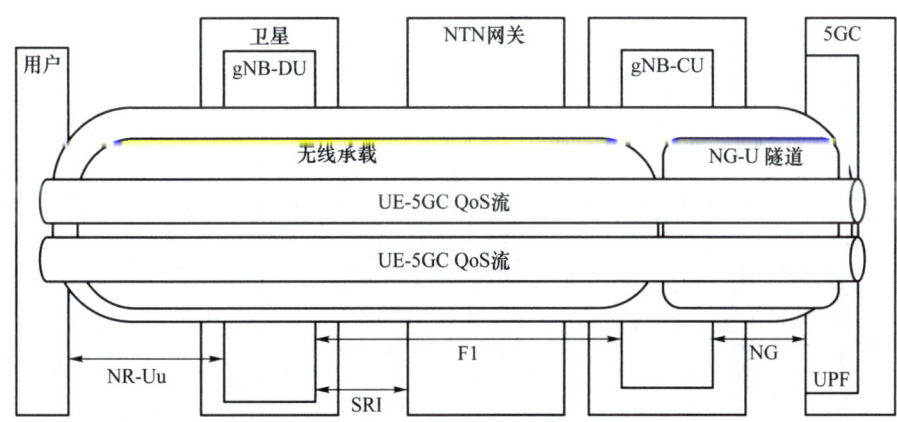

图 8.18　具有 gNB-DU 功能的再生转发 NG-RAN 架构的 QoS 流

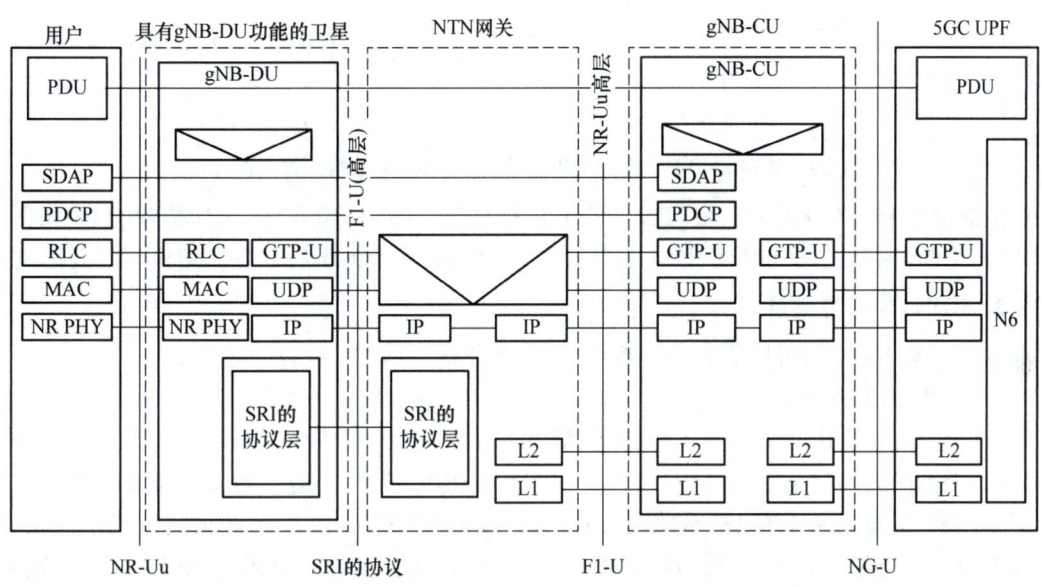

图 8.19　具有 gNB-DU 功能的再生转发 NG-RAN 架构的用户面协议栈

CU 和卫星上的 gNB-DU 之间的 F1-C 协议栈的 PDCP 上传输；F1-C PDU 在 SCTP、IP 上传输。IP 数据包在 gNB-DU 和 NTN 网关之间的 SRI 协议栈上传输，IP 数据包也在 gNB-CU 和 NTN 网关之间的 L1/L2 上传输。一部分 NAS 层信令在 5GC 和 gNB-CU 之间的 NG-AP 协议上传输，另一部分 NAS 层信令经过 NTN 网关在 gNB-CU 和卫星上的 gNB-DU 之间的 RRC 协议上传输。

具有 gNB-DU 功能的再生转发 NG-RAN 架构对 NG-RAN 的设计主要有以下 3 个方面的影响。

① RRC 层和其他 L3 层协议的处理都终止于地面 gNB-CU，需要满足严格的定时限制。

② LEO 系统或 GEO 系统选择该架构，可能影响 F1 的实施，如需要对定时器进行扩展。由于 LEO 系统的时延远小于 GEO 系统的时延，所以该架构对 LEO 系统的影响要远小于对 GEO 系统的影响。

③ 所有面向地面 NG-RAN 节点的控制面接口都在地面上终止。对于控制面，除了 F1 应用层协议（F1 Application Protocol）需要扩展定时器以适应 SRI 非常长的回环时延，该架构不

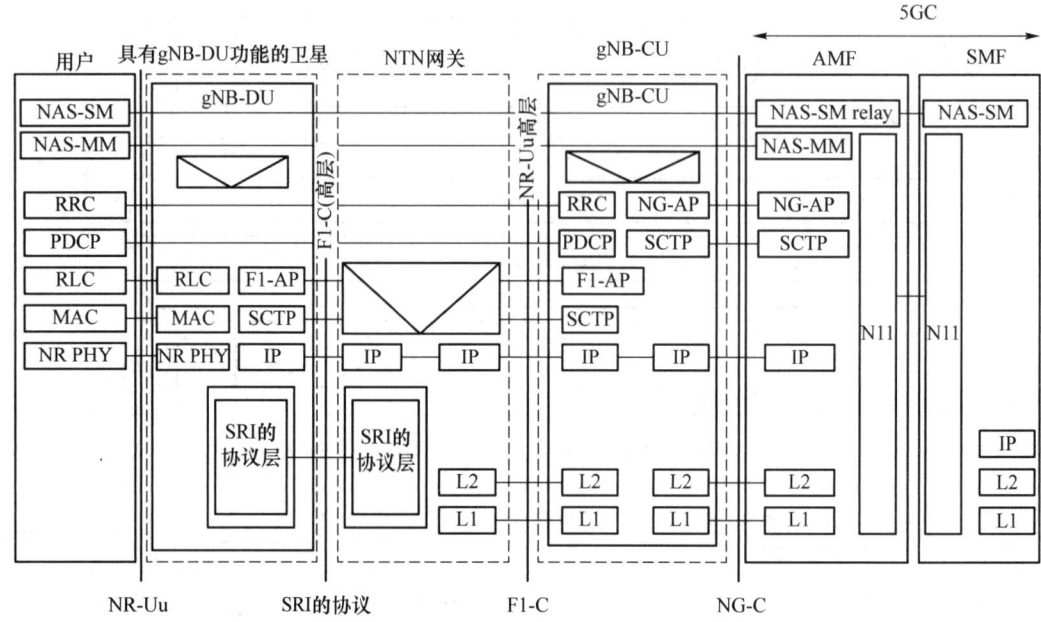

图 8.20 具有 gNB-DU 功能的再生转发 NG-RAN 架构的控制面协议栈

会产生其他影响。对于用户面，NTN 不影响运行在 Xn 上的实例，经过 SRI 传输的 F1 用例需要适应 SRI 非常长的回环时延，因此 gNB-CU 需要具有更大的缓存以存储用户面的数据包。

3. 5G NTN 部署场景

本节定义 NTN 部署场景和相关系统参数，并分析了 NTN 的信道特征。

1) NTN 的参考场景

NTN 为 UE 提供的接入服务，具体包括以下 6 个场景：①环绕轨道场景和地球同步轨道场景；②最高的回环时延限制场景；③最高的多普勒限制场景；④透明转发场景和再生转发场景；⑤有 ISL 的场景和没有 ISL 的场景；⑥卫星（或 UAS 平台）是固定波束或可调整波束，因此在地面上产生移动的波束覆盖区或固定的波束覆盖区。参考场景示例见表 8.4，参考场景示例的详细参数见表 8.5。

表 8.4 参考场景示例

场景名称	透明转发场景	再生转发场景
基于 GEO 的 NTN 接入网络	场景 A	场景 B
基于 LEO 的 NTN 接入网络：可调整的波束	场景 C1	场景 D1
基于 LEO 的 NTN 接入网络：波束随卫星移动	场景 C2	场景 D2

表 8.5 参考场景示例的详细参数

序号	参数名称	参数定义	
1	场景	基于 GEO 的 NTN 接入网（场景 A 和场景 B）	基于 LEO 的 NTN 接入网（场景 C 类 & 场景 D 类）
2	环绕类型	相对地球保持静止，地面上的点与卫星间具有固定的高度和方向角	环绕地球的圆形

续表

序号	参数名称	参数定义	
3	高度	35 786 km	600 km 和 1 200 km
4	服务链路的频率	小于 6 GHz(例如,2 GHz); 大于 6 GHz(例如,下行是 20 GHz,上行是 30 GHz)	
5	服务链路的最大信道带宽	小于 6 GHz 的频段:30 MHz 带宽 大于 6 GHz 的频段:1 GHz 带宽	
6	负荷	场景 A:透明转发(仅包括无线频率转换和放大功能) 场景 B:再生转发(包括 gNB 的全部功能或部分功能)	场景 C:透明转发(仅包括无线频率转发和放大功能) 场景 D:再生转发(包括 gNB 的全部功能或部分功能)
7	ISL	无	场景 C 类:无 场景 D 类:有/无(两种情况都有可能)
8	地面固定波束	是	场景 C1:是(可调整的波束) 场景 C2:否(波束随卫星移动) 场景 D1:是(可调整的波束) 场景 D2:否(波束随卫星移动)
9	边到边的最大波束覆盖区尺寸	3 500 km	1 000 km
10	对于网关和 UE,最小的仰角	服务链路 10°,馈电链路 10°	服务链路 10°,馈电链路 10°
11	当仰角最小时,卫星和 UE 之间的最大距离	40 581 km	1 932 km(600 km 高度) 3 131 km(1 200 km 高度)
12	仅考虑传播时延的最大环回时延	场景 A:541.46 ms(服务链路和馈电链路之和) 场景 B:270.73 ms(仅服务链路)	场景 C:(透明转发,服务链路和馈电链路之和)25.77 ms(600 km),41.77 ms(1 200 km) 场景 D:(再生转发,仅服务链路)12.89 ms(600 km),20.89 ms(1 200 km)
13	小区内的最大差分时延	10.3 ms	600 km 高度的 LEO 是 3.12 ms 1 200 km 高度的 LEO 是 3.18 ms
14	当 UE 在地面上静止时,最大多普勒频移	0.93×10^{-6}	24×10^{-6}(600 km) 21×10^{-6}(1 200 km)
15	当 UE 在地面上静止时,最大多普勒频移变化率	$0.000\ 045 \times 10^{-6}$/s	0.27×10^{-6}/s(600 km) 0.13×10^{-6}/s(1 200 km)
16	地面上 UE 的移动速度	1 200 km/h(如飞机)	500 km/h(如高铁),也可能是 1 200 km/h(如飞机)
17	UE 天线类型	全向天线(线性极化),假定 0 dBi 定向天线(最大 60 cm 等效口径,圆形极化)	
18	UE 发射功率	全向天线:UE 功率等级 3,最高是 200 mW 定向天线:最大 20 W	

续表

序号	参数名称	参数定义
19	UE 噪声系数	全向天线：7 dB 定向天线：1.2 dB
20	服务链路	3GPP 定义的无线接口
21	馈电链路	3GPP 或 non-3GPP 定义的无线接口

2) 传播时延和多普勒频移特征

NTN 的信道特征包括传播时延、差分时延和多普勒频移。

(1) 传播时延

传播时延分为单向时延和回环时延两种。对于透明转发，单向时延定义为从 NTN 网关经过 NTN 平台（卫星或 UAS 平台）到 UE 的时延；对于再生转发，单向时延定义为从 NTN 平台到 UE 的时延。对于透明转发，环回时延定义为从 NTN 网关经过 NTN 平台到 UE，再从 UE 经过 NTN 平台到 NTN 网关的时延；对于再生转发，环回时延定义为从 NTN 平台到 UE，再从 UE 到 NTN 平台的时延。实际的传播时延依赖于 NTN 平台的高度，NTN 网关和终端的各自位置。当 NTN 网关或 UE 位于波束覆盖边缘的位置时，与 NTN 平台的仰角最小，NTN 网关或 UE 与卫星 NTN 平台的距离最大，因此传播时延最大。

(2) 差分时延

差分时延是指在波束覆盖区内，在特定位置选择的两个点间的传播时延差值。需要说明的是，卫星距离地面最近的点（仰角是 90°）和覆盖边缘点（仰角最小）间的差分时延最大。小的波束直径对应小的差分时延，为减少差分时延，3GPP 协议规定：对于 GEO 卫星，波束直径最大是 1 500 km；对于 LEO 卫星，波束直径最大是 500 km。不同高度卫星的传播时延和差分时延见表 8.6。

表 8.6 不同高度卫星的传播时延和差分时延

参数		GEO 卫星 （高度 35 786 km）	LEO 卫星 （高度 600 km）	LEO 卫星 （高度 1 200 km）
地面网关与卫星之间的最小仰角/(°)		10	10	10
UE 与卫星之间的最小仰角/(°)		10	10	10
透明转发	单向时延/ms	270.73	12.89	20.89
	双向时延/ms	541.46	25.77	41.77
再生转发	单向时延/ms	135.37	6.44	10.45
	双向时延/ms	270.73	12.89	20.89
单向差分时延的最大值/ms		10.30	3.12	3.18

对于 UAS 平台，UAS 的高度在 8～50 km 之间。其中，HAPS 的高度在 20～50 km 之间。在 5°仰角的位置点，NTN 网关与 UAS 的距离是 229 km，单向时延大约是 1.526 ms，双向时延大约是 3.053 ms，单向差分时延的最大值是 0.697 ms。

(3) 多普勒频移

多普勒频移是指由于接收机运动、发射机运动或者二者同时运动导致的无线信号频率的偏移。多普勒变化率是多普勒频移随着时间的变化率。多普勒频移/多普勒变化率会对接收信号的质量造成一定的影响。如果多普勒频移/多普勒变化率过大,则导致接收机无法正确解调接收信号,出现通话中断或者无法通信的情况。多普勒频移的大小依赖于卫星的运动速度、用户的运动速度和载波频率。

GEO 卫星相对地球不是完全静止的,而是围绕某个点运动的。该运动会引起多普勒频移,但是多普勒频移不会超过 100 Hz,相对于无线通信的频率(从几 GHz 到几十 GHz),可忽略不计。对于 GEO 卫星,主要是因为用户移动导致的多普勒频移,其中高速火车及飞机在不同载频下的多普勒频移见表 8.7。

表 8.7 GEO 卫星中高速火车与飞机的多普勒频移

载频	高速火车的最快速度可达 500 km/h	飞机的速度可达 1 200 km/h
2 GHz	707 Hz	1 697 Hz
20 GHz	7 070 Hz	16 970 Hz
30 GHz	10 605 Hz	25 455 Hz

对于 LEO 卫星,由于卫星和用户都在运动,所以多普勒频移的计算非常复杂,多普勒频移是二者综合运动的结果。不同高度卫星的多普勒频移总结见表 8.8。

表 8.8 不同高度卫星的多普勒频移总结

频率/GHz	最大多普勒频移	相对多普勒	多普勒频移变化率	场景
2	+/−48 kHz		−544 Hz/s	
20	+/−480 kHz	0.002 4%	−5.44 Hz/s	600 km 高度的 LEO
30	+/−720 kHz		−8.16 Hz/s	
2	+/−40 kHz		−180 Hz/s	
20	+/−400 kHz	0.002%	−1.8 Hz/s	1 500 km 高度的 LEO
30	+/−600 kHz		−2.7 Hz/s	

UAS 会沿着它的预定位置移动几千米,最大切向速率是 15 m/s,导致最大的多普频移在 100 Hz(载波频率是 2 GHz)到 1 500 Hz(载波频率是 30 GHz)间。在 S 频段(2~4 GHz),汽车以 100 km/h 的速度运动产生的最大多普勒频移为 185 Hz。

8.3.3 NTN 对 NR 规范的潜在影响

3GPP 在 NR NTN 的工作始于 2017 年,其中 R15 研究了 NTN 网络面临的约束及对 NR 规范的潜在影响。本节首先分析了 NTN 网络面临的约束及对 NR 规范的潜在影响,重点研究了 NTN 对随机接入和解调参考信号设计带来的影响。

1. NTN 网络面临的约束与影响

由于 NTN 网络和地面蜂窝网络在传输时延、多普勒频移等方面存在明显差异,因此为了满足 NTN 场景的应用需求,需要修改 5G NR 协议。NTN 主要存在以下 9 个方面的约束。

1) 传播信道

NTN 传播信道与地面网络的主要差异在于,不同的多径时延和多普勒频移模型对于频率低于 6 GHz 的窄带信号可以忽略时间色散。假定 UE 和卫星间的通信是在室外和直视条件下进行的,信号主要直射的是 LoS 信号,服从具有较强的主信号分量的莱斯分布,由于临时的信号遮挡(如在树下或桥下),也有可能是慢衰落。在 HAPS 系统,UE 有可能在室内,因此需要考虑非直视条件,信号包含显著的多径分量,服从莱斯模型,与地面蜂窝系统类似,由于信号分量的再组合是频繁的快衰落,最大相干时间为 100 ms。

传播信道主要影响物理层的设计。为了改善网络性能,可能改变 UE 和 gNB 接收机的同步配置,具体配置的改变体现在以下 2 个方面。

(1) 物理参考信号

物理参考信号包括下行 PSS、SSS、DM-RS,上行 DM-RS、SRS。另外,与随机接入信道有关的随机序列在设计时需要考虑多普勒频移和多径信道模型。

(2) CP 补偿时延扩展和抖动/相位

CP 补偿时延扩展和抖动/相位可能需要更大的子载波间隔以适应较大的多普勒频移。

2) 频率规划和信道带宽

在 S 频段和 Ka 频段,卫星系统分配到的频率分别是 2×15 MHz(上行和下行)和 $2\times 2\,500$ MHz(上行和下行),卫星系统大多使用圆形极化,支持在不同的小区进行频率复用和灵活的频率分配,以最大化每个小区的信道带宽。为了有效使用频率,应尽可能降低卫星系统的小区间干扰。

而在物理层的设计方面,可能需要重新考虑信道编号以支持目标频谱(S 频段和 Ka 频段)。当上行频率和下行频率是不同的频段时,需要重新对信道进行编号。对于 Ka 频段的 NTN 部署场景,6 GHz 以上频段的 5G 无线接口应该重新配置以支持 FDD 接入方案,在某些情况下,也有可能更改 MAC 层和网络层信令。

为了支持 800 MHz 的信道带宽,有两种可选的方案:①单个信道带宽扩展到最大 800 MHz;②选择载波聚合的方法提供等效的吞吐量,如果考虑频率复用的限制,则载波聚合能够使频率分配具有更大的灵活性。

3) 有限功率的链路预算

卫星通信存在较高的传播时延,链路预算极其有限,特别是上行链路。基于卫星和 HAPS 的通信系统的设计驱动力主要包括:①给定的发射功率(上行功率来自 UE,下行功率来自卫星和 HAPS),使吞吐量达到最大化;②在深度衰落条件下,服务的可利用率达到最大化,如 Ka 频段的深度衰落在 20~30 dB 时,仍然具有 99.95% 的可利用率。

有限功率的链路预算对物理层和 MAC 层的设计均有影响。

为了最大化吞吐量,在卫星或 UE 上的功率放大器的工作点应该与饱和点尽可能靠近。设计时可以单独考虑或组合考虑以下 3 种技术。

(1) 扩展的多载波调制编码方案(MCS),尤其是在上行方向,低的 PAPR 在对抗信号失真方面更为健壮。

(2) 通过预失真等信号处理技术来减轻 PAPR 和非线性失真。

(3) 如果有必要,则在 UE 和卫星(或 HAPS)上使用具有最小输出补偿的大功率放大器。

为了在慢衰落和深度衰落条件下,服务的可利用率达到最大化,这可能需要扩展 MCS 表以便在非常低的 SNR 条件下收发数据,以满足严苛通信或低功率场景的可靠性需求。

为了最大化频谱效率和适应有限功率的终端,MAC 层应该能够以最灵活的方式分配 PRB,考虑缩减 PRB 的子载波数。例如,与 NB-IoT 类似,采用单音(tone)传输模式,即在 1 个 OFDM、1 个子载波或几个子载波上传输信号。

4) 小区模型

相比地面蜂窝网络,卫星和 HAPS 系统的典型特征是更大的小区。NGSO 系统或 HAPS 系统有可能是没有固定地面参考点的移动小区。当小区半径很大且仰角很低时,将导致小区中心的 UE 和小区边缘的 UE 间有较大的差分传播时延,且差分传播时延的比率随着卫星或 HAPS 高度的减小而增加。相比于 GSO 系统,HAPS 小区中心传播时延与小区边缘的传播时延的比值更大。当网络不知道 UE 的位置时,上述特征将影响基于竞争的接入信道设计。另外,小区半径的增大对系统的定时和同步也会带来一定影响,需要引入增强的同步机制保证用户间的同步,从而避免干扰。

小区模型主要影响物理层的设计。

当不知道 UE 的位置时,在初始随机接入过程中,由于非常大的小区半径导致非常大的差分时延,所以可能需要扩展时间窗口来提高性能。在会话过程中,如果知道 UE 的位置,则可以通过网络补偿差分时延。广播服务有可能需要特殊的信令,以适应面积非常大且其位置是移动的小区。

5) 传播时延

相比地面蜂窝网络,卫星系统的特征是其具有非常高的传播时延。对于 GEO,UE 和基站间的单向时延最高达 270.73 ms;对于 LEO 卫星,UE 和基站间的单向时延大于 12.89 ms;对于 HAPS,UE 和基站间的单向时延小于 1.6 ms,其与地面蜂窝系统具有一定的可比性。较高的传播时延影响所有的信令,尤其会对随机接入和数据传输带来极大挑战。

传播时延对物理层、MAC 层和 RLC 层的设计均有影响。

语音和视频会议等用户业务对时延和抖动是非常敏感的。在地面蜂窝网络,HARQ 重传也有可能导致抖动,例如,在 LTE FDD 模式下,HARQ 重传的最大值是 8 ms。在上行方向,通过 TTI 绑定可以减轻抖动,TTI 绑定允许同样的符号可以在最多 4 个连续的子帧上重传,因此缩短了抖动时间。

对于卫星系统,由于其传播时延较高,HARQ 方案会导致其不可接受的抖动。其减少抖动的方案包括上行时隙聚合、增加符号重传的数量、减少时隙持续时间等。

较高的传播时延除了影响物理层的设计,还会影响资源分配的重传方案和响应时间。为减轻对时延敏感类业务的影响,应该使 UE 和网络间交互的信令数量最小。对于随机接入过程,采取数据和接入信令联合发送的方式可以满足时延需求,如免授权接入、两步机接入过程等。对于数据传输过程,可以实施灵活或者扩展的接收窗尺寸,根据频率、事件实施灵活的确认策略,ARQ/HARQ 交叉协作,免确认方案或自适应时延 HARQ-ACK 反馈。

在地面蜂窝网络中,gNB 作为自适应调制编码(AMC)技术的一部分,根据 UE 报告的 CQI,选择最合适的 MCS。在卫星系统中,传播时延导致 AMC 环路具有非常大的响应时间,因此需要余量来补偿可能过期的 CQI,进而导致频谱效率较低。为提高效率,可使用具有信令扩展的 AMC 过程。

6) 发射设备的移动性

地面蜂窝网络的发送设备(gNB 或 RRU)通常是固定的,但是在 NTN 网络,发送设备安装在卫星或 HAPS。对于 GSO 系统,其发送设备相对 UE 是准静止的,仅有较小的多普勒效应。对于 HAPS,其发送设备沿着一个理想的中心点环绕或跨越,因此有较大的多普勒效应。对于 NGSO 系统,卫星相对地面移动,NGSO 系统比 GSO 系统产生大得多的多普勒频移效应。

多普勒效应依赖于卫星/HAPS 与 UE 的相对速度、使用的频率,多普勒效应包括多普勒频移和多普勒频移变化率。多普勒效应连续不断地改变载波频率、相位和间隔，可能产生较大的载波间干扰。需要注意的是，尽管多普勒频移和多普勒频移变化率的数值较大，如果知道卫星/HAPS 运动模型（如卫星的星历）和 UE 位置，则可以预补偿/后补偿大部分的多普勒频移和多普勒频移变化率。

发射设备的移动性主要影响物理层的设计。

地面 5G 蜂窝网络的无线接口基于 OFDM 设计，子载波间隔可以配置为 15 kHz、30 kHz、60 kHz、120 kHz 或 240 KHz。子载波间隔越大，多普勒频移与子载波间隔的比值就越小，就越能容忍较大的多普勒频移，因此较大的子载波间隔适合于高铁、飞机等场景，以提升系统对频偏的鲁棒性。

在卫星（或 HAPS）系统中，Ka 频段和大的信道带宽（如 800 MHz）需要更大的子载波间隔，以减轻多普勒频移对性能的影响。

7）基于 TN 接入和基于 NTN 接入间的连续性

无论 UE 何时离开或进入地面蜂窝网络的覆盖区域，都可能发生地面网络（TN）到 NTN，或 NIN 到 TN 的切换，从而确保服务的连续性。对于每个方向触发切换的机制是不同的。例如，只要有足够的 TN 信号强度，就尽快离开 NTN，但只有当 TN 信号强度很低时才离开 TN。切换过程应该考虑服务、接入技术的特征和测量报告，具体包括以下内容：①支持透明转发和再生转发；②切换准备和切换失败/无线链路失败（Radio Link Failure，RLF）处理；③时间同步；④测量目标协作（间隙分配和对齐）；⑤支持无损切换；⑥NTN 内部的移动性、NTN 和 TN 间的移动性。

基于地面 TN 接入和基于 NTN 接入间的连续性主要影响物理层、MAC 层的资源分配和 RRC 层的移动性管理。

为了支持 TN 和 NTN 之间或 NTN 间的连续性，建议在 TN 和 NTN 之间采用硬切换方案或双连接/多连接方案。

TN 和 NTN 之间传播时延的差异将导致明显的抖动或可能的"数据饥饿"，具体体现在以下 3 个方面。

① 对于时延敏感类应用，如果 TN 和 NTN 切换不经常发生，则可以考虑采用临时的 QoS 恶化。

② 对于具有高可靠性需求的数据服务，可能需要采用缓存或重传方案。

③ 在开始切换前补偿时延。

为支持 TN 和 NTN 之间的切换，可能扩展 PDCP 重传方案，包括数据重复率、PDCP 层的复制处理。另外，也可扩展 RRC 层、RLC 层和 MAC 层的切换信令。

8）适应网络拓扑的无线资源管理

为支持变化的业务需求和 UE 移动性需求，需要使接入控制功能的响应时间尽可能小。对于地面蜂窝系统，接入控制功能位于靠近 UE 的 gNB 处，可以通过 Xn 接口或经过中央实体实现与 gNB 的协作。对于卫星系统，接入控制功能通常位于卫星上或位于地面 NTN 网关，导致接入控制的响应时间不是最优的，因此预配置、半持续调度和/或免授权接入方案可能是有利的。

适应网络拓扑的无线资源管理对 NAS 层、RRC 层、RLC 层、MAC 层和物理层以及 NR RAN 架构的设计都会产生影响。

移动性管理应该充分考虑 NTN 特别大的小区尺寸，NTN 小区可能穿越国家边界。大的小区尺寸对小区的鉴别方法、跟踪区和位置区的设计、漫游和账单处理以及基于位置的服务都会产生很大的影响。另外,NGSO 系统和 HAPS 系统的小区是移动的,移动的 UE 和静止的 UE 都会发生频繁切换。

对于地面蜂窝网络,控制无线资源分配的接入控制器在 gNB 上实施,接入控制器可以控制 gNB 和 UE 间的接口或作为中继节点的相邻 gNB 和 UE 间的接口。对于 NTN 网络,接入控制器的功能可以在 HAPS 上、NTN 网关或在卫星上实施。对于 Ka 频段部署场景,NTN 终端作为中继节点的一部分,可能具有 gNB 的相关功能。

9) 终端的移动性

NTN 需要支持非常高速移动的 UE。终端的移动性主要影响物理层的设计。

对于以 1 200 km/h 移动的终端,应该减少功率控制环路的响应时间,可以考虑采取以下措施。

① 物理帧和子帧结构的重新设计。

② 考虑减少传输时隙的持续时间,进而减少功率控制环路的响应时间。

③ 考虑增大子载波间隔,以支持高速移动的 UE。

④ 物理信号的重新设计。

2. NTN 对 5G NR 随机接入的影响分析

NTN 的传播时延和差分时延非常高,这对 PRACH 前导格式、随机接入响应窗口和上行定时提前机制等 3 个方面产生主要影响。

对于给定波束覆盖区,传播时延可分为:① 所有 UE 都要经历的公共传播时延;② 单个 UE 经历的相对传播时延,即差分时延。由于公共传播时延是已知的,如果采取一定的措施补偿公共传播时延,则 PRACH 前导格式的设计、随机接入响应窗口的设置和上行定时提前量将仅依赖于差分时延。

1) 对 PRACH 前导格式的影响分析

传播时延对 PRACH 前导格式的影响可分为两种情况。

(1) UE 侧采用定时和频率预补偿技术

如果 UE 知道卫星和自身的精确位置,则 UE 可计算出 UE 和卫星间的传播时延。在这种情况下,可使用现有 R15 定义的 PRACH 前导格式和接入序列,但由于路径损耗非常大,需要采取多次传输策略,并配置更大子载波间隔,以增加上行覆盖距离。

(2) UE 侧不采用定时和频率预补偿技术

PRACH 前导格式共 4 种,格式 1 的循环前缀长度最大,达到 0.684 ms。如果差分时延小于 0.684 ms,则可使用现有 R15 定义的 PRACH 前导格式和接入序列;如果差分时延大于 0.684 ms,则需要对 PRACH 前导格式或接入序列进行重新设计,可选方案包括具有更大子载波间隔、多次传输单个 ZC 序列,具有不同根序列的多个 ZC 序列,需要额外处理的 Gold 序列/m 序列作为接入序列,与扰码序列结合使用的单个 ZC 序列。

2) 对随机接入响应窗口的影响分析

当 UE 发出随机接入前导后,UE 在随机接入响应窗口(由参数 ra-ResponseWindow 定义,简写为 RAW)等待接收 gNB 发出的随机接入响应(Random Access Response,RAR)。在 R15 版本中,当 RAR 在授权的频谱上发送时,RAW 的值不高于 10 ms;当 RAR 在非授权的频谱上发送时,RAW 的值不高于 40 ms。在 R16 版本中,RAW 可以设置为 160 个时隙,对于 15 kHz 的子载波间隔,RAW 的值是 160 ms,对于 240 kHz 的子载波间隔,RAW 的值是

10 ms。对于地面蜂窝网络,10 ms 的窗口足够了,因为 UE 在发出随机接入前导后,在几毫秒内就可以接收到 RAR,但是对于 NTN,10 ms 的窗口不能覆盖传播时延,因此需要对 RAW 的值或随机接入响应机制进行更改。可选方案包括以下 3 种。

方案 1:利用卫星和 UE 的精确位置信息

UE 能够评估出精确的回环时延作为补偿,UE 发出随机接入前导后,只需在回环时延后再开始接收 RAR 即可,在这种情况下,不需要扩展 RAW。

方案 2:仅补偿差分时延

由于公共传播时延已知,所以 UE 可在公共传播时延后开始接收 RAR,但是 RAW 需要大于最大差分时延的 2 倍。对于 LEO 卫星,最大差分时延是 3.18 ms,最大差分时延的 2 倍是 6.36 ms,这一数据没有超过 10 ms,因此不需要扩展 RAW。对于 GEO 卫星,最大差分时延是 10.30 ms。最大差分时延的 2 倍是 20.60 ms,这一数据超过了 10 ms,因此需要扩展 RAW 或采用方案 3。

方案 3:减少 GEO 卫星的波束覆盖范围

由于 GEO 卫星覆盖范围很大,在 GEO 卫星覆盖区内只设置一套参数,会导致单向差分时延达到 10.30 ms。如果每个波束覆盖区的直径为 200~1 000 km,则在每个波束覆盖区内的最大差分时延会明显小于 10.30 ms,所以可以针对每个波束覆盖区,各自设置一套参数。

GEO 卫星差分距离(时延)计算示意如图 8.21 所示。其中,GEO 卫星距离地面的高度 $h=35\ 786$ km。

GEO 卫星不同仰角的差分距离(时延)的计算结果见表 8.9。

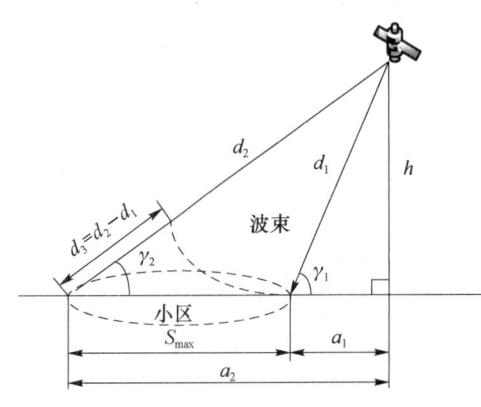

图 8.21 GEO 卫星差分距离(时延)计算示意

表 8.9 GEO 卫星不同仰角的差分距离(时延)的计算结果

γ_2	小区直径 S_{max}/km	d_3/km	差分时延/ms
10°	200	197	0.66
20°	200	188	0.63
30°	200	173	0.58
40°	200	153	0.51
50°	200	128	0.43
60°	200	100	0.33
70°	200	68	0.23
80°	200	34	0.11
10°	1 000	985	3.28
20°	1 000	939	3.13
30°	1 000	864	2.88
40°	1 000	763	2.54

γ_2	小区直径 S_{max}/km	d_3/km	差分时延/ms
50°	1 000	637	2.12
60°	1 000	491	1.64
70°	1 000	331	1.10
80°	1 000	161	0.54

根据表 8.9,当 GEO 卫星覆盖区直径是 200 km 和 1 000 km 时,其最大差分时延分别是 0.66 ms 和 3.28 ms,最大差分时延的 2 倍分别是 1.32 ms 和 6.56 ms,没有超过 10 ms,因此可以不扩展 RAW。

3. 对上行定时提前机制的影响分析

上行定时提前机制可确保在同一个小区内,所有 UE 发射信号可以被 gNB 同步接收,在初始接入过程中,RAR 消息提供了定时提前(Timing Advance,TA)命令以调整上行传输定时。定时提前量为

$$N_{TA} = TA \times 16 \times \frac{64}{2^\mu} \tag{8-1}$$

其中,对应的子载波间隔是 15 kHz、30 KHz、60 kHz、120 kHz 和 240 kHz;TA 是 0~3 846 之间的整数。

最大链路距离 d_{max}(当 TA=3 846 时)为

$$d_{max} = \frac{1}{2} \times N_{TA} \times T_c \times c \tag{8-2}$$

其中,$T_c = 0.509$ ns。

不同子载波的最大链路距离见表 8.10。当子载波间隔是 15 kHz、最大链路距离是 300 km (远远低于 LEO 卫星和 GEO 卫星的高度)时,R15 版本的上行定时提前机制不适用于卫星平台。对于 HAPS 场景,当子载波间隔较小时,可以使用 R15 版本的上行定时提前机制;当子载波间隔较大时,不能使用 R15 版本的上行定时提前机制。

表 8.10 GEO 卫星不同仰角的差分距离(时延)的计算结果

子载波间隔/kHz	15	30	60	120	240	480
最大链路距离/km	300	150	75	37.5	18.75	9.38

可选解决方案是定时提前量仅补偿差分时延,类似对随机接入窗口的分析。但对于 GEO 卫星,当波束覆盖区直径较大时,上行定时提前量不能完全补偿差分时延,可采用的方案是:在 RAR 中,携带 1 个 bit 或 2 个 bit 的帧号信息,因为 1 个无线帧长是 10 ms,1 个 bit 和 2 个 bit 的帧号信息分别对应 10 ms 和 40 ms,所以可以充分补偿差分时延。

3. NTN 对 5G NR DMRS 的影响分析

5G NR DMRS 分为下行解调参考信号和上行解调参考信号两种。其中,下行 DMRS 的主要作用是实现信道状态信息(CSI)的测量、数据解调、波束训练、时频参数跟踪等功能;上行 DMRS 的主要作用是实现上行 CSI 的测量、数据解调等功能。下行 PDSCH、PDCCH、PBCH

及上行 PUSCH、PUCCH 等都有伴随的 DMRS，此处仅讨论与 PDSCH 和 PUSCH 伴随的 DMRS。

为降低解调和译码时延，在每个时隙内，解调参考信号首次出现的位置应当尽可能靠近调度的起始点，对于 PDSCH 信道，前置的解调参考信号紧邻 PDCCH 区域后，由于 PDCCH 区域占用 2 个或 3 个 OFDM 符号，所以解调参考信号的第 1 个符号从第 3 个或第 4 个 OFDM 符号开始。前置解调参考信号的作用是可以让接收端快速估计 CSI 并进行相干解调，有助于 5G NR 低时延业务应用。

对于低速移动场景，在 1 个时隙内，仅配置前置的 DMRS 就够了，这既可以满足信道估计和相干解调的需求，又不会导致过大的开销，因此可以达到解调性能和开销的平衡。由于 5G NR 支持的移动速度最高可达到 500 km/h，仅依靠前置 DMRS 是不够的，所以在中高速运动场景中，1 个时隙内还需要更多的 DMRS 以满足信道估计的需求。这些额外增加的 DMRS 称为附加的 DMRS。每组附加的 DMRS 都是前置 DMRS 的重复。附加的 DMRS 的配置数量如下。

（1）如果前置 DMRS 是单符号，则当 PDSCH 的持续时间是 3~7 个、8~9 个、10~11 个、12~14 个 OFDM 符号时，1 个时隙内可以配置 0 个、1 个、2 个、3 个附加的 DMRS。

（2）如果 DMRS 是双符号，则当 PDSCH 信道的持续时间是 4~9 个、10~14 个 OFDM 符号时，1 个时隙内可以配置 0 个、1 个附加的 DMRS。

在 1 个时隙内，DMRS 在时域上的位置如图 8.22 所示。附加的 DMRS 数量与终端的运动速度有关，终端的运动速度越快，需要配置的额外 DMRS 越多，控制信令通知终端具体配置多少个附加的 DMRS。

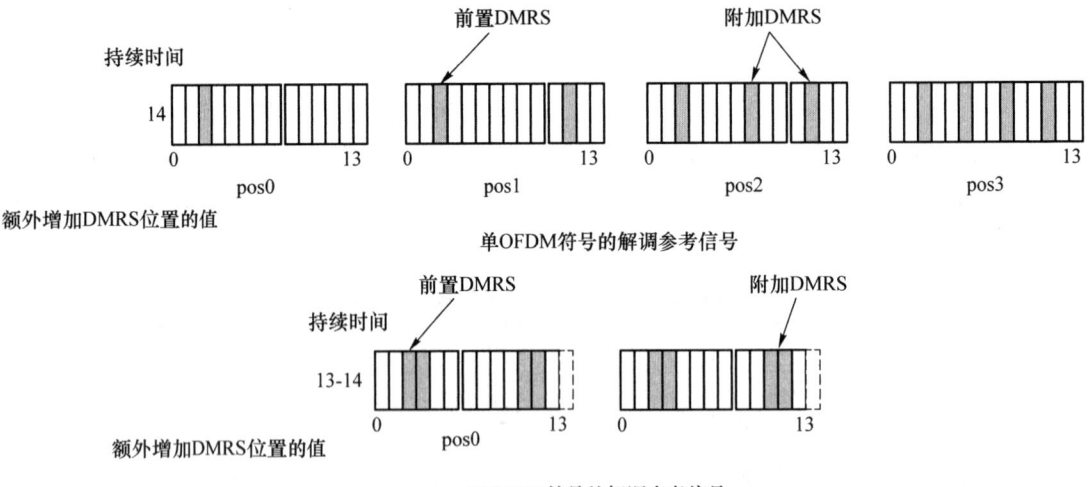

图 8.22　1 个时隙内 DMRS 在时域上的位置

多普勒频移和多普勒频移变化率与 DMRS 的设计密切相关。当子载波间隔是 15 kHz、30 kHz、60 kHz、120 kHz 和 240 kHz 时，1 个时隙的持续时间分别是 1 ms、0.5 ms、0.25 ms、0.125 ms 和 0.625 ms。对于 NTN 网络，根据试验场地的多普勒频移测试结果，1 个时隙内潜在的最大多普勒频移见表 8.11。根据表 8.11，可以发现 1 个时隙内，当下行/上行的载波频率是 2 GHz 时，潜在的最大多普勒频移是 0.544 Hz；当下行的载波频率是 20 GHz、上行的载波频率是 30 GHz 时，潜在的最大多普勒频移分别是 5.44 Hz 和 8.16 Hz。

表 8.11 对于 NTN，1 个时隙内潜在的最大多普勒频移

卫星高度是 600 km 的 LEO 的载波频率	最大多普勒频移变化率/(Hz/s)	1 个时隙的持续时间/ms	1 个时隙内潜在的最大多普勒频移/Hz
2 GHz(下行/上行)	−544	1	0.544
		0.5	0.272
		0.25	0.136
		0.125	0.068
		0.062 5	0.034
20 GHz(下行)	−5 440	1	5.44
		0.5	2.72
		0.25	1.36
		0.125	0.68
		0.062 5	0.34
30 GHz(上行)	−8 160	1	8.16
		0.5	4.08
		0.25	2.04
		0.125	1.02
		0.062 5	0.51

根据 5G NR 规范，在 UE 侧，1 ms 周期内的频率误差应该是 $\pm 0.1 \times 10^{-6}$（百万分率）。当载波频率是 2 GHz 时，$\pm 0.1 \times 10^{-6}$ 的频率误差是 ± 200 Hz；当载波频率是 20 GHz 时，$\pm 0.1 \times 10^{-6}$ 的频率误差是 ± 2 kHz；当载波频率是 30 GHz 时，$\pm 0.1 \times 10^{-6}$ 的频率误差是 ± 3 kHz。由此可发现，与 UE 侧的频率误差需求相比，最大的多普勒频移可以忽略不计。当 1 个时隙内配置多个解调参考信号时，最大的多普勒频移可以忽略不计。上述结论同样适用于 gNB 侧的配置。

与 gNB 和 UE 侧的最小频率误差需求相比，NTN 的最大多普勒变化可以忽略不计，对解调参考信号的时域位置没有特别的影响，因此对于 NTN 场景，不需要对 5G NR 规范进行更改。

8.3.4 5G NTN 时频同步和定时关系增强

地面 5G 移动通信系统的传播时延通常小于 1 ms，而 NTN 网络的传播时延非常高，因此不可避免地对 5G NR 的定时调整策略带来了极大的挑战，R15/R16 设计的定时调整策略已不再适合 NTN 网络，需要重新设计定时调整策略以满足 NTN 超长的传播时延。本节分析 R17 的时频同步补偿策略、定时关系增强、NTN 随机接入过程和 HARQ 重传策略。

1. 时频同步补偿

1）TA 补偿

UE 分为具有 GNSS 能力的 UE 和不具有 GNSS 能力的 UE 两种。不具有 GNSS 能力的 UE 不能评估 UE 到卫星间的传播时延，需要对 3GPP 规范进行较大的修改，才能补偿非常高

的传播时延。为尽可能地减少对 3GPP 规范的修改,R17 版本规定 UE 必须具有 GNSS 能力。由于 UE 知道自身位置和卫星星历,所以 UE 能够在发送 Msg1(在 PRACH 上发送)前,自动评估 UE 到卫星间的 TA。根据 UE 补偿的链路不同,有以下 2 种可选方案。

方案 1:补偿服务链路和馈电链路的时延

UE 在发射 Msg1 前,补偿 UE 到 NTN 网关(含 gNB)间的全部时延,包括服务链路和馈电链路。UE 根据自身位置和卫星星历,自动评估服务链路的 TA,gNB 向 UE 广播馈电链路的 TA。这种方案可以确保下行(DL)帧和上行(UL)帧在 gNB 处是对齐的。

因为馈电链路的传播时延不随时间变化,所以该方案适合 GEO 卫星。但对于 LEO 卫星,由于 LEO 卫星快速移动,所以导致馈电链路的传播时延会迅速变化。一种解决方法是 gNB 不向 UE 指示 TA 值,而是指示 NTN 网关的位置,但随着 LEO 卫星的移动,NTN 网关会发生更换,因此需要考虑更换 NTN 网关。另外,出于保密安全的需要,终端通常不知道 NTN 网关的位置。

方案 2:仅补偿服务链路的时延

在同一个波束内,馈电链路的时延对所有 UE 都是相同的,只有服务链路的时延是不相同的,因此 UE 只需补偿服务链路的时延即可。UE 根据自身位置和卫星星历计算服务链路的 TA,馈电链路的时延补偿由 gNB 来管理。对于再生转发,DL 帧和 UL 帧在 gNB 处是对齐的。对于透明转发,由于馈电链路时延和卫星处理时间,DL 帧和 UL 帧在 gNB 处是不对齐的,因此需要 gNB 来管理这个帧定时差异。

上述两种方案各有优缺点,经过讨论后,最终选择了一个折中方案,即定义一个上行时间同步参考点(简称参考点),由 gNB 指定 UE 补偿时延的数值。如果参考点在 NTN 网关,则 UE 补偿包括服务链路和馈电链路在内的所有时延;如果参考点在卫星,则 UE 只补偿服务链路的时延。当然,参考点也可以定义在卫星到 NTN 网关间的某个点上。

引入参考点后,上行 TA 补偿示意如图 8.23 所示。

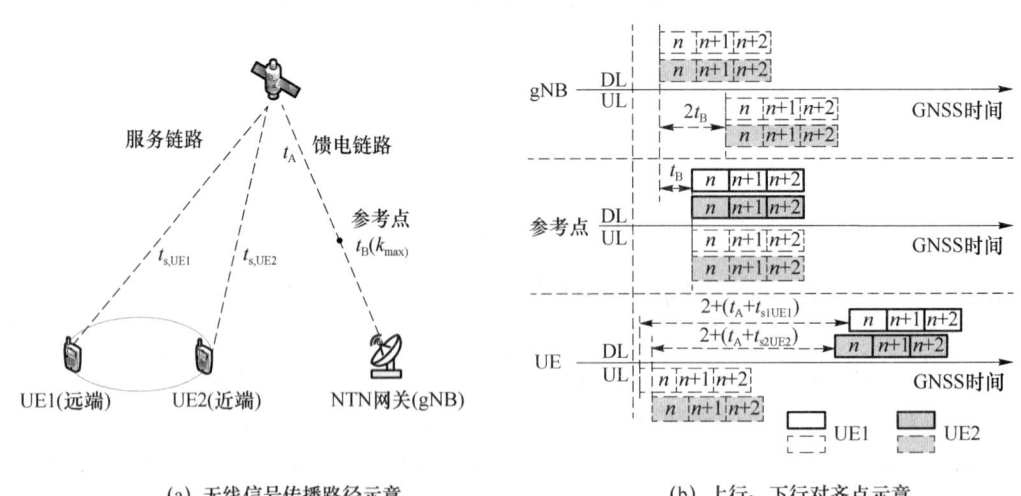

(a) 无线信号传播路径示意　　(b) 上行、下行对齐点示意

图 8.23　引入参考点后,上行 TA 补偿示意

在 UE 侧,DL 帧和 UL 帧的定时关系如图 8.24 所示。UE 应该相对于 DL 帧 i,提前 T_{TA} 发送上行帧 i,才可以保证 DL 帧和 UL 帧在参考点处是对齐的。

引入参考点后,gNB 需要向 UE 提供公共 TA(TA_{Common}),公共 TA 的主要作用是补偿参考点到卫星间的传播时延。如果 $TA_{Common}=0$,则对应的参考点在卫星上。如果 $TA_{Common}>0$,则对应的参考点在馈电链路上,通常在 NTN 网关处。

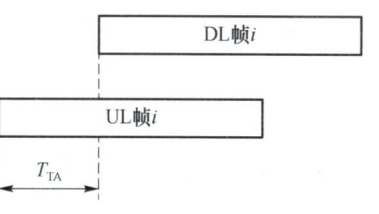

图 8.24 在 UE 侧,DL 帧和 UL 帧的定时关系

对于上述方案,UE 能够补偿大部分的 TA,gNB 处理残余的定时误差,由于残余的定时误差足够小,所以 PRACH 接收机按照地面 5G 蜂窝网络的方法,即可补偿残余的定时误差,然后 gNB 向 UE 发送 Msg2,即随机接入响应(RAR),以便对上行定时进一步校准。UE 根据 Msg2 中的定时命令,在 Msg3 中应用新的定时校准。

对于 GEO 卫星,由于 GEO 卫星是静止的,所以在 UE 发送 Msg3 后,定时误差主要由 UE 移动引起,gNB 可以按照地面 5G 蜂窝网络的方法,通过 MAC CE 的 TA 命令,对 UE 的定时进行实时调整。但是对于 LEO 卫星,按照地面 5G 蜂窝网络进行 TA 调整存在以下两个问题。

(1) 由于卫星高速移动,UE 和 NTN 网关间的传播时延是持续变化的。当传播时延很大时,gNB 发送的 TA 命令到达 UE 的时刻,TA 命令可能是过期的。例如,因 LEO 卫星移动引起的最大定时漂移可以达到 40 μs/s,如果传播时延是 15 ms,则 TA 命令到达 UE 的时刻,偏离了 15(ms)×40(μs/s)=0.6 μs,0.6 μs 已经超过了 SCS=120 kHz 的 CP 持续时间(0.57 μs)。一种可能的解决方案是 gNB 在 i 时刻发射的 TA 值转换成在 $t+t_{delay}$ 的 TA 值。其中,t_{delay} 是从 gNB 发送 TA 命令到 UE 接收到该命令所经历的时延。

(2) 在连接模式下,gNB 需要持续的发送 TA 命令给 UE,以便维持上行定时。在 Timing Delta MAC CE 中,有 6 个 bit 信息用于调整 TA,UE 进而可以计算新的 TA 值,即

$$N_{TA\_new} = N_{TA\_old} + (T_A - 31) \times 16 \times 64 \times 2^{-\mu} \times (T_c) \tag{8-3}$$

其中,$T_c = 0.509$ ns。

根据式(8-3),TA 值的最大变化是 $32 \times 16 \times 64 \times 2^{-\mu} \times T_c$。当 SCS=15 kHz、30 kHz、60 kHz 和 120 kHz 时,TA 值的最大变化分别是 16.67 μs、8.33 μs、4.16 μs、2.08 μs。为了处理高达 40 μs/s 的定时漂移,gNB 每秒需要分别发送至少 3 次、5 次、10 次、20 次 TA 命令,这将导致信令负荷过大。

针对 LEO 卫星移动引起的较高的传播时延和较大的定时漂移,gNB 需要授权 UE,由 UE 调整 UL 定时,在一个波束内,不同的 UE 经历的定时漂移通常是相同的,因此 gNB 可向 UE 广播定时漂移信息($TA_{CommonDrift}$ 和 $TA_{CommonDriftVariant}$)。

综上,为确保在参考点处 DL 帧和 UL 帧是对齐的,UE 应该相对于接收到的 DL 帧 i,提前 T_{TA} 发送 UL 帧 i,T_{TA} 为

$$T_{TA} = (N_{TA} + N_{TA,offset} + N_{TA,adj}^{common} + N_{TA,adj}^{UE}) \times T_c \tag{8-4}$$

在式(8-4)中有 4 个变量,这 4 个变量的计算过程如下。

(1) N_{TA} 计算分为两种情况。

① 当 N_{TA} 由 RAR 提供或由定时提前命令 MAC CE(Timing Advance Command MAC CE)提供时,N_{TA} 为

$$N_{TA} = T_A \times 16 \times 64 / 2^\mu \tag{8-5}$$

其中,$T_A = 0, 1, 2, \cdots, 3846$,$\mu$ 是子载波间隔配置(对于 SCS=15 kHz、30 kHz、60 kHz、120 kHz,μ 的值分别是 0、1、2、3)。

② 对于其他情况，根据式(8-3)计算 N_{TA}。

(2) $N_{TA,offset}$ 由 gNB 通过系统参数 n-TimingAdvanceOffset 通知给 UE，其取值是 0、25 600 或 39 936，如果 gNB 没有提供 n-TimingAdvanceOffset，则 UE 使用 3GPP TS 38.133 定义的缺省值。

(3) $N_{TA,adj}^{common}$ 的计算公式为

$$N_{TA,adj}^{common} = (TA_{Common} + TA_{CommonDrift} \times (t - t_{epoch}) + TA_{CommonDriftVariant} \times (t - t_{epoch})^2)/T_c \quad (8-6)$$

其中：TA_{Common} 是公共 TA，取值是 0～66 485 757 的整数，单位是 4.072×10^{-3} μs，即对应的是 0～270.73 ms；$TA_{CommonDrift}$ 是公共 TA 的漂移率，其取值是 $-257\,303$～$257\,303$ 的整数，单位是 0.2×10^{-3} μs/s，对应的漂移率是 -51.46～51.46 μs/s；$TA_{CommonDriftVariant}$ 是公共 TA 的漂移率变化，其取值是 0～28 949 的整数，单位是 0.2×10^{-4} μs/s^{-2}，对应的漂移率变化是 0～0.579 μs/s^{-2}；t_{epoch} 是卫星星历时间的辅助信息，当 t_{epoch} 通过系统消息或专用信令提供时，该时间是参考点处的 DL 子帧开始时间，t_{epoch} 通过无线帧号和子帧号通知给 UE。

(4) $N_{TA,adj}^{UE}$ 根据 UE 自身位置和卫星星历计算得到。

2) 时频同步补偿

由于 LEO 卫星相对地面高速运动，在没有任何频偏补偿的情况下，手机将面对几十千 Hz 甚至兆 Hz 级别的多普勒频移（相比之下，手机在高铁场景中仅需要应对几千 Hz 的频偏），所以给手机和网络间的时频同步带来较大挑战。在传统地面网络初始下行同步流程中，手机首先进行主同步信号（Primary Synchronization Signal, PSS）检测。其中，传统的互相关检测算法将接收信号直接与 3 组本地 PSS 序列进行互相关运算，根据相关峰值确定粗定时点，之后进行频偏估计与补偿，并进行精定时同步。然而，大频偏的存在容易显著降低 PSS 互相关性能，导致同步失败。有两种可能的算法来解决这个问题：一种是改选的粗同步算法，利用快速傅里叶变换运算代替互相关运算中共轭乘法后的求和运算，同时从算法中的指数形式频偏中得到对应的整数倍频偏估计，简化了后续小数倍频偏估计，可更好地适应大频偏场景；另一种是基于差分运算和频域相关运算的同步算法，通过将 PSS 与本地序列进行差分运算减少频偏的影响，随后对差分运算得到的信号进行傅里叶变换，并进行频域快速相关检测，以降低运算复杂度。实验结果表明，相较于传统互相关算法，改进算法在较大频偏环境下可以实现快速、准确同步。

另外，由于设备晶体振荡器的输出频率与标称频率间存在偏差，且卫星和用户相对移动状态时变，初始下行时频同步状态无法长久维持，手机需要进行时频跟踪与调整。3GPP 中定义了多种参考信号，其中跟踪参考信号（Tracking Reference signa, TRS）作为一种特殊的信道状态信息参考信号，用于检测时偏与频偏的变化。具体来说，用户对接收到的两个不同 TRS 位置处的信道频域响应进行互相关运算，可以得到定时误差与频率偏移量。除了对参考信号进行检测，时频跟踪还可以通过同步信号和 CP 检测实现。与此同时，网络侧可对多普勒频移变化率和时延变化率进行预估算，辅助手机端进行时频偏调整。最后，考虑到两个相邻帧间定时误差变化较小，可基于前一帧定时位置直接得到当前的粗定时位置，以简化时频跟踪过程。

在 R17 NTN 中，由于场景设定为透明转发卫星，所以多普勒变化影响服务链路和馈电链路。从 UE 的角度来看，服务链路可以通过星历信息和终端的位置信息计算相应的多普勒变化，而对于馈电链路，由于缺乏地面网关的位置信息，所以这部分多普勒偏移需要基站来进行补偿。

无论定时补偿还是多普勒补偿，网络都需要广播星历信息给终端，星历的精度和格式是其中的关键因素。在 5G NTN 系统中，时间同步误差需要在 1/2 CP 范围之内，频率误差需要控制在 0.1×10^{-6} 以内，因此，星历信息需要周期性更新，并保持必要的精度。另外，为了保持技

术的灵活性,R17 NTN 还支持基于轨道 6 个参数(半长轴 a、离心率 e、轨道倾角 i、近心点辐角 ω、升交点经度 Ω 和真近点角 Φ)和基于卫星位置与速度的星历格式,前者的预测时间长,后者有利于简化终端实现。

2. 定时关系增强

在 NTN 中,星地通信时延过大,远超出地面网络定义的相关定时参数(如 PDSCH 到 HARQ 反馈时延 K_1,上行调度到 PUSCH 传输时延 K_2 等)的最大指示范围,为不影响标准的兼容性,R17 定义两个调度偏移参数(K_{offset} 和 K_{mac}),即在所有具有一定影响的定时关系上,增加一个 K_{offset} 或 K_{mac} 用于涵盖星地传播时延。

1)上行定时关系增强

K_{offset} 的主要作用是保证在 UE 补偿上行 TA 后,gNB 与 UE 的时序保持同步,K_{offset} 补偿的时延应该大于等于服务链路 TA 和公共 TA 的双向时延和。其使用方法是在所有具有一定影响的定时关系上,增加 K_{offset} 以便补偿信号传播时延。其中,K_{offset} 为

$$K_{offset} = K_{cell,offset} - K_{UE,offset} \tag{8-7}$$

在式(8-7)中,$K_{cell,offset}$ 是小区专用的定时偏离,gNB 通过系统消息广播给 UE,其取值是 1~1 023 的整数,如果该域不存在,UE 假设 $K_{cell,offset}=0$;$K_{UE,offset}$ 是 UE 专用的定时偏离,gNB 通过差分 K_{offset} MAC CE(Differential K_{offset} MAC CE)通知给 UE,其取值是 0~63 的整数。$K_{cell,offset}$ 和 $K_{UE,offset}$ 的单位是 SCS=15 kHz 对应的时隙数。

R17 在以下定时关系中使用 K_{offset}。

(1) DCI 调度 PUSCH 传输的定时关系。

(2) RAR 调度 PUSCH 传输的定时关系。

(3) PDSCH 到 HARQ 反馈的定时关系。

(4) MAC CE 承载的 TA 命令的生效时间。

(5) PDCCH 调度 PRACH 传输的定时关系。

对于地面 5G 蜂窝网络,UE 是在 UL 时隙 $n+K_2$ 发送 PUSCH。在引入 K_{offset} 后,UE 是在 UL 时隙 $m=n+K_2+2^\mu \times K_{offset}$ 发送 PUSCH。当 SCS=15 kHz 时,子载波配置 $\mu=0$。DCI 调度 PUSCH 传输的定时关系示意(SCS=15 kHz)如图 8.25 所示。

在图 8.25 中,gNB 在 t_1 时刻(gNB 侧 DL 时隙 n)发送承载上行调度信息的 DCI;该 DCI 经过 RTT/2 的空间传播时延后,在 t_2 时刻(UE 侧 DL 时隙 n)到达 UE 侧;UE 根据网络指示,经过和地面网络相近的处理时延后,在 t_3 时刻(UE 侧 UL 时隙 $m=n+K_2+K_{offset}$)发送被调度的 PUSCH。该 PUSCH 再经过 RTT/2 的空间传播时延后,在 t_4 时刻(gNB 侧 UL 时隙 $m=n+K_2+K_{offset}$)到达 gNB 侧。可以看出,K_{offset} 的主要作用是保证在终端做了上行定时补偿后,基站与终端的时序保持同步。因此,K_{offset} 取值不能小于终端的上行补偿 TA 值。需要注意的是,UE 的 UL 时隙 n 与 DL 时隙 n 间的定时偏移是 T_{TA}。

2)MAC CE 定时关系增强

k_{mac} 是对 MAC CE 定时关系进行增强,当 DL 帧和 UL 帧在 gNB 侧不对齐时,使用该参数。k_{mac} 应该大于等于馈电链路的差分 TA(双向时延)。如果参考点在 NTN 网关处,则 $k_{mac}=0$;如果参考点在馈电链路上,则 $k_{mac}>0$。

k_{mac} 的取值是 1~512 的整数,其单位是 SCS=15 kHz 对应的时隙数,如果该域不存在,则 UE 假设 $k_{mac}=0$。

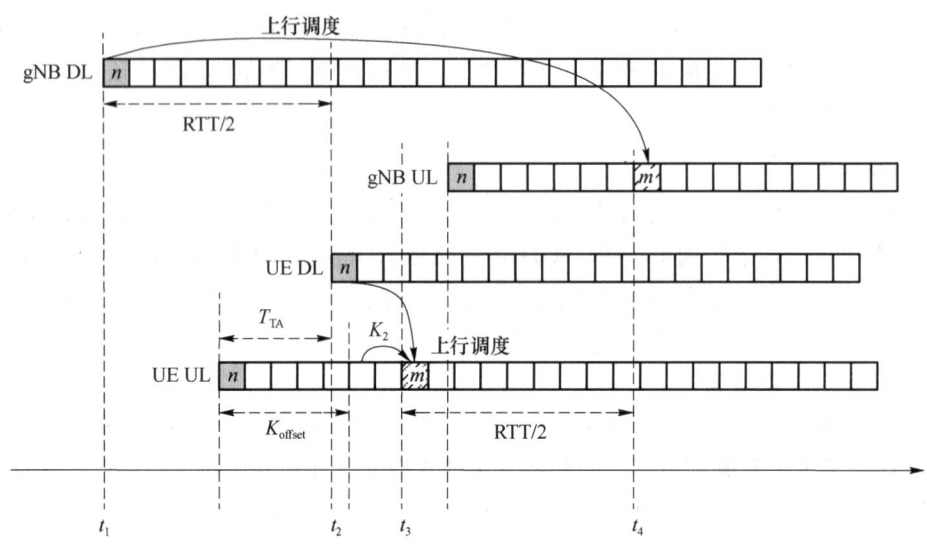

图 8.25 DCI 调度 PUSCH 传输的定时关系示意(SCS=15 kHz)

R17 在以下定时关系中使用 k_{mac}。
(1) MAC CE 承载的上行功率控制的生效时间。
(2) UE 接收 RAR 窗口的生效时间。
(3) MAC CE 承载的 TCI 状态激活的生效时间。
(4) MAC CE 承载的半持续(或非周期)CSI-RS 资源的生效时间。

如果 gNB 为 UE 提供了 k_{mac},当 UE 在 UL 时隙 n 发送含有 HARQ-ACK(该 HARQ-ACK 是对承载 MAC CE 命令的 PDSCH 的确认消息)的 PUCCH 后,UE 应该假设 MAC CE 激活的下行配置在 DL 时隙 $p=n+3N_{slot}^{subframe,\mu}+2^{\mu}\times k_{mac}$ 之后生效,其中,$N_{slot}^{subframe,\mu}$ 是 1 个子帧内包含的时隙数,当 SCS=15 kHz 时,子载波配置 $\mu=0$。在引入 k_{mac} 后,MAC CE 定时关系增强示意(SCS=15 kHz)如图 8.26 所示。

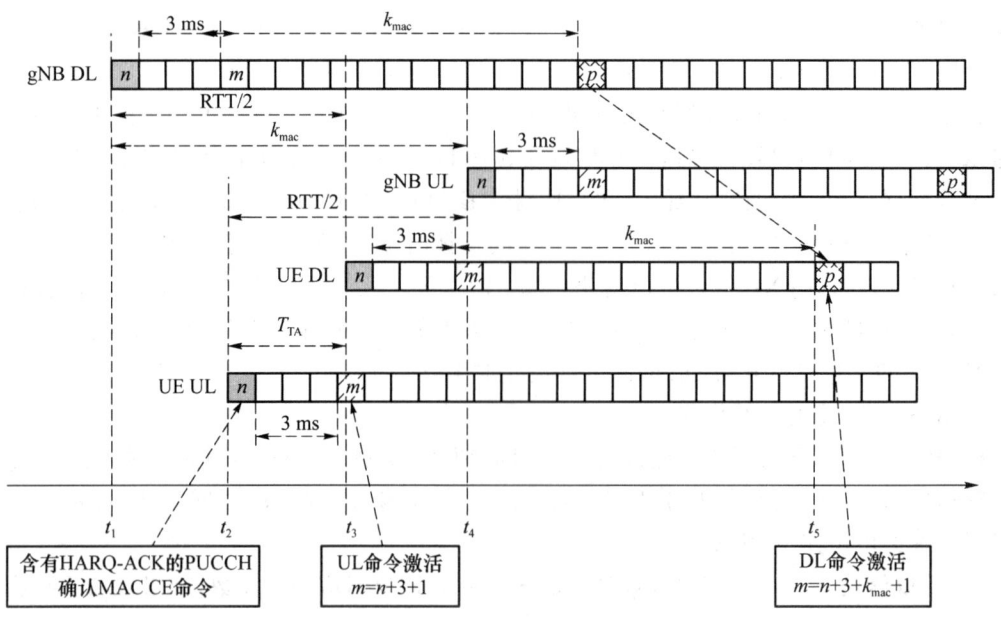

图 8.26 MAC CE 定时关系增强示意(SCS=15 kHz)

3. 随机接入过程

基于卫星通信网络的随机接入是 NTN 需要解决的关键技术之一。

1) 卫星通信网络中常见的接入方式

(1) 按需分配接入

各用户向网络请求用于上行链路传输所需的资源,网络侧按照不同用户对所需资源的请求分配不同的信道资源。该方式原则上具有动态分配特性,在一定程度上节约了信道资源。

(2) 最短距离优先接入

用户选择距离最近的卫星接入,理论上距离越近的卫星信道质量越好,其接收信号的强度也越强。该方案只需检测卫星信号的信噪比,实现简单,但在距离最近的卫星没有空信道的情况下,这将会导致用户频繁地发起接入与切换请求,接入效率低。

(3) 最长覆盖时间接入

当用户被多颗卫星同时覆盖时,根据星历信息可计算卫星覆盖某一小区的可视时间,从而选择覆盖时间最长的卫星接入。该方式可以避免用户在一次通信过程中的频繁切换,降低掉话率,减少星间切换的时间。

(4) 负载均衡接入

用户选择覆盖卫星中空闲信道数最多的卫星接入,可以均衡低轨卫星网络中单个卫星业务量。该方案只考虑卫星空闲信道数,没有利用卫星信道状况和其他与卫星相关的知识,接入性能较差。

面向 5G-Advanced 的空天地一体化系统,卫星通信与地面通信协议统一,特别是基站上星后,卫星间可以通过星间链路交换信息,结合星历等信息可辅助用户实现高效快速地接入卫星网络。

低轨卫星的高速移动性导致波束服务的时长可能只有几十秒,需要在波束间频繁切换,同时用户还会面临多星多重覆盖问题。因为星上的功率及处理能力受限、星地链路传输时延长、卫星移动性导致多普勒频移较大,空天地一体化系统的接入和同步设计面临很多挑战。

为简化卫星接入协议流程,考虑在空天地一体化系统中引入两步接入流程,并做适配性增强方案设计。空天地一体化系统包括多层异构子网(高、中、低轨卫星网络及地面移动通信网络),终端接入不同网络开销(包括信令交互、测量与上报开销等)存在较大差异,可考虑利用星间链路、卫星网络与地面网络的接口互通来进行信息传递,辅助设计接入方案,减少卫星与终端间的直接信令交互,降低接入时延。例如,利用星历或终端定位信息实现终端接入网络时,TA 自调整与功率自控制等,降低信令指示开销,或根据卫星具有运行信息可知特性,通过对网络信道状态预判及利用星间的交互信息,提前预测终端接入与切换需求状态,完成接入配置与资源调度,减少终端测量与上报开销等。

UE 接入 NTN 的难点是如何补偿 UE 到 gNB 间的传播时延。第一个难点是 UE 到 gNB 间的传播时延和差分时延非常大;第二个难点是对于 LEO 卫星,由于卫星高速移动,所以服务链路和馈电链路的时延都在快速变化。NTN 采用与传统地面 5G 蜂窝移动通信网络类似的流程,即 gNB 先根据 UE 发送的随机接入前导码计算 TA,再通过定时提前命令(Timing Advance Command,TAC)通知 UE 提前发射的上行信息,以便不同 UE 发送的上行信息在同一个时刻到达 gNB,只要定时误差落在 CP 范围内,gNB 就能正确接收 UE 所发送的上行数据。

UE 无论是发送第一个上行信道 PRACH,还是发射后续的 PUSCH 和 PUCCH,都必须

保证提前量是 T_{TA}。UE 需要根据 gNB 发送的定时提前命令,不停地调整 T_{TA},T_{TA} 的计算见式(8-4)。在式(8-4)中,N_{TA} 主要补偿 UE 位置变化引起的上行定时误差,gNB 通过 MAC 层信令通知给 UE,属于 UE 专用参数。N_{TA} 的计算分为以下 3 种情况。

(1) 对于 PRACH,由于 gNB 不知道 UE 的位置,所以 $N_{TA}=0$。

(2) 对于 RAR 调度的 PUSCH,gNB 通过 RAR 通知给 UE,有 12 个 bit。

(3) 对于其余的 PUCCH 和 PUSCH,gNB 通过绝对定时提前调整 CE 或者相对定时调整 CE 通知给 UE。对于绝对定时提前调整 CE,有 12 个 bit;对于相对定时提前调整 CE,有 6 个 bit。

2. 基于竞争的随机接入过程

从物理层角度看,基于竞争的随机接入过程如图 8.27 所示。该过程包括四个步骤,即 UE 在 PRACH 上发送随机接入前导码给 gNB,称为 Msg1;gNB 根据接收到的前导码计算 UE 的 TA,并在 PDCCH/PDSCH 上发送随机接入响应(RAR)给 UE,称为 Msg2;UE 在 RAR 指示的上行时频资源(通过 PUSCH 信道)发送上行数据,称为 Msg3;UE 接收 gNB 发送的包含竞争解决信息的下行数据,称为 Msg4。

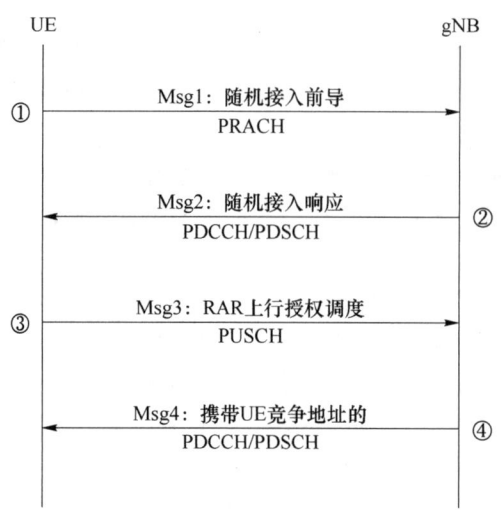

图 8.27 基于竞争的随机接入流程

1) 随机接入前导(Msg1)

当 PRACH 采用长序列格式时,PRACH 共有 4 种前导格式。长序列的 PRACH 前导格式如图 8.28 所示。建议采用前导格式 1,前导格式 1 的长度是 3 ms,CP、随机接入前导、保护时间的长度分别是 0.684 ms、1.6 ms、0.716 ms,子载波间隔 $\Delta f^{RA}=1.25$ kHz。前导格式 1 的 CP 最大,可以纠正 0.684 ms 以内的定时误差,且在较低的 SINR 条件下,前导格式 1 的随机接入前导重复 2 次,有较好的接收质量,尤其适合于 NTN 这种小区覆盖半径非常大的场景。UE 按照式(8-4)的计算结果,在上行时隙 $m-2$、$m-1$ 和 m 上发送随机接入前导(Msg1)。

2) 随机接入响应(Msg2)

UE 发送完 Msg1 后,在规定的搜索窗口上监听 DCI 格式 1_0 的 PDCCH。搜索窗口的开始位置是在 Msg1 对应的 PRACH 时机的最后 1 个符号后,再推迟 $T_{TA}+k_{mac}$,即搜索窗口的开始时间是在时隙 $n=m+T_{TA}+k_{mac}$ 之后,T_{TA} 按照式(8-4)计算,k_{mac} 由 gNB 通过系统消息通知给 UE,取值为 1~512 的整数,单位是 SCS=15 kHz 对应的时隙数,如果该域不存在,则 UE

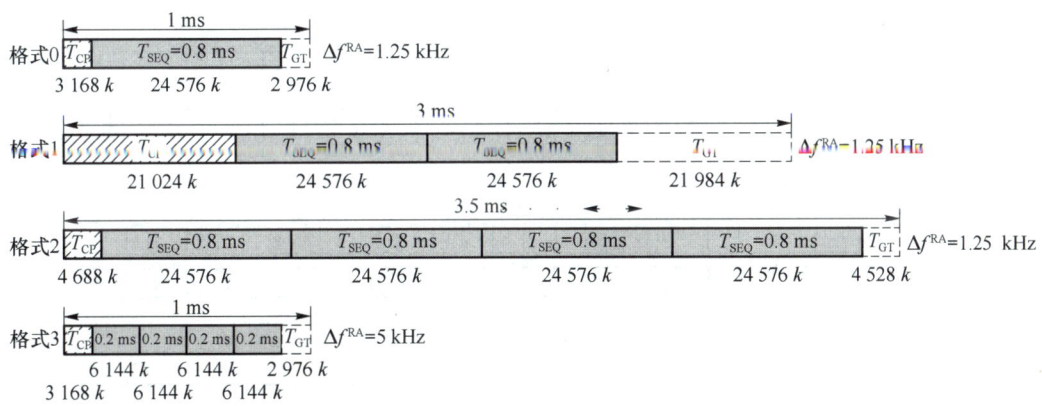

图 8.28 长序列的 PRACH 前导格式

假设 $k_{\text{mac}}=0$。搜索窗口的长度由高层参数 ra-ResponseWindow 提供，在 R15 版本中，最大的搜索窗口的时间是 10 ms；在 R16 版本中，当 SCS=15 kHz、30 kHz、60 kHz、120 kHz 时，最大的搜索窗口的时间分别是 160 ms、80 ms、40 ms、20 ms。

如果 UE 在规定的搜索窗口上监听到 DCI 格式 1_0 的 PDCCH（使用相应的 RA-RNTI 对 CRC 加扰），则 UE 把该 PDCCH 调度的传输块，即 RAR 传递给 MAC 层，RAR 具有固定尺寸，包括 12 个 bit 的 TAC、27 个 bit 的上行授权及 16 个 bit 的 TC-RNTI。12 个 bit 的 TAC 可以调整 2 ms 以内的定时误差。27 个 bit 的上行授权主要包括跳频标志、PUSCH 频域资源分配、PUSCH 时域资源分配、MCS、功率控制命令等。

3）RAR 上行授权调度 PUSCH（Msg3）

Msg3 包含来自高层的与 UE 竞争解决地址相关联的信息。UE 根据 RAR 中的 27 个 bit 上行授权信息，确定 PUSCH（MSg3）使用的时频资源、MCS 等。UE 在上行时隙 $p=n+k_2+\Delta+K_{\text{cell,offset}}$ 上发送 Msg3，时隙 n 是包含 RAR 的 PDSCH 的最后一个时隙。当 PUSCH 的 SCS=15 KHz 时，PUSCH 时隙偏移 $k_2=1$，$\Delta=2$；$K_{\text{cell,offset}}$ 由 gNB 通过系统消息通知给 UE，其取值是 1~1 023 的整数，如果该域不存在，则 UE 假设 $K_{\text{cell,offset}}=0$。

4）携带 UE 竞争地址的 PDCCH/PDSCH（Msg4）

如果 UE 发送的 Msg3 消息中包含的是 CCCH SDU，则 gNB 通过 PDCCH（使用 TC-RNTI 对 CRC 进行扰码）调度 Msg4，Msg4 中包括 UE 竞争解决地址 MAC CE。该 MAC CE 是 Msg3 中包含的上行 CCCH SDU 消息的复制，UE 将该 MAC CE 与自身在 Msg3 上发送的上行 CCCH SDU 进行比较。如果二者相同，则判定为竞争成功，UE 使用 TC-RNTI 作为 C-RNTI；如果二者不相同，则判定为竞争失败，UE 重新发起随机接入过程。

5G NTN 随机接入过程的定时关系示意（SCS=15 kHz）如图 8.29 所示。

3. 两步随机接入过程

上述的四步随机接入过程（Msg1、Msg2、Msg3、Msg4）可保证用户的接入可靠性，但此过程需要用户和基站之间进行四次信息交互，接入效率不高。为降低随机接入时延，R16 版本的 NR 标准引入了两步随机接入过程。两步随机接入过程如图 8.30 所示。此流程将原来四步随机接入过程中的 Msg1 和 Msg3 内容合并在一步中发送，称为 MsgA；将 Msg2 和 Msg4 合并为 MsgB。当用户发送的 MsgA 被成功检测，且基站反馈的 MsgB 中包含该用户的成功接入的 RAR 时，该用户反馈成功接收 MsgB 的 HARQ-ACK 信息给基站，表示该用户已经完成随机接入过程。

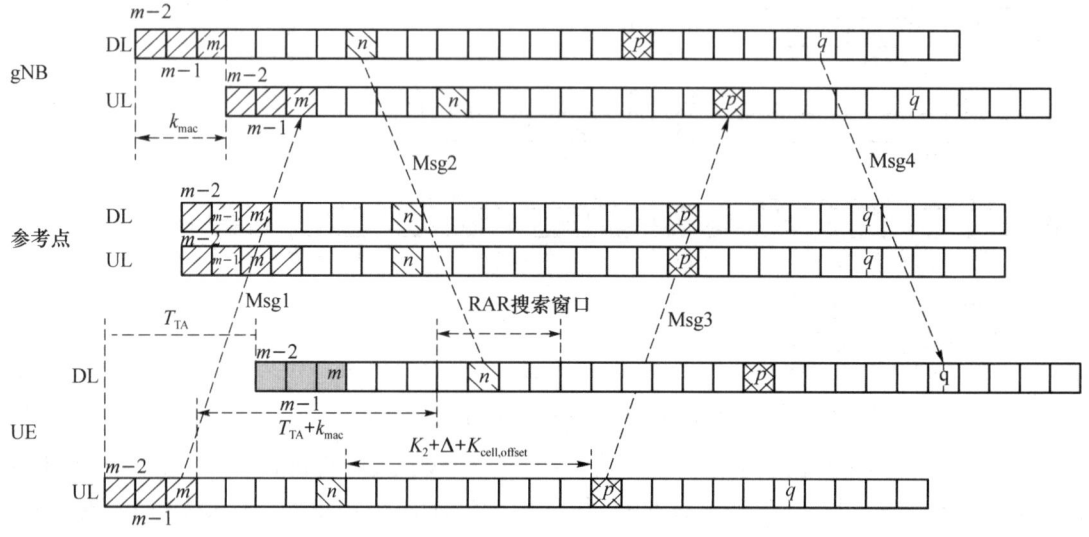

图 8.29 5G NTN 随机接入过程的定时关系示意(SCS=15 kHz)

图 8.30 两步随机接入过程

两步随机接入过程可降低随机接入过程中的时延及信令开销。在 R17 版本的卫星通信引入了两步随机接入流程,与四步随机接入过程相比,其接入时延理论上可降低一半,从而可以极大地改善用户接入体验,但同样需要针对大往返时延设计 TA 补偿机制。

两步随机接入过程发送 MsgA 前也需要进行 TA 补偿,其补偿方法和计算式与四步随机接入过程一样,这里不再赘述。UE 发送完 MsgA 后,在规定的搜索窗口上监听 DCI 格式 1_0 的 PDCCH,该 PDCCH 的 CRC 使用高层通知的 MsgB-RNTI 进行扰码。搜索窗口的开始位置是在 MsgA 对应的 PRACH 时机的最后 1 个符号后,再推迟 $T_{TA}+k_{mac}$,即搜索窗口的开始时间是在时隙 $n=m+T_{TA}+k_{mac}$ 后,T_{TA} 按照式(8-4)计算,k_{mac} 由 gNB 通过系统消息通知给 UE。搜索窗口的长度由高层参数 msgB-ResponseWindow 提供,在 R16 版本中,最大的搜索窗口的时间是 320 个时隙;在 R17 版本中,最大的搜索窗口的时间是 2 560 个时隙。

4. HARQ 重传

在 NTN 中,卫星到地面的时延较高。例如:高度在 35 786 km 的 GEO 单向传输时延可达 270.73 ms,非 GEO 单向传输时延至少为 12.89 ms(600 km LEO);而高度在 10 000 km 的 MBO 单向传输时延可达 95.2 ms。传统地面网络中的 HARQ 重传技术受到挑战(至少对于 GEO 和 MEO 网络),HARQ 进程数过大,导致 UE 的缓存能力受限。因此,3GPP Rel-17 确定 NTN 有能力配置 UE 是否关闭 HARQ 的反馈和重传功能,并且基于终端能力的考虑,确定最大仅支持 32 个进程。在现有技术中,HARQ 关闭意味着 UE 无法做软合并。当 PDSCH 传输失败后,RLC 层重传虽然也能工作,但与 MAC 层的 HARQ 重传相比,一是频谱效率低,UE 无法将多次重传结果做软合并,二是时延更高。为了避免 RLC 层重传,NTN 需通过降低频谱效率的手段(如重复传输、高 BLER 目标、低 MCS 调度等)提高初传成功率,但同样导致 NTN 的频率效率较低。因此,为了尽量避免采用简单"一刀切"的方式,盲目使用这种能耗很大、效率较低的技术,最终面向 NTN 的 HARQ 过程增强说明如下。

(1) 对于下行链路,可以启用或禁用 HARQ 反馈,但在 SPS 去激活场景下,要求始终发送 HARQ 反馈。

(2) 对于上行链路上的动态授权,网络可为 UE 的每个 HARQ 过程配置 UL HARQ 状态,确定是允许重传或非重传模式。另外,每个逻辑信道(Logical Channel,LCH)可被配置为在一种 UL HARQ 状态上传输。因此,配置了 UL HARQ 状态的 LCH 的数据只能映射到配置了相同状态的 HARQ 进程中,否则,会引起数据处理错误。面向逻辑信道配置 UL HARQ 状态的示意如图 8.31 所示。

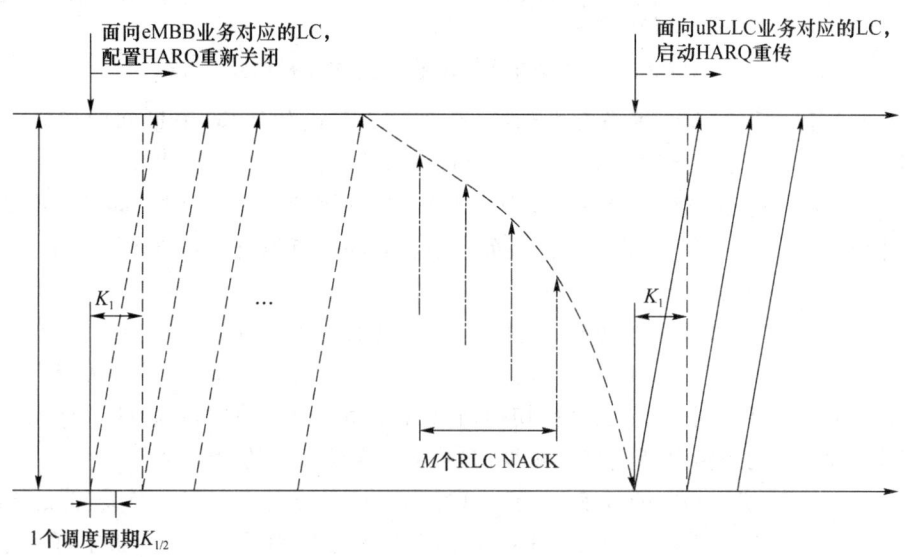

图 8.31 面向逻辑信道配置 UL HARQ 状态的示意

8.3.5 5G NTN 的移动性管理

5G NTN 的移动性管理包括空闲模式下的移动性和连接模式下的移动性两种。其中,连接模式下的移动性由网络驱动,主要是切换;空闲模式下的移动性由 UE 驱动,包括小区选择和小区重选。

NTN 和 TN 联合部署的移动性场景如图 8.32 所示。NTN 和 TN 为所有终端提供服务,终端类型包括静止的 UE、步行移动的 UE、机器类型的 UE 以及静止的中继 UE、在交通工具上(汽车、高铁、轮船、飞机)的中继 UE。其中,TN 和 NTN(LEO 卫星)提供中到高速的吞吐量,NTN(GEO 卫星)提供低到中速的吞吐量。为了保证用户拥有良好的体验,需要确保 NTN 内、NTN 和 TN 间的无缝连接和服务。

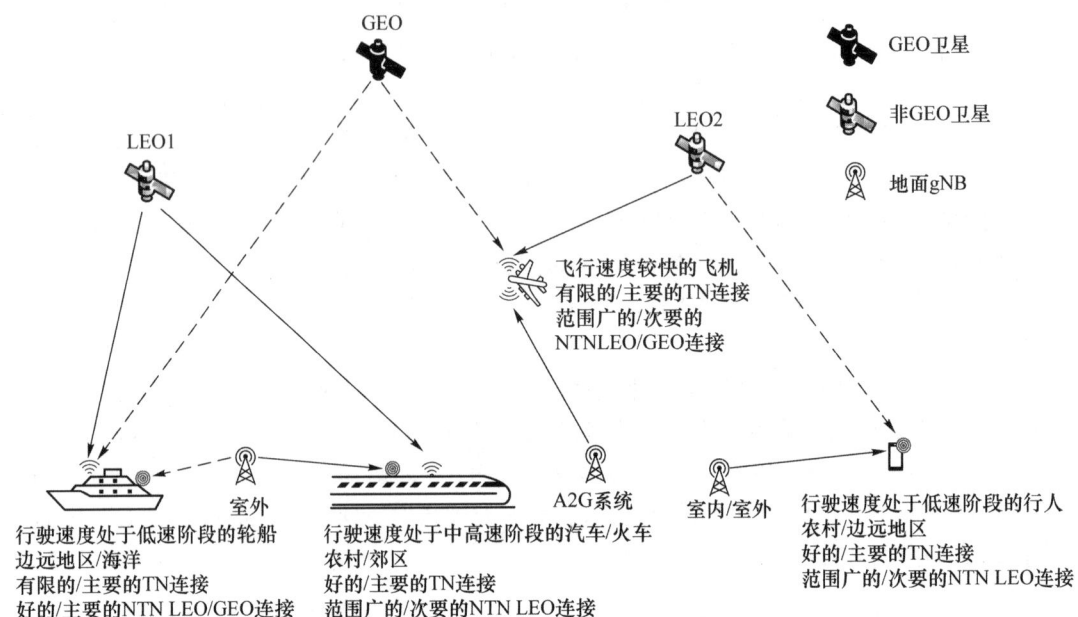

图 8.32 NTN 和 TN 联合部署的移动性场景

5G 引入 NTN 后,包含 3 种类型的切换,分别是卫星内的切换、卫星间的切换、NTN 和 TN 之间的切换。卫星内的切换,即服务小区和目标小区由同一个卫星提供服务;卫星间的切换,即服务小区和目标小区由不同的卫星提供服务;NTN 和 TN 间的切换,即服务小区和目标小区由不同接入方式(NTN 和 TN)提供服务。卫星内的切换和卫星间的切换称为 NTN 内切换,NTN 小区和 TN 小区间的切换为 NTN-TN 切换。

对于相同卫星不同波束间的切换,使用 NTN 无线技术保障在同一卫星上 gNB 内切换业务的连续性。不同卫星间的切换基于星历信息与地面核心网预先建立连接,从而降低切换时延,保障业务的连续性。对于 NTN-TN 切换,在切换前由核心网网元发起的与目标无线接入网元的连接,在切换时通过激活连接来减少切换,从而保障业务的连续性。

若 NTN 和 TN 使用相同的频率,由于 NTN 小区具有较大的小区半径、较低的 SINR,而 TN 小区具有较小的小区半径、较高的 SINR,所以 NTN 小区和 TN 小区间将不可避免地产生较大的干扰。为了避免干扰,在网络部署时,NTN 和 TN 运行在不同的频段上或者同一个频段的不同频率。

1. 连接态的移动性管理

在低轨卫星网络中,卫星是终端用户接入的端口。低轨卫星网络的服务区域通常由配置的特定天线波束决定,但低轨卫星的高速运转将导致网络拓扑高动态变化,星地间和卫星间的链路频繁切换。例如,由于低轨卫星周期性的移动,终端用户需要随着卫星移动频繁地切换到新的链路上,即发生卫星内切换。当卫星逐渐远离终端用户时,终端用户需要切换到另一个新的卫星网络上,即发生星间切换;当卫星网络拓扑结构发生变化时,同一卫星波束间或不同卫星波束间,需要重新分配无线信道进行切换,以避免干扰,即波束间切换。如果网络中所有终端用户频繁切换(如组切换),则会给整个卫星系统带来大量的信令开销并明显提高切换过程冲突的概率,信号也会延迟,切换成本也会大大增加,严重影响网络的连续性及用户的服务体验。因此,综合考虑低轨卫星移动速度快、网络拓扑动态变化等因素,寻找一种新颖的移动切换方法,以简化切换操作、提高切换可靠性,是低轨卫星组网的重要研究方向之一。

对于低轨卫星,波束覆盖存在准地面固定波束和地面移动波束两种模式。在 R17 NTN 系统中,由于假设透明转发场景,还存在服务链路和馈电链路的分离切换模式,所以增大了切换管理的复杂度。连接模式移动性管理按照 UE 移动及卫星移动分为以下 5 种特定场景。

(1) 用于准地面固定波束的馈电链路切换,包含 UE 服务链路切换。
(2) 用于地面移动波束的馈电链路切换,包含 UE 服务链路切换。
(3) 卫星切换导致的准地面固定波束服务链路切换。
(4) 当地面移动波束不再服务于 UE 时,地面移动波束的连接模式移动性。
(5) 由于 UE 移动,地面移动和准地面固定波束的连接模式移动性。

对于 NTN 系统的切换,主要考虑如何利用星历和终端的位置信息保证切换的可靠性。在地面系统切换中,无线资源管理(RRM)测量是主要切换依据,然而在卫星通信中,切换不仅依靠 RRM 测量,还需要充分利用终端的位置和卫星的波束移动规律。因此,在 R17 NTN 中,引入了条件切换(Conditional Hand Over,CHO)的技术方案,即基于卫星移动的规律提前按照某种条件配置终端到点自主切换。具体的触发条件包括以下内容。

(1) CHO 执行触发的测量 CHO 事件 A4。
(2) 基于时间的触发条件,定义 UE 可以对候选小区执行 CHO 时的时间窗口。
(3) 基于位置的触发条件,定义从 UE 到源小区和从 UE 到候选小区的两个距离阈值,UE 可以根据该距离阈值执行 CHO。
(4) 基于时间的触发条件或基于位置的触发条件始终与基于测量的触发条件之一(CHO 事件 A3、A4 或 A5)共同进行配置。

1) NTN 内的移动性策略

在连接模式下,5G NTN 的移动性管理与 2G、3G 和 4G 网络一样,也是网络为 UE 下发测量配置和报告配置,UE 完成测量后上报测量报告,由网络根据测量报告来决定是否进行切换,上报的形式有周期性触发和基于事件触发两种。

对于地面网络,采用基于信号强度触发的切换策略,定义了 5 个同系统测量事件,即 A1~A5 事件。

(1) A1 事件:服务小区高于门限值。
(2) A2 事件:服务小区低于门限值。
(3) A3 事件:邻小区高于主服务小区的偏滞。
(4) A4 事件:邻小区高于门限值。
(5) A5 事件:服务小区低于门限值 1,邻小区高于服务小区的门限值 2。

对于 A1~A5 事件,测量目标是 SSB 或者 CSI-RS 的 RSRP、RSRQ、SINR。对于 TN,UE 可以测量 SSB 或者 CSI-RS。对于 NTN,UE 通过测量 SSB 来获得 RSRP。基于信号强度触发的切换策略非常适合 TN 小区,这是因为当 UE 远离 TN 小区中心时,信号强度会急剧下降,UE 通过信号强度能很容易区分出 UE 是位于小区的中心还是小区的边缘。由于卫星的轨道非常高,来自卫星的信号几乎是垂直到达地面,所以导致 NTN 小区中心的信号强度和 NTN 小区边缘的信号强度只有很小的差异,即对于 NTN 小区,没有明显的远近效应。卫星信号的传播特征见表 8.12。

表 8.12 卫星信号的传播特征

卫星类型	卫星高度/km	小区半径/km	UE 与卫星的距离/km 小区中心	UE 与卫星的距离/km 小区边缘	小区中心和小区边缘自由空间的损耗差值/dB
LEO 卫星	600	50	600	602.08	0.030 1
	1 200	100	1 200	1 204.16	0.030 1
MEO 卫星	21 500	500	21 500	21 505.81	0.002 3
GEO 卫星	35 786	1 000	35 786	35 799.97	0.003 4

为了解决基于信号强度触发切换的局限性,对于 NTN,引入了基于位置触发的切换和基于时间触发的切换,即分别定义了 D1 事件和 T1 事件。

(1) D1 事件

在地面网络中,由于基站天线高度一般不超过百米,距离基站越远的 UE,接收到的信号强度越弱,并越容易受到相邻小区的干扰,所以小区中心和边缘的 UE RSRP 或 RSRQ 存在明显差异,即小区的边缘效应明显。

与地面网络的天线高度不同,NTN 的基站天线由卫星(高度为 600~35 786 km)或高空平台(高度为 8~20 km)搭载,因此,在 NTN 小区中,小区中心和小区边缘的 RSRP 或 RSRQ 差异并不明显。另外,天地信号传播受天气影响(如雨衰、雾衰等),NTN 小区中的边缘效应更模糊。在此场景下,网络难以配置合适的 RSRP 或 RSRQ 事件或门限。如过高的门限易导致测量报告、条件切换、邻区测量等过迟触发;反之,则会过早触发或频繁触发。

D1 事件的定义:UE 与服务小区参考位置的距离大于门限值 1,UE 与邻小区参考位置的距离小于门限值 2,D1 事件与 A5 事件类似,只是测量对象为距离,参考位置定义为小区的中心,以椭圆点模型(经度和纬度)来表示。

对于连接态切换,D1 事件可以用于测量报告触发,也可以作为执行条件进行配置,即当 UE 距离服务小区参考点的距离大于门限 1 且距离指定相邻小区参考点的距离小于门限 2 时,UE 切换至指定相邻小区。除事件 A3 或事件 A5 作为执行条件之外,事件 A4 也被允许作为执行条件之一进行配置。

(2) T1 事件

与地面网络相比,NTN 的另一个重要特性是卫星或高空平台的高速运动,例如,低轨道卫星相对地面的运动速度可以达到 7.9 km/s。高速运动带来的直接影响之一便是其生成的小区会频繁变动。卫星因能力限制(如最小波束水平角)或运营规划等多重因素影响,一方面,当卫星无法为当前覆盖区域提供服务时,NTN 小区会随之消失;另一方面,当卫星更换地面基站连接时,NTN 小区也会随之变更。对于前者,R17 进一步根据 NTN 低轨卫星小区的运动状态划分为准地面固定小区和地面移动小区,二者的区别在于:小区覆盖范围是否会随着卫星运动而不断移动。

观察 NTN 小区的特性可知,由于小区覆盖与时间强相关,在小区消失或发生变动时,UE 仍有可能测得较强的 RSRP 或 RSRQ,基于二者的传统移动性管理设计不再完全适用,所以 R17 引入了基于卫星服务的时间或时序的衡量准则,即 T1 事件,并与传统基于 RSRP 或 RSRQ 的衡量准则相结合。

T1 事件定义:UE 在高于协调世界时(Universal Time Coordinated,UTC)但低于 UTC+持续时间(duration)内测量。其中,UTC 以原子时秒为基础,在时刻上与世界时的误差不超过

0.9 ms;持续时间的取值是 1～6 000 的整数,单位为 100 ms,即最大持续时间是 600 s。

为了降低 UE 功耗和改善用户体验,一般将 T1 事件与 A3 事件、A4 事件或 A5 事件(以下称为 A 事件)结合起来配置。UE 将接收到的 UTC、持续时间和 A 事件作为条件,UE 仅在 UTC 后才开始测量,如果满足 A 事件,则 UE 向网络报告 A 事件,网络下发候选小区的配置信息给 UE,UE 完成面向目标小区的切换。在 UTC 前,即使满足 A 事件,也不会触发测量和切换。在 UTC+持续时间后,如果 UE 没有成功接入目标小区,则 UE 不可能再进行切换,即 UE 和网络丢弃目标小区的切换配置。这种好处是可以避免目标小区为 UE 长时间预留资源。同理,网络将 D1 事件与 A 事件结合起来配置,只有当 D1 事件满足后,UE 才开始评估 A 事件。

NTN 引入 D1 事件和 T1 事件后,还需要解决以下 4 个问题。

(1) UE 如何上报位置信息。

(2) 网络为 UE 配置 D1 事件还是 T1 事件。

(3) 当多个候选小区满足切换条件时,如何选择目标小区。

(4) 信令风暴。

① UE 粗略位置信息

在 R17 版本中规定,NTN UE 需要具有 GNSS 能力,因此 UE 清楚自身的位置信息。UE 上报位置信息可以更好地辅助网络进行移动性管理,如判断 UE 是在小区边缘还是小区中心、计算 T1 事件的 duration、辅助选择目标小区等。UE 既可以按照网络请求,被动地上报 UE 的位置信息,也可以在上报测量报告时,主动携带 UE 的位置信息。根据 3GPP 协议,UE 以椭圆点模型的形式上报位置信息,椭圆点模型是把地球当作椭圆的球体,用经度和纬度二维向量来指示位置信息。为了进一步减少信令负荷,UE 上报的位置信息精度只需达到 2 km 即可,因此把它称为粗略位置信息。

② D1 事件和 T1 事件的选择

对于地面固定波束,由于在所有的时间内,同一个地理区域都由固定的波束持续覆盖,所以建议为 UE 配置 D1 事件。

对于移动波束,由于小区的中心位置是随时间变化的,所以 UE 难以评估与小区中心的距离,建议为 UE 配置 T1 事件。

对于准地面固定波束,根据实际情况配置 D1 事件和 T1 事件。准地面固定波束的示意如图 8.33 所示。卫星 1 的 3 个小区是 A、B、C,卫星 2 的 3 个小区是 A2、B2、C2,卫星 3 的 3 个小区是 D、E、F。当覆盖小区 A 的卫星 1 离开覆盖区域 A 时,小区 A2 将进入原来由小区 A 覆盖的区域,小区 B 是小区 A 的邻区,小区 B2 将进入原来由小区 B 覆盖的区域。其中,一种策略是根据切换原因选择 D1 事件和 T1 事件。对于卫星运动引起的切换,建议配置 T1 事件,如位于 A 小区中心位置的 UE1;对于 UE 运动引起的切换,建议配置 D1 事件或者 D1 事件+T1 事件,如位于 A 小区边缘的 UE2。另一种策略是根据选择的目标小区选择 D_1 事件和 T_1 事件。如对于 UE2,如果选择的目标小区是 A2,则建议配置 T1 事件;如果选择的目标小区是 B,则建议配置 D1 事件。

③ 目标小区的选择

如果多个候选小区同时满足切换执行条件,建议选择具有最长保持服务时间的小区。以图 8.33 为例,UE2 正由卫星 1 的 A 小区提供服务,经过 UE 评估,发现卫星 1 的 B 小区和卫星 2 的 B2 小区同时满足切换执行条件。选择 B 小区的优点是卫星 1 的高度低,可以减少 UE

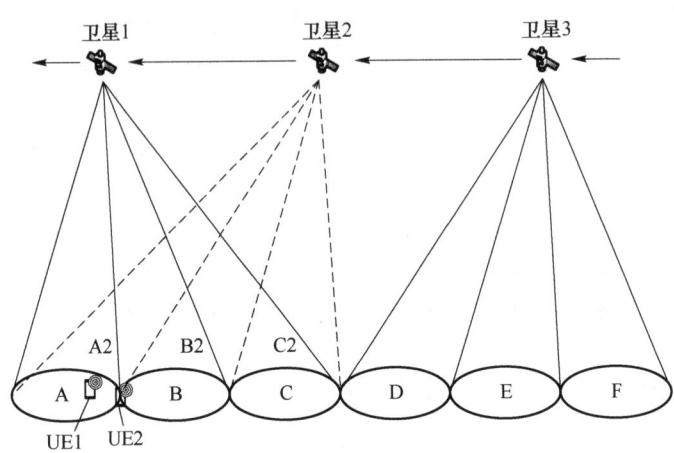

图 8.33 准地面固定波束的示意

的功耗;缺点是 B 小区的服务时间短,这将使 UE 在短时间后要执行另一起切换,进而导致不必要的信令负荷和可能的服务中断。选择 B2 小区的优点是服务时间长;缺点是卫星 2 的高度较高。考虑在 NTN 小区内有许多 UE,为减轻信令负荷和不必要的服务中断,建议 UE 选择 B2 小区作为目标小区,选择 B2 小区的另一个好处是可以避免当卫星 1 调整 B 小区波束覆盖范围时引起的切换失败。

④ 信令风暴

对于准地面固定波束和移动波束,卫星高速运动使波束覆盖某个区域的时间很短,导致 UE 频繁切换,且卫星具有很大的覆盖范围。如果大量的 UE 在同一时间接入同一个小区,则有可能导致信令风暴和接入资源短缺,进而导致切换困难和服务中断。可能的解决方案是,UE 在服务小区配置的时间范围内随机选择一个时间接入目标小区,或者根据 UE 标识和网络提供的参数,完成一个模数运算,从而得到 UE 接入目标小区的特定时刻。对于短时间内大量 UE 产生的频繁切换,如果一些信令和消息对所有的 UE 都是相同的,则可以通过系统消息广播给 UE。另外,源 gNB 可以将 UE 的信息,如 UE 上下文、协议信息和定时器、UB 位置信息等,直接提前传递给目的 gNB,从而可以进一步减轻 UE 和网络间的信令负荷。

2) NTN 和 TN 间的移动性策略

NTN 和 TN 间的移动性策略包括 NTN 向 TN 的切换和 TN 向 NTN 的切换。接下来,我们以轮船的进出港为例来分析 NTN 和 TN 间的切换策略。NTN 和 TN 间的移动性如图 8.34 所示。当轮船从海上向港口移动时,经过 NTN 小区 1、NTN 小区 2 的覆盖区域后,进入 TN 小区的覆盖区域;当轮船离开港口后,先后经历 TN 小区、NTN 小区 2、NTN 小区 1 的覆盖区域。

(1) NTN 向 TN 的切换策略

NTN 向 TN 的切换策略一般包括两种:①基于信号强度触发的切换策略;②基于位置和信号强度联合触发的切换策略。

① 基于信号强度触发的切换策略

如为轮船上的 UE 配置 A3 事件,只要 UE 进入 NTN 小区 2 的覆盖范围,UE 就开始搜索 TN 小区,当 UE 向海岸靠近并进入 TN 小区的覆盖范围后,UE 向网络报告 A3 事件。这种方案会导致调度用户吞吐量急剧下降。这是因为 NTN 和 TN 通常工作在两个异频点上,需

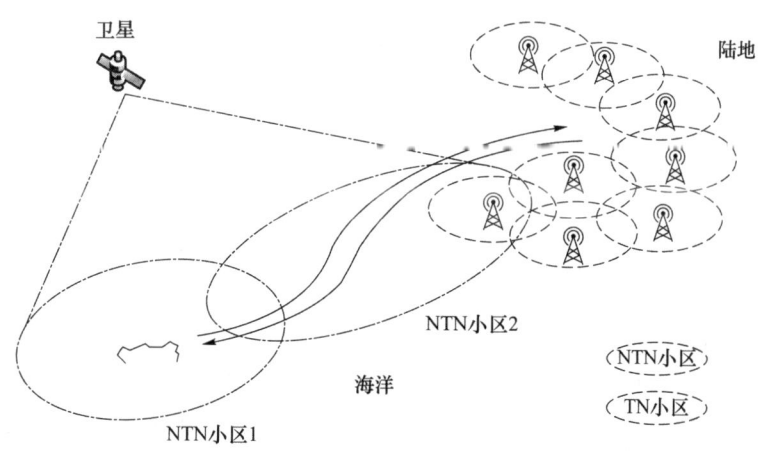

图 8.34　NTN 和 TN 间的移动性

要配置测量间隙来完成测量。由于 NTN 传播的时延高、定时变化率大(对于 LEO 卫星和 MEO 卫星),UE 离开 NTN 小区,在 TN 小区完成测量,再返回 NTN 小区,所以需要重新进行同步和定时调整,这将导致调度的灵活性较低。不建议采用这种切换策略。

② 基于位置和信号强度联合触发的切换策略

当轮船上的 UE 由 NTN 小区 1 提供服务时,因为网络知道 NTN 小区 1 与 TN 小区的覆盖区域没有重叠,所以 UE 不需要搜索 TN 小区使用的频率。当 UE 向港口移动时,服务小区由 NTN 小区 1 变更为 NTN 小区 2。由于 NTN 小区 2 与 TN 小区覆盖区域有重叠,当网络为 UE 配置 TN 小区使用的频率时,UE 先检测自身位置。当 UE 的位置超过某个门限后,触发 UE 上报 D1 事件。为了响应该报告,网络为 UE 配置一个测量间隙,以便 UE 测量 TN 小区使用的频率。当网络接收到 A3 事件报告后,网络将发起从 NTN 小区 2 到 TN 小区的切换。该策略的好处是,避免了 UE 持续测量 TN 小区导致的服务中断。为改善连接模式下 UE 的性能,UE 应尽快从 NTN 小区切换到 TN 小区。

(2) TN 向 NTN 的切换策略

TN 向 NTN 的切换,可以采用基于信号和位置联合触发的切换策略,类似于 NTN 向 TN 的切换策略。该策略的缺点是,UE 上报的位置精度信息只有 2 km,网络无法判断 UE 是靠近 NTN 小区还是 TN 小区。

TN 向 NTN 的切换建议采用基于信号强度触发的切换策略。例如,为 UE 配置 A2 事件和 A3 事件。当 UE 进入 TN 小区的覆盖边缘时,网络为 UE 配置 A2 事件。UE 通过测量服务小区的信号强度,可以很容易判断 UE 位于小区的边缘,触发 UE 上报 A2 事件。为了响应该事件,网络为 UE 配置 A3 事件。在网络接收到 A3 事件报告后,网络将发起从 TN 小区到 NTN 小区 2 的切换。该策略的优点是,不管 TN 小区的邻小区是 TN 小区还是 NTN 小区,二者都可以实现统一的切换策略。

3) TN/NTN-NTN 间移动性管理增强方案

具有应用前景的移动性管理增强方案包括:支持 TN/NTN-NTN 的双激活协议栈(Dual Active Protocol Stack,DAPS)切换的用户面(User Plane,UP)和控制面(Control Plane,CP)增强方案,以及支持 TN/NTN-NTN 双连接(Dual Connectivity,DC)的主/辅接入点快速链路重建增强方案等。增强方案与传统地面网络方案的比较见表 8.13。

表 8.13 增强方案与传统地面网络方案的比较

场景	控制面方案	控制面方案优缺点比较	用户面方案	用户面优缺点比较
传统地面网络（TN-TN）DAPS 切换	RLF 切换失败后，优先尝试源小区恢复或重建。适用 DAPS 切换流程	逻辑简单，源小区可用时成功率高。源小区不可用时（例如，LEO-NTN）恢复或重建尝试失败，中断延长	源小区和目标小区使用相同承载和用户面配置（目标小区默认复制源小区配置）。适用 DAPS 切换流程	信令少，实现简单。无法适应 TN/NTN-NTN 间的网络特性差异（时延）
天地一体化网络（TN/NTN-NTN）DAPS 切换	恢复或重建考虑源小区及目标小区可用性，可跳过不必要的恢复或重建尝试；适用 DAPS 切换流程	根据可用性简化信令流程，减少终端时间和能耗；额外配置和 UE 行为，标准复杂度增加	根据 TN/NTN-NTN 网络特性使用相同承载差异化用户面配置；适用 DAPS 切换流程	使 TN/NTN-NTN 间的 DAPS 切换可用，保障业务连续；额外配置和 UE 行为，标准复杂度增加
传统地面网络（TN-TN）双连接	MCG RLF 快速恢复，直接通过当前激活的 SN 及其 SCG 进行（默认承载）；SCG RLF 恢复通过 MN 及其 MCG 进行（默认承载）	逻辑简单，SN 或 MN 可用时恢复的成功率高；SN 不可用（例如，LEO-NTN）或时延高（GEO-NTN）时，没有其他选择，MN 不可用（例如，LEO-NTN）时，仍然通过 MN 尝试恢复，然后才能尝试重建	使用不同的用户面承载；适用非切换流程	与 DAPS 切换不同，不需要保持相同承载
天地一体网络间（TN/NTN-NTN）双连接	MCG RLF 快速考虑 SN 及其 SCG 的可用性和/或时延进行选择；SCG RLF 恢复考虑 MN 可用性，如果不可用，则直接跳过恢复进行重建	根据 SN 的可用性及时延提高 MCG 恢复的成功率和效率，或根据 MN 可用性简化 SCG 恢复信令流程，减少重建和能耗；额外配置和 UE 行为，标准复杂度增加	TN/NTN-NTN 可使用不同用户面承载；适用非切换流程；不需要增强	与 DAPS 切换不同，不需要保持相同承载；不需要增强

(1) TN/NTN-NTNDAPS 增强

在 R15 版本中，连接态的切换采用的是硬切换的方式，即 UE 在接收切换命令后，首先释放与源小区的连接，然后与目标小区建立连接，因此，在切换执行过程中，不可避免地存在用户数据中断的情况。在 R16 版本中，为满足 5G 用户业务连续性的需求，引入了 DAPS 切换，即 UE 在接收到切换命令后，在保持源小区连接的同时向目标小区建立连接，只有 UE 成功接入目标小区之后，才将源小区的连接释放。DAPS 切换通过短时间维持 UE 与源小区和目标小区的双重连接，以及相同的用户面配置，保障了用户数据在切换过程中传输的连续性。在天地一体化网络中，特别是 TN 与 NTN 融合的网络架构下，为保障 TN-NTN 或 NTN-NTN 间切换时的业务连续性，R16 为 TN 引入的 DAPS 可以作为基础方案之一。但是为了适应 NTN 的特性，特别是 NTN 与 TN 的特性差异，传统的 DAPS 机制面临用户面和控制面的双重挑战。

① NTN 中 DAPS 用户面问题与解决方案

为了实现 DAPS 切换,源小区为 UE 指示 DAPS 专用的承载配置,包括在切换过程中,用于源小区和目标小区 MAC/RLC/PDCP 层配置等。对于每个配置的 DAPS 承载,UE 的 PDCP 层会被重配置为面向源小区和目标小区的统一设置,用于维持切换过程中的 PDCP 层序列号连续性,进而保证用户数据的按序递交。相应地,面向源小区和目标小区的重排序和复制功能也会被统一配置,只有加密、解密和报头压缩、解压缩等不影响数据顺序的功能会被分开配置。类似地,为了保障切换过程中用户数据的连续性,3GPP 标准进一步规定:对于配置的 DAPS 承载,UE 将复制源小区的 MAC、RLC 层以及逻辑信道配置,面向目标小区建立相同的协议层实体。这种简化设计在 TN 内部应用是较为合理的,但是在 NTN 中会遇到新的挑战。

NTN 极高的天线高度在带来广覆盖的同时,不可避免地增加了 UE 到网络的传播时延,如相比 TN 约 0.033 ms(以 5 km 覆盖半径计算)的 RTT,NTN 的 RTT 可以达到数十乃至数百毫秒,即使在 NTN 内,LEO 的 26 ms 和 GEO 的 541 ms 之间也有较大差异。综合考虑,传统 TN 的 DAPS 的统一用户面配置规定和 NTN 的特殊用户面配置增强,可以发现,如果在 TN 与 NTN 间或者使用不同轨道高度卫星(如 LEO 和 GEO)的 NTN 间配置使用 DAPS 时,难免会出现矛盾,具体矛盾体现在以下 3 个方面。

(1) 对于需要涵盖整个 RTT 时间范围的计时器,如 MAC 层的 sr-ProhibitTimer、RLC 层的 t-Reassembly、PDCP 层的 DiscardTimer 和 t-Reordering 等,R17 NTN 将其取值范围扩展至大于甚至数倍于 NTN 最大 RTT(即 541 ms)的范围。如果面向目标 TN(或 LEO-NTN)小区适用源 NTN(或 GEO-NTN)小区的用户面配置,会出现参数设置过大等问题;反之,则会导致参数设置得过小。

(2) 对于在 RTT 时间范围内不需要启动的计时器(没有数据或信令接收),如 MAC 层的 ra-ContentionResolutionTimer、drx-HARQ-RTT-TimerDL 和 drx-HARQ-RTT-TimerUL 等,R17 NTN 将其启动时间向后偏置 RTT 时间。如果面向目标 TN(或 LEO-NTN)小区适用源 NTN(或 GEO-NTN)小区的用户面配置,则会出现计时器过晚启动等问题;反之,则会导致计时器过早启动。

(3) 为避免高传播时延导致的 HARQ 停滞问题,即过多的 HARQ 反馈或重传导致信道资源占用、可用 HARQ 进程不足以及缓存器溢出等,R17 NTN 允许配置 UE 关闭针对下行数据的 HARQ 反馈以及针对上行数据的 HARQ 重传机制。是否允许关闭的配置在 MAC 层配置实现,并且对于上行传输资源可以额外配置逻辑信道优先级(Logic Channel Prioritizaion,LCP)策略以限制其可承载的 HARQ 重传模式。如果面向目标 TN(或 LEO-NTN)小区适用源 NTN(或 GEO-NTN)小区的用户面配置,则会出现 HARQ 反馈或重传不必要禁止等问题;反之,则会导致 HARQ 停滞等。针对 NTN 的 DAPS 用户面增强方案如图 8.35 所示。

为解决上述问题,本方案区别于传统 TN DAPS 中仅复制用户面配置、无基站间交互的情况,通过源小区和目标小区所属基站间的信息交互,确定需要针对 TN 和 NTN 各自网络特性进行差异化用户面配置的参数,再将以下 3 种选项中的任一种发送至 UE。

(1) 选项♯1a:由目标小区所属基站通过 Xn 透传信令将差异化用户面配置额外发送 UE,UE 针对目标小区应用差异化用户面配置。

(2) 选项♯1b:由源小区所属基站通过空口信令将差异化用户面配置额外发送至 UE,UE 针对目标小区应用差异化用户面配置。

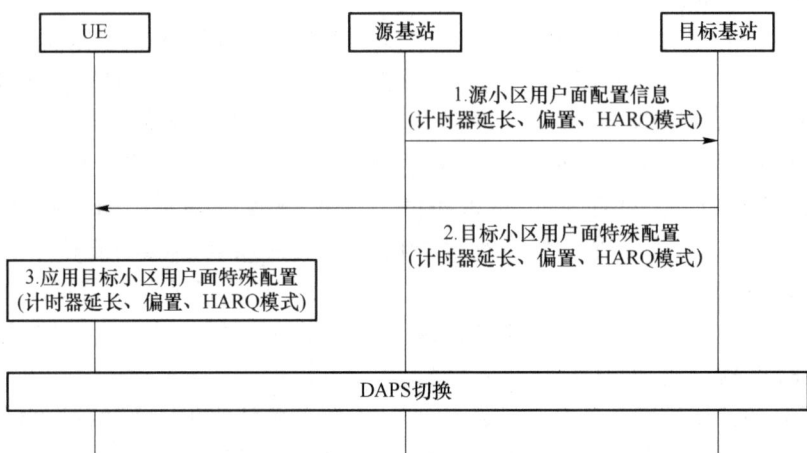

#1a: 基站间交互信息后,由目标基站单独配置目标小区用户面相关配置

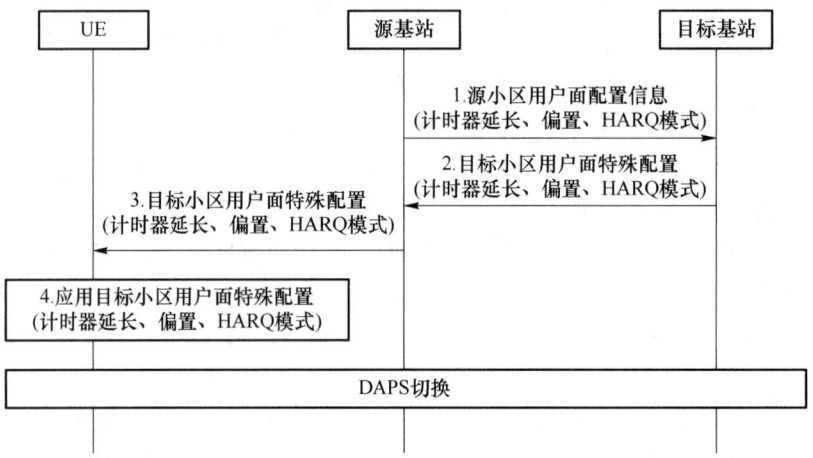

#1b: 基站间交互信息后,由源基站和基站各自单独配置目标小区用户面相关配置

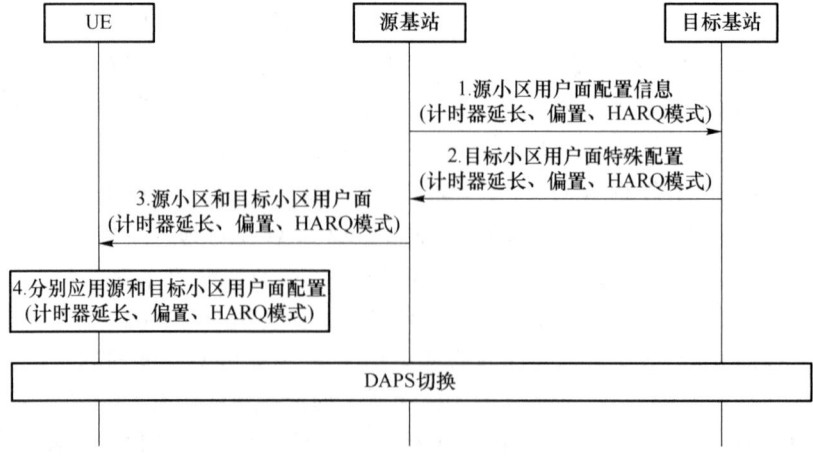

#2: 基站间交互信息后,由源基站和基站同时配置源小区和目标小区用户面相关配置

图 8.35　针对 NTN 的 DAPS 用户面增强方案

(3)选项#2:直接由源小区所属基站在配置DAPS之初通过空口信令将2套不同的用户面配置发送至UE,UE针对源小区和目标小区分别应用2套不同的用户面配置。

选项#1a和选项#1b的区别在于,负责生成差异化用户面配置并送达UE的网络实体及相应的信令流程,该差异化配置在逻辑上位于DAPS配置之后,属于不同的信令消息。选项#2与选项#1a和选项#1b不同,其在DAPS配置之初便将两条不同的配置分别送达UE,与DAPS配置使用同一条信令消息。该选项使UE在执行DAPS切换过程中,既能保证用户数据的顺序,又能以不同的参数配置契合TN与NTN各自的网络特性。

② NTN中的DAPS控制面问题与解决方案

用户面方案用在UE和TN、UE和NTN的无线链路存续的前提下,通过差异化配置保障用户数据经不同时延链路无损到达且按序递交,而与无线链路状态变化导致的普通切换失败类似,源小区或目标小区链路的RLF可能导致DAPS切换失败,这就需要控制面通过信令交互流程实现上报、处理和恢复的过程。

在面向TN的R16中,RLF和切换失败处理和恢复流程未考虑小区或基站的运动,因此无法适用于NTN存在的场景。其具体原因如下。

一是在TN DAPS切换进行中,UE持续监测源小区链路RLF,直至目标小区的随机接入成功完成。在此期间,如果源小区链路发生RLF,则UE停止该链路上的数据收发但保留其配置。如果目标小区链路发生RLF或切换失败,则UE试图寻找合适小区发起重建。如果无合适小区,则进入空闲态。在TN/NTN-NTN DAPS切换过程中,当源LEO-NTN小区发生RLF时,如果源LEO-NTN小区接近其服务时间(t-Service),则UE可能无法重建或者恢复源小区链路。如果UE需要选择合适小区发起重建,而没有排除可能接近服务停止时间的源小区或目标小区(按照信号最强原则仍有可能被选中),则可能会出现再次重建失败的情况。

二是在TN DAPS切换失败后,如果源小区链路仍可用,则UE回退至源小区配置且恢复源小区链路,并可以上报DAPS切换失败指示。当TN/NTN-NTN DAPS切换失败发生时,如果源LEO-NTN小区接近其停止服务时间(t-Service),则UE可能无法重建或者恢复源小区链路,进而也无法上报DAPS切换失败指示。当前协议不支持UE在后续连接成功后上报失败的原因以协助网络纠正不合理的DAPS切换配置。

针对NTN的DAPS控制面增强方案如图8.36所示。为了解决上述问题,在传统TN DAPS失败处理流程的基础上,引入针对NTN相关特性的条件配置,即UE参考源NTN小区或目标NTN小区的服务停止时间以及相应的网络配置,从而决定是否可以忽略不必要的失败处理逻辑,包括在源小区接近或到达服务停止时间时,释放源小区链路及其配置,忽略在源小区发起重建或恢复,并在后续的小区选择中,排除源小区,以及在目标小区接近或到达服务停止时间时,终止随机接入,释放目标小区配置,触发切换失败,并在后续的小区选择中排除目标小区。另外,UE可以将接近或到达服务停止时间作为失败原因存储,并在下一次接入网络时上报。

(2)TN/NIN-NTN双连接增强

双连接是R15版本支持的网络架构,用来满足UE同时接入多个网络节点保障业务吞吐量和连续性、负载均衡和可靠性等需求。与DAPS仅适用于切换过程不同,DC适于任何存在多个可连接节点的场景,可以配置一个主节点(Master Node,MN)和多个辅节点(Secondany Node,SN),同时激活其中一个节点。不必要求统一用户面配置DAPS的目标是,当切换不可避免地发生时,同时被动地建立TN和NTN两条无线连接(切换成功后即释放源小区连接),

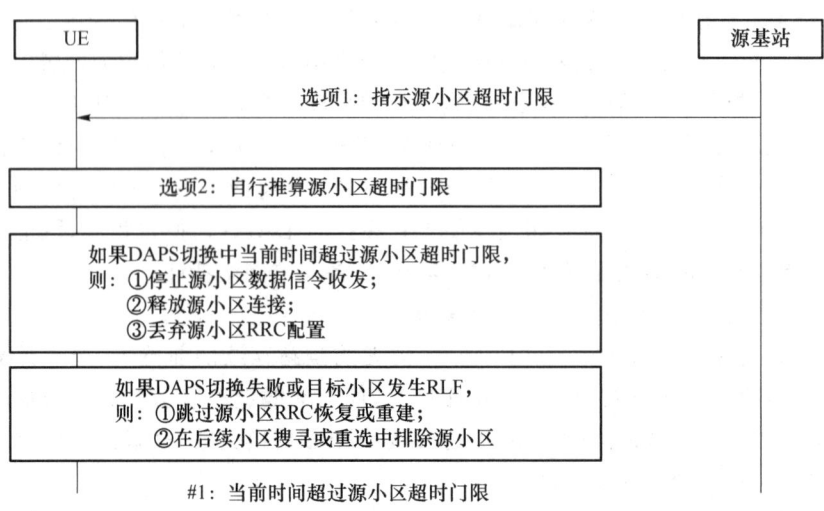

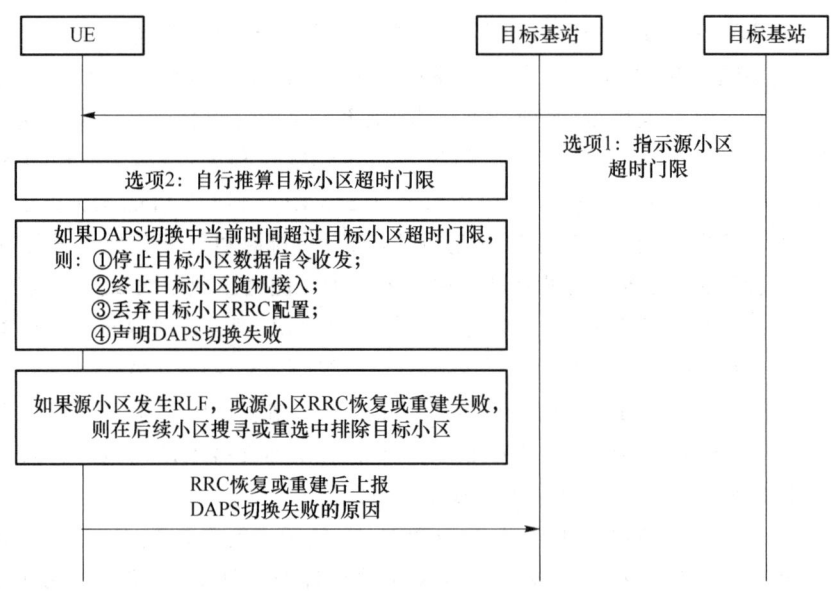

图 8.36 针对 NTN 的 DAPS 控制面增强方案

通过有效的控制面信令交互保障切换,以及通过差异化用户面配置(使用相同的用户面承载)保障用户数据的连续性。而 DC 可以在没有切换需求的情况下,通过主动建立 TN 和 NTN 两条连接,充分利用 TN 和 NTN 各自的网络优势,使用不同的用户面承载,提升用户体验。因此,DC 不需要面对 DAPS 的用户面和切换失败问题,主要解决 RLF 处理和恢复问题,特别是针对 TN 设计流程的适用性,具体包括以下两个方面。

一是在 TN 中,当主小区组(Master Cell Group,MCG)发生 RLF 时,如果配置了快速 MCG 链路恢复(T316),UE 通过辅小区组(Secondary Cell Group,SCG)向 MN 发起恢复请求,并启动 T316 等待答复。如果 T316 超时,则 UE 发起连接重建。TN/NTN-NTN 双连接用例如图 8.37 所示。对于两种用例,如果 SN 中存在 NTN-SN,则当 MCG 发生 RLF 并触发快速 MCG 恢复流程时,UE 面临如何选择 SCG 以发送恢复请求的问题。一方面,如果某个

SCG 属于 NTN-SN 控制,则通过该 SCG 恢复时延较大,且可能由于接近或到达服务停止时间,导致发送请求或接收回复失败。另一方面,UE 使用统一的 T316 配置,而 TN-SN 和 NTN-SN 所需的信令往返时延存在差异,无法适用同样的 T316 时长配置。

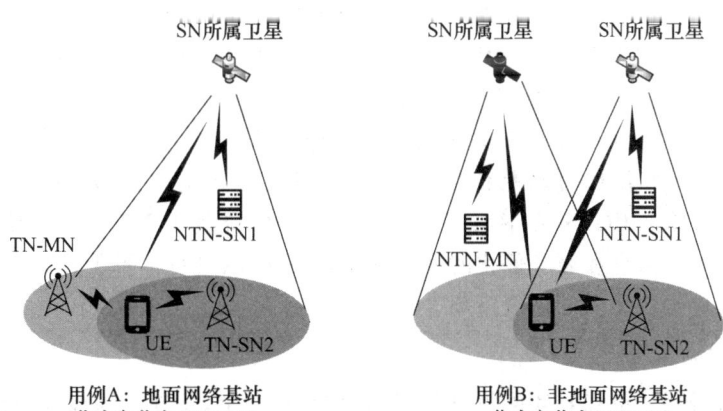

图 8.37 TN/NTN-NTN 双连接用例

二是在 TN 中,当 SCG 发生 RLF 时,如果 MCG 的无线承载没有暂停,则 UE 向 MN 发送 SCG 失败信息并等待处理;如果 MCG 的无线承载已暂停,则 UE 发起连接重建。对于用例 B,在 SCG 失败恢复的过程中,存在 NTN-MN 由于接近或到达服务停止时导致恢复失败的可能性。

为解决上述问题,针对 TN/NTN-NTN 的双连接增强方案如图 8.38 所示。该方案具体包括以下三个方面内容。

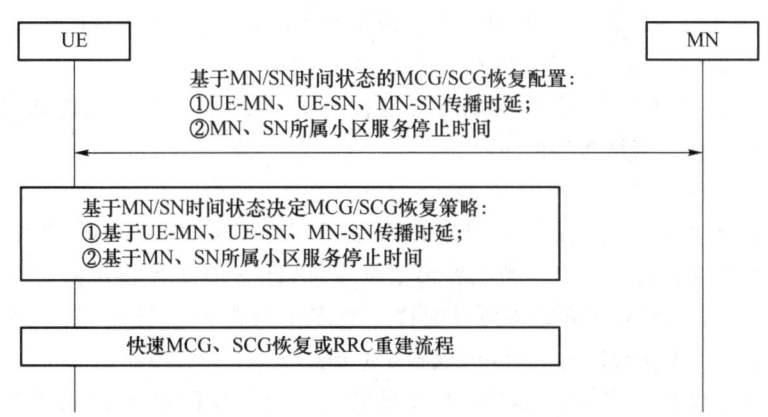

图 8.38 针对 TN/NTN-NTN 的双连接增强方案

一是在执行 MCG 快速恢复时,有别于在传统 TN 中直接通过当前激活的 SCG 及其所属 SN 发送恢复请求,本方案通过综合考虑所配置 SCG 及其所属 TN/NTN-SN 的时延及可用时间等因素,选择时延最低、可靠性最高的 SN 发送恢复请求,包括为不同时延的 TN/NTN-SN 配置独立的 T316,以适配 TN 与 NTN 各自的网络特性。

二是在执行 SCG 恢复时,有别于在传统 TN 中必须等待恢复失败后才能发起重建,本方案通过考虑 MCG 及其所属 NTN-MN 的时延及可用时间等因素,允许 UE 选择暂停 MCG 承载或放弃恢复流程而直接进入连接进行重建尝试。

三是有别于在传统 TN 中失败信息只能由 RLF 被动触发,考虑到 NTN-MN 及 NTN-SN 服务停止时间的可预测性,本方案允许 UE 在服务停止时间到达之前,提前触发失败信息上报,从而允许网络根据可预测的 RLF 信息提前进行连接的重配置。

该方案在 TN 双连接机制的基础上,针对 TN/NTN-NTN 双连接场景优化了信令内容和流程,实现了 TN/NTN-NTN 双连接中 RLF 的高效处理和恢复。一方面,该方案充分利用了 R17 NTN 所引入的 NTN 相关信息交互和指示,即 MN 知晓其所属卫星 MCG 小区,其为 UE 配置的 SN 及所属卫星 SCG 小区的星历信息、服务停止时间以及 MN-SN 传播时延等,并可以通过 UB 上报的 TA 和传播时延差获得 UE-MN、UE-SN 传播时延,从而能够有效生成基于 MN/SN 时间状态的 MCG/SCG 恢复配置。另一方面,得益于 NTN UE 的定位能力、卫星 MCG/SCG 小区星历信息和服务停止时间的获取,UE 可以自行计算 UE-MN、UB-SN 传播时延并根据网络配置执行相应的恢复策略。

2. 连接态的测量管理

对于传统的同频测量和异频测量,因为基站均在地面上,不同的地面基站到终端的传输时延差比较小,所以协议中规定的测量窗口长度比较小。而对于非地面网络,卫星到 UE 间的传输时延差异较大,尤其是 GEO 到 UE 的传输时延差,更是到了百毫秒级别,如果使用现有的测量配置,则可能导致 UE 无法检测到目标小区的 SSB。同时,因为卫星的移动速度较快,所以测量配置在实际执行时可能会比地面网络的错误率高。

因此,R17 版本对测量方案进行了增强,充分考虑目标小区和服务小区到 UE 的传播时延差,使 UE 能够正确检测到目标小区的 SSB。同时综合考虑卫星的移动速度,提高测量配置的容错性能。具体的网络配置说明如下。

(1)每个载波信道最多配置并行 5 个同步块测量时序配置(SS/PBCH block Measurement Timing Configuration,SMTC),并且对于一组给定的小区,配置的数目具体取决于 UE 能力作为最低要求,UE 能够在每个载波上并行支持 2 个 SMTC。

(2)SMTC(包括偏移、周期性)根据 UE 报告的定时提前信息、馈电链路时延以及服务/相邻卫星小区星历计算网络传播的时延差。

1)SMTC 和测量间隙

在连接模式下,UE 的测量目标可以是 SSB,也可以是 CSI-RS。对于 NTN,UE 通常只测量 SSB。SSB 在无线帧的第 1 个半帧或者第 2 个半帧,即 SSB 突发占用的时间不超过 5 ms。根据频率的不同,每个 SSB 突发最多可以配置 4 个、8 个或者 64 个 SSB,SSB 突发的周期可以配置为 5 ms、10 ms、20 ms、40 ms、80 ms 或者 160 ms。

由于设备复杂度和尺寸的原因,UE 通常只装备一个射频模块。UE 通过使用 SMTC 来完成 SSB 的测量,SMTC 的周期是 5 个、10 个、20 个、40 个、80 个或 160 个子帧,每个 SMTC 窗口的持续时间是 1 个、2 个、3 个、4 个或 5 个子帧,在 R16 版本中,网络共可以为 UE 配置 3 个 SMTC。根据协议,只有当服务小区的 SSB 的中心频率和邻小区的 SSB 的中心频率相同且子载波间隔相同时,才定义为同频测量,UE 完成同频测量不需要配置测量间隙。

当 UE 测量异频邻小区时,为了解码邻小区的 SSB,UE 必须中断在服务小区的服务业务,这个中断的时间称为测量间隙(Measurement Gap,MG),测量间隙示意如图 8.39 所示。测量间隙长度(Measurement Gap Length,MGL)定义了测量间隙的持续时间,可以配置为 1.5 ms、3 ms、3.5 ms、4 ms、5.5 ms 或 6 ms。测量间隙重复周期(Measurement Gap Repetition Period,MGRP)定义了测量间隙的重复周期,可以配置为 20 ms、40 m、80 ms 或者 160 ms。测量间隙定时提前(Measurement Gap Timing Advance,MGTA)是 UE 开始测量的偏移,用于射频器件调整频率,可以在测量窗口之前和之后各预留 0.5 ms 的时间,实际的定时提前可能是 0.5 ms(FR1)或者 0.25 ms(FR2)。

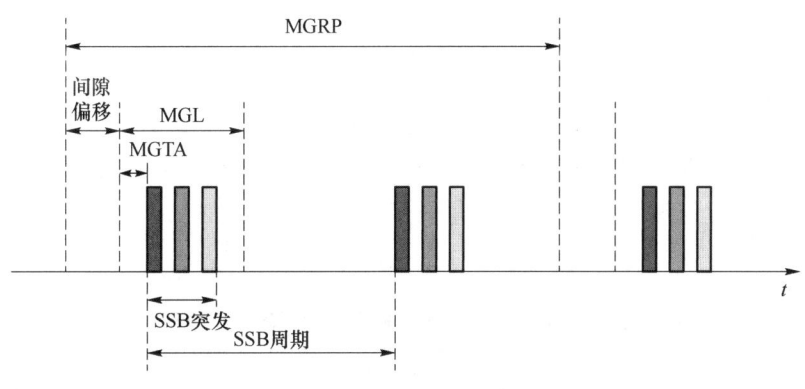

图 8.39 测量间隙示意

在 TN 中,服务小区和邻小区间的 SSB 在时间上的相对位置是固定的,小区内的传播时延与小区半径和 UE 位置有关,由于 TN 小区半径小,传播时延非常低,即使小区半径达到 100 km,传播时延只是在 0.5 ms 以内。从 UE 角度来看,仅是因为 UE 运动引起的传播时延变化非常小,所以现有的 SMTC 和测量间隙配置是足够的。

2) NTN 测量面临的挑战

在 NTN 中,传播时延非常高,LEO 卫星的双向传播时延最大可达 25.77 ms(LEO,卫星高度为 600 km,透明转发)或 41.77 ms(LEO,卫星高度为 1 200 km,透明转发),GEO 卫星的双向传播时延最大可达 541.46 ms(透明转发),且高速移动的 LEO 卫星还会导致 UE 和服务小区间及 UE 和邻小区间的传播时延随着时间的推移而变化。随着卫星高度的增加以及馈电链路的时延,传播时延将变得更复杂,为 SMTC 和测量间隙配置带来巨大挑战。

LEO 卫星部署场景示意如图 8.40 所示。SAT1 和 SAT2 在同一个或并行的轨道上,卫星的高度是 600 km。SAT1 是当前为 UE 提供服务小区的卫星,称为服务卫星,SAT1 正在离开 UE,SAT1 和 UE 间(服务链路)的传播时延定义为 $d_{SAT1-UE}(t)$。SAT2 是潜在的目标小区,称为邻卫星,SAT2 正在向 UE 移动,SAT2 和 UE 之间(服务链路)的传播时延定义为 $d_{SAT2-UE}(t)$。在透明卫星场景,传播时延与 NTN 网关的位置有关。在本例中,SAT1 连接到 NTN-GW1 并且向 NTN-GW1 移动,SAT1 和 NTN-GW1 间(馈电链路)的传播时延定义为 $d_{SAT1-GW1}(t)$。SAT2 连接到 NTN-GW2 且向 NTN-GW2 移动,SAT2 和 NTN-GW2 间(馈电链路)的传播时间定义为 $d_{SAT2-GW2}(t)$。$d_{SAT1-UE}(t)$、$d_{SAT2-UE}(t)$、$d_{SAT1-GW1}(t)$ 和 $d_{SAT2-GW2}(t)$ 随着时间的推移而变化,都是时间的函数。

UE 和卫星间、卫星和 NTN 网关间的传播时延与 UE 或网关到卫星的仰角有关。以图 8.40 为例,在 T1 时刻,UE 与 SAT1 和 SAT2 的仰角都是 30°;在 T2 时刻,UE 与 SAT1 和 SAT2 的仰角分别是 10°和 50°。在 T1 时刻,SAT1 与 NTN-GW1、SAT2 与 NTNGW2 的仰角分别是 10°和 65°;在 T2 时刻,SAT1 与 NTN-GW1、SAT2 与 NTN-GW2 分别是 30°和 80°。根据以上条件,可以计算出 UE 到卫星、卫星到网关的传播时延。UE 在不同时刻与两个透明卫星的传播时延见表 8.14。

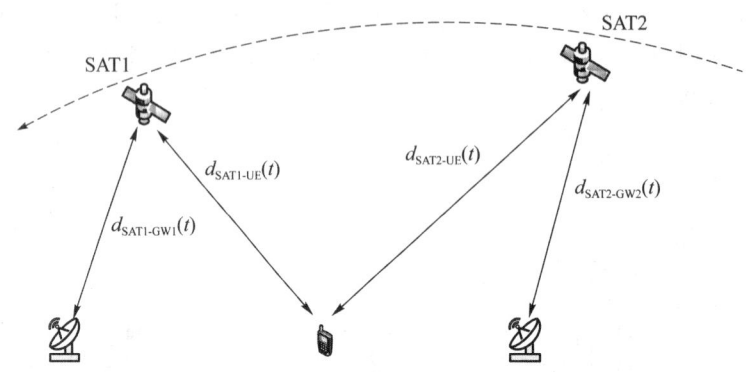

图 8.40 LEO 卫星部署场景示意

表 8.14 UE 在不同时刻与两个透明卫星的传播时延

卫星	时间	UE		NTN-GW(SAT1 是 GW1，SAT2 是 GW2)		GW-SAT-UE 的联合时延/ms
		仰角	传播时延/ms	仰角	传播时延/ms	
SAT1	T1	30°	4	10°	6.4	10.4
	T2	10°	6.4	30°	4	10.4
SAT2	T1	30°	4	65°	2.2	6.2
	T2	50°	2.5	80°	2	4.5

根据图 8.40 假定的几何位置，NTN-GW1 和 UE 间的传播时延保持在近似的 10.4 ms，而 NTN-GW2 和 UE 间的传播时延从 T1 时刻的 6.2 ms 减少到 T2 时刻的 4.5 ms，因此 GW1-NTN-UE 和 GW2-NTN-UE 间的传播时延差值为 4.2 ms(在 T1 时刻)和为 5.9 ms(在 T2 时刻)。图 8.40 仅是个示例，根据 UE 和地面网关位置的不同，实际的传播时延差值可能会更大。SMTC 窗口的最大持续时间是 5 个子帧，对于 15 kHz 的子载波间隔，SMTC 的最大持续时间是 5 ms，由于 R15/R16 版本的 SMTC1 是个静态的 SMTC 窗口，而且 UE 不需要监测 SMTC 窗以外的 SSB，所以静态的 SMTC 窗口处理超过 5 ms 的传播时延差值具有较大的挑战。

3) NTN 在连接模式下的测量策略

NTN 在连接模式下的测量策略包括 SMTC 配置策略、UE 上报位置信息和 UE 上报传播时延差值。

(1) SMTC 配置策略

为解决 LEO 卫星高速运动引起的较高且快速变化的传播时延问题，需要对 R15/R16 版本的测量策略进行调整。具体包括以下 3 个解决方案。

① 为 UE 配置足够长的测量窗口，从而解决来自不同卫星导致的传播时延差值过高问题。

② 由 UE 自动调整测量窗口。

③ 网络为 UE 配置多个 SMTC 和测量间隙，如为 GEO 和 LEO 卫星分别配置 SMTC 和测量间隙，为不同仰角的卫星分别配置 SMTC 和测量间隙等。

方案①会使 UE 用于数据发送和接收的资源减少，导致调度灵活性变差，数据速率降低；

方案②会导致不可预期的 UE 行为,可能引起 UE 在下一个传输窗口不能正确地接收服务小区的数据。因此建议采取方案③,即为 UE 配置多个 SMTC 和测量间隙。

针对 NTN,R17 版本在原有的 3 个 SMTC 配置的基础上,增加了第 4 个 SMTC。在 R17 版本中,共定义了 4 个 SMTC,4 个 SMTC 的定义分别如下。

(1) SMTC1:提供了主要的 SMTC 配置,包括 SMTC 的周期、偏移和持续时间。

(2) SMTC2:主要配置与 SMTC1 的基本相同,但是相比于 SMTC1,SMTC2 具有更小的周期。

(3) SMTC3:用于集成接入与回传(Integrated Access and Backhaul,IAB)的测量。

(4) SMTC4:测量周期和持续时间与 SMTC1 的相同,但是定义了相对于 SMTC1 的偏移,可以最多配置 4 个偏移。

对于 NIN,主要使用的是 SMTC1 和 SMTC4,也即一个具有相同 SSB 频率的测量目标,可以配置的 SMTC 数量最多是 5 个(1 个由 SMTC1 配置,4 个由 SMTC4 配置),并且每个 SMTC 可以与一组小区相关联。根据 UE 能力的不同,UE 能够在每个载波上并行支持 2 个或 4 个 SMTC。5G NTN 的 SMTC 配置示意如图 8.41 所示。

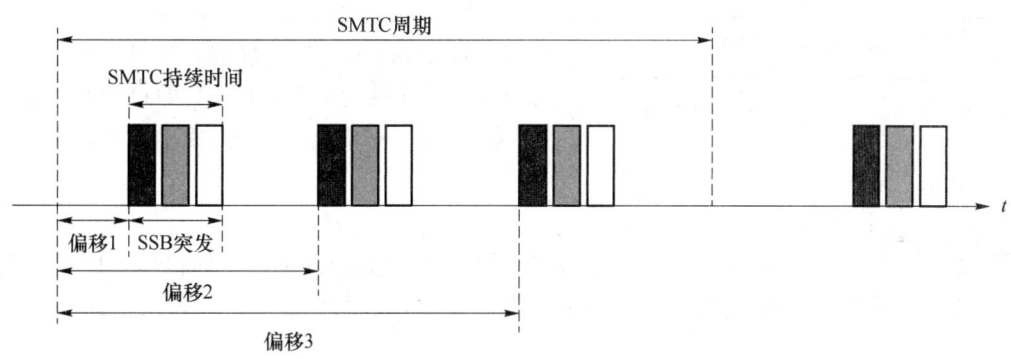

图 8.41　5G NTN 的 SMTC 配置示意

与 SMTC 配置类似,在 R17 版本中,5G NTN 的测量间隙最多可以配置 8 个,此处不再赘述。

由于 NTN 小区的半径较大,UE 在不同位置导致 UE 到 NTN 网关的双向传播时延差值最大可达 6.36 ms(LEO 卫星,高度为 1 200 km)或 20.60 ms(GEO 卫星)。为配置 SMTC 和测量间隙,网络需要 UE 提供辅助信息以便计算 UE 与服务小区和邻小区的传播时延差值。根据 R17 版本,UE 提供给网络的辅助信息既可以是 UE 的位置信息,也可以是精确的传播时延差值。

(2) UE 上报位置信息

若 UE 提供给网络的辅助信息是 UE 位置信息,基于 UE 位置信息的 SMTC 调整步骤如图 8.42 所示。

在开始阶段,网络提供给 UE 的 SMTC 和测量间隙配置应该覆盖所有的邻区或者大部分邻区。为保护用户的隐私,网络应该在接入层(Access Stratum,AS)安全建立后,请求 UE 上报位置信息,UE 以椭圆点模型的形式上报位置信息。基于 UE 上报的位置信息及服务卫星和邻卫星的星历信息,网络产生 SMTC 和测量间隙配置,随着卫星的运动,UE 重新上报位置信息,网络更新 SMTC 配置。

考虑到用户的隐私,UE 报告的位置信息不必非常精确,只需达到 2 km 的精度即可,称为

图 8.42 基于 UE 位置信息的 SMTC 调整步骤

粗略位置信息。由于 SMTC 和测量间隙配置的颗粒度是毫秒级的,1 ms 对应距离的颗粒度是 300 km,2 km 的精度对于 SMTC 和测量间隙配置是足够的。

UE 通过信令 MeasurementReport 上报位置信息,既可以周期性上报位置信息,也可以基于事件上报位置信息。5G NTN 使用的事件与 TN 使用的事件略有区别,TN 使用基于信号强度触发的事件报告,在 NTN 中,由于卫星的轨道非常高,远近效应不明显,不能使用基于信号强度触发的事件报告,而应使用基于位置触发的事件报告,即 D1 事件。另外,UE 可以根据网络请求通过信令 UEInformationResponse 上报自身的位置信息。

UE 上报位置信息不需要邻卫星的星历信息,而且 2 km 的定位精度只需上报 28 个 bit 的信息(经度和纬度各 14 个 bit)即可,因此 UE 具有传输的信令少、复杂度低、效率高等优点,适合对位置信息不敏感的用户。

(3) UE 上报传播时延差值

考虑到隐私问题,一些 UE 不允许上报精确的位置信息,因此网络不能根据 UE 的位置信息获得传播时延差值,在这种情况下,UE 通过报告敏感性低的传播时延差值来辅助网络配置 SMTC 和测量间隙。

UE 为计算传播时延,需要知道服务卫星和邻卫星的位置信息,因此网络应该为 UE 提供服务卫星和邻卫星的星历信息以及邻卫星的 PCI。网络为了计算 UE 与服务小区和邻小区的传播时延差值,需要知道以下 4 个时延。

(1) UE 到服务卫星的传播时延 $d_{\text{SAT1-UE}}(t)$。
(2) UE 到邻卫星的传播时延 $d_{\text{SAT2-UE}}(t)$。
(3) 服务卫星到 NTN 网关的传播时延 $d_{\text{SAT1-GW1}}(t)$。
(4) 邻卫星到 NTN 网关的传播时延 $d_{\text{SAT2-GW2}}(t)$。

UE 到邻小区和 UE 到服务小区总的传播时延差值为 $d_{\text{SAT2-UE}}(t) - d_{\text{SAT1-UE}}(t) + d_{\text{SAT2-GW2}}(t) - d_{\text{SAT1-GW1}}(t)$。

考虑到安全性,网络不会把网关的位置信息通知给 UE,UE 不知道馈电链路的传播时延,即 UE 不知道 $d_{\text{SAT1-GW1}}(t)$ 和 $d_{\text{SAT2-GW2}}(t)$,因此 UE 并不是报告总的传播时延差值,而是报告 UE 到邻卫星和服务卫星的传播时延差值,即 $d_{\text{SAT2-UE}}(t) - d_{\text{SAT1-UE}}(t)$。由于 R17 版本的 NTN UE 具有 GNSS 能力且 UE 知道服务卫星和邻卫星的星历信息,所以 UE 可以计算 $d_{\text{SAT1-UE}}(t)$ 和 $d_{\text{SAT2-UE}}(t)$。至于 $d_{\text{SAT1-GW1}}(t)$ 和 $d_{\text{SAT2-GW2}}(t)$,与网络部署有关,其值可以通过网关间的通信获得。另外,UE 可以只报告 $d_{\text{SAT2-UE}}(t)$,因为在连接模式下,通过 UE 报告的 TA 和 TA 调整,服务卫星能够知道 $d_{\text{SAT1-UE}}(t)$。相比 $d_{\text{SAT2-UE}}(t)$,$d_{\text{SAT2-UE}}(t) - d_{\text{SAT1-UE}}(t)$ 的信令负荷通常较小,所以 R17 版本规定,UE 上报的是传播时延差值。

对于传播时延差值，网络通过重配置信令 RRCReconfiguration 给 UE 下发传播时延差值报告配置（propDelayDiffReportConfig），传播时延差值报告配置包括传播时延差值门限（threshPropDelayDiff）和邻卫星列表（neighCellInfoList），传播时延差值门限取值是 0.5 ms、1 ms、2 ms、3 ms、4 ms、5 ms、6 ms、7 ms、8 ms、9 ms 或 10 ms，邻卫星列表可以最多配置 4 个邻卫星的星历信息。UE 在最近一次上报传播时延差值后，如果邻卫星和服务卫星间的服务链路传播时延差值变化量超过门限，UE 通过信令 UEAssistanceInformation 上报邻卫星的服务链路和服务卫星的服务链路的传播时延差值，即上报 $d_{\text{SAT2-UE}}(t) - d_{\text{SAT1-UE}}(t)$。

3. 寻呼和空闲态的管理

卫星网络的位置区设计研究的主要目的是降低用户位置管理中的开销，可以分为静态位置区设计和动态位置区设计两种。其中，静态位置区主要分为基于卫星的覆盖范围、基于 NTN 网关的覆盖范围、基于卫星和 NTN 网关相结合的覆盖范围、基于用户所在地理位置。根据用户移动时的各种特性、用户的呼叫类型以及用户发起位置更新操作等，动态位置区设计可以分为基于移动的动态位置区更新、基于时间的动态位置区更新、基于移动和时间相结合的动态位置区更新、基于距离的动态位置区更新。

根据 3GPP 发布的卫星的移动性管理存在的关键问题，5G 与卫星网络融合的移动性管理还存在以下 3 类问题。

1) 广卫星覆盖区域的移动性管理

卫星网络由于其广覆盖特性，卫星小区可能跨越多个国家，其覆盖范围远超 5G 移动性管理系统所设计的接入网覆盖范围，因此 5G 与卫星网络融合将会引发较大的卫星覆区域内如何处理终端的寻呼、卫星覆盖区与 5G 系统跟踪/注册区的关系、卫星和地面接入间的空闲/连接模式下移动性如何执行等问题。针对这些问题，3GPP 提出基于位置和固定的注册区域卫星接入、用于具有大型或移动无线电覆盖的 5G 卫星接入的解决方案，这些方案都能减少卫星覆盖区域的移动性管理问题。

2) 移动卫星覆盖区域的移动性管理

如果 gNB 位于 NGSO 卫星，则连接的小区和注册区域将与相应的 gNB 一起移动，相应的地理覆盖范围、小区、注册区域等概念可能需要重新定义；gNB 的移动也可能会对与地理区域相关的功能产生一些影响，如授权、计费等。另外，还存在卫星和地面接入间的空闲/连接模式移动性如何执行等问题。针对这些问题，3GPP 提出了减少来自 NGSO 卫星小区终端的移动性注册更新信令，从而解决了移动卫星覆盖区域的移动性管理问题。

3) 基于 NGSO 再生卫星接入 RAN 的移动性管理

在 NGSO 卫星上启用 RAN 意味着 RAN 对任何相连 5G 核心网的频繁切换。由于 NGSO 卫星的覆盖范围很大，大量终端可以同时从一个 RAN 切换到另一个 RAN，所以导致锚点为 RAN 和核心网的组切换。

为解决由卫星运动触发的频繁寻呼跟踪区更新（Tracking Area Update，TAU）过程的问题，5G NTN 提出了"固定跟踪区域"的概念，即跟踪区域码（Tracking Area Code，TAC）固定在地面上，而小区在地面上随着卫星的移动而改变，也就是说，当小区在地面扫描时，如果小区到达下一个计划的地面固定跟踪区域时，广播的跟踪区域码发生变化。固定跟踪区域虽然解决了卫星运动触发的频繁 TAU 过程的问题，但也对小区的系统消息更新或寻呼周期带来了新的问题。

于是 R17 版本在传统的硬跟踪区更新的基础上引入了软跟踪区更新方案，具体是网络可以在 NTN 小区中针对每个公众陆地移动通信网络(Public Land Mobile Network,PLMN)广播多达 12 个以上的 TAC,包括相同或不同的 PLMN,系统信息中的 TAC 变化受网络控制。另外如果当前广播的 TAC 之一属于 UE 的注册区域,则不期望 UE 执行由移动性触发的注册过程。跟踪区域码和地理位置固定示意如图 8.43 所示。

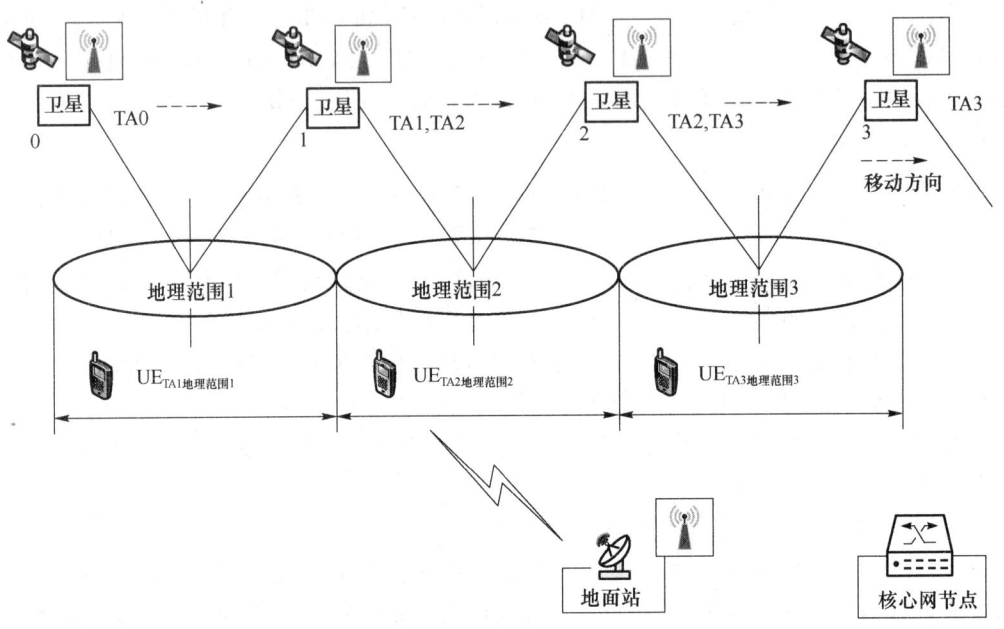

图 8.43 跟踪区域码和地理位置固定示意

  NTN 的小区选择采取与 NR 一样的流程,根据 UE 内部是否存储先验信息,小区选择分为两类,即没有 NR 频点等先验信息的初始小区选择和有先验信息的小区选择。

  对于没有 NR 频点、有之前驻留的小区等先验信息的初始小区选择,UE 需要扫描 NR 频带上所有的信道来寻找合适的小区。在每个频点上,UE 只需找到最强的小区。一旦找到一个合适的选择,UB 就可以尝试在该小区驻留。

  对于有先验信息的小区选择,UE 先依靠先验小区去找一个合适的小区,一旦 UE 找到一个合适的小区,UE 就可以马上尝试驻留,如果依靠先验消息没找到合适的小区,则 UE 使用初始小区选择流程。合适的小区是指满足 S 准则,S 准则为

$$\text{Srxlev} > 0 \text{ 且 } \text{Squal} > 0 \quad (8\text{-}8)$$

其中,Srxlev 和 Squal 分别是小区选择接收电平和信号质量,单位为 dB。

  Srxlev 和 Squal 的计算分别为

$$\text{Srxlev} = Q_{\text{rxlevmeas}} - (Q_{\text{rxlevmin}} + Q_{\text{rxlevminoffset}}) - P_{\text{compensation}} - Q_{\text{offset}_{\text{temp}}} \quad (8\text{-}9)$$

$$\text{Squal} = Q_{\text{qualmeas}} - (Q_{\text{qualmin}} + Q_{\text{qualminoffset}}) - Q_{\text{offset}_{\text{temp}}} \quad (8\text{-}10)$$

在式(8-9)和式(8-10)中,除了 $Q_{\text{rxlevmeas}}$ 和 Q_{qualmeas} 是通过 UE 测量得到的,其余参数都是通过系统消息通知给 UE 的。各个参数的具体说明如下。

(1) $Q_{\text{rxlevmeas}}$ 和 Q_{qualmeas} 分别是测量小区接收的电平值(RSRP)和信号质量(RSRQ)。

(2) Q_{rxlevmin} 和 Q_{qualmin} 分别是小区要求的电平值和信号质量,单位分别为 dBm 和 dB。

(3) $Q_{\text{rxlevminoffset}}$ 和 $Q_{\text{qualminoffset}}$ 分别是相对于 Q_{rxlevmin} 和 Q_{qualmin} 的偏移量,单位为 dB,其目的是防止出现"乒乓"选择。

(4) $Q_{\text{offset}_{\text{temp}}}$ 是应用在特定小区的临时偏移,单位为 dB。

(5) $P_{\text{compensation}}$ 与 UE 可以采用的最大发射功率和 UE 能发射的最大输出功率有关。

在小区重选中,不同无线接入技术(Radio Access Technology,RAT)和频点有不同的优先级。UE 可以通过系统消息或 RRC 释放消息获得频点的优先级。

小区重选的第一步是测量,UE 根据下列规则进行测量。

① 同频测量。如果在 SIB19 中配置了距离门限(distance thresh)和参考位置(reference location)两个参数且 UE 支持基于距离的测量,服务小区满足 Srxlev>$S_{\text{IntraSearchP}}$ 和 Squal>$S_{\text{IntraSearchQ}}$ 且 UE 与参考位置的距离小于距离门限,则 UE 不进行同频测量;否则,UE 要进行同频测量。Srxlev 和 Squal 是根据 S 准则计算的信号电平值和信号质量;$S_{\text{IntraSearchP}}$ 和 $S_{\text{IntraSearchQ}}$ 是同频测量启动门限,通过系统消息 SIB2 通知给 UE。

② NR 异频或异系统测量。如果异频或异系统的优先级高于当前 NR 频点的优先级,则 UE 进行测量;如果异频优先级低于或者等于当前 NR 频点的优先级,或者异系统的优先级低于当前 NR 频点的优先级,在 SIB19 中配置了距离门限和参考位置两个参数且 UE 支持基于距离的测量,服务小区满足 Srxlev>$S_{\text{nonIntraSearchP}}$ 和 Squal>$S_{\text{nonIntraSearchQ}}$,且 UE 与参考位置的距离小于距离门限,则 UE 不进行异频或异系统测量;否则,UE 要进行异频或异系统测量。$S_{\text{nonIntraSearchP}}$ 和 $S_{\text{nonIntraSearchQ}}$ 是异频或异系统启动测量门限,由系统消息 SIB2 通知给 UE。

小区重选的第二步是选择新的小区,UE 根据下列规则进行重选。

① 异频和异系统小区重选。异频和异系统小区按照频率的优先级进行重选,每个频率都有一个优先级,共有 8 个优先级。其中,0 表示最低优先级,7 表示最高优先级。异频和异系统小区重选存在以下两种情况。

第一,向高优先级频点或异系统重选。如果配置了参数 threshServingLowQ,则重选准则为 UE 在当前服务小区驻留超过 1 s,且优先级邻区满足 Squal>$\text{Thresh}_{\text{X,HighQ}}$,同时持续时间大于 TreselectionRAT;如果没有配置参数 threshServingLowQ,则重选准则为 UE 在当前服务小区驻留超过 1 s,Srxlev>$\text{Thresh}_{\text{X,HighP}}$ 且持续时间大于 TreselectionRAT。

第二,向低优先级频点或异系统重选。如果配置了参数 treshservingLowQ,则重选准则为 UE 在当前服务小区驻留超过 1 s,且当前服务小区满足 Squal<$\text{Thresh}_{\text{Serving,LowQ}}$,同时低优先级邻区满足 Squal>$\text{Thresh}_{\text{X,LowQ}}$ 且持续时间大于 TreselectionRAT。如果没有配置参数 $\text{Thresh}_{\text{ServingLowQ}}$,则重选准则为 UE 在当前服务小区驻留超过 1s,且服务小区满足 Srxlev<$\text{Thresh}_{\text{Serving,LowP}}$,同时低优先级邻区满足 Srxlev>$\text{Thresh}_{\text{X,LowP}}$,且持续时间大于 TreselectionRAT。

NR 异频和异系统小区重选示意如图 8.44 所示。

② 同频和同优先级异频小区重选。同频和同优先级异频小区重选采用 R 准则对所有满足小区选择准则(S 准则)的小区进行排序。如果没有配置参数 rangeToBestCell,则 UE 重选到具有最高排序的小区。如果配置了参数 rangeToBestCell,则 UE 重选到波束最多的小区,只有 RSRP 大于 absThreshSSBloc-ksConsolidation 的波束才是有效波束。对于同频和同优先级小区重选,也需要满足 UE 驻留在服务小区的时间超过 1 s 且满足 R 准则的小区持续时间超过 TreselectionRAT。

R 准则的计算式为

$$R_{\text{s}} = Q_{\text{meas,s}} + Q_{\text{offset}} - Q_{\text{offset}_{\text{temp}}} \tag{8-11}$$

$$R_{\text{n}} = Q_{\text{meas,n}} + Q_{\text{offset}} - Q_{\text{offset}_{\text{temp}}} \tag{8-12}$$

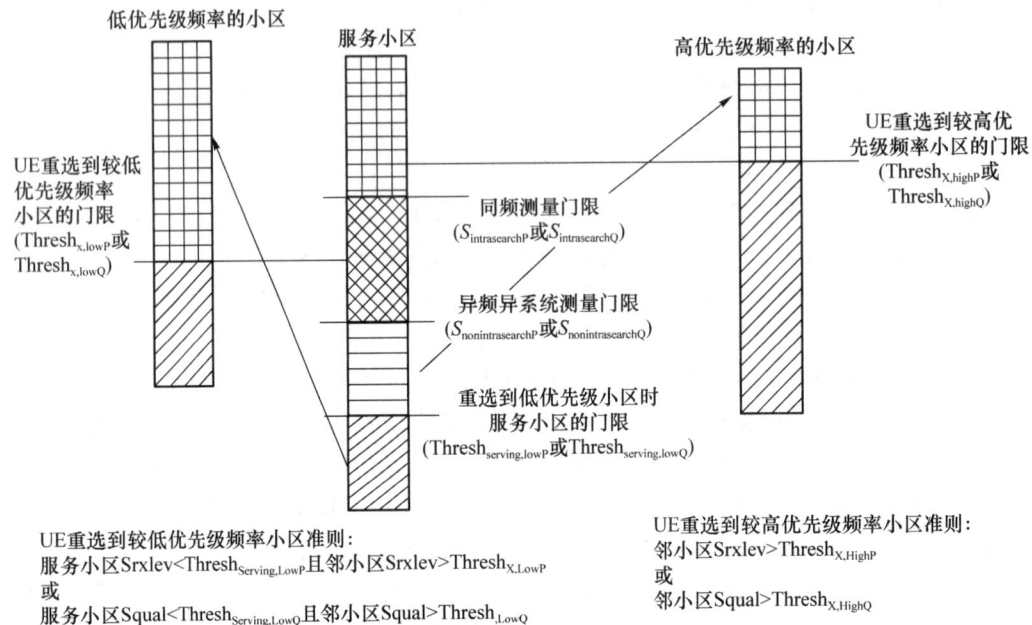

图 8.44 NR 异频和异系统小区重选示意

其中，R_s 和 R_n 分别是服务小区和邻小区的排序标准。$Q_{meas,s}$ 和 $Q_{meas,n}$ 分别是小区重选测量的电平值（RSRP），单位是 dB。对于同频，如果 $Q_{offset_{s,n}}$ 有效，则 $Q_{offset}=Q_{offset_{s,n}}$；否则，$Q_{offset}=0$。对于异频，如果 $Q_{offset_{s,n}}$ 有效，则 $Q_{offset}=Q_{offset_{s,n}}+Q_{offset_{frequency}}$；否则，$Q_{offset}=Q_{offset_{frequency}}$。$Q_{offset_{temp}}$ 是应用在特定小区的临时偏移，单位是 dB。

对于空闲态小区排序，基于距离的排序或排除（仅考虑距离较近的相邻小区）曾作为备选方案，但最终未能获得支持，其原因在于空闲态对 UE 节能的要求较高，而该类方案需要 UE 获取多个相邻小区的参考点并计算距离，实现相对复杂且增益有限。

如果多个小区（既包括高优先级小区，也包括低优先级小区）满足重选条件时，则 UE 会优先重选到最高优先级小区。如果多个同优先级的 NR 小区满足重选条件时，则选择最高排序的小区。

8.4 星间激光通信

卫星激光通信技术是指采用激光作为卫星信息载体的一项星上技术，主要功能是接收来自光学地面站或者源卫星的光学信号，并对信号进行解调、放大以及处理，然后再调制到激光光束上，发送回光学地面站或者目标卫星。如图 8.45 所示，典型激光通信技术的实现需要几个功能模块，包括信号光源、光调制器、发射光学系统、瞄准控制系统、光学天线（望远系统）、接收光学系统、光解调器及信号处理器等。信号光束经调制后，同信标光束一起经发射光学系统、跟瞄控制系统和光学天线发射。光通信星载计算机分别控制发射光学系统和光学天线的瞄准角度，以补偿提前瞄准角度并进行捕获。接收到的光束经望远天线和跟瞄控制系统，进入接收光学通路。一部分光入射到光解调器，用于通信；另一部分光入射到跟瞄探测器，用于瞄准角度偏差信号的检测。下面将分别对该系统的信号发射技术、信号接收技术和瞄准捕获跟踪技术进行阐述。

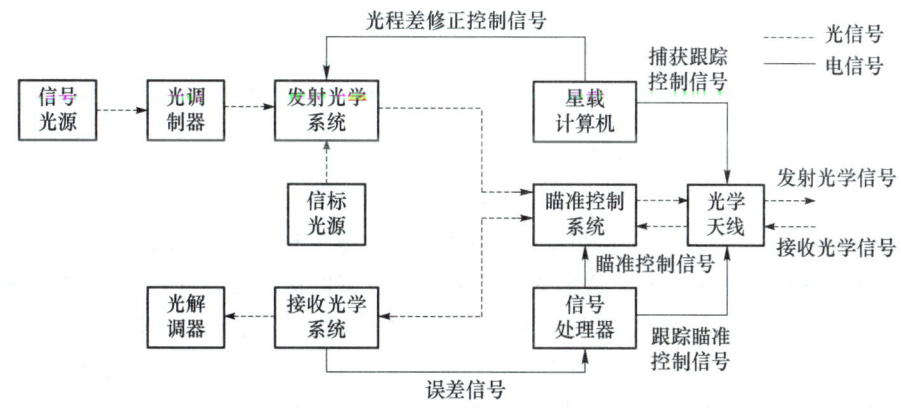

图 8.45　典型的激光通信技术原理图

1. 信号发射技术

考虑到对星载光通信技术的小型化和低功耗等要求,一般采用半导体激光器作为信号光和信标光的光源,波长在 800 mm 和 1 550 mm 附近。考虑到应用光纤器件的成熟技术,星载光通信信号放大多采用光纤放大器件完成。信号光用于通信信号的传输,而信标光则用于激光链路的捕获与跟踪。由于半导体激光器输出的激光光束质量很差,在发射之前通常要对光束进行整形和压缩。整形后,半导体激光器的输出光束为近高斯分布。而经过压缩后的输出光束宽度通常为微弧度量级。激光光源的功率和发射天线的增益的选择在很大程度上取决于链路的自由空间传播损耗的大小。

把模拟或数字信号信息叠加到光源上可以采用不同的方式,如调频、调相、强度调制和极化调制等。光调制器有两种基本类型,即内调制器和外调制器,如图 8.46 所示。

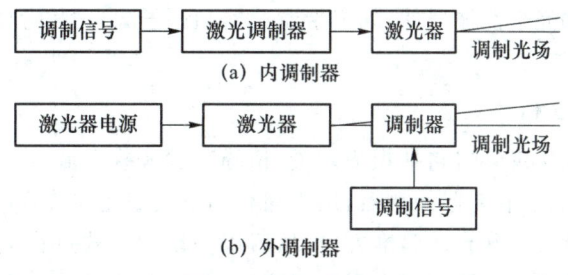

图 8.46　光调制器原理

内调制器是信号对光源本身直接进行调制,产生调制的光场输出。通过改变偏置电流,可对光源进行幅度或强度调制,而改变激光器的腔长可实现频率或相位的调制。外调制器是通过外部器件调制信号,使光波的输出特性产生变化,一般通过物质的电光或声光效应来实现。外调制器会引入较大的耦合损耗,调制深度也有所限制,并且要求较高的调制驱动功率。

2. 信号接收技术

信号接收可分为功率探测接收和外差接收两种。如图 8.47 所示,功率探测接收也称作直接探测或非相干接收,透镜系统和光电探测器用于检测收集到的到达卫星光通信终端的光场瞬间光功率。只要传输的信息体现在接收光场的功率变化之中,就可以采用这种方式进行信号接收。

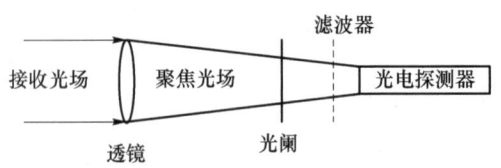

图 8.47 光接收原理(功率探测)

如图 8.48 所示,外差接收也称为空间相干接收,本地光场与接收到的光场经前端镜面加以合成,然后由光电探测器检测合成的光场。外差接收可以接收以幅度调制、频率调制和相位调制方式传输的信息。采用外差接收可提高信号探测系统克服背景辐射和内部噪声的能力,进而改善检测性能。但外差接收对两个待合成光场的空间相干性有严格的要求,必须考虑链路过程中的激光光束的波长漂移,实现起来比较难。

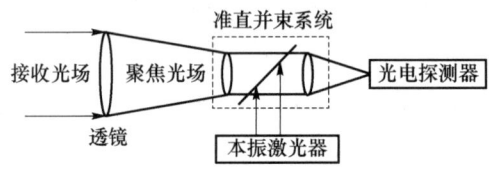

图 8.48 光接收原理(外差接收)

光学天线可分为收发共用天线和收发分离天线。通常采用卡塞格林望远镜作为光学收发共用天线。收发分离天线:接收天线为卡塞格林望远镜,发射天线为开普勒望远镜。采用收发共用天线的优点是光终端体积小,但增加的分光镜等分光器件会使光能有较大损耗,发射通道内的光学器件产生的后向反射对瞄准跟踪探测器会造成一定的影响。而采用收发分离天线的优点是可降低损耗,缺点是使终端体积和重量增大。在选择接收器件灵敏度和接收天线增益时,需要考虑链路的自由空间传播损耗的大小。为了克服背景噪声的影响,提高接收信噪比,在接收探测器前须添加光学滤波器件,如窄带滤波器和原子滤光器,考虑链路过程中的波长漂移现象。

3. 瞄准捕获跟踪技术

瞄准捕获跟踪功能实现装置包括粗瞄装置、精瞄装置和提前瞄准装置 3 部分。粗瞄装置包括万向转台、粗瞄控制器和粗瞄探测器,用于捕获和粗跟踪在捕获阶段粗瞄控制器根据卫星的轨道和姿态参数调整万向转台的瞄准方向,然后以一定的方式进行天线扫描捕获。利用粗瞄探测器判断捕获是否成功及测定对方光束到达的方向,并通过进一步调整万向转台使入射光斑进入精瞄探测器视阈范围。

精瞄装置包括精瞄镜、精瞄控制器、精瞄探测器。精瞄装置主要用于补偿粗瞄装置的瞄准误差及跟踪过程中卫星平台微震动的干扰。提前瞄准装置包括提前瞄准镜、提前瞄准控制器和提前瞄准探测器,主要用于补偿链路过程中在光束弛豫时间内卫星间产生的附加移动。图 8.49 所示的系统中,提前瞄准探测器与精瞄探测器共用,在有些系统中也可以是分离的。

在瞄准捕获跟踪系统的设计和仿真试验过程中,对于粗瞄装置,需要了解由于卫星轨道运动和姿态控制造成的动态链路偏差;对于精瞄装置,需要了解星上微振动的变化情况及影响;对于提前瞄准装置,则需要了解提前瞄准角度的变化。

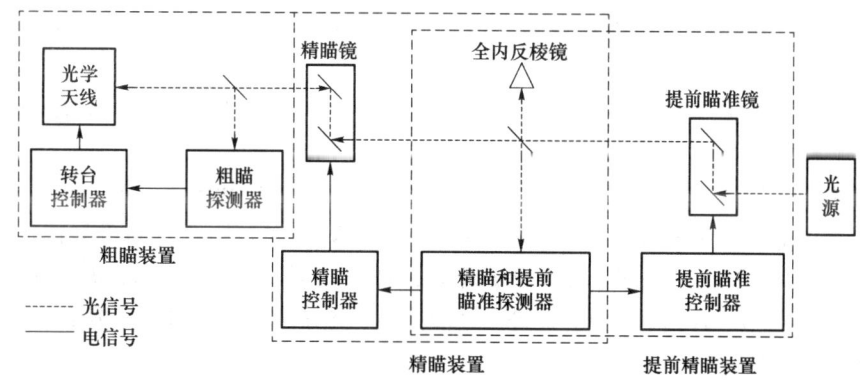

图 8.49 瞄准捕获跟踪技术原理图

8.5 深空通信与星际互联网

深空探测、载人航天、小卫星(微小卫星)研发与应用将是人类新世纪的三大航天活动。深空探测是指脱离地球引力场,进入太阳系空间和宇宙空间的探测,如月球探测、火星探测等。它是基于卫星、载人航天和空间站等技术,向太阳系空间和宇宙空间的进一步探索。

宇宙通信或空间通信分为近空通信和深空通信。近空通信是指地球轨道上运行的航天器与地球上实体间的通信,通信距离为数百至数万公里;深空通信则是指地球上的实体与离开地球卫星轨道进入太阳系的航天器间的通信,通信距离达几十万、几亿至几十亿千米。

8.5.1 深空通信系统

1. 深空通信系统的组成

如图 8.50 所示,深空通信系统由空间段和地面段组成。空间段由航天器上的通信设备组成,包括飞行数据分系统、指令分系统、调制解调分系统、射频分系统和天线等;地面段包括任务计算和控制中心、到达深空通信站的传输线路、测控设备、深空通信收发设备和天线等。

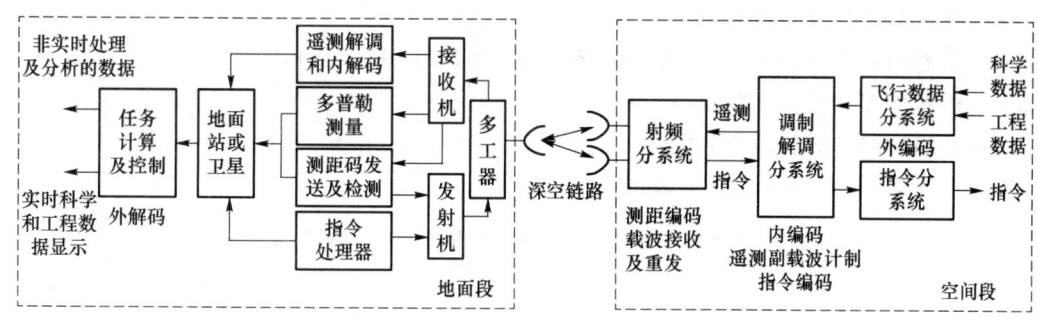

图 8.50 深空通信系统的组成

2. 深空通信的主要任务

深空通信的主要任务包括:航天器通过下行链路(从航天器至地球站,也称遥测链路)回传航天器在深空中所获取的信息;经上行链路(也称遥控链路)向航天器传送跟踪和指令信息,以实现对航天器的控制与引导。遥控数据量比遥测数据量小,所需的传输信息速率低,但对传输质量要求高。

根据深空通信的任务,深空通信系统可分为:遥测分系统、指令分系统和跟踪分系统。

1) 遥测分系统

接收从航天器发送回地球站的信息,包括科学数据、工程数据和图像数据。科学数据是指航天器传感器获取的探测对象信息数据,数据容量中等但极其有价值,需要高可靠传输;工程数据是指航天器上仪器、仪表和系统的状态信息数据;而图像数据容量大但冗余高,需要几十至几百千比特每秒的速率,但可靠性相对较低。此外,回传的信息还包括航天器对遥控信号的应答信号。

2) 跟踪分系统

向航天器发射由指令信号和测距信号调制的标准载波。从接收信号可提取含多普勒信息的接收信号频率、信号传输往返延时、接收信号入射方向、接收信号强度、信号的波形和频谱、航天器位置和速度、无线电传播媒介及太阳系特性等信息,使地面能监视航天器的飞行轨迹并对其导航,同时提供射频载波和附加的参考信号,支撑遥测和指令功能。跟踪分系统接收信息速率低,但可长期、稳定工作。

3) 指令分系统

将地面低速、小容量控制信息发送给航天器,令其在规定时间执行规定动作,要求数据高可靠传输。

3. 深空探测的需求

深空探测要求针对深空航天器的测控和通信技术实现以下几个方面的功能:

(1) 角跟踪:能将地球站的波束瞄准航天器,建立空地链路;

(2) 测轨:能测量出地球到航天器天球上的角位置、距离和速度;

(3) 导航:能将航天器引导至距离目标质心或边缘的一定距离以内;

(4) 遥测:能将航天器内各分系统观测仪器的工作状况传到地球站的控制中心;

(5) 数传:能将航天器观测到的数据和图像传输到地球站;

(6) 遥控:地球站能利用上行链路发出命令进行辅助性干预,解决航天器自主运行不能解决的故障。

4. 深空通信面临的主要问题

深空通信面临的主要问题有:

(1) 信息传输距离极远,引起极大的路径损耗和延时(表 8.15);

(2) 断续测控和通信问题;

(3) 高精度的导航和定位问题。

针对以上问题,深空通信需要采用相应的对策。

表 8.15 地球至太阳系各行星的距离和延时

天体	距太阳最远 /(10^6 km)	距地球最远距离 /(10^6 km)	增加路径损失 /dB	最大时延 /min	距太阳最远距 /(10^6 km)	距地球最远距离 /(10^6 km)	增加路径损失 /dB	最小时延 /min
月球		0.405 5	21.03	0.022 5		0.363 3	20.75	0.020 2
水星	69.8	221.9	75.797	12.378	46	101.1	68.969	5.617
金星	108.9	261.0	77.207	14.5	107.5	39.6	60.829	2.2

续表

天体	距内阳最远/(10^6 km)	距心球最远距离/(10^6 km)	增加路径损失/dB	最大时延/min	距太阳最远距/(10^6 km)	距地球最远距离/(10^6 km)	增加路径损失/dB	最小时延/min
地球	152.1	—	—	—	147.1	—	—	—
火星	249.2	401.3	80.943	22.294	206.7	59.6	64.345	3.31
木星	815.9	968	88.591	53.78	740.8	593.7	84.345	32.983
土星	1 507	1 659.1	93.271	92.172	1 347	1 199.7	90.459	86.661
天王星	3 003	3 155.1	98.854	175.283	2 739	2 591.9	97.146	143.994
海王星	4 542	4 694.1	102.305	260.783	4 432	4 303.9	101.55	239.161
冥王星	7 383	7 535.1	106.416	418.617	4 445	4 297.9	101.537	238.772

注：增加路径损失以 GEO 路径损失作为比较。

5. 深空通信的频段

ITU 分配给深空通信的频段见表 8.16。目前，多用 X 频段、Ku 频段作为"次要"频段（不受来自"主要"用户干扰的保护）。

表 8.16 深空通信分配的频段

频段	S	X	Ka	Ku
上行频带/MHz	2 110～2 120	7 145～7 190	34 200～34 700	16 600～17 100
下行频段/MHz	2 290～2 300	8 400～8 450	31 800～32 300	12 750～13 250

8.5.2 深空通信的传输技术

1. 深空通信的链路特点

深空通信的电磁波要穿越近地空间的对流层和电离层进入外层空间，其链路具有以下的特点。

（1）极高可靠性：航天器上的通信系统要求具有极高的可靠性。

（2）发射功率受限：由于深空探测平台的限制，发射天线增益有限，发射功率通常不超过 20～30 W。

（3）信道为加性高斯白噪声（AWGN）模型，深空通信利用超低温接收机来抑制噪声。

（4）信道带宽不受限制。

（5）接收信噪比低：由于通信距离极其遥远，链路损耗大，接收信号极其微弱。

（6）信号传输时延很长：由于信号传输距离极其遥远。

2. 深空通信的链路技术

1) 调制

深空通信存在非常大的路径损耗和大气衰落，当输入功率恒定且有限时，为保证接收机有足够的接收功率，要求发射机有足够大的输出功率。一方面，深空通信信道是典型的带限和非线性变参信道，信号带限要求发射信号不能对邻道造成干扰，而带限必然造成部分频谱能量的丢失,引起信号畸变;另一方面,信号在经过非线性功率放大器后,产生幅相转换效应,引入相位噪声。因此,深空通信系统要求发射机具有高的功率效率(调制后的波形恒包络)和高的带宽效率(已调波形频谱具有快速的高频滚降特性)。

2) 编码

深空通信信道与无记忆高斯信道非常相似,是编码理论的信道模型;深空通信信道的频带资源丰富,允许使用低频带利用率的编码和二进制调制方案;深空通信信道信号衰减严重,为功率受限信道;深空通信信道的带宽丰富。因此,深空通信中常以有效性换取可靠性,并采用高增益、低编码效率和复杂的译码技术,以弥补信号衰减;而随着探测技术的发展,对传输速率的要求越来越高,因此编译码的实现难度又增加了。

3) 天线

(1) 深空通信的天线组阵技术

天线组阵技术是指利用分布在不同地点的多个天线组成天线阵列,接收来自同一深空探测器的信号,并对各个天线接收到的信号进行合并处理,从而保证接收信号达到所需要的信噪比。

(2) 深空通信的大天线技术

深空通信的主要任务是接收来自遥远星际的极其微弱的信号,地面接收机的信噪比可表示为

$$\frac{S}{N} = \frac{P_T G_T A_R}{4\pi d^2 N} = \frac{P_T G_T G_R}{kBT(4\pi d/\lambda)^2} \tag{8-13}$$

其中,P_T 为航天器发射功率,G_T 为发射天线增益,G_R 为接收天线增益,d 为航天器与地面接收站间的距离,N 为总噪声功率,A_R 为地面接收天线的有效面积,T 为接收系统的噪声温度,λ 为波长,k 为玻尔兹曼常数,B 为带宽。

从式(8-13)可以看出,要提高接收天线的信噪比,一种措施是增加天线尺寸,另一种措施是通过降低接收机的噪声温度来提高接收机的品质因数。

8.5.3 深空通信的定位跟踪

空间探测器定轨的优势在于深空探测器的大致位置被事先知道,但需要对事先确定的值进行验证和改进。当深空探测器在空间运行时,地球站天线主瓣方向要想对准探测器,以建立通信链路、保证通信质量,必须知道探测器在相应坐标系中的位置(距离和角度)和速度。另外,为抵抗深空通信中极大的传输损耗,深空站常采用大口径天线,天线辐射波束很窄,要瞄准并跟踪遥远且不断运动的航天器,要求跟踪精度达到每秒几千分之一度。其中,测距、测速、测角依照传统地球卫星的导航定位方法很难完成。

在 20 世纪 60~70 年代,深空探测导航系统主要采用的是地基无线电探测技术为巡航阶段的探测器导航和测轨,该技术甚至用在探测器交汇阶段。20 世纪 80 年代以来,采用甚长基线干涉(VLBI)测量的方法,可获得 20~30 nrad 的测角精度,但不能实时导航。在 NASA 开发的连接元干涉技术(Contiguous Element Interferometer,CEI)中,两地球站间相距 21 km,宽带光纤连接的地球站将收到的信号用光纤传到信号处理中心,实时测角精度达到 80 nrad。NASA 正在开发同的波束干涉技术,是在两个航天器非常接近的情况下,在地面天线的同一波束内使得两个地球站天线对两个航天器同时观测,产生差分干涉测量,能够提供天平面上两

个航天器非常精确的相对角位置。

传统方法需要长时间（多天）的测量数据并做相关数据处理，才能得到精确的数值。如VLBI测量需要上万千米长的基线，超出了我国国土范围，我国也很难在全球范围内建立三个相距120°的地面深空站，如图8.51所示。为保证通信的可靠性，有时需要降低码速率，这就增加了相关处理的时间。开发一种适合我国的全天候连续、高精度导航方法是高空探测的迫切需求。

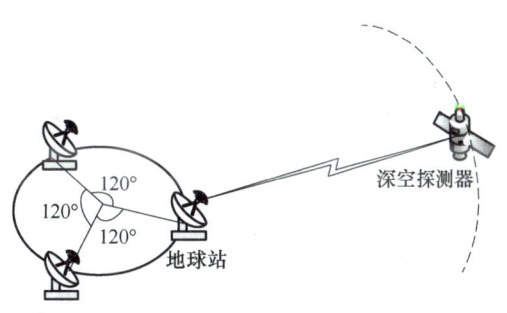

图8.51　全球范围的地球站

1. 传统导航定位方法

通常跟踪包括以下4种类型。

(1) 单向跟踪：由航天器上的信号源产生下行链路信号，地球站接收和跟踪该信号；地球站不向航天器发送上行链路信号。

(2) 双向跟踪：由地球站产生上行链路信号，航天器接收和跟踪该信号；由航天器发射与上行链路相干的下行链路信号，供产生上行链路信号的地球站接收和跟踪。

(3) 三向跟踪：由一个地球站完成双向跟踪，另一个地球站则利用不同频率或不同天线跟踪下行链路。

(4) 双向非相干跟踪：航天器发射的下行链路信号与上行链路信号是不相干的。其中，下行链路信号频率通常由航天器上的超高稳定晶体振荡器或原子钟产生。

1) 距离和多普勒的测量跟踪

在深空通信中，航天器的距离测量是通过测量某个地球站产生的测距信号往返传输时间获得的。地球站产生一系列测距信号被调相在发射的载波信号上；由航天器接收机锁相环锁定并跟踪上行载波，再产生与上行载波相干的参考信号。利用参考信号对测距信号进行解调。测距信号通过低通滤波器滤波，再被调相在下行载波上。该载波信号与上行链路相干但有频率偏移。接收地球站的锁相环产生与接收信号相干的参考信号，测距单元利用参考信号解调下行链路信号。

将接收的测距码与发射的测距码复制品进行比较，测定往返传输时间，从而计算出距离。航天器与地面站间的距离称为斜距γ，它与单向信号传输时间τ_g的关系可以近似为

$$\gamma = \tau_g c \tag{8-14}$$

其中，c为光速。

接收参考信号和测站参考信号通过混频器以后，得到多普勒频率。航天器的接收信号频率f_r近似为

$$f_r = \left(1 - \frac{\dot{\gamma}}{c}\right) f_t \tag{8-15}$$

其中，f_t为航天器的发射信号频率，$\dot{\gamma}$为航天器瞬时斜距变化率，$(\dot{\gamma}/c)f_t$称为多普勒频移。

2) 甚长基线干涉跟踪测量

传统多普勒和距离测轨具有局限性，促进了VLBI测量技术的发展。VLBI技术利用河外星系射电源(如类星体)发出的宽带微波辐射信号，由于信号非常微弱，需使用大口径天线、低噪声接收机和宽带记录装置。图8.52所示为VLBI系统的组成。由于信号距离地面极远，信

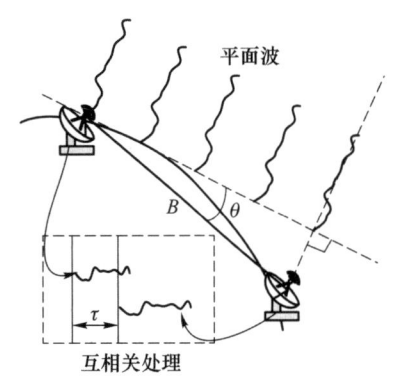

图 8.52 VLBI 系统的组成

号的波前可以视为平面;微弱信号到达两个相距极远的天线后,被放大到基带、打时标记,并进行互相关处理,以确定信号到达两站的时间差(即 VLBI 延迟)。该时间差由几何延迟、站钟偏差,以及信号通过电离层、对流层、测量设备等引起的延迟构成。

VLBI 中的几何延迟可表示为

$$\tau = \frac{1}{c} B \cdot s = \frac{1}{c} |B| \sin\theta \tag{8-16}$$

其中,B 是两站间的基线矢量,s 是信源方向的单位矢量。

利用基线长度等先验信息,可从几何延迟中推导出信源位置的角度分量 θ。所测角度的精度与以下因素有关:VLBI 延迟测量的精度、测站时钟偏差、测量设备、媒介的差分延迟、基线方向误差的校准精度等。为减小 VLBI 延迟测量值中未校准误差的影响,可采用差分 VLBI 跟踪测量技术。

2. 卫星编队导航定位方法

1) GEO 卫星编队连续导航系统

如图 8.53(a)所示,对于一颗 GEO 卫星,地球遮挡使卫星不能全方位观测到自由空间,两颗 GEO 卫星 S_1 和 S_2 相距一定角度就可以全天候、全方位观测自由空间,他们间的理论最小地心夹角 θ 可表示为

$$\theta = 360° - 4\angle BOT = 34.8° \tag{8-17}$$

$$\angle BOT = \arccos\left(\frac{R_E}{R_E + 35\,786}\right) = 81.3° \tag{8-18}$$

其中,R_E 为地球半径,35 786 km 为地球静止轨道高度。

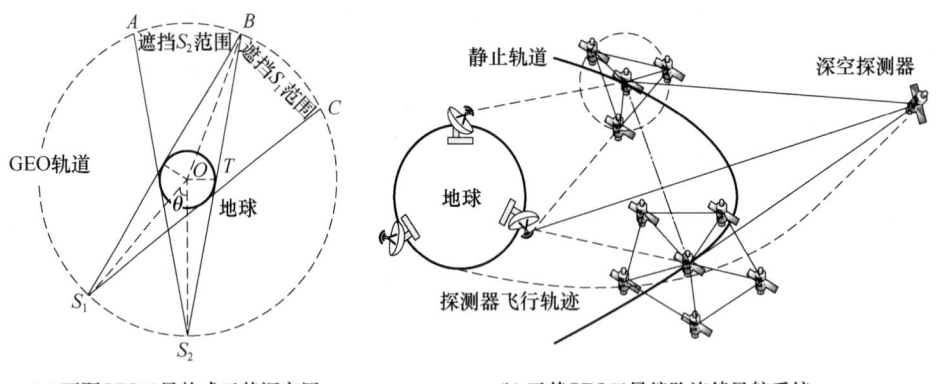

(a) 两颗GEO卫星构成天基深空网　　(b) 天基GEO卫星编队连续导航系统

图 8.53 两种天基测控通信网的拓扑结构

因此,理论上地心夹角大于 34.8°的两颗地球静止轨道卫星构成的天基深空网,即可获取深空探测的全方位观测。天基深空网可以进行全天候深空连续观测,深空站位于 GEO 轨道,地面站可采用高仰角工作,能降低大气损耗。该设想针对我国建立全球性、全天候地面深空网的困难而提出,但是只解决了"看得见"的问题,并不能够为探测器导航定轨。

编队飞行卫星群的构成与常规卫星星座完全不同,它开辟了微小卫星的一个全新应用场合,因此备受关注。编队飞行的各小卫星间互相协同能够实现单颗大卫星的功能,共同承担信

号处理、通信、有效载荷等；它们还可以完成单颗大卫星难以完成的分布式星载雷达、合成孔径侦察卫星、天基干涉仪等任务。LEO 卫星群轨道高度多为 1 000 km 左右，采用倾斜轨道或近极轨道；而地球同步轨道编队飞行卫星群，可构建区域性的导航系统，在相同精度和相同覆盖区条件下，卫星数量最少。

如图 8.53(b)所示，将卫星编队代替 GEO 上的单颗卫星，可以构成天基静止轨道卫星编队连续导航系统。该卫星编队由一颗参考卫星（或称为中心卫星、主星）和若干颗伴随卫星（或称为绕飞卫星、辅星）组成，参考卫星与伴随卫星纬度、幅角基本相同，并具有相同的半轴长、相同的周期确保相伴飞行。同时，参考卫星与伴随卫星的轨道倾角及偏心率有微小的差别，以确保飞行时各卫星适当分离和伴随轨道闭合，这样的卫星编队在飞行过程中，各伴随卫星既依照开普勒定律自由运行，又围绕参考卫星做周期性的运动，他们具有稳定的编队构型，就像一颗大卫星共同完成空间任务。参考卫星和伴随卫星间的相对运动可以用 Hill 方程来描述，然后利用坐标变换可以求出伴随卫星在地球固定坐标系中的位置和速度。

如图 8.54 所示，要求卫星群中所有卫星均不被地球遮挡，才能保证协同工作，卫星群的空间构型与两个卫星群间的最小地心夹角间存在对应关系。图中阴影区域为地球遮挡卫星群 1 的区域，其中 RS_1 和 RS_2 分别代表卫星群中的参考卫星。根据图中几何关系有

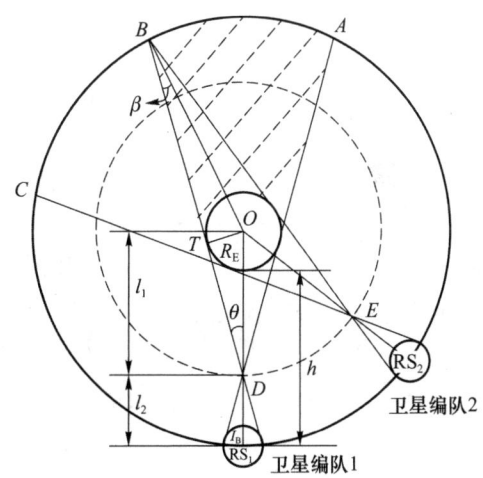

图 8.54　卫星编队连续导航的卫星群夹角示意图

$$\begin{cases} l_1 + l_2 = R_E + h \\ \dfrac{l_1}{l_2} = \dfrac{R_E}{I_B} \end{cases} \tag{8-19}$$

其中，$I_B = 2(R_E + h)e$ 为绕飞轨道半径（即该系统中的测量基线），R_E 为地球半径，h 为 GEO 卫星轨道高度，e 为伴随卫星绕地球飞行椭圆轨道的偏心率。求解式(8-19)中的 l_1，可得两个卫星群间的最小地心夹角为

$$\angle RS_1 O RS_2 = 2\theta + 2\beta = 2\arcsin\left(\dfrac{R_E}{l_1}\right) + 2\arcsin\left(\dfrac{R_E}{R_E + h}\right) \tag{8-20}$$

表 8.17 表明编队飞行卫星群中伴随卫星椭圆轨道的偏心率与两个卫星群最小地心夹角的关系。构型越大的卫星群为确保群中所有卫星都可见（对于深空探测器而言，能够为其连续导航），需要相互分开的地心角越大。

表 8.17　编队卫星群中伴随卫星椭圆轨道的偏心率与两个卫星群间最小地心夹角的关系

参数	取值								
e	0.001	0.005	0.01	0.05	0.1	0.2	0.3	0.4	0.5
I_B/km	84	422	843	4 216	8 433	16 866	25 298	33 731	—
h/km	41 614	39 550	37 240	25 384	18 157	11 570	8 490	6 704	—
$\angle RS_1 O RS_2$	35.03°	35.96°	37.12°	46.51°	58.53°	84.31°	114.8°	161.48°	—

注："—"表示不符合实际情况，要求 $l_1 > R_E$。

假设宇宙空间中的深空探测器在椭圆轨道上绕地球转动,轨道倾角为 5.15°,轨道周期为 27.322 天,近地点为 3.633×10^5 km,远地点为 4.055×10^5 km。采用两个地心夹角为 59°的卫星编队,构成天基连续导航系统,可全天候为深空探测器连续导航。这两个卫星编队分别位于静止轨道 120°E 和 60°E 上空,静止轨道高度为 35 786 km。卫星编队 1 包括 1 颗参考卫星和 3 颗伴随卫星,卫星编队 2 包括 1 颗参考卫星和 5 颗伴随卫星,伴随卫星绕飞轨道为圆形,伴随卫星均匀分布。

2) 导航定位原理

(1) 时差导航定位

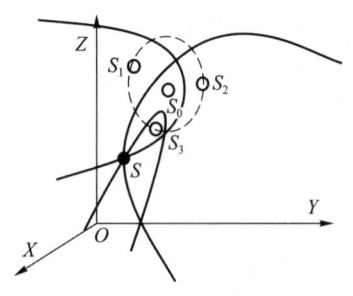

图 8.55 TDOA 导航原理

依靠信号到达接收机的时间差(Time Difference of Arrival,TDOA)进行时差导航定位,即双曲定位。在三维空间中,辐射源信号到两测量站的到达时间差确定了一个以两站为焦点的双叶双曲面。如果利用多个测量站形成多个双曲面,那么根据双曲面的交点和地球表面方程就可以确定辐射源的三维位置。

如图 8.55 所示,参考卫星为 S_0,伴随卫星为 $S_1,S_2,\cdots,S_n$。深空探测器发回的信号被 $n+1$ 颗卫星接收,测量信号到达的时差,得出 n 个时差方程

$$\begin{cases} d_1-d_0=c(t_{d_1}-t_{d_0})=c\Delta_{t_{10}} \\ d_2-d_0=c(t_{d_2}-t_{d_0})=c\Delta_{t_{20}} \\ \quad\vdots \\ d_n-d_0=c(t_{d_n}-t_{d_0})=c\Delta_{t_{n0}} \end{cases} \quad (8\text{-}21)$$

其中,$d_0,d_1,\cdots,d_n$ 分别为探测器到卫星的距离,c 为光速。$\Delta_{t_{i0}}=t_{d_i}-t_{d_0}(i=1,2,\cdots,n)$ 为探测器发射信号到达参考卫星与各伴随卫星的时间差。当 $n=3$ 时,有三个独立的时间差方程,能够求解出深空探测器的坐标。

(2) 频差导航定位

假设 f_0 为探测器发射信号的频率,f_{d_i} 为第 i 个卫星与探测器相对运动引起的多普勒频率,则第 i 个卫星接收到的信号频率为 $f_i=f_0+f_{d_i}$。假设 $\dot{d}_i(i=0,1,\cdots,n)$ 和 $\dot{d}$ 分别为卫星和探测器的运动速度,进而多普勒定位方程组为

$$\begin{cases} f_{d_0}=\dfrac{1}{\lambda}\dfrac{(\dot{d}_0-\dot{d})\cdot(d_0-d)}{\|d_0-d\|} \\ f_{d_1}=\dfrac{1}{\lambda}\dfrac{(\dot{d}_1-\dot{d})\cdot(d_1-d)}{\|d_1-d\|} \\ \quad\vdots \\ f_{d_n}=\dfrac{1}{\lambda}\dfrac{(\dot{d}_n-\dot{d})\cdot(d_n-d)}{\|d_n-d\|} \end{cases} \quad (8\text{-}22)$$

该多普勒定位方程只能采用迭代运算的方式才能求解。

利用多普勒频率差进行的导航定位,称为频率差分(Frequency of Difference Of Arrival,FDOA)导航定位或称为差分多普勒(Differential Doppler,DD)导航定位,该方法能够克服时差定位中高重频脉冲雷达信号的时差模糊问题。其导航定位方程为

$$\begin{cases} f_{d_1} - f_{d_0} = \frac{1}{\lambda} \frac{(\dot{d}_1 - \dot{d}) \cdot (d_1 - d)}{\|d_1 - d\|} - \frac{1}{\lambda} \frac{(\dot{d}_0 - \dot{d}) \cdot (d_0 - d)}{\|d_0 - d\|} \\ f_{d_2} - f_{d_0} = \frac{1}{\lambda} \frac{(\dot{d}_2 - \dot{d}) \cdot (d_2 - d)}{\|d_0 - d\|} - \frac{1}{\lambda} \frac{(\dot{d}_0 - \dot{d}) \cdot (d_0 - d)}{\|d_0 - d\|} \\ \quad\quad\quad\quad\quad\quad \vdots \\ f_{d_n} - f_{d_0} = \frac{1}{\lambda} \frac{(\dot{d}_n - \dot{d}) \cdot (d_n - d)}{\|d_n - d\|} - \frac{1}{\lambda} \frac{(\dot{d}_0 - \dot{d}) \cdot (d_0 - d)}{\|d_0 - d\|} \end{cases} \quad (8-23)$$

在频率差分导航定位方法中,每颗卫星的频率测量误差符合 0 均值的高斯分布方差变化,并假设深空探测器以第三宇宙速度航行。提高系统授时精度和载频精度,减小卫星测量信号到达时间的误差和多普勒频率测量误差,或者适当增加测量基线长度(即增大伴随卫星椭圆轨道偏心率)都有利于进一步提高导航精度,减小导航定位误差。同时,该导航系统并不要求空间卫星编队的位置非常精确,导航精度对卫星位置误差非常不敏感。如果将时差方程和频差方程联合求解,采用时差和频差组合导航的方法,并利用 Kalman 滤波算法,可以获得更高的定位导航精度。

8.5.4 星际互联网

1. 星际互联网的概念

星际互联网(Inter Planetary Internet,简称 IPN)是把各种轨道飞行器、探测器、登陆车以及其他航空发射装置和其他太空元素(如月球、火星)等连接起来的互联网。

IPN 网络符合空间网络和地面网络融合的思想,未来 IPN 网络可定义为:首先,采用互联网或与互联网相关的协议,在低时延和低信噪比环境中建立本地网络,如地球及其周围、单独的飞行器内部、其他行星表面和周围等;其次,各本地网络间通过深空骨干网络连接,这个深空骨干网络由远距离的无线链路互联而成;最后,IPN 网络采用集束(Bundling)方法或协议将各个异构网络互连起来,因此 IPN 将包含异构集束协议层。

2. IPN 网络的结构

IPN 网络的结构将为整个太阳系内的用户提供无处不在的端到端连接。该网络结构将在地面部分采用不断发展的地面互联网技术,并延伸到整个宇宙。与地面互联网一样,该网络结构的基础是一组标准、廉价、分层的数据通信业务。如图 8.56 所示,星际空间通信网将通过一系列物理层"跳"将各终端用户逻辑互连。各"跳"(接力段)将体系结构的相邻单元连接起来,其作用是:地面链路连接各用户与控制中心、用户与地面站,或控制中心与地面站;空间链路连接地面站与远方用户航天器、地面站与中继站、中继站与中继站、中继站与远方用户航天器、远方航天器与远方航天器,或者远方航天器中的终端设备间。用户间的信息交换逻辑上从信源流到目的地,不受基础网络结构的影响。这一信息流可全部在地面,也可在地面与空间之间,或者全部在空间。虽然大多数传输在点对点间进行,但该体系结构也支持点到多点的传送。

3. IPN 网络的特点

基于 IPN 网络的环境条件,可以得到它的如下特点:

(1) 传输时延可变且非常大,可达几十分钟甚至更长的数量级;

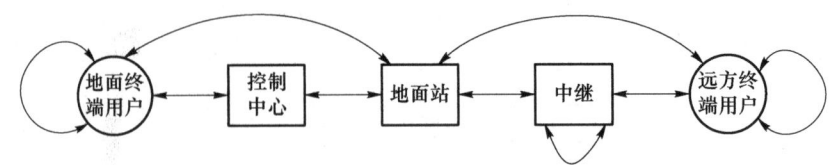

图 8.56　IPN 网络多"跳"连接各终端用户

（2）间断性的连接，即本地节点和远端节点建立和维持一个能够连续通信的路径的能力有限；

（3）发送和接收信息的速率不对称，有时甚至只有单向通信，深空网络的收发比可能达到 1 000∶1 或者更大；

（4）信息在传输过程中非常容易发生错误，未编码的误码率达到了 1∶10；

（5）深空通信资源宝贵，航天器的存储容量和处理能力有限。

4．IPN 网络的关键技术

IPN 网络是一个综合且复杂的信息网络，涉及很多关键技术，主要有如下几个方面：

（1）天线技术和高效调制解调技术；

（2）射频技术、高效编码技术、信息压缩技术；

（3）路由技术和网络协议。

本 章 小 结

本章主要介绍了空天地一体化信息网络技术。首先，本章介绍了空天地一体化信息网络的结构；其次，阐述了该网络中的空基，即平流层通信，并阐述了 NTN 网络，包括其应用场景与挑战、NTN 系统结构、对 NR 标准的影响、时频同步及移动性管理；再次，给出了天基中常用的星间激光通信；最后，介绍了网络中的深空通信，包括深空通信系统的组成、传输技术以及定位跟踪技术，并对星际互联网的概念进行了初步介绍。

习　题

1. 简述平流层通信的特点及系统组成。
2. 在卫星激光通信系统中，瞄准、捕获、跟踪分别指的是什么？
3. 简述空天地一体化网络的意义。
4. 简述空天地一体化网络包括哪几部分，各个部分包括哪些通信实体。
5. 简述 NTN 的分类。
6. 简述 NTN 如何保障服务的连续性。
7. 简述天地一体化网络的应用场景。
8. 调研巨型星座中控制信道和业务信道的跳波束方法。
9. 简析空天地一体化网络的可能关键技术有哪些。
10. 简述深空通信的主要任务和系统组成。

11. 简述深空通信的链路传输特点。
12. 简述甚长基线干涉原理及其局限性。
13. 简述卫星编队导航定位的必要性。
14. 简述如何解决我国深空探测器看得见和导航定轨问题。
15. 简述基于时差和频差的深空导航定位原理。
16. 简述星际互联网的含义。

参考文献

[1] 陈振国,杨鸿文,郭文彬. 卫星通信系统与技术[M]. 北京:北京邮电大学出版社,2003.

[2] 北京米波通信技术有限公司. 现代商用卫星通信系统[M]. 北京:电子工业出版社,2019.

[3] 夏克文. 卫星通信[M]. 2版. 西安:西安电子科技大学出版社,2023.

[4] 朱立东,吴廷勇,卓永宁,等. 卫星通信导论[M]. 5版. 北京:电子工业出版社,2023.

[5] 刘功亮,李晖. 卫星通信网络技术[M]. 北京:人民邮电出版社,2015.

[6] 张雅声,冯飞. 卫星星座轨道设计方法[M]. 北京:国防工业出版社,2019.

[7] 王桁,郭道省. 卫星通信基础[M]. 北京:国防工业出版社,2021.

[8] 匡麟玲,晏坚,陆建华,等. 6G时代的按需服务卫星通信网络[M]. 北京:人民邮电出版社,2022.

[9] PRATT T, ALLNUTT J. Satellite Communications[M]. (Third Edition). Hoboken:Wiley, 2019.

[10] MARAL G, BOUSQUET M, SUN Z. Satellite Communications Systems-Systems, Techniques and Technology[M]. Hoboken:Wiley, 2020.

[11] SHARMA S K, CHATZINOTAS S, ARAPOGLOU P. Satellite Communications in the 5G Era[M]. Stevenage:Institution of Engineering & Technology, 2018.

[12] KENNETH Y. Satellite Communications Network Design and Analysis[M]. Norwood:Artech House Publishers, 2011.

[13] 3GPP TR 38.821. Solutions for NR to Support Non-Terrestrial Networks (NTN). 2019.

[14] 陈山枝,孙韶辉,康绍莉,等. 星地融合移动通信系统与关键技术从5G NTN到6G的卫星互联网发展[M]. 北京:人民邮电出版社,2024.

[15] 张建国,周海骄,杨东来,等. 面向5G-Advanced的关键技术[M]. 北京:人民邮电出版社,2024.

[16] 续欣,刘爱军,汤凯,等. 卫星通信网络[M]. 北京:电子工业出版社,2018.

[17] 张洪太,王敏,崔万照,等. 卫星通信技术[M]. 北京:北京理工大学出版社,2018.

[18] 雒明世,冯建利. 卫星通信[M]. 北京:清华大学出版社,2020.

[19] 徐雷,尤启迪,石云,等. 卫星通信技术与系统[M]. 哈尔滨:哈尔滨工业大学出版社,2019.

[20] 朱立东,李成杰,张勇,等. 卫星通信系统及应用[M]. 北京:科学出版社,2020.

[21] 高丽娟,代健美,李炯,等. 卫星通信与STK仿真[M]. 北京:北京理工大学出版

社,2022.

[22] 杨明川,丁睿,郭庆,等. 卫星移动信道传播特性分析与建模[M]. 北京:人民邮电出版社,2020.

[23] 范录宏,皮亦鸣,李晋. 北斗卫星导航原理与系统[M]. 北京:电子工业出版社,2020.

[24] DE CARVALHO R A, ESTELA J, LANGER M. Nanosatellites: Space and Ground Technologies, Operations and Economics [M]. New York: John Wiley & Sons, 2020.

[25] 顾中舜,童咏章,郭强华,等. 卫星通信地球站实用规程[M]. 北京:国防工业出版社,2016.

[26] LOUIS J I. 卫星通信系统工程[M]. 2版. 顾有林,译. 北京:国防工业出版社,2021.

[27] 周炯槃,庞沁华,续大我,等. 通信原理[M]. 3版. 北京:北京邮电大学出版社,2008.

[28] 王文博,赵龙,王晓湘,等. 移动通信[M]. 北京:人民邮电出版社,2024.

[29] 姚军,李白萍. 数字微波与卫星通信[M]. 北京:北京邮电大学出版社,2011.

[30] 全庆一,廖建新,于玲,等. 卫星移动通信[M]. 北京:北京邮电大学出版社,2000.

[31] 王丽娜. 卫星通信系统[M]. 北京:国防工业出版社,2006.

[32] 储钟圻. 数字卫星通信[M]. 北京:机械工业出版社,2006.

[33] 原萍. 卫星通信引论[M]. 沈阳:东北大学出版社,2007.

[34] 章仁为. 卫星轨道姿态动力学与控制[M]. 北京:北京航空航天大学出版社,1998.

[35] 郭庆,王振永,顾学迈. 卫星通信系统[M]. 北京:电子工业出版社,2010.

[36] 李天文,等. GPS原理及应用[M]. 2版. 北京:科学出版社,2010.

[37] 李明峰,冯宝红,刘三枝. GPS定位技术及其应用[M]. 北京:国防工业出版社,2006.

[38] 黄俊华,陈文森. 连续运行卫星定位综合服务系统建设与应用[M]. 北京:科学出版社,2009.

[39] AKYILDIZ I F, MORABITO G, PALAZZO S. TCP-Peach: a new congestion control scheme for satellite IP networks [J]. IEEE/ACM Transactions on Networking, 2001, 9(3): 307-321.

[40] 巩应奎,薛瑞. 天空地一体化自组织网络导航技术及应用[M]. 北京:人民邮电出版社,2020.

[41] 郝万宏,潘程吉. 深空探测无线电地基导航的统计信号处理方法[M]. 北京:清华大学出版社,2020.

[42] 甘良才,杨佳文,茹国宝. 卫星通信系统[M]. 武汉:武汉大学出版社,2002.

[43] 刘立祥. 天地一体化网络[M]. 北京:科学出版社,2015.

[44] MARAL G. VSAT Networks[M]. (Second Edition)London: John Wiley & Sons Ltd., 2003.

[45] 张更新. 现代小卫星及其应用[M]. 北京:人民邮电出版社,2009.

[46] DEL PORTILLO I, CAMERON B G, CRAWLEY E F. A technical comparison of

three low earth orbit satellite constellation systems to provide global broadband[J]. Acta Astronautica, 2019, 159: 123-135.

[47] 张佳鑫, 张兴. 卫星地面融合网络:技术、架构与应用[M]. 北京:北京邮电大学出版社, 2021.

[48] 李顺. LEO 卫星网络路由策略设计与性能分析[D]. 北京:北京邮电大学, 2020.

[49] 纪凡策. 2020 年国外通信卫星发展综述[J]. 国际太空, 2021(2): 36-41.

[50] 彭木根, 张世杰, 许宏涛, 等. 低轨卫星通信遥感融合:架构、技术与试验[J]. 电信科学, 2022, 38(1): 13-24.